U0921203

中国国家标准汇编

2008年修订-75

中国标准出版社　编

中国标准出版社
北京

图书在版编目（CIP）数据

中国国家标准汇编：2008年修订.75/中国标准出版社编.—北京：中国标准出版社，2009

ISBN 978-7-5066-5605-4

Ⅰ.中… Ⅱ.中… Ⅲ.国家标准-汇编-中国-2008
Ⅳ.T-652.1

中国版本图书馆CIP数据核字（2009）第204431号

中国标准出版社出版发行
北京复兴门外三里河北街16号
邮政编码:100045

网址 www.spc.net.cn
电话:68523946 68517548
中国标准出版社秦皇岛印刷厂印刷
各地新华书店经销

*

开本 880×1230 1/16 印张 36.5 字数 1 102 千字
2009年12月第一版 2009年12月第一次印刷

*

定价 200.00 元

ISBN 978-7-5066-5605-4

出 版 说 明

1.《中国国家标准汇编》是一部大型综合性国家标准全集。自1983年起，按国家标准顺序号以精装本、平装本两种装帧形式陆续分册汇编出版。它在一定程度上反映了我国建国以来标准化事业发展的基本情况和主要成就，是各级标准化管理机构，工矿企事业单位，农林牧副渔系统，科研、设计、教学等部门必不可少的工具书。

2.《中国国家标准汇编》收入我国每年正式发布的全部国家标准，分为"制定"卷和"修订"卷两种编辑版本。

"制定"卷收入上年度我国发布的、新制定的国家标准，顺延前年度标准编号分成若干分册，封面和书脊上注明"20××年制定"字样及分册号，分册号一直连续。各分册中的标准是按照标准编号顺序连续排列的，如有标准顺序号缺号的，除特殊情况注明外，暂为空号。

"修订"卷收入上年度我国发布的、被修订的国家标准，视篇幅分设若干分册，但与"制定"卷分册号无关联，仅在封面和书脊上注明"20××年修订-1，-2，-3，……"字样。"修订"卷各分册中的标准，仍按标准编号顺序排列(但不连续)；如有遗漏的，均在当年最后一分册中补齐。需提请读者注意的是，个别非顺延前年度标准编号的新制定的国家标准没有收入在"制定"卷中，而是收入在"修订卷"中。

读者配套购买《中国国家标准汇编》"制定"卷和"修订"卷则可收齐上一年度我国制定和修订的全部国家标准。

3. 由于读者需求的变化，自1996年起，《中国国家标准汇编》仅出版精装本。

4. 2008年制修订国家标准共5946项。本分册为"2008年修订-75"，收入新制修订的国家标准27项，其中GB 14762—2008(环境保护标准)未收入。

中国标准出版社

2009年10月

目　　录

ICS 91.120.30
Q 17

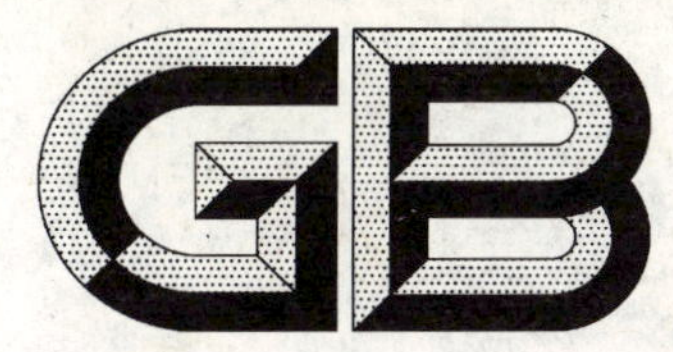

中华人民共和国国家标准

GB/T 14686—2008
代替 GB/T 14686—1993

石油沥青玻璃纤维胎防水卷材

Asphalt glass felt used in waterproofing

2008-06-30 发布　　　　2009-04-01 实施

中华人民共和国国家质量监督检验检疫总局
中国国家标准化管理委员会　发布

前　言

本标准代替 GB/T 14686—1993《石油沥青玻璃纤维胎油毡》。

本标准与 GB/T 14686—1993 相比主要变化如下：

——对标准名称作了修改；

——对范围的内容进行了修改(1993 版的第 1 章,本版的第 1 章)；

——“引用标准”改为“规范性引用文件”,内容作了调整(1993 版的第 2 章,本版的第 2 章)；

——删除了“定义”(1993 版第 3 章)；

——“产品分类”改为“分类和标记”,重新划分分类,取消了产品等级(1993 版的第 4 章,本版的第 3 章)；

——“技术要求”改为“要求”,内容重新调整,删除了耐霉菌、人工加速气候老化,增加了钉杆撕裂强度、热老化(1993 版的第 5 章,本版的第 4 章)；

——“检验方法”改为“试验方法”,引用新制修订的标准(1993 版的第 6 章,本版的第 5 章)；

——对检验规则、包装、标志、运输和贮存的内容作了修改(1993 版的第 7、8、9 章,本版的第 6、7 章)；

——删除原“附录 A 油毡耐霉菌试验”、“附录 B 油毡人工加速气候老化试验方法”(1993 版的附录 A、附录 B)。

本标准由中国建筑材料联合会提出。

本标准由全国轻质与装饰装修建筑材料标准化技术委员会(SAC/TC 195)归口。

本标准负责起草单位:中国建筑防水材料工业协会、中国化学建筑材料公司苏州防水材料研究设计所。

本标准参加起草单位:四川省宏源防水工程有限公司、大连细扬防水工程集团有限公司、无锡市杨市建筑防水材料厂、东阳明星防水材料厂。

本标准主要起草人:朱冬青、朱志远、王澜、陈文洁、尚华胜、樊细扬、胡蕾、余奕帆、张楚、胡蔚儒。

本标准委托中国化学建筑材料公司苏州防水材料研究设计所负责解释。

本标准于 1993 年首次发布。

石油沥青玻璃纤维胎防水卷材

1 范围

本标准规定了石油沥青玻璃纤维胎防水卷材(简称沥青玻纤胎卷材)的分类和标记、要求、试验方法、检验规则、标志、包装、运输与贮存。

本标准适用于以玻纤毡为胎基,浸涂石油沥青,两面覆以隔离材料制成的防水卷材。

2 规范性引用文件

下列文件中的条款通过本标准的引用而成为本标准的条款。凡是注日期的引用文件,其随后所有的修改单(不包括勘误的内容)或修订版均不适用于本标准,然而,鼓励根据本标准达成协议的各方研究是否可使用这些文件的最新版本。凡是不注日期的引用文件,其最新版本适用于本标准。

GB/T 328.6 建筑防水卷材试验方法 第6部分:沥青防水卷材 长度、宽度、平直度

GB/T 328.8 建筑防水卷材试验方法 第8部分:沥青防水卷材 拉伸性能

GB/T 328.10—2007 建筑防水卷材试验方法 第10部分:沥青和高分子防水卷材 不透水性

GB/T 328.11—2007 建筑防水卷材试验方法 第11部分:沥青防水卷材 耐热性

GB/T 328.14 建筑防水卷材试验方法 第14部分:沥青防水卷材 低温柔性

GB/T 328.18 建筑防水卷材试验方法 第18部分:沥青防水卷材 撕裂性能(钉杆法)

GB/T 328.26 建筑防水卷材试验方法 第26部分:沥青防水卷材 可溶物含量(浸涂材料含量)

3 分类和标记

3.1 类型

产品按单位面积质量分为15、25号。

产品按上表面材料分为PE膜、砂面,也可按生产厂要求采用其他类型的上表面材料。

产品按力学性能分为Ⅰ、Ⅱ型。

3.2 规格

卷材公称宽度为1 m。

卷材公称面积为10 m^2、20 m^2。

3.3 标记

产品按名称、型号、单位面积质量、上表面材料、面积和本标准编号顺序标记。

示例:面积20 m^2、砂面、25号Ⅰ型石油沥青玻纤胎防水卷材标记为:沥青玻纤胎卷材 Ⅰ 25号砂面 20 m^2——GB/T 14686—2008

4 要求

4.1 尺寸偏差

宽度允许偏差为:宽度标称值±3%。

面积允许偏差为:不小于面积标称值的−1%。

4.2 外观

4.2.1 成卷卷材应卷紧、卷齐,端面里进外出不得超过10 mm。

4.2.2 胎基必须浸透,不应有未被浸透的浅色斑点,不应有胎基外露和涂油不均。

4.2.3 卷材表面应平整,无机械损伤、疙瘩、气泡、孔洞、粘着等可见缺陷。

4.2.4　20 mm 以内的边缘裂口或长 50 mm、深 20 mm 以内的缺边不超过四处。

4.2.5　成卷卷材在 10 ℃～45 ℃的任一产品温度下，应易于展开，无裂纹或粘结，在距卷芯 1 000 mm 长度外不应有 10 mm 以上的裂纹或粘结。

4.2.6　每卷接头处不应超过 1 个，接头应剪切整齐，并加长 150 mm 作为搭接。

4.3　单位面积质量

单位面积质量应符合表 1 的规定。

表 1　单位面积质量

<table>
<tr><td>标号</td><td colspan="2">15 号</td><td colspan="2">25 号</td></tr>
<tr><td>上表面材料</td><td>PE 膜面</td><td>砂面</td><td>PE 膜面</td><td>砂面</td></tr>
<tr><td>单位面积质量/(kg/m²)　≥</td><td>1.2</td><td>1.5</td><td>2.1</td><td>2.4</td></tr>
</table>

4.4　材料性能

材料性能应符合表 2 规定。

表 2　材料性能

<table>
<tr><td rowspan="2">序号</td><td rowspan="2" colspan="3">项目</td><td colspan="2">指标</td></tr>
<tr><td>I 型</td><td>II 型</td></tr>
<tr><td rowspan="3">1</td><td rowspan="3">可溶物含量/(g/m²)</td><td rowspan="3">≥</td><td>15 号</td><td colspan="2">700</td></tr>
<tr><td>25 号</td><td colspan="2">1 200</td></tr>
<tr><td>试验现象</td><td colspan="2">胎基不燃</td></tr>
<tr><td rowspan="2">2</td><td rowspan="2">拉力/(N/50mm)</td><td rowspan="2">≥</td><td>纵向</td><td>350</td><td>500</td></tr>
<tr><td>横向</td><td>250</td><td>400</td></tr>
<tr><td rowspan="2">3</td><td rowspan="2" colspan="3">耐热性</td><td colspan="2">85 ℃</td></tr>
<tr><td colspan="2">无滑动、流淌、滴落</td></tr>
<tr><td rowspan="2">4</td><td rowspan="2" colspan="3">低温柔性</td><td>10 ℃</td><td>5 ℃</td></tr>
<tr><td colspan="2">无裂缝</td></tr>
<tr><td>5</td><td colspan="3">不透水性</td><td colspan="2">0.1 MPa，30 min 不透水</td></tr>
<tr><td>6</td><td colspan="3">钉杆撕裂强度/N　≥</td><td>40</td><td>50</td></tr>
<tr><td rowspan="5">7</td><td rowspan="5">热老化</td><td colspan="2">外观</td><td colspan="2">无裂纹、无起泡</td></tr>
<tr><td colspan="2">拉力保持率/%　≥</td><td colspan="2">85</td></tr>
<tr><td colspan="2">质量损失率/%　≤</td><td colspan="2">2.0</td></tr>
<tr><td colspan="2" rowspan="2">低温柔性</td><td>15 ℃</td><td>10 ℃</td></tr>
<tr><td colspan="2">无裂缝</td></tr>
</table>

5　试验方法

5.1　试件制备

将取样卷材切除距外层卷头 2 500 mm 后，沿纵向切取长度为 750 mm 的全幅卷材试样两块，一块用作物理性能检测，另一块备用。

试件在(23±2)℃放置 24 h 后进行裁取，每组试件在卷材宽度方向均匀分布裁样，避开卷材边缘 100 mm 以上。

5.2 试件尺寸和数量

试件尺寸和数量见表3。

表3 试件尺寸与数量

序号	项目		尺寸(纵向×横向)/mm	数量/个
1	可溶物含量		100×100	3
2	拉力		(250～320)×50	纵横向各5
3	耐热性		100×50	3
4	低温柔性		150×25	10
5	不透水性		150×150	3
6	钉杆撕裂强度		200×100	5
7	热老化	外观、拉力	(250～320)×50	纵横向各5
		低温柔性	150×25	10
		质量损失率	150×25	5

5.3 尺寸偏差

按GB/T 328.6测量长度和宽度，以其平均值相乘得到卷材的面积，若有接头，以量出的两段长度之和减去150 mm计算。

与生产厂标称值比较，计算宽度、面积偏差。

5.4 外观

5.4.1 将被检卷材立放在平面上，里进外出最大的一端朝上，用一把钢直尺平放在卷材的端面上，用另一把精度为1 mm的钢直尺垂直伸入卷材端面最凹处，所测得的数值为卷材端面的里进外出的结果。

5.4.2 在(10～45)℃任一产品温度下展开成卷卷材，用精度1 mm的钢直尺测量毡面粘结、裂纹、折痕、边缘裂口、缺边长度；观察卷材表面是否平整、有无机械损伤、疙瘩、气泡、孔洞、粘着等可见缺陷。

5.4.3 在被检卷材的任一端，沿横向全幅裁取50 mm宽的一条，沿其边缘撕开，胎基内不应有未被浸透的浅色斑点。并检查整卷卷材表面有无胎基外露和涂油不均现象。

5.5 单位面积质量

用最小分度值为0.2 kg的磅秤称量每卷卷材卷重，卷重不包括卷芯，根据5.3得到的面积，计算单位面积质量。

5.6 可溶物含量

可溶物含量按GB/T 328.26进行，萃取后取出胎基，用火点燃，观察现象。

5.7 拉力

按GB/T 328.8进行。

5.8 耐热性

按GB/T 328.11—2007中B法进行，观察现象。

5.9 低温柔性

按GB/T 328.14进行，弯曲轴直径为30 mm。

5.10 不透水性

按GB/T 328.10—2007中B法进行，采用7孔盘。

5.11 钉杆撕裂强度

按GB/T 328.18进行，取纵向五个试件平均值。

5.12 热老化

5.12.1 试件处理

所有试件按5.2裁取。

对于测量拉力保持率和低温柔性的试件，平放在撒有滑石粉的玻璃板上，然后将试件水平放入已调节到(80±2)℃的烘箱中，在此温度下处理7 d±1 h。

对于测量质量损失率的试件，清除表面所有粘结不牢的表面材料，试件在(50±2)℃的烘箱中干燥24 h±30 min，然后在(23±2)℃条件下放置1 h后称量试件质量(m_1)，在干燥和放置过程中试件相互间不应接触。质量损失率试件放置在隔离纸上，然后将试件水平放入已调节到(80±2)℃的烘箱中，在此温度下处理7 d±1 h。

5.12.2 试验步骤

在加热处理7 d±1 h后，取出试件在(23±2)℃条件下放置2 h±5 min。

对于拉力保持率试件，立即按5.7进行拉伸试验。

对于低温柔性试件，立即按5.9进行试验。

对于质量损失率试件，立即称量试件质量(m_2)。

5.12.3 结果计算

5.12.3.1 拉力保持率

拉力保持率按式(1)计算：

$$R_t = T'/T \times 100 \qquad (1)$$

式中：

R_t——试件处理后拉力保持率，%；

T——试件处理前拉力平均值，单位为牛顿每50毫米(N/50mm)；

T'——试件处理后拉力平均值，单位为牛顿每50毫米(N/50mm)。

5.12.3.2 低温柔性

记录试件表面有无裂缝。

5.12.3.3 质量损失率

质量损失率按式(2)计算：

$$w = (m_1 - m_2)/m_1 \times 100 \qquad (2)$$

式中：

w——试件处理后质量损失率，%；

m_1——试件处理前质量，单位为克(g)；

m_2——试件处理后质量，单位为克(g)。

试验结果取五个试件的算术平均值。

6 检验规则

6.1 检验分类

按检验类型分为出厂检验和型式检验。

6.1.1 出厂检验

卷材出厂检验项目包括：尺寸偏差、外观、单位面积质量、可溶物含量、拉力、耐热性、低温柔性、不透水性。

6.1.2 型式检验

型式检验项目包括第4章中全部规定，在下列情况下进行型式检验：

a) 新产品投产或产品定型鉴定时；

b) 正常生产时，每年进行一次；

c) 原材料、工艺等发生较大变化,可能影响产品质量时;

d) 出厂检验结果与上次型式检验结果有较大差异时;

e) 产品停产6个月以上恢复生产时;

f) 国家质量监督检验机构提出型式检验要求时。

6.2 组批

以同一类型、同一规格 10 000 m^2 为一批,不足 10 000 m^2 亦作为一批。

6.3 抽样

在每批产品中随机抽取五卷进行尺寸偏差、外观、单位面积质量检查。

在上述检查合格后,从中随机抽取一卷,取至少 1.5 m^2 的样品进行检测。

6.4 判定规则

6.4.1 尺寸偏差、外观、单位面积质量

尺寸偏差、外观、单位面积质量均符合4.1、4.2、4.3规定时,判其尺寸偏差、外观、单位面积质量合格。对不合格的,允许在该批产品中随机另抽五卷重新检验,全部达到标准规定即判其尺寸偏差、外观、单位面积质量合格,若仍有不符合标准规定的即判该批产品不合格。

6.4.2 材料性能

试验结果符合4.4规定,判该批产品材料性能合格。若其中仅有一项不符合标准规定,允许在该批产品中随机另抽一卷进行单项复测,合格则判该批产品材料性能合格,否则判该批产品材料性能不合格。

6.4.3 总判定

试验结果符合标准第4章全部相关要求时判该批产品合格。

7 标志、包装、运输与贮存

7.1 标志

产品外包装上应包括:

a) 生产厂名、地址;

b) 商标;

c) 产品标记;

d) 生产日期或批号;

e) 贮存与运输注意事项;

f) 检验合格标识;

g) 生产许可证号及其标记。

7.2 包装

产品采用适于运输和贮存的方式包装。

7.3 运输与贮存

运输与贮存时,不同类型、规格的产品应分别存放,不应混杂。避免日晒雨淋,注意通风。贮存温度不应高于45 ℃,卷材应立放贮存,其高度不应超过两层。

运输时防止倾斜或侧压,必要时加盖苫布。

在正常运输、贮存条件下,贮存期自生产之日起为一年。

ICS 01.100.01
J 04

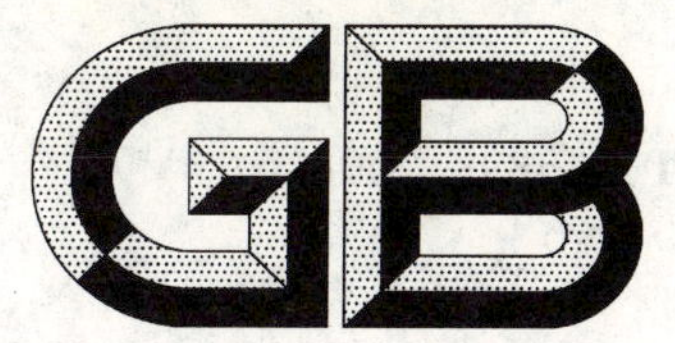

中华人民共和国国家标准

GB/T 14689—2008
代替 GB/T 14689—1993

技术制图　图纸幅面和格式

Technical drawings—Size and layout of drawing sheets

(ISO 5457:1999, Technical product documentation—Sizes and layout of drawing sheets, MOD)

2008-06-26 发布　　　　2009-01-01 实施

中华人民共和国国家质量监督检验检疫总局
中国国家标准化管理委员会　发布

前　言

本标准是对 GB/T 14689—1993《技术制图　图纸幅面和格式》的修订。

本标准从 1993 年发布以后，得到了广泛的应用。本次修订主要是根据我国制造业产品的进出口贸易和技术交流的需要增加了有关条款，以及在标准文字和编辑上发现的一些问题等，对原标准的内容修改后编制而成。

本标准代替 GB/T 14689—1993《技术制图　图纸幅面和格式》，主要修改的内容有：

——按照 GB/T 1.1 和本标准的内容要求，修改与增加了"范围"和"规范性引用文件"的内容；

——增加了"6.4 条　投影符号"的条款和图 11 第一角画法和图 12 第三角画法的图例；

——另外，还就标准中的相关内容做了文字上的修改。

原 GB/T 14689—1993《技术制图　图纸幅面和格式》国家标准是参照采用国际标准 ISO 5457：1980《技术制图　图纸幅面和格式》，该国际标准在 1999 年进行了修订，本次的修订参考应用了 ISO 5457：1999《技术制图　图纸幅面和格式》国际标准内容，但也考虑到原国家标准的内容和原标准在我国的应用情况。所以，本次对 ISO 5457：1999《技术制图　图纸幅面和格式》国际标准一致性程度为修改采用。

本标准由全国技术产品文件标准化技术委员会提出。

本标准由全国技术产品文件标准化技术委员会归口。

本标准起草单位：中机生产力促进中心、合肥工业大学、江苏技术师范学院、西安科技大学。

本标准主要起草人：杨东拜、李学京、王槐德、李勇、韩琳琳。

本标准所代替标准的历次版本发布情况为：

——GB 4457.1—1984；

——GB/T 14689—1993。

技术制图　图纸幅面和格式

1　范围

本标准规定了图纸的幅面尺寸和格式，以及有关的附加符号。

本标准适用于技术图样（包括原图、底图和复制图等）及有关技术文件。

2　规范性引用文件

下列文件中的条款通过本标准的引用而成为本标准的条款。凡是注日期的引用文件，其随后所有的修改单（不包括勘误的内容）或修订版均不适用于本标准，然而，鼓励根据本标准达成协议的各方研究是否可使用这些文件的最新版本。凡是不注日期的引用文件，其最新版本适用于本标准。

GB/T 148　印刷、书写及绘图纸幅面尺寸（GB/T 148—1997，neq ISO 216:1975）

GB/T 10609.1　技术制图　标题栏（GB/T 10609.1—1989，neq ISO 7200:1984）

GB/T 10609.4　技术制图　对缩微复制原件的要求（GB/T 10609.4—1989，neq ISO 6428:1982）

GB/T 13361　技术制图　通用术语

3　图纸幅面尺寸及其公差

3.1　绘制技术图样时，应优先采用表 1 所规定的基本幅面。

3.2　必要时，也允许选用表 2 和表 3 所规定的加长幅面。这些幅面的尺寸是由基本幅面的短边成整数倍增加后得出，如图 1 所示。

图 1 中粗实线所示为基本幅面（第一选择）；细实线所示为表 2 所规定的加长幅面（第二选择）；虚线所示为表 3 所规定的加长幅面（第三选择）。

3.3　图纸幅面的尺寸公差按 GB/T 148 的规定。

表 1　基本幅面（第一选择）

单位为毫米

幅面代号	尺寸 $B \times L$
A0	841×1 189
A1	594×841
A2	420×594
A3	297×420
A4	210×297

表 2　加长幅面（第二选择）

单位为毫米

幅面代号	尺寸 $B \times L$
A3×3	420×891
A3×4	420×1 189
A4×3	297×630
A4×4	297×841
A4×5	297×1 051

表 3 加长幅面(第三选择)

单位为毫米

幅面代号	尺寸 $B \times L$
A0×2	1 189×1 682
A0×3	1 189×2 523
A1×3	841×1 783
A1×4	841×2 378
A2×3	594×1 261
A2×4	594×1 682
A2×5	594×2 102
A3×5	420×1 486
A3×6	420×1 783
A3×7	420×2 080
A4×6	297×1 261
A4×7	297×1 471
A4×8	297×1 682
A4×9	297×1 892

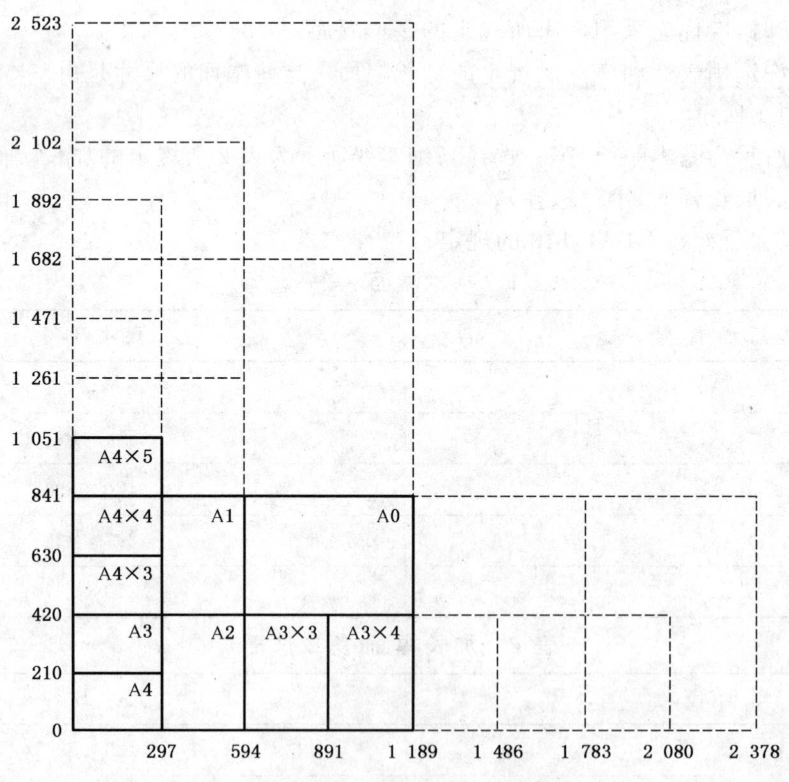

图 1 图纸的幅面尺寸

4 图框格式

4.1 在图纸上必须用粗实线画出图框,其格式分为不留装订边和留有装订边两种,但同一产品的图样只能采用一种格式。

4.2　不留装订边的图纸，其图框格式如图2、图3所示，尺寸按表4的规定。

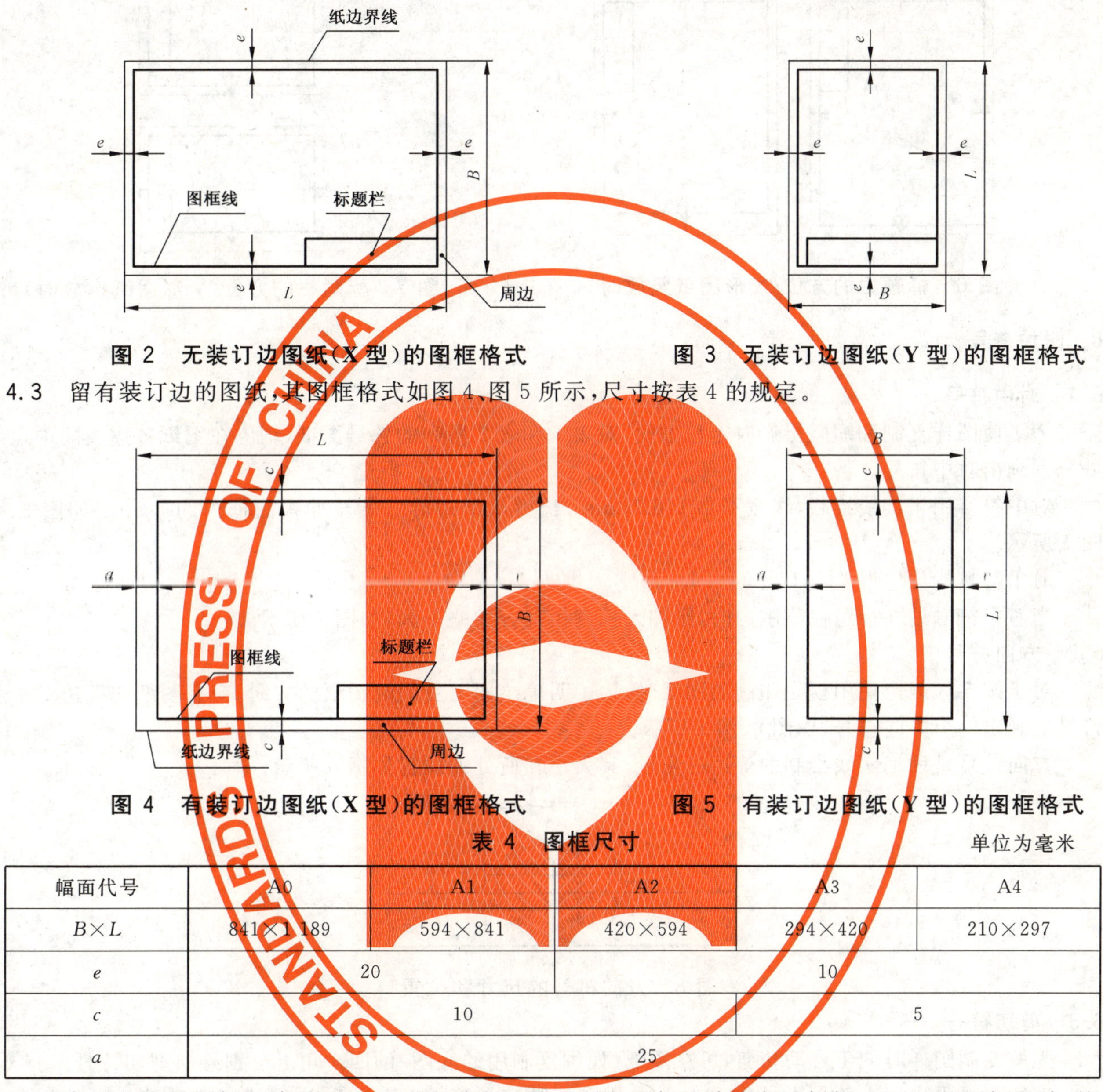

图2　无装订边图纸(X型)的图框格式　　图3　无装订边图纸(Y型)的图框格式

4.3　留有装订边的图纸，其图框格式如图4、图5所示，尺寸按表4的规定。

图4　有装订边图纸(X型)的图框格式　　图5　有装订边图纸(Y型)的图框格式

表4　图框尺寸

单位为毫米

幅面代号	A0	A1	A2	A3	A4
$B\times L$	841×1 189	594×841	420×594	294×420	210×297
e	20		10		
c	10			5	
a	25				

4.4　加长幅面的图框尺寸，按所选用的基本幅面大一号的图框尺寸确定。例如A2×3的图框尺寸，按A1的图框尺寸确定，即e为20(或c为10)，而A3×4的图框尺寸，按A2的图框尺寸确定，即e为10(或c为10)。

5　标题栏的方位

5.1　每张图纸上都必须画出标题栏。标题栏的格式和尺寸按GB/T 10609.1的规定。标题栏的位置应位于图纸的右下角，如图2～图5所示。

5.2　标题栏的长边置于水平方向并与图纸的长边平行时，则构成X型图纸，如图2、图4所示。若标题栏的长边与图纸的长边垂直时，则构成Y型图纸，如图3、图5所示。在此情况下，看图的方向与看标题栏的方向一致。

5.3　为了利用预先印制的图纸，允许将X型图纸的短边置于水平位置使用，如图6所示，或将Y型图纸的长边置于水平位置使用，如图7所示。

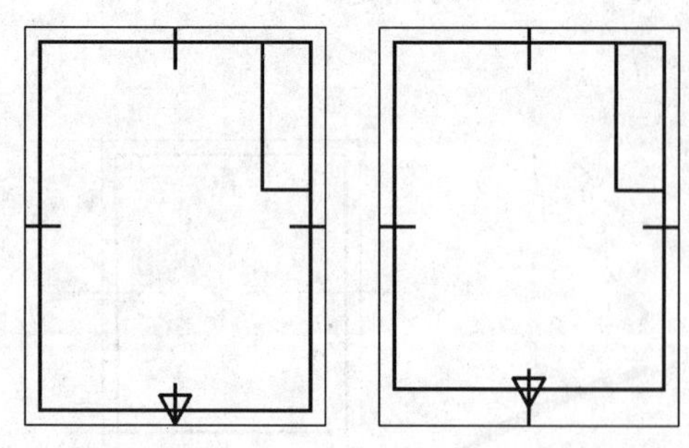

图 6 标题栏的方位(X 形图纸竖放时)

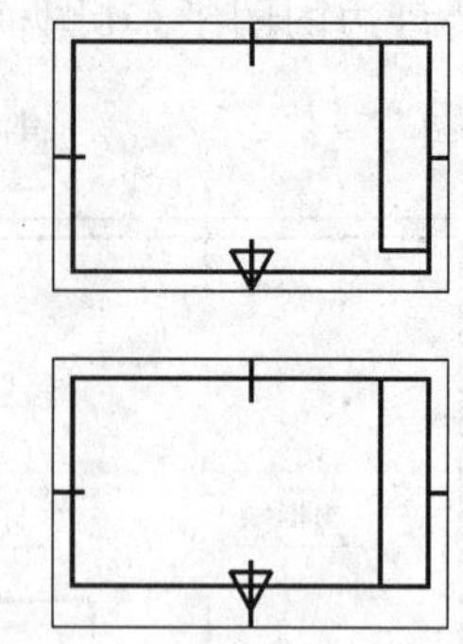

图 7 标题栏的方位(Y 形图纸横放时)

6 附加符号

6.1 对中符号

为了使图样复制和缩微摄影时定位方便,对表 1 和表 2 所列的各号图纸,均应在图纸各边长的中点处分别画出对中符号。

对中符号用粗实线绘制,线宽不小于 0.5 mm,长度从纸边界开始至伸入图框内约 5 mm,如图 6、图 7 所示。

对中符号的位置误差应不大于 0.5 mm。

当对中符号处在标题栏范围内时,则伸入标题栏部分省略不画,如图 7 所示。

6.2 方向符号

对于按 5.3 规定使用预先印制的图纸时,为了明确绘图与看图时图纸的方向,应在图纸的下边对中符号处画出一个方向符号,如图 6、图 7 所示。

方向符号是用细实线绘制的等边三角形,其大小和所处的位置如图 8 所示。

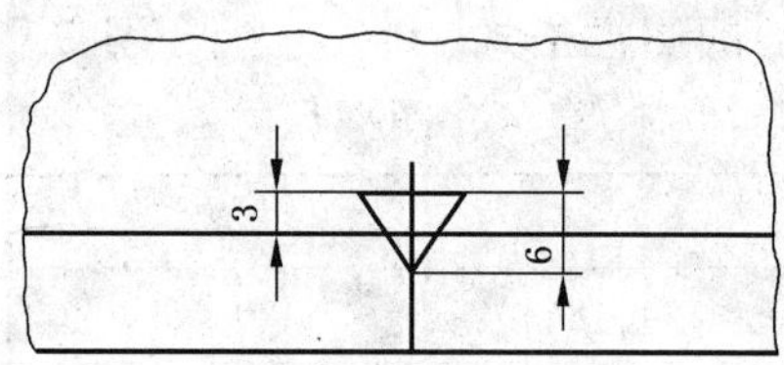

图 8 方向符号的尺寸和位置

6.3 剪切符号

为使复制图样时便于自动切剪,可在图纸(如供复制用的底图)的四个角上分别绘出剪切符号。

剪切符号可采用直角边边长为 10 mm 的黑色等腰三角形,如图 9 所示,当使用这种符号对某些自动切纸机不适合时,也可以将剪切符号画成两条粗线段,线段的线宽为 2 mm,线长为 10 mm,如图 10 所示。

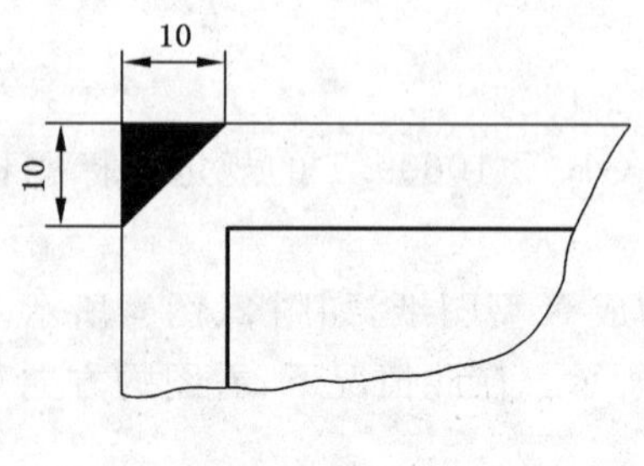

图 9 剪切符号(一)

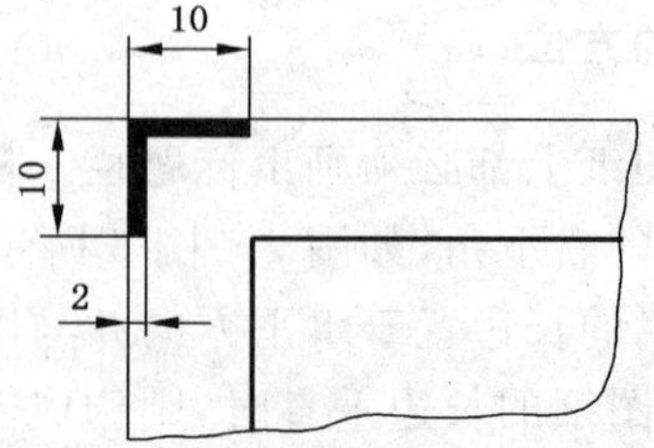

图 10 剪切符号(二)

6.4 投影符号

第一角画法的投影识别符号，如图 11 所示。第三角画法的投影识别符号，如图 12 所示。

投影符号中的线型用粗实线和细点画线绘制，其中粗实线的线宽不小于 0.5 mm，如图 11、图 12 所示。

投影符号一般放置在标题栏中名称及代号区的下方。

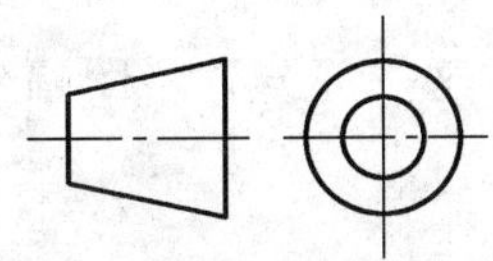

图 11 第一角画法的投影识别符号

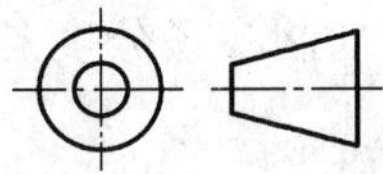

图 12 第三角画法的投影识别符号

7 图幅分区

7.1 必要时，可以用细实线在图纸周边内画出分区，如图 13、图 14 所示。

7.2 图幅分区数目按图样的复杂程度确定，但必须取偶数。每一分区的长度应在 25 mm～75 mm 之间选择。

7.3 分区的编号，沿上下方向（按看图方向确定图纸的上下和左右）用大写拉丁字母从上到下顺序编写，沿水平方向用阿拉伯数字从左到右顺序编写。

当分区数超过拉丁字母的总数时，超过的各区可用双重字母依次编写，例如 AA，BB，CC，……等。

拉丁字母和阿拉伯数字的位置应尽量靠近图框线。

7.4 在图样中标注分区代号时，分区代号由拉丁字母和阿拉伯数字组合而成，字母在前、数字在后并排地书写，如 B3、C5 等。

当分区代号与图形名称同时标注时，则分区代号写在图形名称的后边，中间空出一个字母的宽度，例如：A B3；$E—E$ A7；$\frac{D}{2:1}$ C5 等。

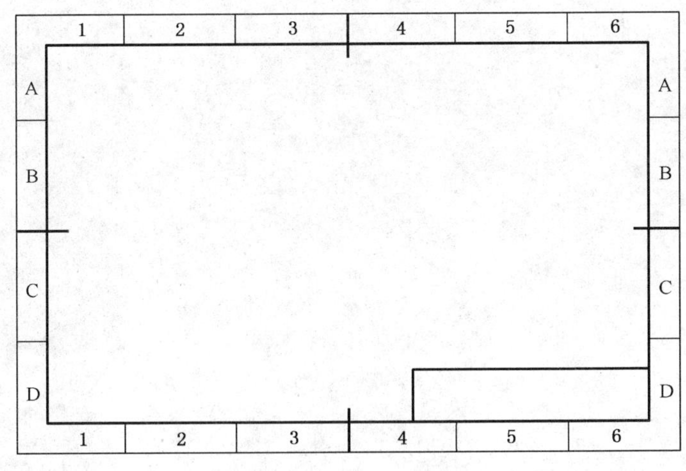

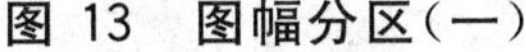

图 13 图幅分区（一）

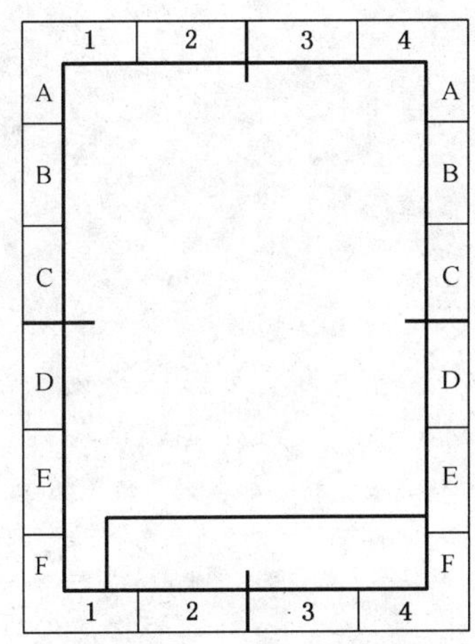

图 14 图幅分区（二）

8 米制参考分度

8.1 对于用作缩微摄影的原件，可在图纸的下边设置不注尺寸数字的米制参考分度，用以识别缩微摄影的放大或缩小的倍率。

8.2　米制参考分度用粗实线绘制，线宽不小于 0.5 mm，总长为 100 mm，等分为 10 格，格高为 5 mm，对称地配置在图纸下边的对中符号两侧，如图 15 所示。

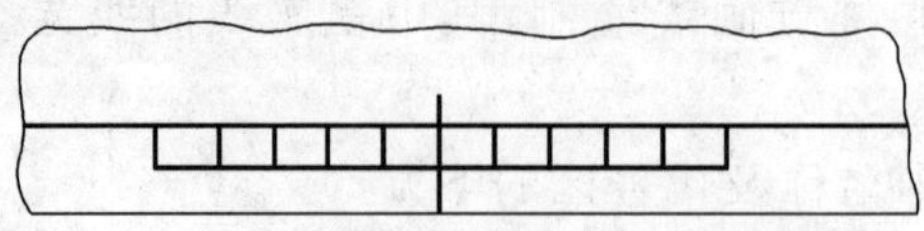

图 15　米制参考分度

8.3　当同时采用米制参考分度与图幅分区时，则绘制米制参考分度的这一部分省略图幅分区。

9　预先印制的图纸

图纸可以预先印制，预先印制的图纸一般应具有图框、标题栏和对中符号三项基本内容。而其他内容如剪切符号、图幅分区、米制参考分度等可根据图纸的用途和使用情况确定其取舍。也可根据具体需要临时绘制。

ICS 01.100.01
J 04

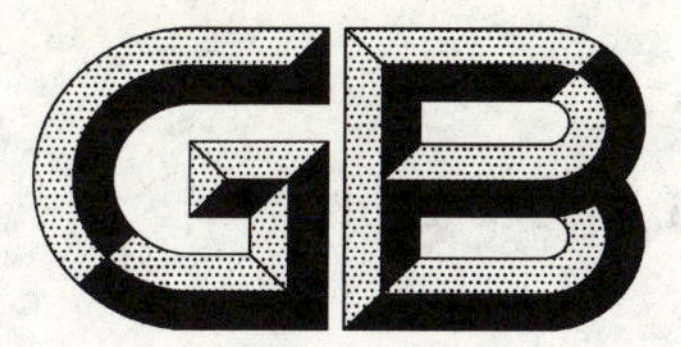

中华人民共和国国家标准

GB/T 14692—2008
代替 GB/T 14692—1993

技术制图 投影法

Technical drawings—Projection methods

2008-06-26 发布　　2009-01-01 实施

中华人民共和国国家质量监督检验检疫总局
中国国家标准化管理委员会　发布

前　言

本标准是对 GB/T 14692—1993《技术制图　投影法》的修订。

本标准从 1993 年发布以后，得到了广泛的应用。本次修订主要是针对标准的有关条款和文字上发现的一些问题，对原标准的内容修改后编制而成。

本标准代替 GB/T 14692—1993《技术制图　投影法》，主要修改的内容有：

——按照 GB/T 1.1 和本标准的内容要求，修改与增加了"范围"和"规范性引用文件"的内容；

——取消"4.2　绘制技术图样时，应以采用正投影法为主，以轴测投影法及透视投影法为辅。"的要求条款；

——另外，还就标准中的相关内容作了文字上的修改。

原 GB/T 14692—1993《技术制图　投影法》国家标准是参照采用国际标准 ISO/DIS 5456：1993《技术制图　投影法》。该国际标准在 1996 年分别批准发布为：第一部分：概要、第二部分：正投影表示法和第三部分：轴测投影表示法、第四部分　中心投影，这四个国际标准在内容上与原 ISO/DIS 5456：1993 原则一致。本次对 GB/T 14692—1993《技术制图　投影法》的修订，考虑到与原国家标准的一致性，没有一一对应的采用这四项国际标准。故对此四项国际标准的一致性程度为非等效采用。

本标准的附录 A 为资料性附录。

本标准由全国技术产品文件标准化技术委员会提出。

本标准由全国技术产品文件标准化技术委员会归口。

本标准起草单位：中机生产力促进中心、江苏技术师范学院、合肥工业大学、西安科技大学。

本标准主要起草人：杨东拜、王槐德、李学京、李勇、韩琳琳。

本标准所代替标准的历次版本发布情况为：

——GB/T 14692—1993。

技术制图　投影法

1　范围

本标准规定了投影法的基本规则。

本标准适用于技术图样及有关技术文件。

2　规范性引用文件

下列文件中的条款通过本标准的引用而成为本标准的条款。凡是注日期的引用文件，其随后所有的修改单(不包括勘误的内容)或修订版均不适用于本标准，然而，鼓励根据本标准达成协议的各方研究是否可使用这些文件的最新版本。凡是不注日期的引用文件，其最新版本适用于本标准。

GB/T 13361　技术制图　通用术语

GB/T 14689　技术制图　图纸幅面和格式(GB/T 14689—2008,ISO 5457:1999,MOD)

GB/T 16948　技术产品文件　词汇　投影法术语(GB/T 16948—1997,eqv ISO 10209-2:1993)

GB/T 17450　技术制图　图线(GB/T 17450—1998,idt ISO 128-20:1996)

3　术语和定义

下列术语和定义适用于本标准。

3.1

投影面　projection plane

投影法中，得到投影的面。

在多面正投影中，相互垂直的三个投影面，分别用 V、H、W 表示，如图 1 所示。

3.2

投影轴　projection axes

投影法中，相互垂直的投影面之间的交线。

在多面正投影中，相互垂直的三根投影轴分别用 OX、OY、OZ 表示，如图 1 所示。

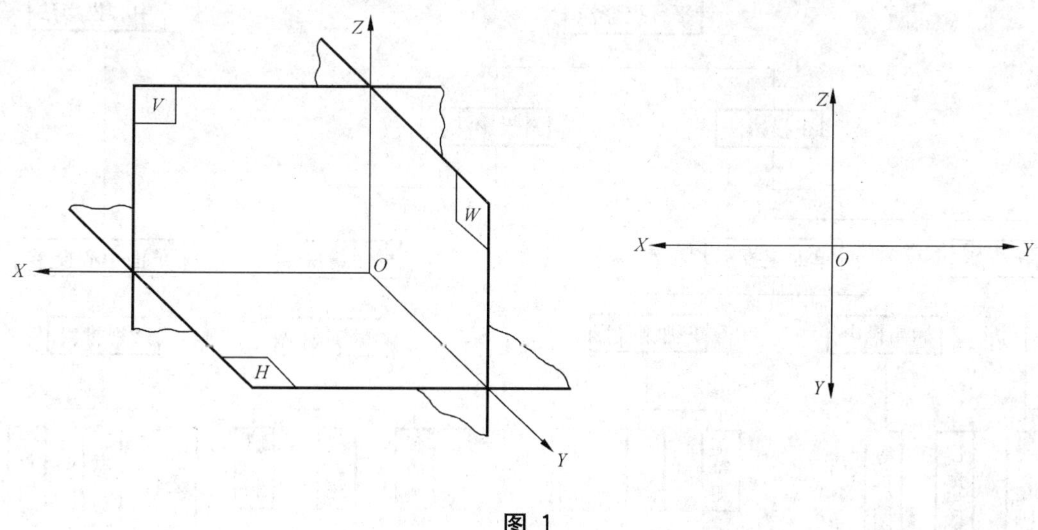

图 1

3.3

轴间角　axes angle

轴测投影图中，两根轴测轴之间的夹角。

3.4

轴向伸缩系数　coefficient of axial deformation

轴测轴上的单位长度与相应投影轴上的单位长度的比值。OX、OY、OZ 轴上的伸缩系数分别用 p_1、q_1和 r_1，表示，简化伸缩系数分别用 p、q 和 r 表示。

3.5

画面　picture plane

绘制透视图的投影平面。

3.6

视点　vision point

透视图中，观察者眼睛所在的位置，即投射中心。

3.7

主点　main point

视点在画面上的正投影。

3.8

灭点　vanishing point

直线上无穷远点的透视。

3.9

视锥　vision cone

以通过视点且垂直画面的视线为轴，视点为顶点，由视线形成的圆锥。

其他术语见 GB/T 13361。

4　投影法分类

投影法分类是根据投射线的类型（平行或汇交），投影面与投射线的相对位置（垂直或倾斜）及物体的主要轮廓与投影面的相对关系（平行、垂直或倾斜）设定的，其基本分类如图 2 所示。

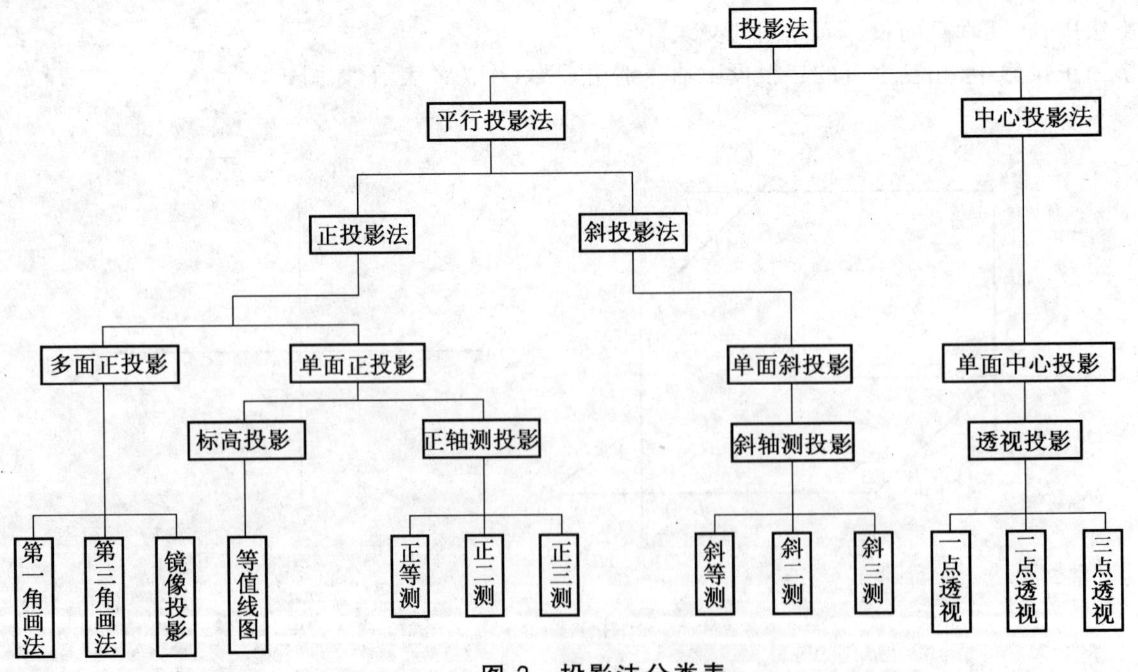

图 2　投影法分类表

5　正投影法

5.1　基本要求

5.1.1　表示一个物体可有六个基本投射方向，如图3所示。相应地有六个基本的投影平面分别垂直于六个基本投射方向。物体在基本投影面上的投影称为基本视图。

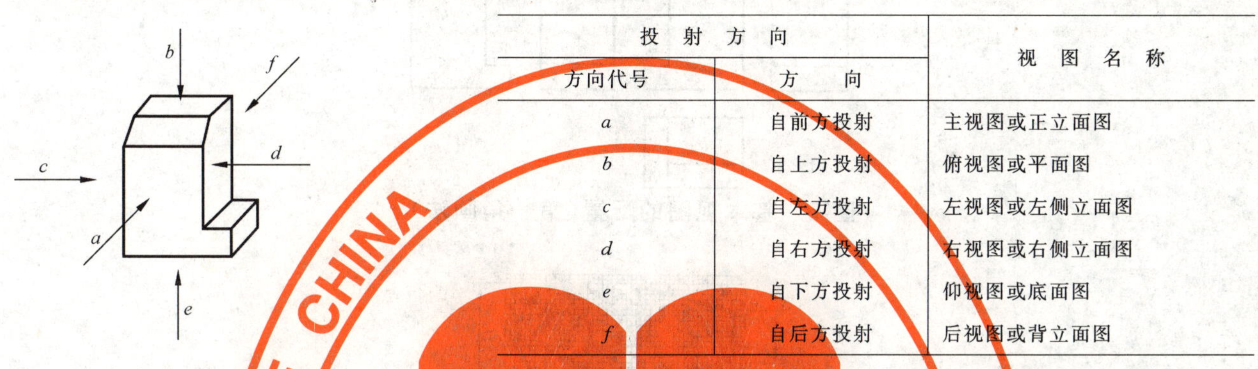

投射方向		视图名称
方向代号	方向	
a	自前方投射	主视图或正立面图
b	自上方投射	俯视图或平面图
c	自左方投射	左视图或左侧立面图
d	自右方投射	右视图或右侧立面图
e	自下方投射	仰视图或底面图
f	自后方投射	后视图或背立面图

图3　基本视图的投射方向

5.1.2　从前方投射的视图应尽量反映物体的主要特征，该视图称为主视图。

5.1.3　可根据实际情况选用其他视图，在完整、清晰地表达物体特征的前提下，使视图数量为最少，力求制图简便。

5.1.4　应采用第一角画法布置六个基本视图，也允许按5.2.1.5的规定选择。

5.1.5　在视图中，应用粗实线画出物体的可见轮廓。必要时，还可用细虚线画出物体的不可见轮廓。

5.2　表示法

5.2.1　第一角投影（第一角画法）

5.2.1.1　将物体置于第一分角内，即物体处于观察者与投影面之间进行投射，然后按规定展开投影面。

5.2.1.2　六个基本投影面的展开方法如图4所示。各视图的配置如图5所示。

图4　基本投影面的展开方法（第一角画法）

5.2.1.3 在同一张图纸内按图 5 配置视图时,一律不注视图的名称。

5.2.1.4 必要时,可画出第一角画法的投影识别符号,如图 6 所示。

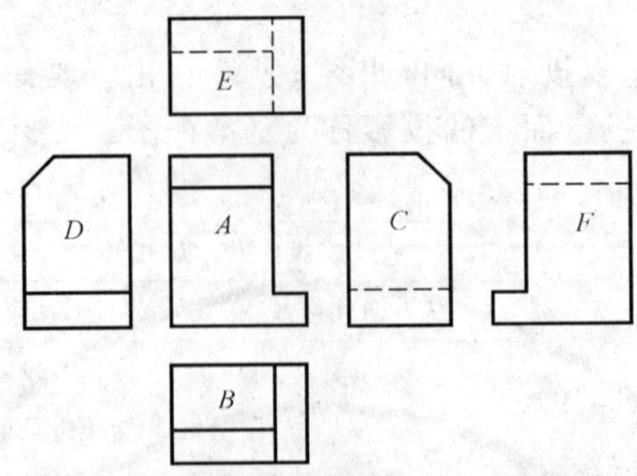

图 5 基本视图的配置(第一角画法)

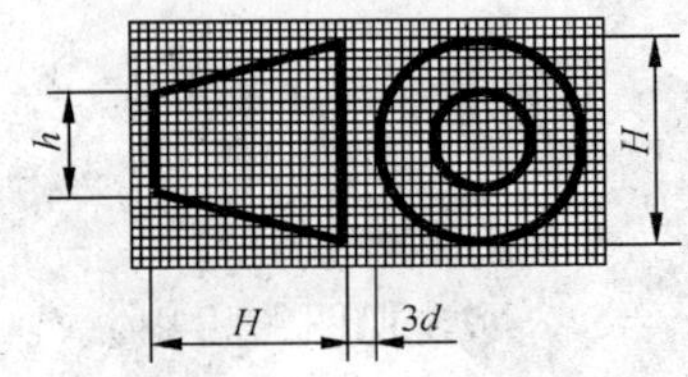

h=图中尺寸字体高度($H=2h$);
d 为图中粗实线宽度。

图 6 投影识别符号(第一角画法)

5.2.1.5 如不能按图 5 配置视图时,根据具体情况的需要,只允许从以下两种表达方式中选择一种:

a) 在视图(称为向视图)的上方标出“×”(其中“×”为大写拉丁字母),在相应的视图附近用箭头指明投射方向,并注上同样的字母,如图 7 所示。

b) 在视图下方标出图名。注写图名的各视图的位置,应根据需要和可能,按相应的规则布置。

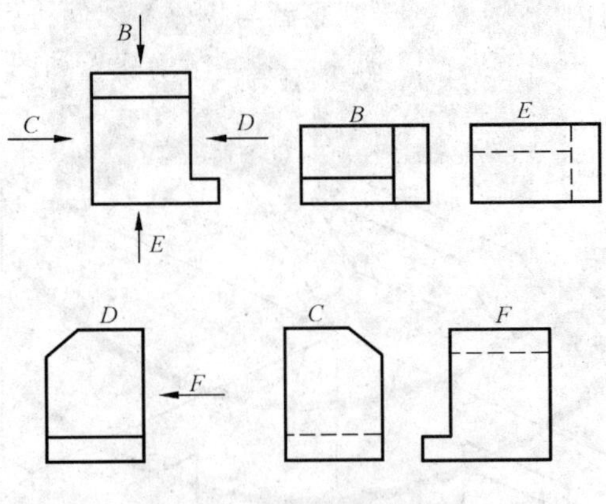

图 7 向视图的配置

5.2.2 第三角投影(第三角画法)

必要时(如按合同规定等),允许使用第三角画法,见附录 A。

5.2.3 镜像投影

镜像投影是用镜像投影法所得到的投影,可用以表示某些工程的构造。

5.2.3.1 镜像投影属于正投影法,镜像投影是物体在镜面中的反射图形的正投影,该镜面应平行于相应的投影面,如图 8a)所示。

5.2.3.2 绘制镜像投影图时,应按图 8b)所示方法在图名后注写“镜像”;或按图 9 所示方法画出镜像投影识别符号。

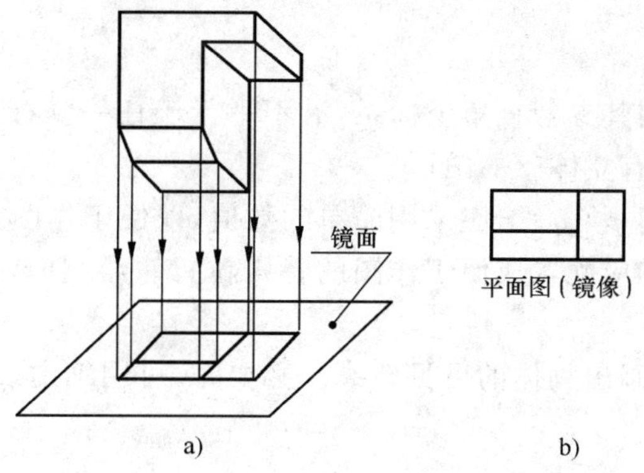

图 8 镜像投影

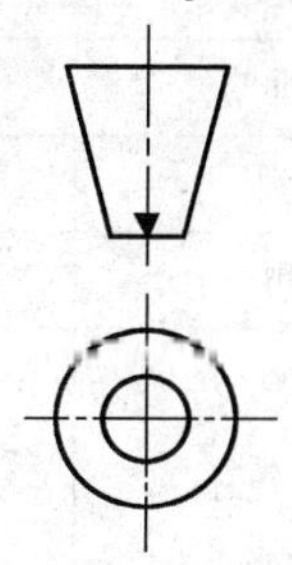

图 9 镜像投影识别符号

5.2.4 标高投影

5.2.4.1 标高投影是在物体的水平投影上加注某些特征面、线以及控制点的高程数值的单面正投影。

5.2.4.2 标高投影中应标注比例和高程。比例可采用比例尺（附有其长度单位）的形式，也可采用标注比例的形式（如 1∶1 000 等）。常用的高程单位为米。

5.2.4.3 应设某一水平面作为基准面，其高程为零，基准面以上的高程为正，基准面以下的高程为负。

5.2.4.4 用标高投影绘制的地形图主要是用等高线表示，如图 10 所示。

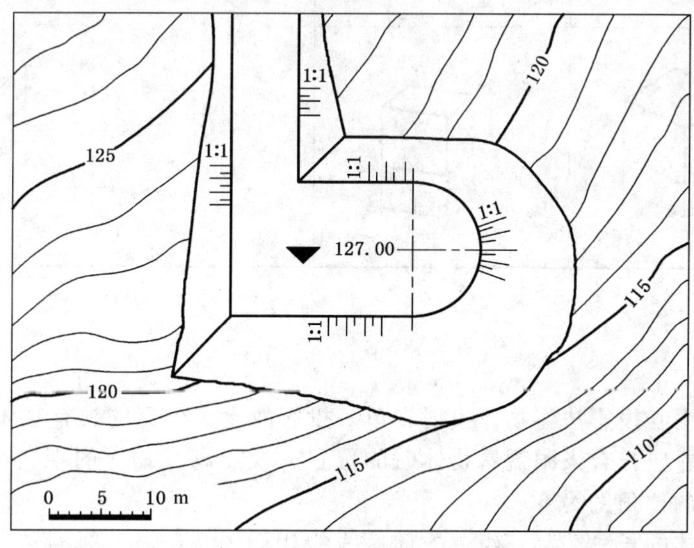

图 10 标高投影图

6 轴测投影

6.1 基本要求

6.1.1 轴测投影是将物体连同其参考直角坐标系，沿不平行于任一坐标面的方向，用平行投影法将其投射在单一投影面上所得的具有立体感的图形。

6.1.2 轴向伸缩系数之比值即 $p:q:r$ 应采用简单的数值，以便于作图。

6.1.3 轴测图中的三根轴测轴应配置成便于作图的特殊位置。绘图时，轴测轴随轴测图同时画出，也可以省略不画。

6.1.4 轴测图中，应用粗实线画出物体的可见轮廓。必要时，可用细虚线画出物体的不可见轮廓。

6.2 常用的轴测投影

常用的轴测投影见表 1。

表 1

		正轴测投影			斜轴测投影		
特性		投射线与轴测投影面垂直			投射线与轴测投影面倾斜		
轴测类型		等测投影	二测投影	三测投影	等测投影	二测投影	三测投影
简称		正等测	正二测	正三测	斜等测	斜二测	斜三测
应用举例	伸缩系数	$p_1=q_1=r_1=0.82$	$p_1=r_1=0.94$ $q_1=\frac{p_1}{2}=0.47$	视具体要求选用	视具体要求选用	$p_1=r_1=1$ $q_1=0.5$	视具体要求选用
	简化系数	$p=q=r=1$	$p=r=1$ $q=0.5$			无	
	轴间角	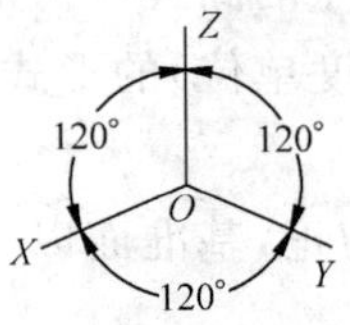 Z, X, Y, O 120°, 120°, 120°	Z, X, Y, O ≈97°, 131°, 132°			Z, X, Y, O 90°, 135°, 135°	
	例图	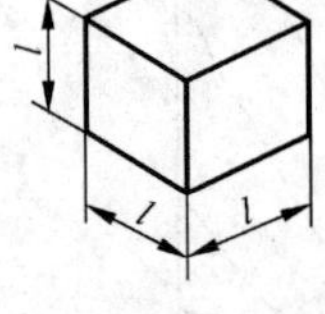 l, l, l	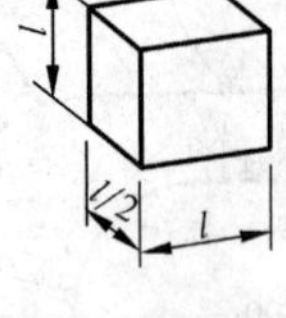 l, $l/2$, l			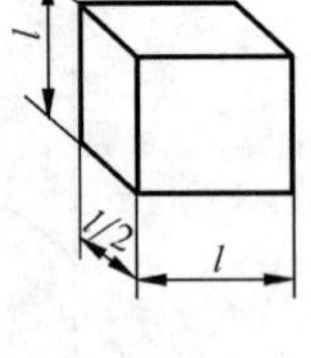 l, $l/2$, l	

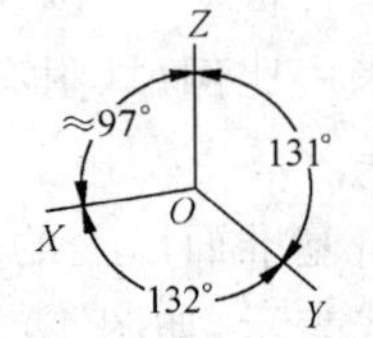

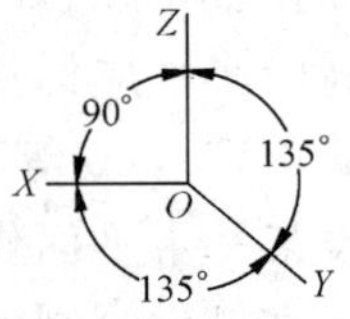

7 透视投影

7.1 基本要求

7.1.1 透视投影是用中心投影法将物体投射在单一投影面上所得到的具有立体感的图形。

7.1.2 透视视点的位置应符合人眼观看物体时的位置。视点离开物体的距离一般应使物体位于正常视锥范围内，正常视锥的顶角约为 60°。

7.1.3 根据画面对物体的长、宽、高三组主方向棱线的相对关系（平行、垂直或倾斜），透视图分为一点透视、二点透视和三点透视，可根据不同的透视效果分别选用。

7.1.4 透视图中，应用粗实线表示物体的可见轮廓。必要时，可用细虚线表示不可见轮廓。

7.2 透视图的画法

7.2.1 一点透视

7.2.1.1 一点透视中画面应与物体的长度和高度两组棱线的方向平行。

7.2.1.2 物体宽度主方向的棱线与画面垂直，其灭点就是主点，如图 11 所示。

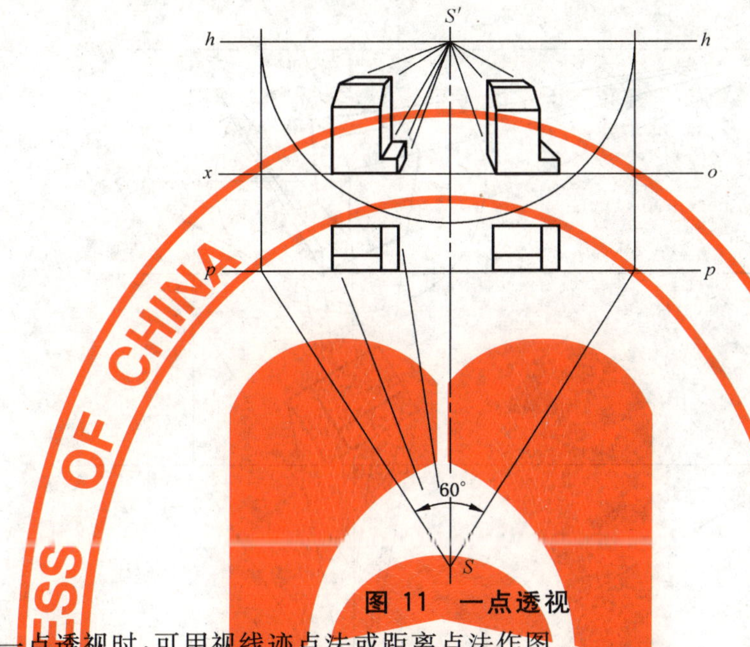

图 11 一点透视

7.2.1.3 画一点透视时，可用视线迹点法或距离点法作图。

7.2.2 两点透视

7.2.2.1 两点透视中，画面应与物体的高度方向的棱线平行。

7.2.2.2 画面与物体的主要立面的偏角以 20°～40°为宜。

7.2.2.3 物体的长度和宽度两组主方向的棱线与画面相交，有两个灭点，均位于视平线 h—h 上，如图 12 所示。

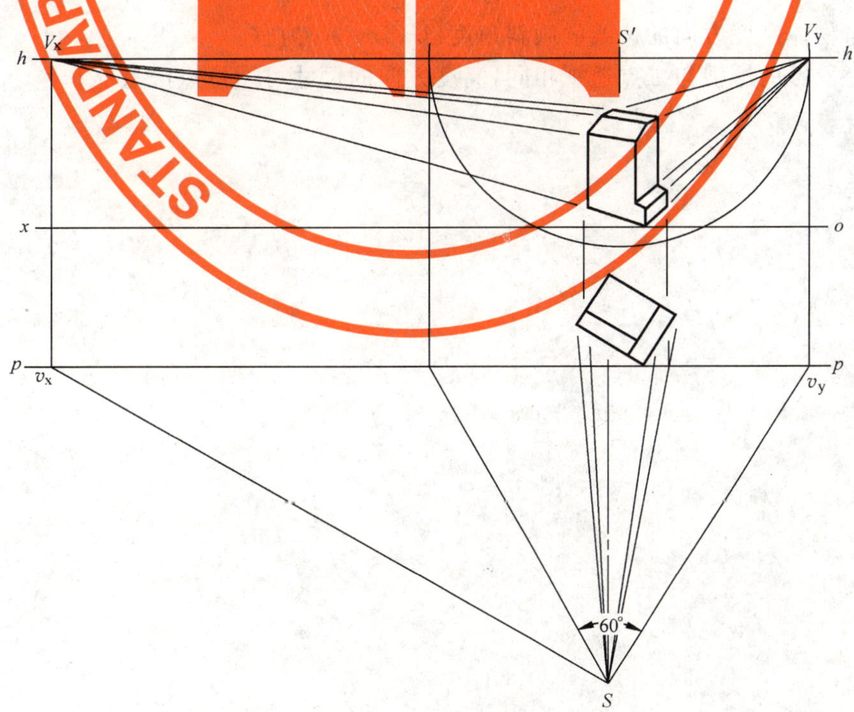

图 12 二点透视

7.2.2.4　可用迹点灭点法或量点法画二点透视。

7.2.3　**三点透视**

7.2.3.1　三点透视中画面应与物体的长、宽和高三组棱线均倾斜。

7.2.3.2　物体的长、宽和高三组主方向棱线各有一个灭点，共有三个灭点，如图 13 所示。

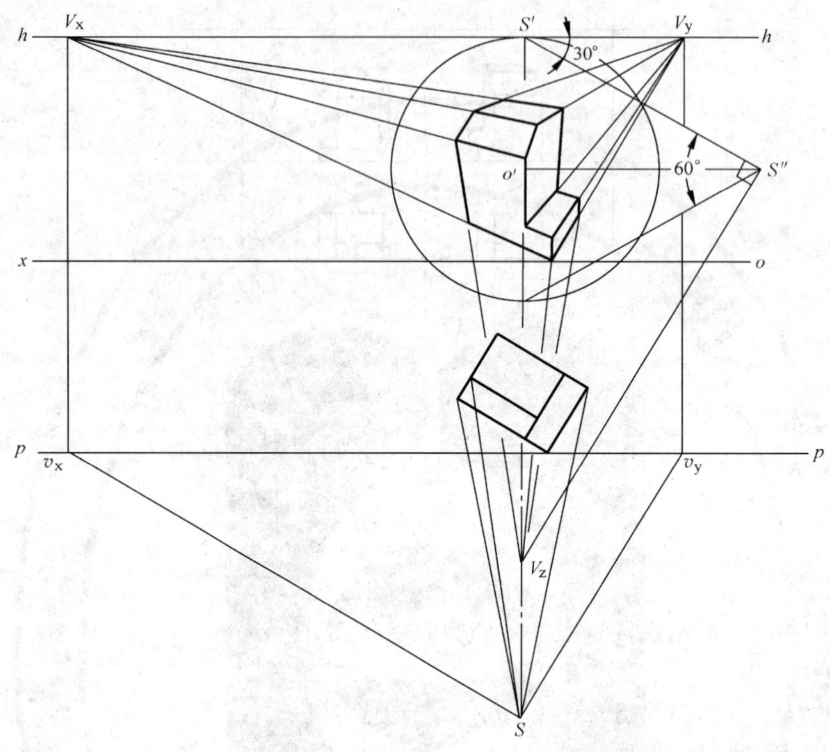

图 13　三点透视

7.2.3.3　画面与物体高度方向的棱线的倾斜角度以 15°～30°为宜。

7.2.3.4　画水平投影的透视与二点透视相同，高度方向的尺寸可用量点法量取。

附 录 A
(资料性附录)
第三角投影(第三角画法)

A.1 采用第三角画法时,物体置于第三分角内,即投影面处于观察者与物体之间进行投射,然后按规定展开投影面。

A.2 六个基本投影面的展开方法如图 A.1 所示。各视图的配置如图 A.2 所示。

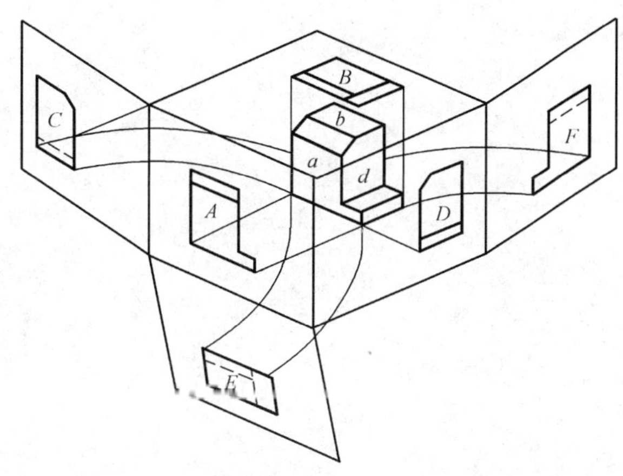

图 A.1 基本投影面的展开方法(第三角画法)

A.3 在同一张图纸内按图 A.2 配置视图时,一律不注视图名称。

A.4 采用第三角画法时,必须在图样中画出第三角投影的识别符号,如图 A.3 所示。

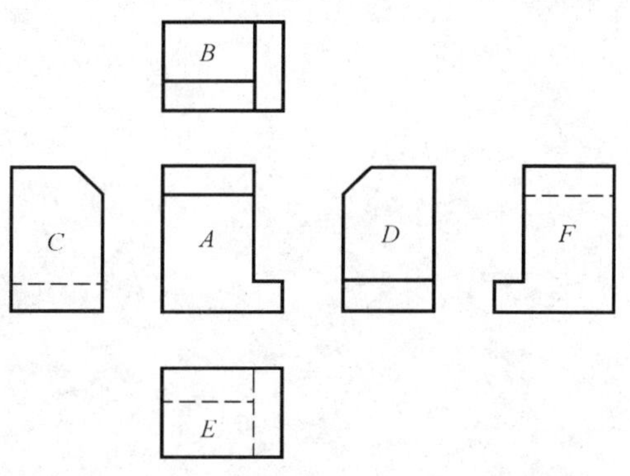

图 A.2 基本视图的配置(第三角画法)

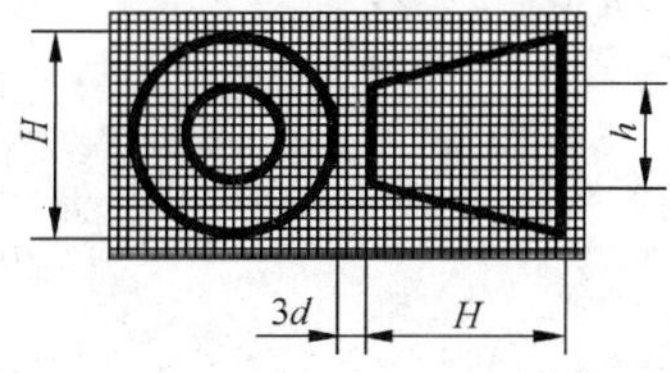

h=图中尺寸字体高度($H=2h$)

d 为图中粗实线宽度

图 A.3 投影识别符号(第三角画法)

ICS 19.100
J 04

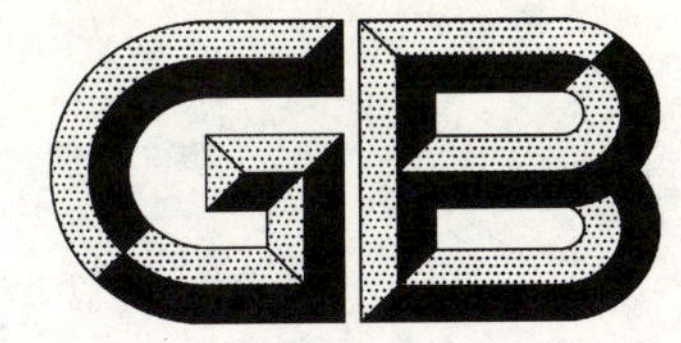

中华人民共和国国家标准

GB/T 14693—2008
代替 GB/T 14693—1993

无损检测 符号表示法

Non-destructive testing—Symbolic representation on drawings

2008-02-28 发布　　　　2008-07-01 实施

中华人民共和国国家质量监督检验检疫总局
中国国家标准化管理委员会　发布

前　言

本标准代替 GB/T 14693—1993《焊缝无损检测符号》。

本标准与 GB/T 14693—1993 相比主要变化如下：

——修改了标准名称；

——修改和拓展了范围(见第 1 章)；

——修改和补充了规范性引用文件(见第 2 章)；

——增加了术语和定义(见第 3 章)；

——修改和调整了无损检测符号要素(1993 年版的第 3 章，本版的第 4 章)；

——调整了一般规则(1993 年版的 4.1 和 4.2，本版的第 5 章)；

——调整了辅助符号(1993 年版的 4.3，本版的第 6 章)；

——调整了技术条件、规范和引用标准(1993 年版的 4.4，本版的第 7 章)；

——调整了无损检测的区域、位置和方向(1993 年版的 4.5、4.6 和 4.7，本版的第 8 章)。

本标准由中国机械工业联合会提出。

本标准由全国无损检测标准化技术委员会(SAC/TC 56)归口。

本标准起草单位：北京维泰凯信新技术有限公司、首都师范大学、上海材料研究所。

本标准主要起草人：金万平、王迅、徐义广、金宇飞。

本标准所代替标准的历次版本发布情况为：

——GB/T 14693—1993。

无损检测　符号表示法

1　范围

本标准规定了用符号标注无损检测信息的方法，并为这些符号的构成和注释提供了详细的信息和示例。该符号系统用于标注无损检测所使用的方法、频次、区域以及引用的技术条件、规范或标准。

本标准适用于技术图样及有关技术文件。在被检工件上做标记时也可参照使用。

2　规范性引用文件

下列文件中的条款通过本标准的引用而成为本标准的条款。凡是注日期的引用文件，其随后所有的修改单（不包括勘误的内容）或修订版均不适用于本标准，然而，鼓励根据本标准达成协议的各方研究是否可使用这些文件的最新版本。凡是不注日期的引用文件，其最新版本适用于本标准。

GB/T 324　焊缝符号表示法

GB 3100～3102　量和单位

GB/T 4457.2　技术制图　图样画法　指引线和基准线的基本规定

GB/T 4458.4　机械制图　尺寸注法

GB/T 5616　无损检测　应用导则

GB/T 7027　信息分类和编码的基本原则与方法

GB/T 12212　技术制图　焊缝符号的尺寸、比例及简化表示法

GB/T 12604(所有部分)　无损检测　术语

GB/T 13361　技术制图　通用术语

GB/T 16675.2　技术制图　简化表示法　第2部分：尺寸注法

GB/T 20737　无损检测　通用术语和定义(GB/T 20737—2006，ISO/TS 18173:2005，IDT)

3　术语和定义

GB/T 12604、GB/T 13361和GB/T 20737确立的术语和定义适用于本标准。

4　无损检测符号要素

4.1　概述

无损检测符号由以下要素组成：

a)　基准线；

b)　箭头；

c)　检测方法字母标识代码；

d)　检测范围和抽检数目；

e)　辅助符号；

f)　基准线的尾部(技术条件、规范或标准)。

无损检测符号的图样画法应符合GB/T 4457.2的规定，尺寸标注应符合GB/T 4458.4和GB/T 16675.2的规定。

无损检测的区域、位置、方向、角度等的标示应符合GB 3100～3102的相关规定，采用国际单位制。

4.2　无损检测方法的字母标识代码

无损检测方法的字母标识代码见表1。

表1规定了一些无损检测方法的字母标识代码，但是这些方法不可能涵盖全部无损检测的方法。无损检测的方法种类见GB/T 5616。由于不断有新的无损检测方法出现，在技术图样和技术文件中如需要标示本标准未规定的无损检测方法及其代码时，应在文件中做出规定，代码规则应遵循GB/T 7027的规定。

表1　无损检测方法的字母标识代码

无损检测方法	字母标识代码
声发射	AET或AT
电磁	ET
泄漏	LT
磁粉	MT
中子辐射	NRT
耐压试验	PRT
渗透	PT
射线	RT
超声	UT
目视	VT

4.3　辅助符号

用于无损检测符号的辅助符号如图1所示。

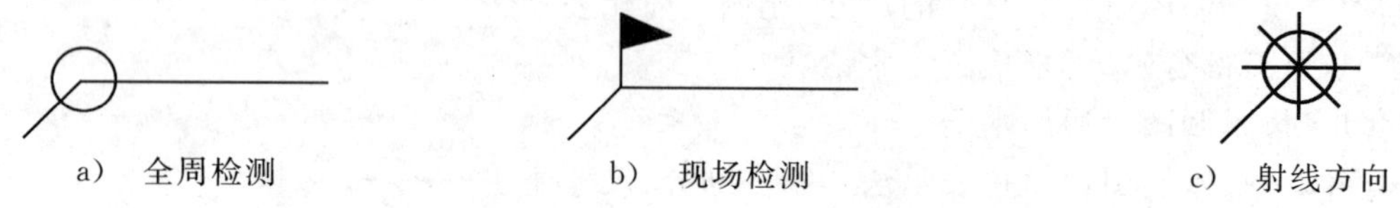

图1　无损检测符号的辅助符号

4.4　无损检测符号要素的标准位置

无损检测符号要素标注的标准位置如图2所示。

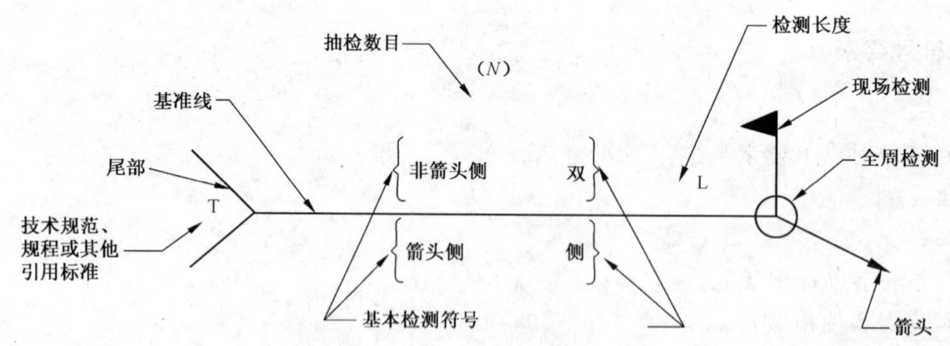

图2　无损检测符号要素的标准位置

5　一般规则

5.1　箭头

基准线的箭头应指向被检工件，箭头指向的被检工件一侧称为被检工件的箭头侧，与箭头侧相反的一侧称为非箭头侧。

5.2 检测方法字母标识代码位置的含义

5.2.1 箭头侧的检测

当需要对箭头侧进行检测时，所选择的检测方法字母标识代码应置于基准线下方，如图3。

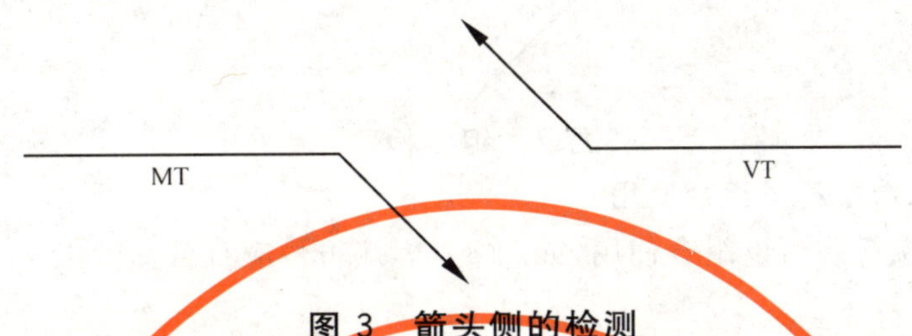

图3 箭头侧的检测

5.2.2 非箭头侧的检测

当需要对非箭头侧进行检测时，所选择的检测方法字母标识代码应置于基准线上方，如图4。

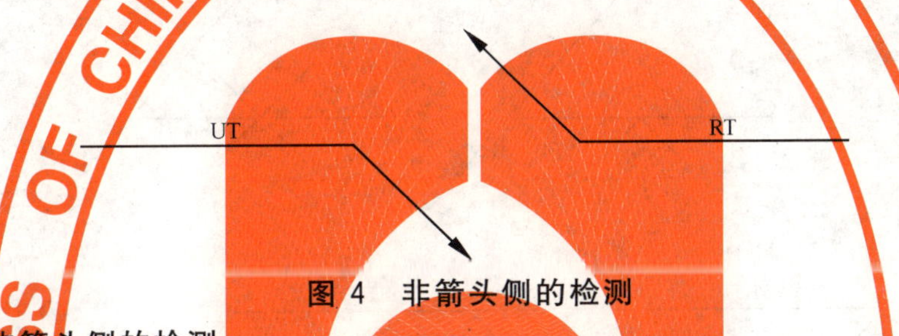

图4 非箭头侧的检测

5.2.3 箭头侧和非箭头侧的检测

当箭头侧和非箭头侧均需进行检测时，所选择的检测方法字母标识代码应同时置于基准线两侧，如图5。

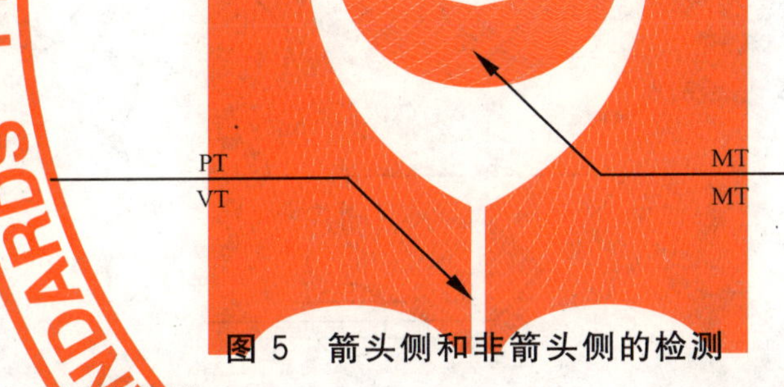

图5 箭头侧和非箭头侧的检测

5.2.4 箭头侧或非箭头侧的检测

当可在箭头侧或非箭头侧中任选一侧进行检测时，所选择的检测方法字母标识代码应置于基准线中间，如图6。

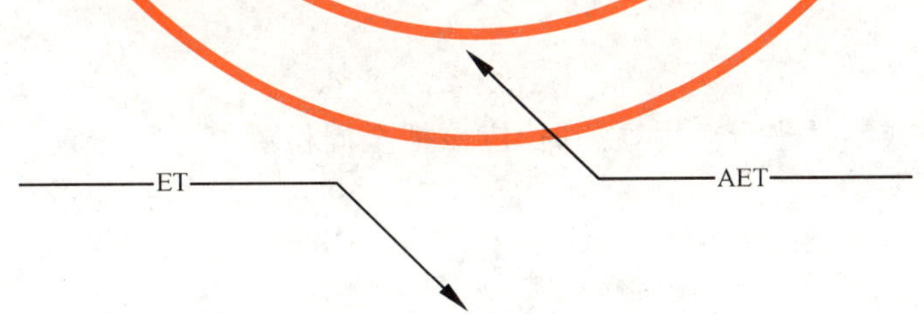

图6 箭头侧或非箭头侧的检测

5.2.5 组合检测

当对同一部分使用两种或两种以上检测方法时，应该把所选择的几种检测方法字母标识代码置于相对于基准线的正确位置。当把两种或两种以上的检测方法字母标识代码置于基准线同侧或基准线中间时，应用加号分开，如图7。

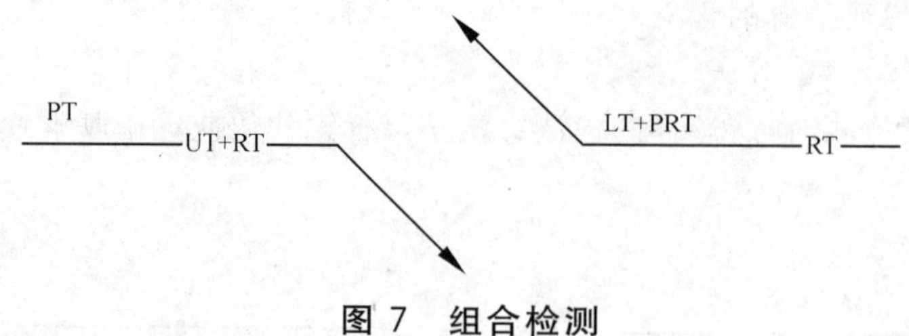

图 7 组合检测

5.2.6 无损检测符号和焊接符号组合使用

无损检测符号和焊接符号可以组合使用，如图 8。焊接符号应符合 GB/T 324 和 GB/T 12212 等相关标准的规定。

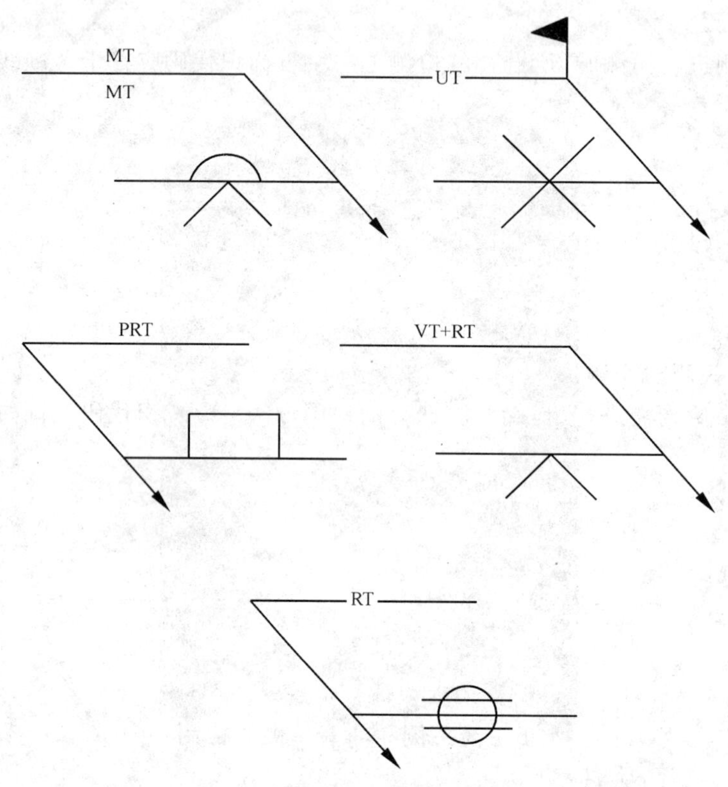

图 8 无损检测符号和焊接符号组合使用

6 辅助符号

6.1 全周检测

当需要对焊缝、接头或零件进行全周检测时，应该把全周检测符号置于箭头和基准线的连接处，如图 9。

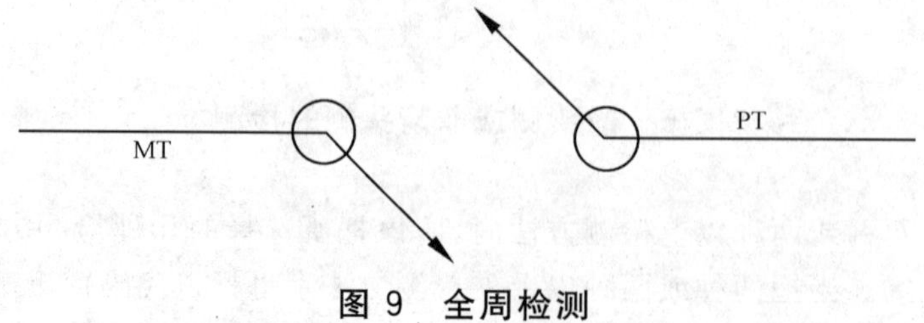

图 9 全周检测

6.2 现场检测

当需要在现场(不是在车间或初始制造地)检测时，应该把现场检测符号置于箭头和基准线的连接处，如图 10。

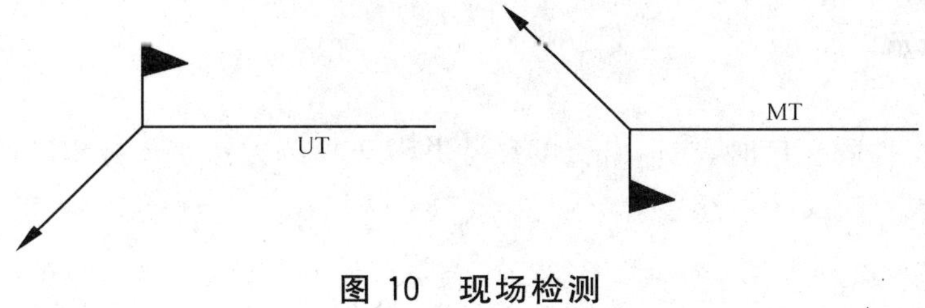

图 10 现场检测

6.3 射线方向

射线穿透的方向可以用射线方向符号以所需的角度在图上标出，并应标明该角度的度数以保证无误解，如图 11。

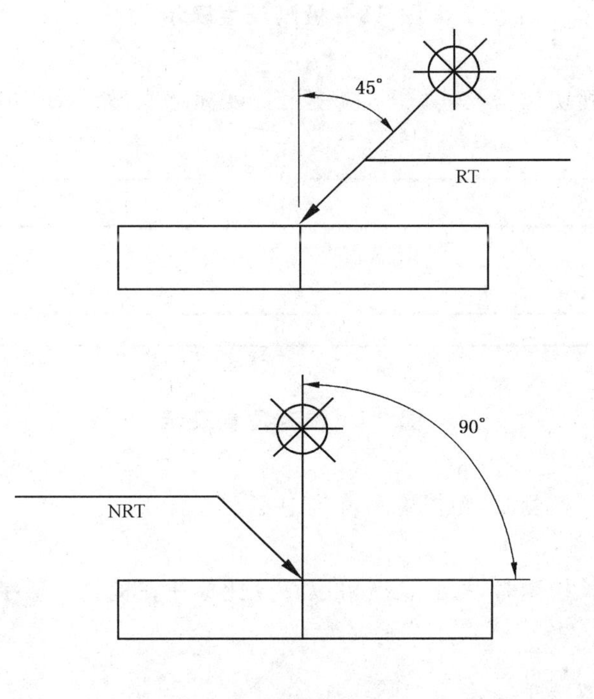

图 11 射线方向

7 技术条件、规范和引用标准

如果没有用其他方式提供指定检测的信息(技术条件、规范和引用标准)，可以把这些信息置于无损检测符号的尾部，如图 12。

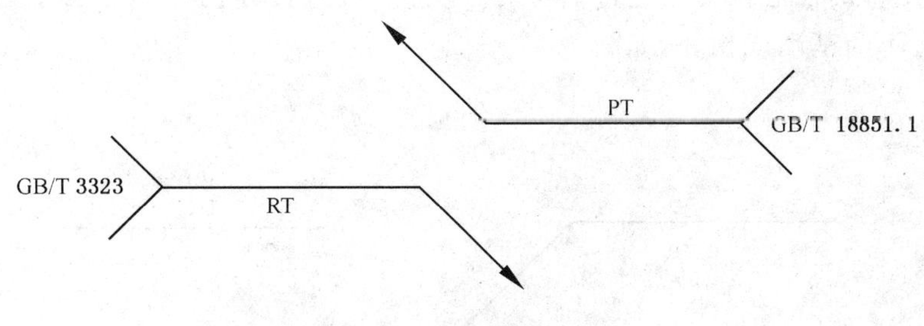

图 12 尾部信息

8 无损检测的区域、位置和方向

8.1 被检区域长度标示

8.1.1 长度表示

当只需考虑被检工件的长度时，应标出长度尺寸并置于检测方法字母标识代码的右侧，如图13。

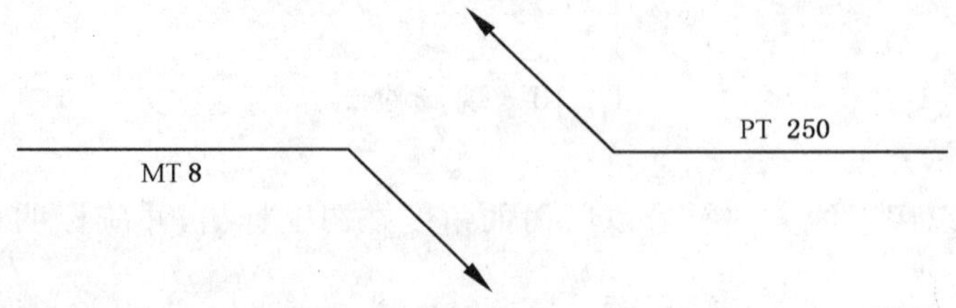

图13 检测长度表示

8.1.2 位置表示

当需标示被检区域的确切位置及其长度，应使用长度标定线，如图14。

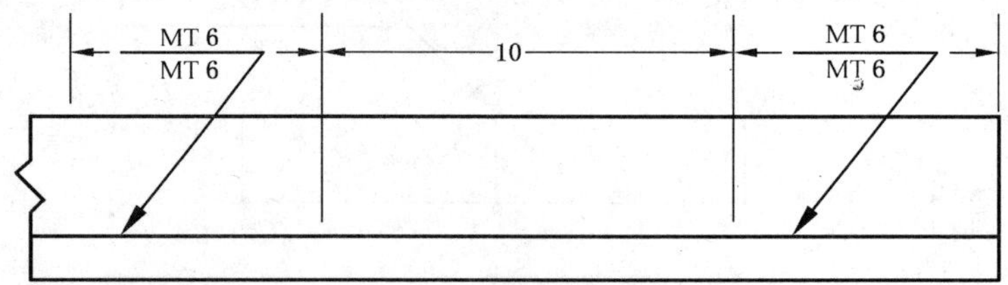

图14 检测位置表示

8.1.3 全长检测

当被检工件全长都需要检测时，无损检测符号中不必包含长度。

8.1.4 局部检测

当被检工件不需做全长检测时，检测长度可以百分比标注在检测方法字母标识代码右侧，如图15。

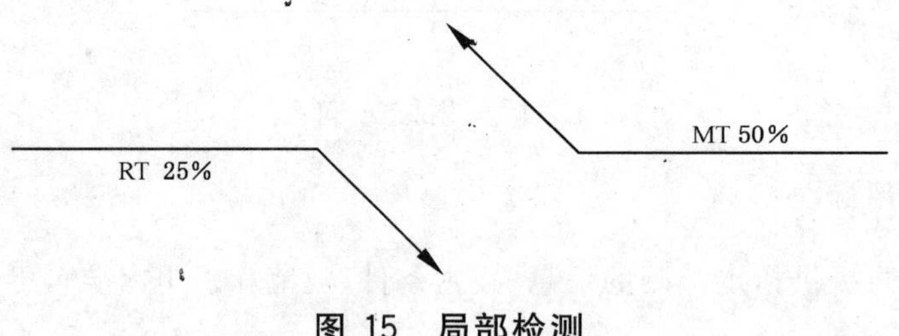

图15 局部检测

8.2 抽检数目

当需要在被检工件的任意位置上进行抽检时，应将抽检数目标在检测方法字母标识代码之上或之下的圆括号内，并且不与基准线相邻，如图16。

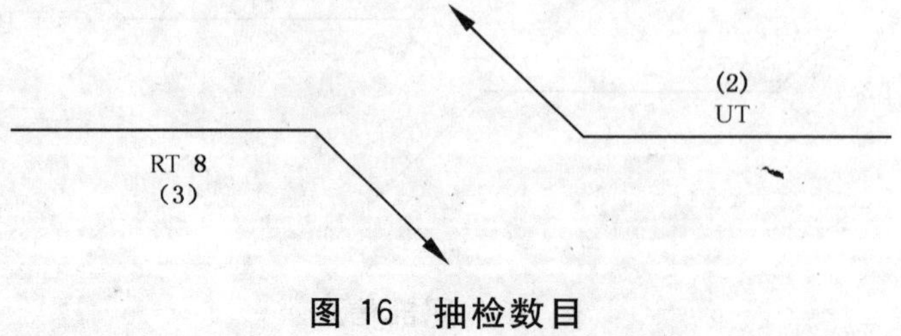

图16 抽检数目

8.3 检测区域

8.3.1 平面区域

当在图上表示无损检测的区域为平面时，应该用直虚线封闭该区域，并在封闭线的每个拐角处标一圆，所选择的检测方法字母标识代码应如图17所示方式与这些线相连接。必要时，用坐标和标尺给这些封闭线定位。

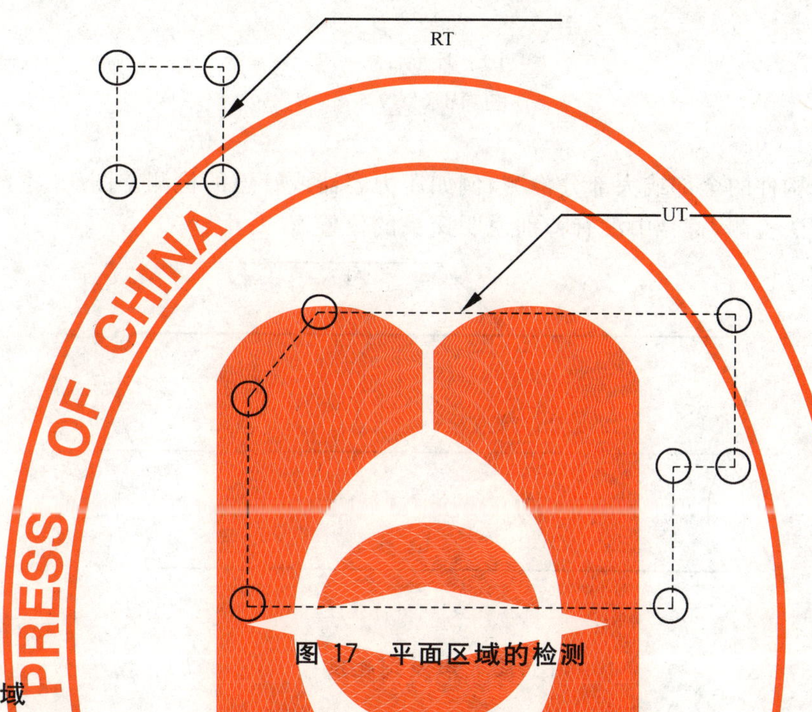

图17 平面区域的检测

8.3.2 环形区域

对于环形区域的无损检测，应用全周检测符号和恰当的尺寸标明检测区域，如图18 a)和图18 b)所示。

图18 a)中，右上角符号表示距右端面2 mm范围内的法兰孔应用磁粉进行全周检测，左下角符号表示用射线检测图中未标尺寸的环形区域。

图18 b)中的符号表示环形区域的内表面需要耐压检测，外表面需要电磁检测，图中没标尺寸，全长均需检测。

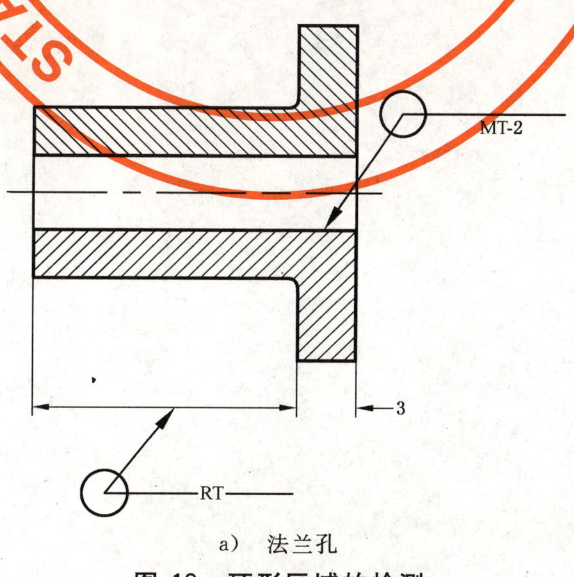

a) 法兰孔

图18 环形区域的检测

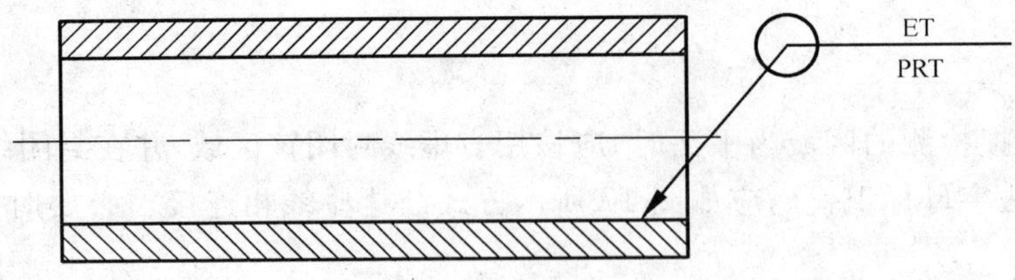

b） 环形件

图 18（续）

8.3.3 声发射

声发射一般用于构件的全部或大部分检测，例如压力容器或管道的检测。图 19 中的符号表示该图中的构件用声发射方法检测，符号中没有特别说明探头的位置。

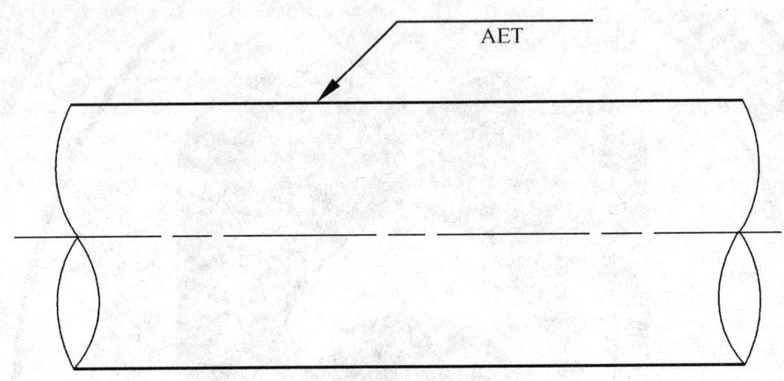

图 19 声发射检测

ICS 87.040
B 72

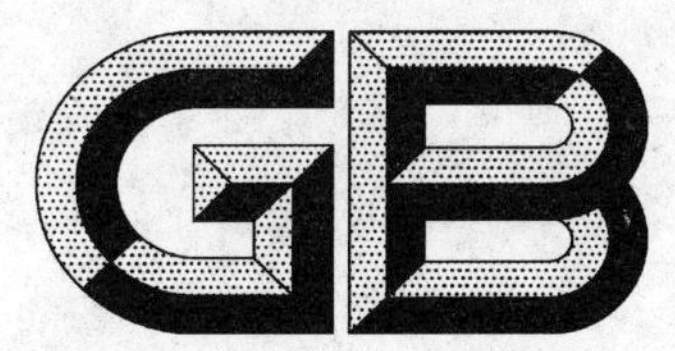

中华人民共和国国家标准

GB/T 14703—2008
代替 GB/T 14703—1993

生　　漆

Raw lacquer

2008-08-07 发布　　　　2009-03-01 实施

中华人民共和国国家质量监督检验检疫总局
中国国家标准化管理委员会　发布

前　言

本标准是对 GB/T 14703—1993《生漆》的修订。

本标准与 GB/T 14703—1993 的主要技术差异：

——本标准的结构、技术要素及表述规则按 GB/T 1.1—2000《标准化工作导则　第 1 部分：标准的结构和编写规则》进行了修改；

——增加了相关的术语和定义；

——对质量指标中相关指标值作了修订；

——对质量指标项目进行了调整；

——对理化检验方法进行了修订。

本标准的附录 A 为规范性附录，附录 B 为资料性附录。

本标准由中华全国供销合作总社提出。

本标准由中华全国供销合作总社西安生漆涂料研究所归口。

本标准起草单位：中华全国供销合作总社西安生漆涂料研究所。

本标准主要起草人：张飞龙、张瑞琴。

本标准所代替标准的历次版本发布情况为：

——GB/T 14703—1993。

生 漆

1 范围

本标准规定了生漆的相关术语和定义、质量要求、检验方法及规则、标志、包装、贮存和运输。

本标准适用于生漆的生产、收购和销售。

2 规范性引用文件

下列文件中的条款通过本标准的引用而成为本标准的条款。凡是注日期的引用文件，其随后所有的修改单(不包括勘误的内容)或修订版均不适用于本标准，然而，鼓励根据本标准达成协议的各方研究是否可使用这些文件的最新版本。凡是不注日期的引用文件，其最新版本适用于本标准。

GB/T 3186　色漆、清漆和色漆与清漆用原材料　取样(ISO 15528:2000,IDT)

GB/T 9273　漆膜无印痕试验

GB/T 9750　涂料产品包装标志

3 术语和定义

下列术语和定义适用于本标准。

3.1

色泽　colour

生漆乳状液本身带有的颜色特征。

3.2

转艳　colour darking

搅动静置的生漆使其与空气接触而引起的颜色变化过程。

注：生漆转艳的过程实际上是生漆中的漆酚在有氧条件下被漆酶催化形成有色漆酚醌而引起的颜色变化的过程。

3.3

气味　odour

生漆乳状液散发出的人之嗅觉所能感到的味道。

3.4

米星　tiny granule

鱼子

米心

漆液内存在的一种乳白色形似碎米的液晶状颗粒，形状多为大小不同的椭圆形。

3.5

沙路　sand-like lines

搅动生漆，米星颗粒破碎，随漆液流动而形成乳白色的线路，线路以外伴有淡褐色砂状的线条同时流动。

注：搅动过多，粒状现象就会逐渐消失，但静置后又逐渐复现。

3.6

丝路　stretch drawing property

丝条

用漆板或铁片将漆液搅匀后，将漆板插入漆桶内，提起漆液往下流淌时，悬垂拉成的又长又细的丝条状物。该丝条状物超过一定的拉力，就断裂并迅速收缩回弹呈钩状。

3.7

漆渣　lacquer dregs

采割生漆过程中带入生漆中的木屑和生漆的自然结膜。

3.8

煎盘　special steelyard

用紫铜盘制作的专用杆秤（1 g 制，定为 10 分）。

3.9

煎盘分数　non-volatile matter content

表示生漆用煎盘熬去水分及挥发物后所得到的非挥发物含量。

3.10

加热减量　heating loss

生漆在规定温度下，蒸发水分及可挥发性物质，由差量法测得的蒸失量的质量分数。

3.11

含氮物与树胶质　nitrogenous and gum

生漆中的蛋白质和多糖等胶质物。

4　技术质量要求

生漆各项质量指标要求见表 1。

表 1　生漆质量指标

项　　目			一　　级	二　　级	三　　级
感官检验	色泽		乳白色至深棕褐色乳状液		
	转艳		由乳白色渐变至深咖啡色		层次分明，先后都快
	气味		酸香味浓	有酸香味	酸香味淡，无异味
	米星		较明显	明显	一般不明显
	丝路		丝条细长，回缩快	丝条较短，回缩较慢	丝条粗短，似缩非缩
	含渣量/%	≤	3	4	5
理化指标	煎盘分数/%	≥	73	68	63
	漆酚总量/%	≥	65	58	50
	加热减量/%	≤	27	32	37
	含氮物与树胶质/%		6～14		
	表干时间/h	≤	4	3	3

5　取样方法

搅匀漆液 250 g 装入清洁干燥的广口瓶内，将口封好，贴上标签，注明检验编号、检验单位、产品名称、产地、批号、数量、日期。

6　理化检验方法

6.1　漆酚总量测定（分光光度法）

方法原理：利用漆酚与三氯化铁和三乙醇胺（TEA）反应，生成 TEA-Fe^{3+}-漆酚三元络合物，该络合物呈稳定的蓝紫色，在 625 nm 波长处有最大吸收。

6.1.1 **仪器和试剂**

6.1.1.1 可见分光光度计。

6.1.1.2 容量瓶:25 mL、50 mL、100 mL 各数个。

6.1.1.3 小烧杯:25 mL、50 mL 各数个。

6.1.1.4 移液管:1 mL、5 mL、10 mL 各数支。

6.1.1.5 滤纸:直径 7 cm 中速定性滤纸。

6.1.1.6 玻璃漏斗:直径 4 cm。

6.1.1.7 无水乙醇:分析纯。

6.1.1.8 三乙醇胺溶液:用三乙醇胺(分析纯)配成 1.6%的无水乙醇溶液。

6.1.1.9 三氯化铁溶液:用含 6 个结晶水的三氯化铁(分析纯)配成 0.1%的无水乙醇溶液。

6.1.1.10 三乙醇胺和三氯化铁混合溶液:取 25 mL 1.6%的三乙醇胺溶液和 25 mL 0.1%的三氯化铁溶液于 100 mL 容量瓶中,用无水乙醇稀释至刻度。

6.1.1.11 标准溶液:准确称取饱和漆酚 0.050 0 g,用无水乙醇溶解于 25 mL 容量瓶中,稀释至刻度。用移液管吸取此液 10 mL 于 50 mL 容量瓶中,用无水乙醇稀释至刻度,此溶液浓度为 0.4 mg/mL。

注:饱和漆酚的规范性制备见附录 A。

6.1.2 **测定步骤**

6.1.2.1 取样方法:用玻璃棒刺破浮面的漆膜,打开一取样孔,再用另一玻璃棒插入,上下左右充分搅拌均匀,提出玻璃棒让所带纯净漆液自然流入预先称重的烧杯中。

6.1.2.2 工作曲线绘制:分别吸取饱和漆酚标准溶液(0.4 mg/mL)1.0、2.0、3.0、4.0、5.0 mL 于 25 mL 容量瓶中,再分别加入三乙醇胺-三氯化铁混合液 10 mL,用无水乙醇稀释至刻度。放置 15 min 后,在分光光度计 625 nm 波长处,用 1 cm 比色皿,以试剂空白为参比溶液,测定吸光度。以饱和漆酚标准溶液的体积(mL)为横坐标,相应的吸光度为纵坐标绘制工作曲线。

6.1.2.3 样品测定:准确称取 0.2 g~0.3 g 生漆于 25 mL 烧杯中,迅速加入无水乙醇溶解并过滤于 100 mL 容量瓶中,再用少量无水乙醇多次洗涤滤渣,直至滤液无色,然后用无水乙醇稀释至刻度。用移液管吸取此液 1 mL 于 25 mL 容量瓶中,再加入 10 mL 三乙醇胺-三氯化铁混合液,用无水乙醇稀释至刻度,摇匀。放置 15 min 后,在波长 625 nm 处,用 1 cm 比色皿,以试剂空白为参比溶液,测定其吸光度,然后在工作曲线上查出其对应的漆酚含量。试样中漆酚的含量 U 按式(1)计算:

$$U=\frac{c\times V\times 100}{m\times K} \qquad (1)$$

式中:

U——试样中漆酚的含量,%;

c——标准饱和漆酚溶液的浓度,单位为毫克每毫升(mg/mL);

V——试样测得的吸光度自标准曲线上查出的体积,单位为毫升(mL);

m——试样质量,单位为毫克(mg);

K——试液取样比例(1/100)。

允许差:在本标准等级范围内,平行试验结果的允许差不超过 0.50%,测定结果取平均值。

6.2 **加热减量、树胶质及含氮物的测定**

6.2.1 **仪器与试剂**

6.2.1.1 鼓风恒温干燥箱。

6.2.1.2 玻璃干燥器。

6.2.1.3 烧杯:50 mL 数个。

6.2.1.4 定性滤纸、玻璃漏斗。

6.2.1.5 无水乙醇:分析纯。

6.2.2 测定步骤

6.2.2.1 取样方法：与漆酚总量测定的取样方法相同。

6.2.2.2 加热减量的测定：准确称取 1.0 g～1.3 g 生漆于 50 mL 烧杯中，使漆液均匀分布于烧杯底部，将此烧杯置于 105 ℃～110 ℃的恒温干燥箱内，1 h 后取出，立即放入干燥器内冷却至室温，取出称重。加热减量 W 的计算按式(2)：

$$W = \frac{m_1 - m_2}{m} \times 100 \qquad \cdots\cdots(2)$$

式中：

W——加热减量，%；

m_1——烘前样品加烧杯质量，单位为克(g)；

m_2——烘后样品加烧杯质量，单位为克(g)；

m——样品质量，单位为克(g)。

允许差：在本标准等级范围内，平行试验结果的允许差不超过 0.50%，测定结果取平均值。

6.2.2.3 树胶质及含氮物的测定：在烘去水分的漆样中，加入 25 mL 无水乙醇，用玻璃棒充分搅匀。静置数分钟后，用已烘干且称重的滤纸过滤，再用少量无水乙醇多次洗涤滤纸上的残余物，直至滤液无色，小心取下滤纸，置于 105 ℃～110 ℃ 的恒温干燥箱内，1 h 后取出，立即放入干燥器内冷却至室温，取出称重。树胶质及含氮物 S 的计算按式(3)：

$$S = \frac{m_2 - m_1}{m} \times 100 \qquad \cdots\cdots(3)$$

式中：

S——树胶质及含氮物的含量，%；

m_2——烘干后滤纸加残余物的质量，单位为克(g)；

m_1——烘干的滤纸质量，单位为克(g)；

m——样品质量，单位为克(g)。

允许差：在本标准等级范围内，平行试验结果的允许差不超过 0.50%，计算结果取平均值。

6.3 漆膜表干时间测定

按 GB/T 9273 规定进行，在恒温恒湿箱内测定，温度 23 ℃±1 ℃，相对湿度规定为 80%±5%。

6.4 漆膜制备

用手指蘸取少许生漆，均匀地涂抹在玻璃片上，漆膜厚度要控制在 100 μm 左右。

7 传统检验方法

传统检验方法主要用于基层的生漆快速检验。生漆含异物的鉴别方法参见附录 B。

7.1 工具

专用煎盘，酒精灯，验漆板。

7.2 煎盘分数检验法

用煎盘准确称取无渣漆样 1 g，在酒精灯上用文火煎熬，初起大泡，后起小泡，继起絮绒花，最后，当絮绒花中间出现清油窝时，迅速旋转煎盘，直至烟起泡息，离火称重。

7.3 色泽、气味、米星检验法

7.3.1 色泽：将漆上下左右搅匀观察颜色。

7.3.2 米星：用验漆板挑起观察。

7.3.3 气味：用验漆板挑起漆液嗅之。

7.4 转艳

用验漆板插入桶底挑起，看漆液翻动与空气接触氧化而转变颜色。好漆的转色是由本色先浅后深，层次分明,不跳色,有光泽。

7.5 丝路

将验漆板插入漆液中,挑起漆液向下流淌,看丝条和回缩力。

8 检验规则

8.1 常规检验可按第7章传统检验方法验收,有争议时按本标准规定的理化检验方法进行复验。

8.2 接收部门有权按本标准规定,对生漆进行检验,如发现质量问题不符合本标准技术要求规定时,供需方共同按 GB/T 3186 重新取样进行复检,仍不符合本标准要求规定时,产品即为不合格,接收部门有权退货。

8.3 产品按 GB/T 3186 规定进行取样,样品应分成两份,一份密封备查,另一份作检验样品。

8.4 供需双方应对产品包装、数量及标志进行核查,如发现包装有损漏、数量有出入、标志不符合规定等现象时,应及时通知有关部门进行处理。

8.5 供需双方在产品质量上发生争议时,应由产品监督机构仲裁检验。

9 标志

按 GB/T 9750 规定进行。

10 包装、贮存和运输

10.1 包装

10.1.1 容器:用双底双盖、坚固耐用的标准椭圆形或圆形木桶盛装,每件净重 25 kg 或 50 kg。木桶应采用韧性好的木材制作。

10.1.2 漆桶使用前应加工粘缝,刷糊内壁,使之严实不漏。

10.1.3 漆桶装漆后,要严密、牢固上好内外盖,并在桶外标明品名、规格、毛重、净重、产地、生产日期。

10.2 贮存与保管

10.2.1 生漆产品应贮存于阴凉湿润的库房中,温度宜保持在 0 ℃~25 ℃之间。夏天温度过高时,应设法降温,以防木桶干裂渗漏生漆。

10.2.2 生漆不得露天存放,集中点应设专库,没有专库的,也应单独存放,严禁与酸、碱、盐类商品同库贮存。

10.2.3 产品在符合 10.2.1 和 10.2.2 的贮存条件下,自生产之日起,有效贮存期为一年,超过贮存期可按本标准规定的项目进行检验,如符合要求仍可使用。

10.3 运输

产品运输时,应防止雨淋、日光曝晒。

附 录 A
（规范性附录）
饱和漆酚的制备

A.1 仪器与试剂

A.1.1 量气管：200 mL。

A.1.2 氢气钢瓶。

A.1.3 氢化瓶：250 mL 锥瓶。

A.1.4 磁力搅拌器：一台。

A.1.5 镍-铝合金：粉状，含镍 40%～50%。

A.1.6 氢氧化钠（化学纯）。

A.1.7 石油醚（分析纯）。

A.2 操作步骤

A.2.1 催化剂的制备

把 54 g 粉状镍-铝合金少量地分批加入装有 500 mL 35%（质量浓度）氢氧化钠溶液的烧杯中，并不停地搅拌，此时有气泡产生，温度升高，为使温度不超过 50 ℃，可把烧杯放在冰水浴中。加完粉状合金后，再继续搅拌 30 min，然后置于沸水浴中加热 0.5 h，再保存在原溶液中备用。

A.2.2 漆酚的加氢饱和

取上述制备的催化剂，用蒸馏水洗至中性，再用无水乙醇洗涤三次并保存在无水乙醇中备用。催化剂在滤纸上冒火星或烧穿滤纸说明活性良好。把洗涤好的催化剂（其量为生漆质量的二分之一）加入装有无水乙醇（约 20 mL）的氢化瓶中，加入一定量的生漆，按催化加氢的操作手续，使样品加氢饱和。将氢化后的无水乙醇溶液过滤除掉催化剂及胶质含氮物，减压蒸除无水乙醇得褐色饱和漆酚粗产品。

A.2.3 饱和漆酚的纯化

将饱和漆酚粗品溶于少量苯中加入硅胶层析柱的顶部，用苯淋洗，按洗出液的不同颜色分别收集各级馏分，减压蒸除苯，固体部分用少量石油醚进行重结晶，可得到白色粉状饱和漆酚，其纯品熔点为 58 ℃～59 ℃（含量不小于 98%），如熔点达不到此指标，应重新进行重结晶纯化。

附 录 B
（资料性附录）
生漆含异物的鉴别方法

B.1 感官鉴别

B.1.1 皮膜

纯正生漆，皮膜坚实，皱纹细致均匀，色泽黑亮，触动有弹性；掺水严重的生漆，皮膜呈平板状，无皱纹，存放时间过长，皮厚无光，质地脆硬；掺进半干性油和不干性油的漆，短期内不结皮膜，时久结薄膜，指触发粘，色黑有浮光；掺进糖料的漆，皮膜皱纹不规则，有黄褐色的泡渍；掺进植物根、茎、叶（包括中草药）熬制的水，皮膜厚而粗糙，坚硬无弹性，有些呈黄褐色片状；掺入较多矿物油（特别是润滑油）的漆，沉淀后油浮在液面，较长时间不结皮膜。

B.1.2 色泽

纯正的生漆一般沉淀 5 d～7 d 后，自然会形成油面、腰黄、粉底三层颜色（有些产地的漆汁浓，不分层）；但掺入假料（如蜂蜜、润滑油等）的生漆，沉淀数月后，会不规则的分为 2 层～4 层，与纯漆比较，色泽不正。凡呈乌青、灰黯、灰白、赤黄等颜色，就是掺假的反应；但云贵高原有些生漆系灰黄色，属于纯正生漆。

B.1.3 骨浆

漆液静置时，骨浆水沉于底层，一般含 1%左右，大木漆较多，小木漆较少。骨浆水愈明显，品质愈好。掺假的生漆一般无骨浆水。

B.1.4 转艳

纯正生漆的转艳，是由本色先浅后深，循序渐变，层次分明，不跳色；掺水严重的假漆，转色迟钝，层次不清；特别是掺植物根、茎、叶（包括中草药）水的漆，转艳先后都快，跳色明显，久红不黑；掺进矿物油、植物油、糖料、杂物的生漆，转艳缓慢，色泽不正。

B.1.5 米星

漆液内“米星”、沙路愈明显，质地愈好。一般大木漆较多，小木漆较少；掺假严重的生漆，“米星”就会消失，沙路也不明显。有些假料掺入生漆，在短期内仍有“米星”、沙路。在检验时要注意伪造“米星”。

B.1.6 丝路

质地好的生漆，丝条细长，流速均匀，断条后收缩力强，丝头钩状较为明显；掺水（包括茶叶、漆叶以及其他植物熬制的水）严重的漆，漆液较稠，丝条粗短，回缩力差，滴在液面上成堆；掺入矿物油和植物油的漆，漆液较稀，丝条无弹性，收缩无钩状。

B.1.7 气味

生漆具有不同程度的酸香味。掺假漆有各种不同的异味，掺水严重的漆久放酸臭；掺矿物油的漆，具有掺入油品的气味。

B.1.8 漆渣

漆渣分原渣和作伪渣两类。原渣主要是采割时带入的木屑和生漆的自然结膜。作伪渣是有意掺入的泥沙、铁屑、矿物粉、淀粉等杂物。鉴别方法：原渣均匀的散布在漆液中，分汁不裹渣；作伪渣大部分沉于容器底部，汁、渣难分离。在检验时不但要看面渣，也要看底渣，以辨别是原渣还是作伪渣。

B.1.9 燥性

生漆的燥性在品质上最为重要。在自然温度下一般 3 h～6 h 内可以表干，最长不超过 8 h。检验方法：用脱脂棉缠在筷子的一端，轻轻敲打涂于竹片上的漆膜，如无棉花纤维粘着，即为表干。掺假漆长久不干。

B.2 煎盘观察

煎盘不但可以直接测出漆液的分数(规格),而且可以鉴别生漆的真假。原汁漆在煎熬时盘中反应是:烟起泡息、清盘亮底。如果泡沫不息,周围卡边,盘底有沉淀物,就可以断定是人为掺假。掺煤油的漆,煎熬时盘内白烟持续不断,异味突出;掺植物油的漆,盘内先起小沫(不起泡花),后起烟,小沫不息,溢盘;掺糖料的漆,开始起黑泡,冒青烟,后期白烟不断,严重溢盘、卡边,盘底不清,漆成黑汁状;掺树脂(松香等)的生漆,煎熬时起白沫,溢盘,白烟不断,小沫不息,容易起火,熬后漆液变黑,粘盘。凡掺水的生漆一般都能清盘亮底,检验时注意区别。

具体检验时,应坚持一看、二闻、三煎、四试(看色泽、丝路、米星、闻气味,煎分数,试燥性)的程序。不论掺进什么样的假料,其色泽、转艳、丝路、气味、燥性等就会发生性状上的变化。严格按照程序检验,进行综合分析,就基本上可以做出正确结论。对一时判断不清的生漆,可静置几天,一面涂板试验,一面观察漆液性状变化,以便正确地验级定等。

ICS 35.240.40
L 63

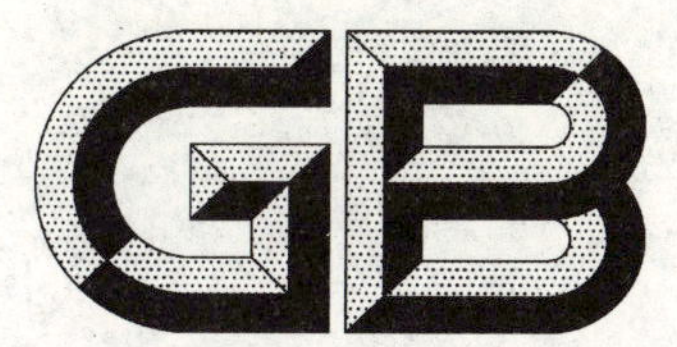

中华人民共和国国家标准

GB/T 14714—2008
代替 GB/T 14714—1993

微小型计算机系统设备用开关电源通用规范

General specification of switching power supply for mini-micro computer system

2008-07-18 发布　　　　2008-12-01 实施

中华人民共和国国家质量监督检验检疫总局
中国国家标准化管理委员会　发布

前　言

本标准代替 GB/T 14714—1993《微小型计算机系统设备用开关电源通用技术条件》。

本标准与 GB/T 14714—1993 的主要区别如下：

——标准名称修改为“微小型计算机系统设备用开关电源通用规范”；

——表 1 中关于电压分类，电压分类增加 3.3 V 和负电压，取消 24 V，将大于 60 V 的电压并入“其他”；将“最小调节范围”修改为“稳压范围”；其他各项指标也作了部分修订；

——增加电源适应能力的要求；

——电磁兼容增加抗扰度限值和谐波电流限值的要求；

——可靠性要求由 3 000 h 更改为 4 000 h；

——主要性能试验增加测试电流计算方法，确定了额定负载的计算方法，并在相关的试验中作了修订。

本标准中的附录 A 是规范性附录。

本标准由全国信息技术标准化技术委员会(SAC/TC 28)提出并归口。

本标准起草单位：中国电子技术标准化研究所、东莞市金河田实业有限公司、七喜控股股份有限公司、中国长城计算机深圳股份有限公司、深圳市航嘉驰源科技有限公司。

本标准主要起草人：刘正波、郑洪仁、谢月明、汤汉文、姚凯文、张贻南、谭建辉、罗勇进。

本标准所代替标准的历次版本发布情况为：

——GB/T 14714—1993。

微小型计算机系统设备用
开关电源通用规范

1 范围

本标准规定了微小型计算机系统设备用开关电源的技术要求、试验方法、检验规则、标志、包装、运输、贮存等。

本标准适用于微小型计算机系统设备用开关电源(通常简称开关电源),是制定产品标准的依据。

2 规范性引用文件

下列文件中的条款通过本标准的引用而成为本标准的条款。凡是注日期的引用文件,其随后所有的修改单(不包括勘误的内容)或修订版均不适用于本标准,然而,鼓励根据本标准达成协议的各方研究是否可使用这些文件的最新版本。凡是不注日期的引用文件,其最新版本适用于本标准。

GB/T 191—2008 包装储运图示标志(ISO 780:1997,MOD)

GB/T 2421 电工电子产品环境试验 第1部分:总则(GB/T 2421—1999,eqv IEC 60068-1:1988)

GB/T 2422 电工电子产品环境试验 术语(GB/T 2422—1995,eqv IEC 60068-5-2:1990)

GB/T 2423.1—2001 电工电子产品环境试验 第2部分:试验方法 试验A:低温(IEC 60068-2-1:1990,IDT)

GB/T 2423.2—2001 电工电子产品环境试验 第2部分:试验方法 试验B:高温(IEC 60068-2-2:1974,IDT)

GB/T 2423.3—2006 电工电子产品环境试验 第2部分:试验方法 试验Cab:恒定湿热试验(IEC 60068-2-78:2001,IDT)

GB/T 2423.5—1995 电工电子产品环境试验 第2部分:试验方法 试验Ea和导则:冲击(idt IEC 60068-2-27:1987)

GB/T 2423.6—1995 电工电子产品环境试验 第2部分:试验方法 试验Eb和导则:碰撞(idt IEC 60068-2-29:1987)

GB/T 2423.10—2008 电工电子产品环境试验 第2部分:试验方法 试验Fc:振动(正弦)(IEC 60068-2-6:1995,IDT)

GB/T 4857.5—1992 包装 运输包装件 跌落试验方法(eqv ISO 2248:1985)

GB 4943—2001 信息技术设备的安全(eqv IEC 60950:1999)

GB/T 5080.7—1986 设备可靠性试验 恒定失效率假设下的失效率与平均无故障时间的验证试验方案(idt IEC 60605-7:1978)

GB/T 5271.14—2008 信息技术 词汇 第14部分:可靠性、可维修性与和可用性(ISO/IEC 2382-14:1997,IDT)

GB/T 6882—1986 声学 噪声源声功率级的测定 消声室和半消声室精密法(neq ISO 3745:1977)

GB 9254 信息技术设备的无线电骚扰限值和测量方法(GB 9254—1998,idt CISPR 22:1997)

GB/T 17618　信息技术设备抗扰度限值和测量方法(GB/T 17618—1998,idt CISPR 24:1997)

GB 17625.1　电磁兼容　限值　谐波电流发射限值(设备每相输入电流≤16 A)(GB 17625.1—2003,IEC 61000-3-2:2001,IDT)

3　术语和定义

下列术语和定义适用于本标准。

3.1

维持时间　hold up time

交流电源断电到输出电压下降至下限值的时间段。

3.2

过冲幅度　overshoot

由某一影响量瞬变而引起输出直流电压超过稳压值的现象为过冲。过冲幅度为输出电压偏离正常值的最大瞬变幅度。

3.3

暂态恢复时间　transient recover time

由某一影响量瞬变,输出电压从第一次离开稳压区到最后进入稳压区的时间间隔。

3.4

负载稳定度　load stability

在所有其他影响量保持不变时,由于负载的变化所引起输出电压的相对变化量。

3.5

电压稳定度　voltage stability

在所有其他影响量保持不变时,由于输入电压的变化,所引起输出电压的相对变化量。

3.6

输出纹波及噪声　output ripple & noise

输出直流电压中所包括的交流分量峰—峰值。

3.7

输入冲击电流　input inrush current

当接通电源时,交流输入回路最大瞬时电流值。

4　要求

4.1　外观和结构

产品表面不应有明显的凹痕、划伤、裂缝、变形等,表面涂镀层不应起泡、龟裂和脱落,金属零部件不应有锈蚀及其他机械损伤。

开关和调节旋钮操作应方便、灵活、可靠,零部件应紧固无松动。

说明功能的文字、符号及功能显示应清晰端正,并应符合有关标准的规定。

4.2　性能要求

设计性能应符合表1的要求。如有特殊要求的产品,由供需双方协商规定。

表 1　主要性能

项目		1级					2级					3级				
电压分类/V		3.3	5	12	负电压	其他	3.3	5	12	负电压	其他	3.3	5	12	负电压	其他
稳压范围		±5%			±10%		±5%			±10%		±5%			±10%	
负载稳定度		≤8%			≤10%	≤8%	≤6%			≤8%	≤6%	≤6%			≤8%	≤6%
电压稳定度		≤1%														
纹波及噪声 $V_{p\text{-}p}$/mV		≤80		≤150	小于额定电压值的1.5%	由产品标准规定	≤50		≤120	小于额定电压值的1%	由产品标准规定	≤50		≤120	小于额定电压值的1%	由产品标准规定
漂移		≤5‰		≤3‰	≤10‰		≤4‰		≤2‰	≤8‰		≤4‰		≤2‰	≤8‰	
效率		额定负载时≥70%，额定负载的50%负载时≥72%，额定负载的20%负载时≥65%										在额定负载及20%和50%的额定负载时≥80%				
维持时间/ms		≥12					≥16					≥20				
温度系数/(1/℃)		$\leqslant 5\times10^{-4}$					$\leqslant 3\times10^{-4}$					$\leqslant 2\times10^{-4}$				
过冲幅度		≤额定输出电压的10%，或由产品标准规定														
过流保护值		≤额定输出电流的200%，或由产品标准规定														
直流过压保护	动作值/V	3.76～4.5	5.74～7.0	13.4～15.6	由产品标准规定		3.76～4.5	5.74～7.0	13.4～15.6	由产品标准规定		3.76～4.5	5.74～7.0	13.4～15.6	由产品标准规定	
	响应时间	≤100 μs或由产品标准规定														
输入冲击电流		最大值应小于50倍输入电流的标准值，或由产品标准规定														
暂态恢复时间/ms		最大值应小于50或由产品标准规定														
注：5 V待机输出电压，直流过压保护功能不受表中要求的限制。																

4.3　安全

4.3.1　一般要求

产品的一般安全要求应符合 GB 4943—2001 中的有关规定。

4.3.2　接触电流

产品的接触电流应符合 GB 4943—2001 中 5.1 的规定。

4.3.3　抗电强度

产品的抗电强度应符合 GB 4943—2001 中 5.2 的规定。

4.3.4　接地连续性

产品的接地连续性应符合 GB 4943—2001 中 2.6 的规定。

4.3.5　保护功能

产品应具有过流、过压和短路等保护功能。

4.4　电源适应能力

产品应在电压 200^{+22}_{-33} V、频率(50±1) Hz 的条件下正常工作。

4.5 噪声

产品工作时，噪声应低于 45 dB。如有特殊要求的产品，由供需双方协商规定。

4.6 电磁兼容性

4.6.1 无线电骚扰限值

产品的无线电骚扰限值应符合 GB 9254 规定的要求。应在产品标准中指明是 A 级或 B 级。

4.6.2 抗扰度限值

产品的抗扰度限值应符合 GB/T 17618 规定的要求。

4.6.3 谐波电流

产品的谐波电流应该符合 GB 17625.1 规定的要求。

4.7 环境适应性

4.7.1 气候环境适应性应符合表 2 的规定。

4.7.2 机械环境适应性应符合表 3～表 6 的规定。

注：表 2～表 5 中可选不同级别。

表 2 气候环境适应性

项目		级别		
		1	2	3
温度	工作	5 ℃～40 ℃	0 ℃～45 ℃	−10 ℃～55 ℃
	贮存运输	−40 ℃～55 ℃		
相对湿度	工作	40%～80%	40%～90%	20%～90%(40 ℃)
	贮存运输	10%～93%(40 ℃)		
大气压		86 kPa～106 kPa		

表 3 振动适应性

试验项目	试验内容	级别			
		1	2	3	
初始和最后响应检查	频率范围	5 Hz～35 Hz	10 Hz～55 Hz	10 Hz～58 Hz	58 Hz～150 Hz
	扫频速率	≤1 oct/min			
	位移幅值或加速度	0.15 mm			20 m/s²
定额耐久试验	位移幅值或加速度	0.15 mm	0.75 mm(10 Hz～25 Hz) 0.15 mm(25 Hz～58 Hz)		20 m/s²
	试验时间	(10±0.5) min	(30±1) min		
扫频耐久试验	频率范围	5 Hz～35 Hz～5 Hz	10 Hz～55 Hz～10 Hz	10 Hz～58 Hz～10 Hz	58 Hz～150 Hz～58 Hz
	位移幅值或加速度	0.15 mm			20 m/s²
	扫频速率	≤1 oct/min			
	循环次数	2	5		
注：表中驱动振幅为峰值。					

表 4　冲击适应性

级别	峰值加速度/(m/s^2)	脉冲持续时间/ms	冲击次数	冲击波形
1	150	11	x、y、z 三个轴向面，每面各 3 次	半正弦波
2	300	18		
3	500	11		

表 5　碰撞适应性

级别	峰值加速度/(m/s^2)	脉冲持续时间/ms	碰撞次数
1	50	16	1 000±10
2	100	16	
3	250	6	

表 6　运输包装件跌落适应性

包装件质量/kg	跌落高度/mm
≤15	1 000
15～30	800
30～40	600
40～45	500
45～50	400
>50	300

4.8　可靠性

采用平均故障间隔时间(MTBF)衡量系统的可靠性水平。产品的平均故障间隔时间(MTBF)的 m_1 值应不少于 4 000 h。

5　试验方法

5.1　试验环境条件

本标准中除气候环境试验、可靠性试验以外，其他试验均可在下述测试用标准大气条件下进行：

a)　温度：15 ℃～35 ℃；

b)　相对湿度：25%～75%；

c)　大气压：86 kPa ～106 kPa。

5.2　外观和结构检查

用目测法在自然光线下检查，产品应符合 4.1 的要求。

5.3　主要性能试验

5.3.1　一般要求

产品试验前一般应预热 15 min。

5.3.1.1　对测试用的交流稳压电源要求

a)　稳定度<1%；

b)　波形失真<5%；

c)　频率变化(50±1) Hz。

5.3.1.2 测试用负载设备要求

应使用电流性电子负载，如果测试产品为多路输出，应使用一体化的可程式多路电子负载仪。

5.3.1.3 测试电流计算方法

5.3.1.3.1 对于各路输出没有功率限制的情况，依据式(1)计算降级因数 D。

$$D=\frac{P}{(V_1\times I_1)+(V_2\times I_2)+(V_3\times I_3)+(V_4\times I_4)} \qquad (1)$$

式中：

D——降级因数；

P——额定输出功率；

V——各路额定输出电压；

I——各路标识输出电流。

如果 $D\geqslant 1$，每组电流的标称电流就是每组输出电压的额定负载。

如果 $D<1$，采用降级因数 D，依据式(2)计算试验时某一路输出的电流。

$$I_{\text{bus}}=I_n\times D\times\frac{X}{100} \qquad (2)$$

令 X 等于 100 时，计算出的 I_{bus} 就是此路输出电压的额定负载。

5.3.1.3.2 对于各路输出有功率限制的情况

分别计算各路额定输出功率的降级因数 D_S 和电源总额定输出功率的降级因数 D_T。

假定一个 6 路输出的电源，第 1 路输出和第 2 路输出有一个限制功率，第三路和第四路输出有一个限制功率，见表 7 所示：

表 7 直流输出限制功率

各路输出电压	各路标称输出电流	各路额定输出功率	电源额定输出功率
V_1	I_1	$P_{S1\text{-}2}$	P
V_2	I_2		
V_3	I_3	$P_{S3\text{-}4}$	
V_4	I_4		
V_5	I_5	P_{S5}	
V_6	I_6	P_{S6}	

计算每一路小群输出的降级因数 D_{S1} 到 D_{S6}，见式(3)。

$$D_{S1\text{-}2}=\frac{P_{S1\text{-}2}}{V_1\times I_1+V_2\times I_2}$$

$$D_{S3\text{-}4}=\frac{P_{S3\text{-}4}}{V_3\times I_3+V_4\times I_4} \qquad (3)$$

$$D_{S5}=\frac{P_{S5}}{V_5\times I_5}$$

$$D_{S6}=\frac{P_{S6}}{V_6\times I_6}$$

计算施加小群最大输出功率时的电源总降级因数 D_T，见式(4)。

$$D_T=\frac{P}{P_{S1\text{-}2}+P_{S3\text{-}4}+P_5+P_6} \qquad (4)$$

测试时输出的电流见表 8：

表 8　测试电流计算

各路输出电压	各路标称输出电流	输出功率小群	测试输出电流 I_n
V_1	I_1	1-2	$D_T \times D_{S1\text{-}2} \times I_1 \times \frac{X}{100}$
V_2	I_2		$D_T \times D_{S1\text{-}2} \times I_2 \times \frac{X}{100}$
V_3	I_3	3-4	$D_T \times D_{S3\text{-}4} \times I_3 \times \frac{X}{100}$
V_4	I_4		$D_T \times D_{S3\text{-}4} \times I_4 \times \frac{X}{100}$
V_5	I_5	5	$D_T \times D_{S5} \times I_5 \times \frac{X}{100}$
V_6	I_6	6	$D_T \times D_{S6} \times I_6 \times \frac{X}{100}$
当 $D_S \geqslant 1$，计算测试输出电流时，令 $D_S=1$。 当 $D_T \geqslant 1$，计算测试输出电流时，令 $D_T=1$。 令 $X=100$ 时，计算出的 I_n 就是此路输出电压的额定负载。			

5.3.2　**稳压范围试验**

5.3.2.1　**测量示意图**

测量示意图如图 1 所示。

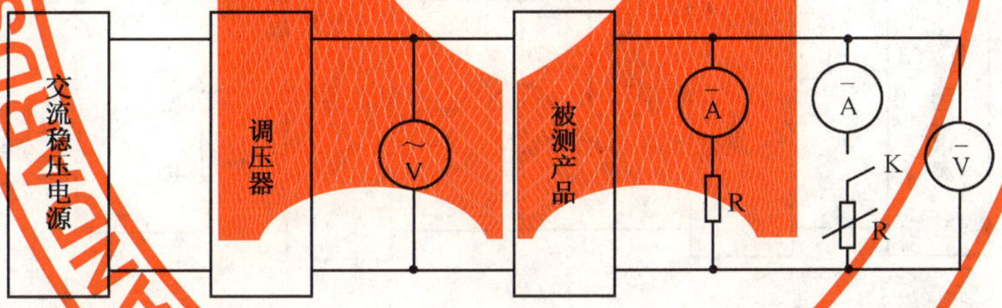

图 1

5.3.2.2　**测量步骤**

把输入电压调到标称值，将负载电流由最小值调整到额定负载(各组输出电压的额定负载按 5.3.1.3的方法确定，下同；多路输出时，其他各路与被测一路同时置于相同比值的负载)，在上述要求的负载范围内任意一点，当输出电压达到稳态后，10 s 内测量出输出电压 U_O。对于负载电流超过 10 A 的产品，电压测量时，应尽量考虑连接线的损耗和接触损耗的问题，测试点应选择在产品输出线末端。

然后把输入电压调整到标称值的 110％和 85％，重复上述测量。

按式(5) 计算出电压变化量，取其最大值。

$$S_1 = \left| \frac{\Delta U_O}{U_S} \right| \times 100\% \quad \cdots\cdots(5)$$

式中：

$\Delta U_O = U_O - U_S$；

ΔU_O——直流电压变化量；

U_S——标称直流输出电压；

S_1——稳压范围。

5.3.3 负载稳定度试验

5.3.3.1 测量示意图

测量示意图如图 1 所示。

5.3.3.2 测量步骤

把输入电压调到标称值的 110%，将负载电流调到额定负载，测量输出电压 U_O。然后，改变负载电流，调整到额定负载电流的 20%～100%或 100%～20%（多路输出时，其他各路与被测一路同时置于相同比值的负载）。输出电压达到稳态后，10 s 内分别测出最小负载和最大负载时的输出电压 U_{O1}。

然后把输入电压降到标称值的 85%，重复上述测量。

对于负载电流超过 10 A 的产品，电压测量时，应尽量考虑连接线的损耗和接触损耗的问题，测试点应选择在产品输出线末端。

按式(6) 计算出电压相对变化量，取其最大值。

$$S_i = \left|\frac{\Delta U_O}{U_O}\right| \times 100\% \quad \cdots\cdots(6)$$

式中：

$\Delta U_O = U_O - U_{O1}$；

ΔU_O——直流电压变化量；

S_i——负载稳定度。

当输出电压的最大变化不在上述被测点上时，应找出其最大变化点，并测出其结果。

5.3.4 电压稳定度试验

5.3.4.1 测量示意图

测量示意图如图 2 所示。

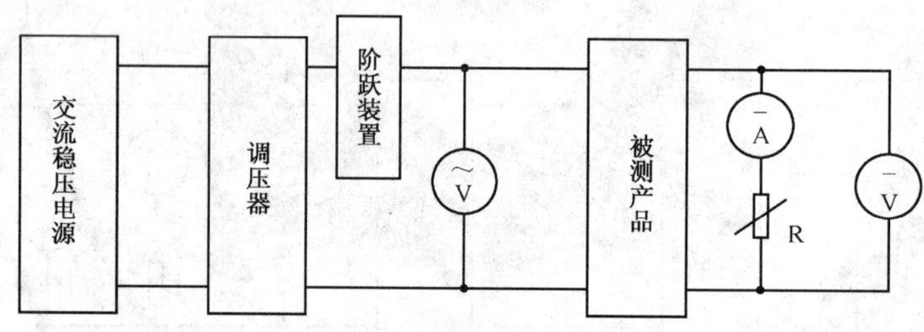

图 2

5.3.4.2 测量步骤

在输入电压标称值，负载电流调整为额定负载时，测量输出电压 U_O（多路输出时，其他各路负载与被测一路同时置于额定负载）。

在负载电流为额定值时，将输入电压变化到标称值的 110%和标称值的 85%，在输出电压达到稳态后，10 s 内分别测出输出电压 U_{O1}。

在负载电流为额定值的 20%时（多路输出时，其他各路负载与被测一路同时置于相同比值负载下），重复上述测量。

按式(7)计算出输出电压的相对变化量，取其最大值。

$$S_V = \left|\frac{\Delta U_O}{U_O}\right| \times 100\% \quad \cdots\cdots(7)$$

式中：

$\Delta U_O = U_O - U_{O1}$；

ΔU_O——直流电压变化量；

S_V——负载稳定度。

当输出电压的最大变化不在上述被测点时，应找出其最大变化点，并测出其结果。

5.3.5 输出纹波及噪声试验

5.3.5.1 测量示意图

测量示意图如图3所示。

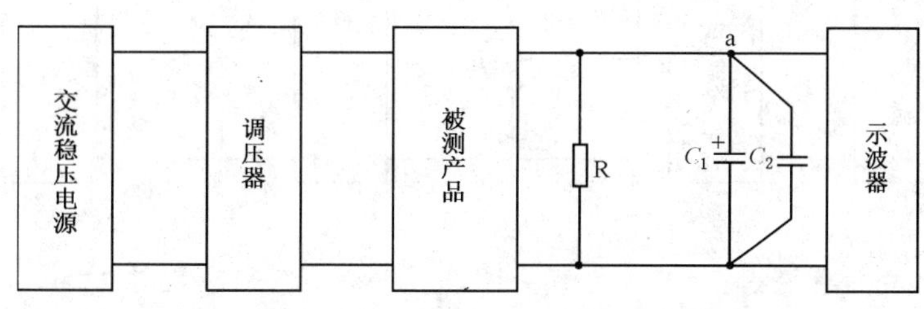

图3

5.3.5.2 测量步骤

在输入电压标称值，负载电流为额定负载和最小值时，分别在示波器上观测输出电压上叠加的交流分量的峰—峰值。

输入电压在标称电压110%或85%时，负载电流为额定值和最小值，重复上述测量取其最大值。

测量纹波电压所用示波器的带宽大于50 MHz，测试带宽设定为20 MHz，输入探头为1 MΩ/10 pF，示波器探头以a点作为测量点，示波器的探头线要尽量的短，测试电路中C_1为47 μF钽电容器、C_2为0.1 μF高频电容器。

5.3.6 漂移试验

把输入电压调到标称值，将负载电流调到额定负载，测量输出电压U_O。交流输入电压、直流负载及温度等所有影响量保持最小，产品连续工作8 h。用数字电压表每隔15 min测量一次输出电压，计算输出电压最大值与最小值的差，按式(8)计算出相对变化量。

$$S_t = \left|\frac{\Delta U}{U_O}\right| \times 1\,000‰ \qquad \cdots\cdots(8)$$

式中：

ΔU——输出电压最大值与最小值的差；

U_O——直流输出电压；

S_t——时间漂移。

5.3.7 温度系数试验

在输入电压为标称值、负载电流为额定值时，恒温箱温度由室温变化到最高使用温度，每变化10 ℃，待温度稳定后，测量输出电压U_{O1}。

恒温箱温度由室温变化到最低使用温度时，重复上述测量。

按式(9)计算出各次测量点的温度系数。取其最大值。

$$\alpha - \left|\frac{\Delta U_O}{U_O}/\Delta T\right| \qquad \cdots\cdots(9)$$

式中：

$\Delta U_O = U_{O1} - U_O$；

ΔU_O——直流电压变化量；

ΔT——温度变化量；

α——电源温度系数。

5.3.8 过冲幅度和暂态恢复时间试验

5.3.8.1 输入电压阶跃时测量示意图

输入电压阶跃时过冲幅度和暂态恢复时间测量示意图如图4所示。

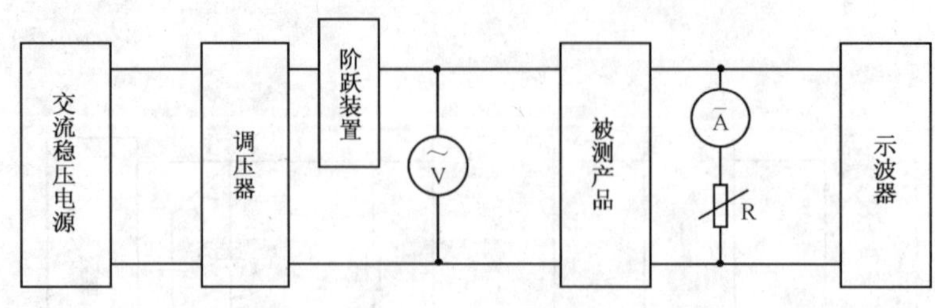

图4

5.3.8.2 输入电压阶跃时过冲幅度和暂态恢复时间的测量步骤

在负载电流为额定值时，输入电压由标称值分别阶跃到110%和85%，用示波器分别测出输出电压的过冲幅度和暂态恢复时间。

5.3.8.3 负载阶跃时测量示意图

负载阶跃时过冲幅度和暂态恢复时间测量示意图如图5所示。

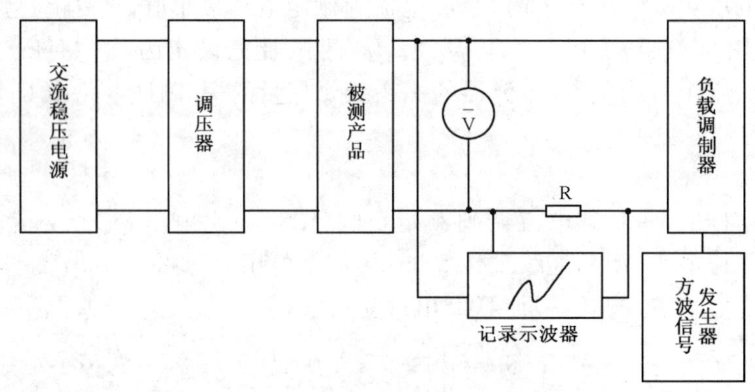

图5

5.3.8.4 负载阶跃时过冲幅度和暂态恢复时间的测量步骤

在输入电压为标称值时，负载电流从额定电流的50%阶跃到额定电流的100%，再从额定电流的100%阶跃到额定电流的50%，多路输出时，其他各路与被测一路同时置于同比值的负载，用示波器测量输出电压的过冲幅度和暂态恢复时间。见图6和图7。

输入电压分别在标称值的110%和85%，重复上述测量。

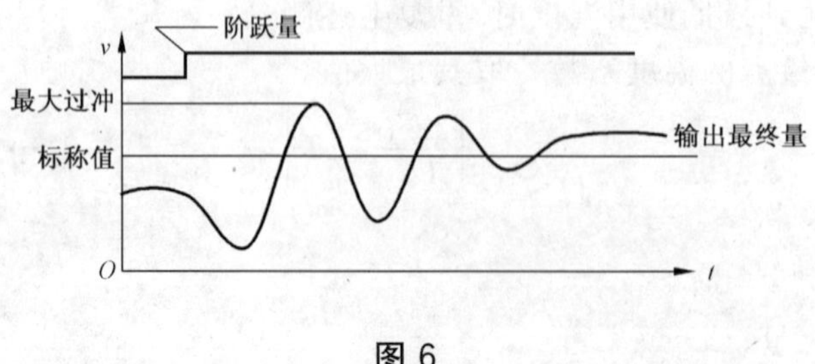

图6

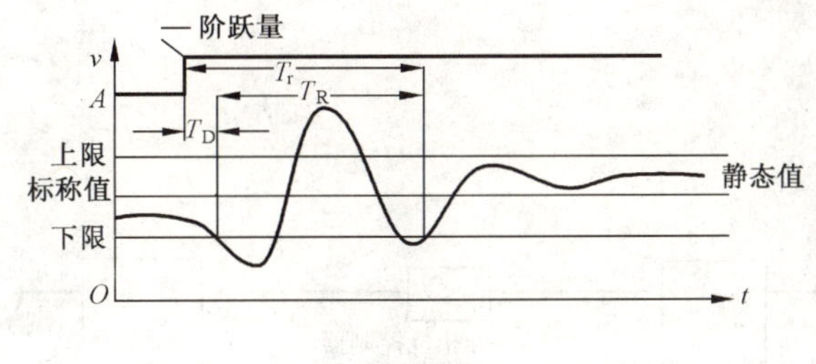

A——一般输出量;

T_D——瞬态延迟时间;

T_R——瞬态恢复时间;

T_r——总的瞬态恢复时间。

图 7

5.3.9 效率试验

5.3.9.1 测量示意图

测量示意图如图 8 所示。

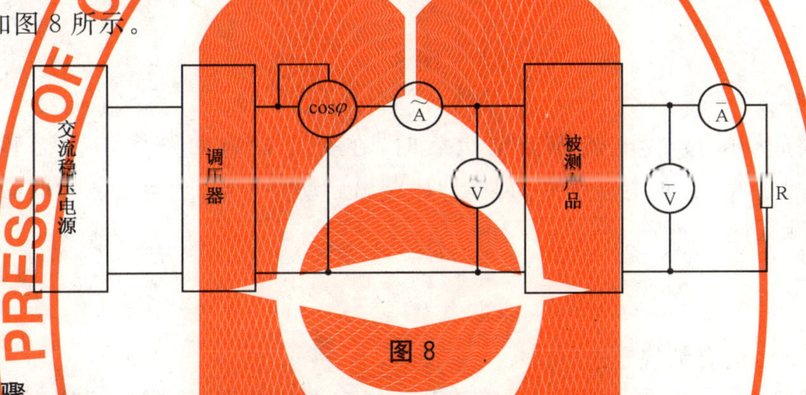

图 8

5.3.9.2 测量步骤

在输入电压为标称值,负载电流为额定电流时,测量输入电压、输入电流、功率因数、输出电压和输出电流。

对于功率较大的产品,输出电压值的测试点应选在输出线终端量测,尽量减小因负载较大引起的端子连接损耗。

负载电流调整为额定电流的 20%时,重复上述测量。

负载电流调整为额定电流的 50%时,重复上述测量。

按式(10),式(11)计算效率:

单路输出时: $$\eta=\frac{U_O I_O}{U_\sim I_\sim \cos\phi}\times 100\% \qquad (10)$$

多路输出时: $$\eta=\frac{\sum_{n=1}^{n} U_n I_n}{U_\sim\ I_\sim\ \cos\phi}\times 100\% \qquad (11)$$

式中:

n——输出组数;

U_O、U_n、I_O、I_n——直流电压、电流;

$U_\sim$、$I_\sim$——交流电压、电流;

$\cos\phi$——功率因数。

5.3.10 维持时间试验

在输入电压为标称值时,电源处于额定负载情况下,切断交流输入电压,用示波器测量,从切断交流输入电压到直流输出电压下降到标称值的 95%时的时间间隔。

交流电压断电的相位角为 90 度,多组直流输出时,维持时间测试的参考电压为+5 V。

5.3.11 输入冲击电流试验

5.3.11.1 测量示意图

测量示意图如图9所示。

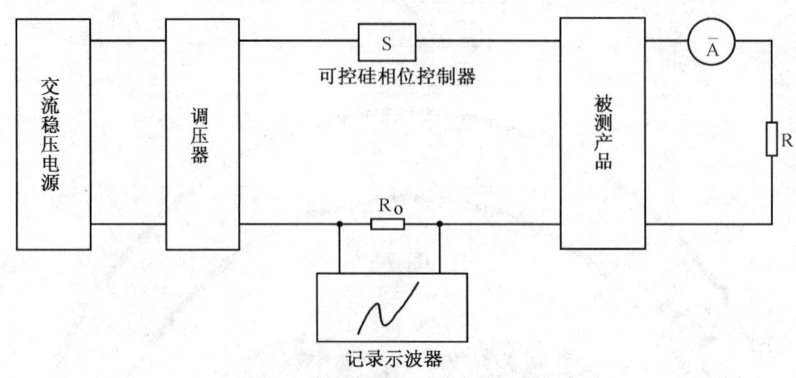

图9

5.3.11.2 测量步骤

在输入电压为标称值，负载电流为额定负载时，在交流输入回路中串入无感电阻 R_O（R_O = 0.01 Ω），用示波器测量 R_O 在加电峰值时的波形，计算出启动冲击电流，重复测量时必须对电路中储能器件进行放电后再做测量。

5.4 安全试验

5.4.1 一般安全试验

按GB 4943—2001的有关规定进行。

5.4.2 接触电流试验应按GB 4943—2001中5.1的规定进行测量，其限值不应超过GB 4943—2001中表5的最大电流。

5.4.3 抗电强度应按GB 4943—2001中5.2的规定进行，定型检验和例行检验的电压维持时间是60 s，交收检验保持1 s，试验期间绝缘不应被击穿。

针对抗电强度的交收检验（包括生产线未端），对每个产品只进行一次。

5.4.4 接地连续性试验应按GB 4943—2001中2.6的规定进行。接地端子与需要接地的零部件（如外箱）之间的连接电阻不应超过0.1 Ω。

5.4.5 保护功能试验

5.4.5.1 过流保护值试验

输入电压为标称电压，初始负载电流为额定负载，电流按10 A/s的速率爬升。

产品在上述条件正常工作时，逐渐增加电流，当负载电流进入过流保护范围时应自动保护，过流排除后重新启动或自动恢复后应能正常工作。

5.4.5.2 短路试验

产品在输入电压为标称值，负载电流最小设定为额定电流的10%时，产品正常工作，然后人为将输出电压短路，短路阻抗应小于100 mΩ，短路的时间为最小1 s，产品应能自动保护，故障排除后重新启动或自动恢复，产品应正常工作。

5.4.5.3 直流过压保护动作值试验

产品在输入电压为标称值，负载电流为额定负载的5%时，调节输出电压使之产生过压，当输出电压超过压保护值时，产品应自动保护，故障排除后重新启动或自动恢复，产品应正常工作。用示波器测量过压保护值及回到标称值110%时的时间。如按本条方法试验有困难，也可改为对产品电路进行分析，确认产品是否具有输出过压保护功能。

5.5 电源适应能力试验

交流电源适应能力试验按表9中的组合，对受试样品进行试验。负载电流定义为额定电流。每种组合应运行检查程序一遍，受试样品工作应正常。

表9 交流电源适应范围

组合	标称值	
	电压/V	频率/Hz
1	220	50
2	187	49
3	187	51
4	242	49
5	242	51

5.6 噪声试验

按GB/T 6882—1986规定的方法进行。

5.7 电磁兼容性试验

5.7.1 无线电骚扰限值的测量方法

按GB 9254规定的方法进行。

5.7.2 抗扰度限值测量方法

按GB/T 17618规定的方法进行。

5.7.3 谐波电流限值测量方法

按GB 17625.1规定的方法进行。

5.8 环境试验

5.8.1 一般要求

本标准中，环境试验方法的总则和名词术语应符合GB/T 2421、GB/T 2422的有关规定。

以下各项试验中规定的初始检测统一按5.2的规定进行，最后检测统一按5.3.2～5.3.5的规定进行。

5.8.2 温度下限试验

5.8.2.1 工作温度下限试验

按GB/T 2423.1—2001“试验Ad”进行。受试样品须进行初始检测，严酷程度取表2规定的工作温度下限值，在温度达到规定值时，接通电源满载工作，持续时间2 h，工作应正常。恢复时间为2 h。

5.8.2.2 贮存温度下限试验

按GB/T 2423.1—2001“试验Ab”进行。受试样品须进行初始检测，严酷程度取表2规定的贮存温度下限值，受试样品在不工作条件下存放16 h，恢复时间为2 h，然后进行最后检测。

为防止试验中受试样品结霜和凝露，允许将受试样品用聚乙烯薄膜密封后进行试验，必要时还可以在密封套内装吸潮剂。

5.8.3 温度上限试验

5.8.3.1 工作温度上限试验

按GB/T 2423.2—2001“试验Bd”进行。受试样品须进行初始检测，严酷程度取表2规定的工作温度上限值，在温度达到规定值时，接通电源满载工作，持续时间2 h，工作应正常。恢复时间为2 h。

5.8.3.2 贮存温度上限试验

按GB/T 2423.2—2001“试验Bb”进行。受试样品须进行初始检测，严酷程度取表2规定的贮存温度上限值，受试样品在不工作条件下存放 16 h，恢复时间为 2 h，然后进行最后检测。

5.8.4 恒定湿热试验

5.8.4.1 工作条件下恒定湿热试验

按 GB/T 2423.3—2006“试验 Cab”进行。受试样品须进行初始检测，严酷程度取表 2 规定的工作温度、湿度上限值，在温度、湿度达到规定值时，接通电源满载工作。持续时间 2 h，工作应正常。恢复时间为 2 h。

5.8.4.2 贮存条件下恒定湿热试验

按 GB/T 2423.3—2006“试验 Ca”进行。受试样品须进行初始检测，受试样品在不工作条件下按表 2 规定上限存储温度和湿度存放 48 h，恢复时间为 2 h，并进行最后检测。

5.8.5 振动试验

按 GB/T 2423.10—2008“试验 Fc”进行。受试样品须进行初始检测，并按工作位置固定在振动台上，受试样品在不工作状态下，按表 3 规定值进行试验，分别对三个互相垂直轴线方向进行振动，试验完成后须进行最后检测。

5.8.5.1 初始振动响应检查

试验在给定频率范围内，在一个扫频循环上完成。试验过程中记录危险频率，包括机械共振频率和导致故障及影响性能的频率。

5.8.5.2 定频耐久试验

用初始振动响应检查中记录的危险频率进行定频试验。如果两种危险频率同时存在，则不得只选其中一种。

在试验规定频率范围内如无明显共振频率或无影响性能的频率，或危险频率超过四个则不做定频耐久试验，仅做扫频耐久试验。

5.8.5.3 扫频耐久试验

按表 3 给定频率范围由低到高，再由高到低，作为一次循环，按表 3 规定的循环次数进行，已做过定频耐久试验的样品不再做扫频耐久试验。

5.8.5.4 最后振动响应检查

此项试验在不工作状态下进行，对于已做过定频耐久试验的受试样品应做此项试验。对于做扫频耐久试验的样品，可将最后一次扫频试验作为最后振动响应检查。本试验须将记录的共振频率与初始振动频率响应检查记录的共振频率相比较，若有明显变化，应对受试样品进行修整，重新进行该项试验。试验结束后，进行最后检测。

5.8.6 冲击试验

按 GB/T 2423.5—1995“试验 Ea”进行。受试样品应进行初始检测，安装时要注意重力影响，按表 4 规定值，在不工作状态下，分别对三个互相垂直轴线方向进行冲击，冲击次数各为三次，试验后进行最后检测。

5.8.7 碰撞试验

按 GB/T 2423.6—1995“试验 Eb”进行。受试样品应进行初始检测，安装时要注意重力影响，按表 5 规定值，在不工作状态下，分别对三个互相垂直轴线方向各进行一次碰撞，试验后进行最后检测。

5.8.8 运输包装件跌落试验

受试样品应进行初始检测，将运输包装件按 GB/T 4857.5—1992 的 5.6.2a)的要求和本标准表 6 的规定值进行跌落，任选四面，每面跌落一次。试验后检查包装件的损坏情况，并对受试样品进行外观和结构的检查及检测。

5.9 可靠性试验

5.9.1 试验条件

本标准规定可靠性试验目的为确定产品在正常使用条件下的可靠性水平，试验周期内综合应力规定如下：

电应力：受样品在输入电压 20^{+22}_{-33} V 范围内工作一个周期，一个周期内工作时间的分配为：电压上限25%，标称值50%，电压下限25%。

温度应力：受试样品在一个周期内由正常温度(具体值由产品标准规定)升至表2规定的工作温度上限值再回到正常温度。温度变化率的平均值为(0.7～1) ℃/min 或根据受试样品的特殊要求选用其他值。在一个周期内保持在上限和正常温度的持续时间之比应为1∶1左右。

一个周期称为一次循环，在总试验期间内循环次数不应少于三次。每个周期的持续时间应不大于0.2 m_0，电应力和温度应力应同时施加。

5.9.2 试验方案

可靠性试验按 GB/T 5080.7—1986 进行，可靠性鉴定试验和可靠性验收试验的试验方案由产品标准具体规定。在整个试验过程中产品应满载工作，故障的判据和计入方法按附录A的规定，只统计关联故障数。

5.9.3 试验时间

试验时间应持续到总试验时间及总故障数均能按选定的试验方案作出接收或拒收判决时截止。多台受试样品试验时，每台受试样品的试验时间不得少于所有受试样品的平均试验时间的一半。

6 检验规则

6.1 总则

产品在定型时和生产过程中通过规定的检验，以确定产品是否符合标准规定的要求。

6.2 检验分类

产品检验分为三类：

a) 定型检验；

b) 交收检验；

c) 例行检验。

各类检验的试验项目和顺序分别按表10进行。若型号产品标准中补充了试验项目，应规定补充试验项目的检验类别及试验顺序的插入位置。

表10 检验项目

试验项目	要求	试验方法	定型检验	交收检验	例行检验
外观、结构	4.1	5.2	○	○	○
稳压范围	4.2	5.3.2	○	○	○
负载稳定度	4.2	5.3.3	○	—	○
电压稳定度	4.2	5.3.4	○	○	○
纹波及噪声	4.2	5.3.5	○	○	○
漂移	4.2	5.3.6	○	—	○
温度系数	4.2	5.3.7	○	—	○
过冲幅度和暂态恢复时间	4.2	5.3.8	○	○	○
效率	4.2	5.3.9	○	○	○
维持时间	4.2	5.3.10	○	○	○
输入冲击电流	4.2	5.3.11	○	○	○
保护功能	4.2 4.3.5	5.4.5	○	○	○

表 10（续）

试验项目		要求	试验方法	定型检验	交收检验	例行检验
安全	一般要求	4.3.1	5.4.1	○	—	○
	接触电流	4.3.2	5.4.2	○	○	○
	抗电强度	4.3.3	5.4.3	○	○	○
	接地连续性	4.3.4	5.4.4	○	○	○
电源适应能力		4.4	5.5	○	○	○
噪声		4.5	5.6	○	—	○
电磁兼容性	无线电骚扰限值	4.6.1	5.7.1	○	—	○
	抗扰度限值	4.6.2	5.7.2	○	—	—
	谐波电流	4.6.3	5.7.3	○	—	○
环境		4.7	5.8	○	—	○
可靠性		4.8	5.9	○	—	—
注：“○”表示在该类检验中应进行的试验项目，“—”表示在该类检验中不进行的试验项目。						

6.3 定型检验

6.3.1 产品在设计定型和生产定型时均应进行定型检验。

6.3.2 定型检验由产品承制方的质量检验部门或由上级主管部门指定或委托的质量检验单位负责进行。

6.3.3 定型检验中可靠性鉴定的受试样品数根据产品批量、试验时间和成本确定，其余检验项目的样品数量为 2 台。

6.3.4 定型检验中的可靠性试验故障判据和计算方法见附录 A，其他项目均按以下规定进行：检验中出现故障或某项通不过时，应停止试验。查明故障原因，提出故障分析报告，排除故障，重新进行该项试验。若在以后的试验中再出现故障或某项通不过时，在查明故障原因，提出故障分析报告，排除故障，应重新进行定型检验。

6.3.5 检验后应提交定型检验报告。

6.4 交收检验

6.4.1 批量生产或连续生产的产品，进行逐批全数交收检验。检验中，出现任一项不合格时，返修后可重新进行检验。若再一次出现任一项不合格时，则该产品判为不合格品。对于不合格品，应修复成合格品后才能交付。

6.4.2 交收检验由产品承制方的质量检验部门负责进行。

6.5 例行检验

6.5.1 批量生产的产品，其间隔时间超过六个月时，每批均应进行例行检验；连续生产的产品，每年应至少进行一次例行检验。

当主要设计、工艺及关键元器件、原材料改变时，应进行例行检验。

6.5.2 例行检验由产品承制方质量检验部门或上级主管部门指定或委托的质量检验单位负责进行。

6.5.3 例行检验的样品应在交收检验合格产品中随机抽取，试验样品数为 2 台。

6.5.4 例行检验中出现故障或任一项通不过时，应查明故障原因，提出故障分析报告。经修复之后，从该项开始顺序做以下各项检验，如再次出现故障或某项通不过，查明故障原因后提出故障分析报告，再经修复后，应重新进行例行检验。在重新进行例行检验中，又出现某一项通不过时，则判该产品通不过例行检验。例行检验中经环境试验的样机，应印有标记，不准作为正品出厂。

6.5.5 检验后应提交例行检验报告。

7 标志、包装、运输、贮存

7.1 标志

销售包装应注明产品型号、数量、质量、制造单位名称、地址、制造日期、产品执行标准编号。

包装箱外应印刷或贴有“怕雨”、“堆码层数”或“堆码重量极限”等储运标志。储运标志应符合GB/T 191—2008 的规定。

7.2 包装

包装箱应符合防潮、防尘、防震的要求,包装箱内应有装箱清单、检验合格证、备件、附件及有关的随机文件。

7.3 运输

包装后的产品应能用任何交通工具进行运输。产品在运输过程中不允许雨雪或液体直接淋袭和机械损伤。

7.4 贮存

产品贮存时应放在原包装箱内,存放产品的仓库环境温度为 0 ℃～40 ℃,相对湿度为 30%～85%。仓库内不允许有各种有害气体、易燃和易爆物品及有腐蚀性的化学物品,并且应无强烈的机械震动、冲击和强磁场作用。包装箱应垫离地面至少 15 cm,距离墙壁、热源、冷源、窗口或空气入口至少 50 cm。

若在制造单位存放超过六个月,则应在出厂前重新进行交收检验。

附 录 A
（规范性附录）
故 障 判 据

A.1 故障定义和解释

按 GB/T 5271.14—2008 规定的定义，出现以下情况之一均视为故障：

a） 受试样品在规定的条件下，出现一个或几个性能参数超过规定要求；

b） 受试样品在规定的应力范围内工作，由于机械零件、结构件的损坏或失灵，或出现了元器件的失效，而使受试样品不能完成其规定的功能。

A.2 故障分类

A.2.1 关联性故障

关联性故障是受试样品预期会出现的故障，通常都是由产品本身条件引起的。它是在解释试验结果和计算可靠性特征值时必须计入的故障。

A.2.2 非关联性故障

非关联性故障是受试样品出现非预期的故障，这类故障不是由产品本身条件引起的，而是试验要求之外引起的，非关联性故障在解释试验结果和计算可靠性特征值时不计入。但应在试验中做记录，以便于分析与判断时参考。

A.3 关联性故障判据

以下故障为关联性故障：

a） 必须更换元器件、零部件等才能使系统恢复正常运行；

b） 必须修理、调整接插件、电缆、插头或消除短路及接触不良，才能恢复正常运行；

c） 不是由同一因素引起的，而同时发生两个以上（含两个）的故障，应记为两个或两个以上的关联性故障。若由同一因素引起，则不论出现几次故障，均记为一次关联性故障；

d） 由于受试样品本身原因，试验中出现危及测试、维护和使用人员的安全，或造成受试样品设备严重损坏的故障。一旦出现，应立即拒收或判定不合格。

A.4 非关联性故障判据

以下故障为非关联性故障：

a） 因试验条件变化超出规定范围（电网波动太大、温度波动太大、严重电磁干扰和机械冲击、振动等）所引起的故障；

b） 因人为操作失误而使样机出现故障；

c） 由于误判而更换元器件、零部件，或在检修过程中，由于人为因素而造成的故障；

d） 根据产品有关技术规定，允许调整的部位（零部件、元器件等）未调整好而引起的故障；

e） 被确定是软件程序差错而造成的故障；

f） 若出现不正常情况，不需修理，停机 0.5 h 后能自动恢复正常运行，每发生累积三次此类事件，则记为一次非关联性故障；

g） 有寿命指标要求的部件，在寿命期以外出现的故障。

A.5 判定

承担试验检测的单位，根据失效分析和产品标准及相关标准可以做出关联性故障或非关联性故障的判定。

ICS 11.040.40
C 45

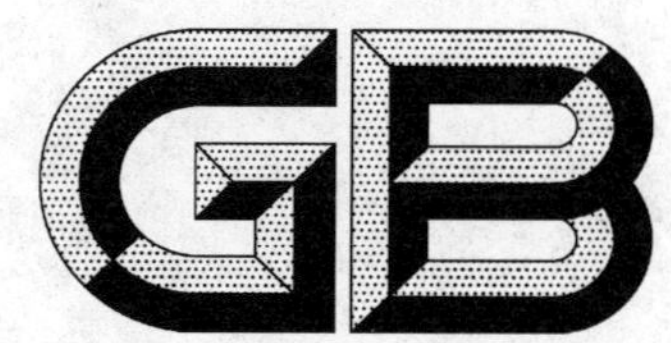

中华人民共和国国家标准

GB 14722—2008
代替 GB 14722—1993

组件式髋部、膝部和大腿假肢

Modular hip disarticulation prosthesis,
Modular knee disarticulation prosthesis and
Modular above knee prosthesis

2008-09-19 发布　　　　2009-03-01 实施

中华人民共和国国家质量监督检验检疫总局
中国国家标准化管理委员会　发布

前　言

本标准第5章为强制性，其余为推荐性。

本标准代替GB 14722—1993《骨骼式大腿假肢》。

本标准与GB 14722—1993相比有如下变化：

——更改了标准名称；

——增加了智能假肢膝关节、储能脚和硅(凝)胶内衬套等新产品、新技术和新材料的技术内容。

本标准的附录A、附录B、附录C、附录D、附录E和附录F均为规范性附录。

本标准由中华人民共和国民政部提出。

本标准由全国残疾人康复和专用设备标准化技术委员会(SAC/TC 148)归口。

本标准起草单位：北京瑞哈国际假肢矫形器贸易有限公司、中国假肢矫形技术中等专业学校、上海假肢厂有限公司、广东省假肢康复中心。

本标准主要起草人：张锐、杨成瑞、方新、吕永兵、区炳祥、吴锡汉。

本标准1993年首次发布。

本标准是第一次修订。

组件式髋部、膝部和大腿假肢

1 范围

本标准规定了膝关节以上(包括膝关节离断)截肢者使用的组件式髋部、膝部和大腿假肢的型号、技术要求、检验方法、检验规则及标志、包装、运输和储存。

本标准适用于组件式髋部、膝部和大腿假肢的设计、制作、装配及验收。

2 规范性引用文件

下列文件中的条款通过本标准的引用而成为本标准的条款。凡是注日期的引用文件,其随后所有的修改单(不包括勘误内容)或修订版不适用于本标准,然而,鼓励根据本标准达成协议的各方研究是否可使用这些文件的最新版本。凡是不注日期的引用文件,其最新版本适用于本标准。

GB/T 191 包装储运图示标志

GB/T 3293 中国鞋号及鞋楦系列

GB/T 9174 一般货物运输包装通用技术条件

GB/T 10000 中国成人人体尺寸

GB/T 14191 假肢和矫形器术语

GB 14723 下肢假肢通用件

GB/T 18375(所有部分) 假肢 下肢假肢的结构检验

3 术语和定义

GB/T 14191 中确立的以及下列术语和定义适用于本标准。

3.1

智能控制膝关节 intelligent knee joint

具有通过传感器对截肢者在行走中的参数取样,经微机处理,实现支撑期或摆动期自适应控制的膝关节。

3.2

可调踝 adjustable heel height foot adapter

可以调节假脚后跟高度的踝部组件。

4 型号

4.1 型号组成

组件式大腿假肢的型号由产品代号和接受腔类型代号组成。其组成形式如下:

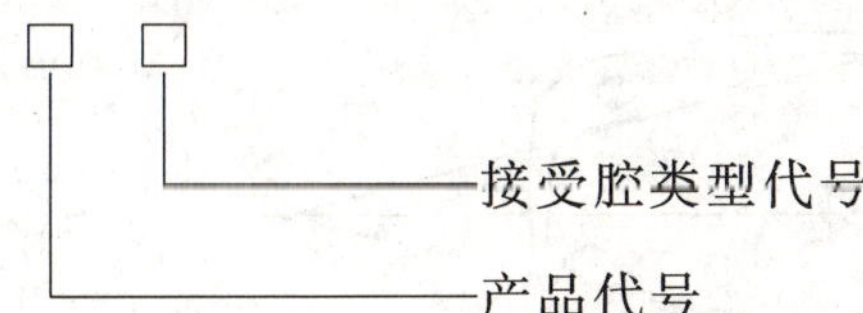

4.2 产品代号

用“AK”表示组件式髋部假肢;

用“TK”表示组件式膝部假肢;

用“TH”表示组件式髋部假肢。

4.3 **接受腔类型代号**

用阿拉伯数字表示不同的接受腔类型代号，如表1。

表1 接受腔类型代号

接受腔类型	骨盆包容式	四边形 (横向椭圆形)	坐骨包容式 (纵向椭圆形)	膝部承重式
代号	1	2	3	4

4.4 **示例**

示例1：AK2　表示四边形接受腔的大腿假肢。

示例2：TK4　表示膝部承重式接受腔的膝部假肢。

5 技术要求

5.1 **技术文件**

制作组件式大腿假肢必须填写完整的技术文件。文件包括假肢病历、测量表和假肢处方。人体尺寸测量应符合GB/T 10000的要求，详见附录A、附录B、附录C、附录D、附录E和附录F。

5.2 **结构**

5.2.1 大腿假肢和膝部假肢由接受腔、膝关节、踝关节、连接件、假脚和外装饰套组成。

5.2.2 髋部假肢由接受腔、髋关节、膝关节、踝关节、连接件、假脚和外装饰套组成。

5.2.3 组件式髋部、膝部和大腿假肢所使用的零部件应符合GB 14723的要求。

5.3 **接受腔**

5.3.1 **接受腔类型**

5.3.1.1 骨盆包容式接受腔应将整个骨盆包容，接受腔残肢侧应有足够的强度支撑体重和支配假肢；健肢侧应有一定的弹性便于穿脱。坐骨结节为残肢侧的主要承重点。接受腔底部的形状应保证残端全面接触。接受腔上缘应包容两侧髂嵴以保证悬吊，其高度应以腰部屈曲90°时，肋缘无过分受压为准，见图1。

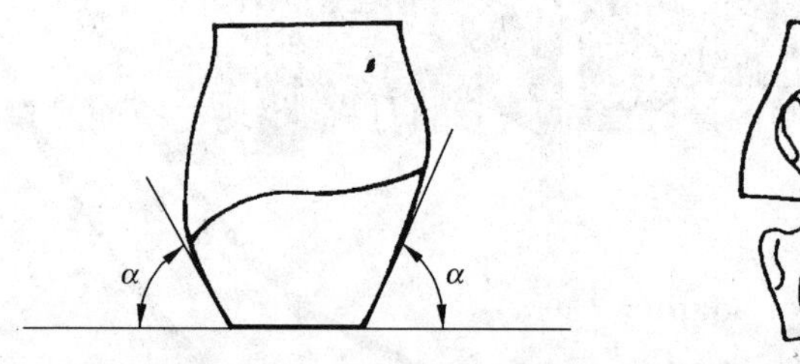

图1

5.3.1.2 四边形接受腔其口型的前后径(A-P)小于内外径(M-L)；后壁上缘内侧制有坐骨承重平台；前侧壁应对残肢有适当压力，以保证坐骨结节承重，见图2。

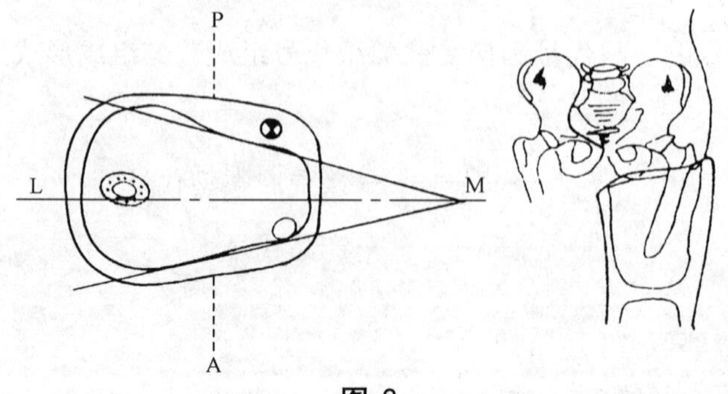

图2

5.3.1.3 坐骨包容式接受腔其口型的前后径(A-P)大于内外径(M-L)；接受腔包容坐骨结节和坐骨

支,股骨对线内收,见图 3。

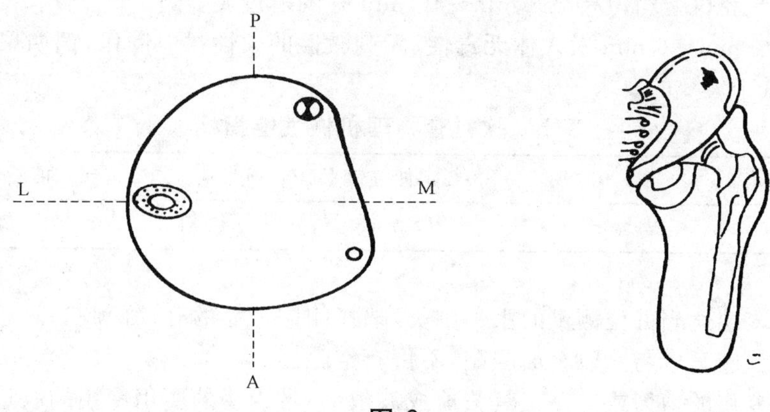

图 3

5.3.1.4 膝部承重式接受腔其主要承重部位为残端;腔内软衬套与残肢全面接触;股骨内外的上区域应有压力面以保证悬吊和支配假肢。以残端承重的接受腔上口型区域应有一定的柔软度,以使残肢在行走和坐姿时无不适感,见图 4。

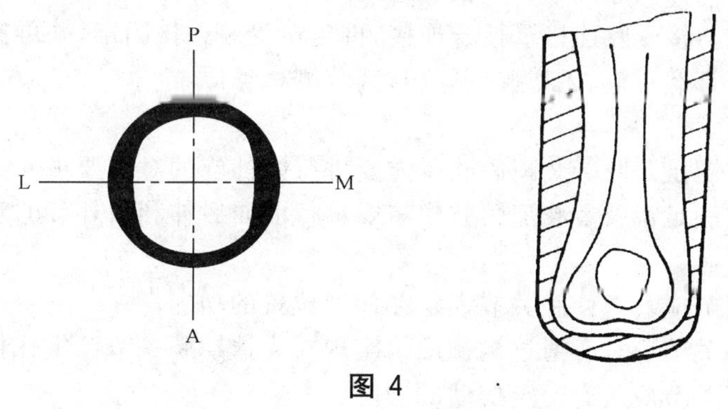

图 4

5.3.2 **接受腔要求**

5.3.2.1 承重部位与残肢全面接触,穿着舒适无疼痛感。

5.3.2.2 四边形和坐骨包容式接受腔的深度应与残肢长度一致,允许比残肢长 0 mm～20 mm。

5.3.2.3 接受腔前壁上缘高度应以当髋关节屈曲 90°时,不使腹股沟部位过分受压为准。

5.3.2.4 口型上缘形状符合设计要求,厚度均匀,边缘圆滑、过渡无毛刺。

5.3.2.5 内外壁光滑平整。

5.3.3 **接受腔材料**

5.3.3.1 应采用对人体无毒无刺激性、成型后具有可塑性的高分子材料,例如,丙烯酸树脂、聚乙烯、聚丙烯板材等。

5.3.3.2 应根据患者体重及使用情况选用适当种类和层数的经脱脂处理的丙纶、尼龙、涤纶、棉纤维和碳素纤维等增强材料。

5.3.3.3 采用合成树脂与增强材料复合制成的,或用热塑板材制成的接受腔壁,其物理机械性能应符合表 2 中的要求。

表 2 接受腔材料物理机械性能指标

拉伸强度/MPa	弯曲强度/MPa	冲击强度/(J/m²)	弹性模量/MPa
>29.4	>49.0	>5.9×10^4	>490.0

5.4 **软衬套**

5.4.1 接缝处应粘合牢固,表面清洁平整。

5.4.2 应在石膏阳模上服贴成型，各部位厚薄均匀。

5.4.3 上缘应比接受腔口型均匀高出 3 mm～10 mm 并圆滑过渡。

5.4.4 应采用厚度 4 mm～6 mm 对人体无毒性、无刺激性的柔性材料制作，例如聚乙烯泡沫板等。其物理机械性能应不低于表 3 的要求。

表 3 软衬套物理机械性能指标

拉伸强度/MPa	100%定伸强度/MPa	扯断伸长率/%
>1.5	>0.75	>120.0

5.5 硅(凝)胶套

5.5.1 依据在残肢末端适当部位测量的水平围长，选择相应尺寸的硅(凝)胶套。

5.5.2 穿戴后硅(凝)胶套应与残肢全面服贴，不得有空隙。

5.5.3 上边缘要用专用的剪刀或专用工具裁剪成波浪形；带织物的要用专用的胶进行边缘处理。

5.5.4 应用 pH 值中性的洗涤剂清洗。

5.6 外装饰套

5.6.1 外装饰套应用柔性泡沫材料制成，保证假肢屈曲运动时不易断裂。

5.6.2 外装饰套下端应与踝部连接板(罩)粘合连接，并可拆卸。

5.6.3 外装饰套上端应与接受腔连接罩粘合连接，再与接受腔连接固定，并可拆卸。

5.6.4 外装饰套表面应打磨平整、无划痕，形状与健肢侧相类似。

5.7 髋关节

5.7.1 托板式髋关节应满足截肢者装配假肢中需要进行内外旋的对线要求。

5.7.2 前置式髋关节应满足截肢者装配假肢中需要进行前屈后伸和内外旋的对线要求。

5.8 膝关节

5.8.1 手控锁单轴膝关节应具有使膝关节锁定在伸展位置的功能。

5.8.2 承重自锁单轴膝关节应具有通过机械结构实现在支撑期膝关节锁定在伸展位置的功能。

5.8.3 单轴机械控制膝关节应具有恒定摆动的功能。

5.8.4 单轴液(气)压摆动期控制膝关节应具有摆动期可变屈伸阻尼的功能。

5.8.5 单轴液压控制膝关节应具有支撑期保持稳定和摆动期可变屈伸阻尼的功能。

5.8.6 多轴机械控制膝关节应具有支撑期稳定和恒定摆动的功能。

5.8.7 手控锁多轴膝关节应具有使膝关节锁定在伸展位置的功能。

5.8.8 多轴液(气)压摆动期控制膝关节应具有支撑期稳定摆动期可变屈曲阻尼的功能。

5.8.9 智能控制膝关节应具有通过传感器对截肢者在行走中的参数取样，经微机处理，实现支撑期或摆动期自适应控制的功能。

5.9 踝关节

5.9.1 单轴踝应可模拟人体的跖屈，背屈功能。

5.9.2 万向踝应可模拟人体的跖屈、背屈和内、外翻功能，适用于不平路面行走。

5.9.3 可调脚应可以调整踝的角度，适合不同跟高鞋的截肢者使用。

5.10 假脚

5.10.1 假脚应近似人体足部的外形，能穿上与健侧型号相同的鞋，鞋号应符合 GB/T 3293 的要求。

5.10.2 当假脚与地面接触时，应具有缓冲能力和足够的回弹性。

5.10.3 应根据截肢者本人的习惯及要求选用假脚的类型及跟高。

5.10.4 SACH 脚、单轴脚和万向脚应与相应的踝关节配用。

5.10.5 储能脚应具有能量储存和释放功能，以减少穿戴者运动中的能量消耗。

5.11 连接方式

5.11.1 采用木塑连接盘直接与接受腔连接，应进行外表面二次抽真空工艺加固处理。

5.11.2 采用金属连接件直接与接受腔连接方式的，应保证连接件与复合材料层之间的结合强度，以及连接件埋入部位接受腔局部区域的强度。

5.11.3 采用其他方式与接受腔连接的，应保证连接的强度，牢固可靠。

5.11.4 产品交付截肢者使用前，应对各连接部位紧固螺钉进行防松处理。

5.12 悬吊方式

5.12.1 应采用吸着式悬吊，阀门孔位置应保证截肢者穿戴方便，阀门管与接受腔连接处应尽量靠近接受腔底部，并粘连牢固不漏气。

5.12.2 采用加腰带悬吊方式时腰带与接受腔连接部位应牢固可靠。

5.12.3 使用硅(凝)胶套悬吊的大腿假肢，在接受腔的底部预置的锁具座应保证稳定可靠。

5.12.4 使用密封性硅(凝)胶套悬吊的大腿假肢，在接受腔中要配制专用气阀。

5.13 对线

5.13.1 工作台对线

工作台对线应根据接受腔形式和制造厂提供的产品说明进行，确定接受腔、连接件、关节和假脚的相对关系。

5.13.2 静态对线

截肢者自然站立，调整假肢的稳定性，并使假脚外旋角度与健侧对称。

5.13.3 动态对线

观察截肢者行走的步态，通过调整，使假肢步态接近正常。

5.14 外观

5.14.1 外形应近似健肢。

5.14.2 颜色应近似肤色。

5.14.3 外装饰套外应配有肤色袜套。

5.15 尺寸

5.15.1 高度应与健侧相等，允许比健侧低 0 mm～10 mm。

5.15.2 截肢者坐姿大腿长度应与健侧相等，允许比健侧长 0 mm～20 mm；小腿高度应与健侧相等，允许比健侧高 0 mm～20 mm。

5.16 质量

5.16.1 髋部假肢的(正常配置)质量应不大于 5 kg。

5.16.2 大腿假肢的(正常配制)质量应不大于 3.5 kg。

5.16.3 膝部假肢的(正常配置)质量应不大于 3.5 kg。

5.17 强度

5.17.1 金属部件应符合 GB/T 18375 的规定。

5.17.2 假脚应符合 GB/T 18375 的规定。

5.18 接受腔使用期限

在正常情况下接受腔应能使用 24 个月以上。

6 检验方法

6.1 检验工具

皮尺、直尺、接受腔内周测量器、骨盆水平测量仪、角度尺、游标卡尺、台秤，对线平台、深度尺、线坠等。

6.2 强度检验

强度检验按 GB/T 18375 的规定进行。

6.3 **接受腔检验**

6.3.1 内周尺寸使用内周测量器。

6.3.2 深度使用深度尺。

6.3.3 内壁及口型上缘的圆滑平整程度用手感目测。

6.3.4 物理机械性能应按常规工艺配方制成标准样条送检。

6.3.5 口型形状用直尺测量及目测。

6.3.6 适合程度由截肢者试穿目测并听取截肢者自述。

6.4 **软衬套和硅(凝)胶套检验**

6.4.1 厚度用卡尺。

6.4.2 上缘高度用直尺。

6.4.3 粘接质量用手感目测。

6.4.4 物理机械性能应按常规使用材料制成标准样条送检。

6.5 **外装饰套检验**

6.5.1 截肢者穿带假肢后,作屈膝和屈髋动作,观察外装饰套拉伸状态变化。

6.5.2 目测假肢外形及颜色。

6.6 **对线检验**

6.6.1 按照假肢对线要求,将假肢立于对线平台上,测量各方位对线状态。

6.6.2 截肢者穿带假肢后站立于平地,观察假脚外旋角度及脚跟触地情况,对比假肢与健肢的对称程度。

6.6.3 截肢者穿戴假肢后进行在各种路面上行走、上下阶梯和下蹲等运动,观察其有无异常。

6.7 **尺寸检验**

6.7.1 在平台上用直尺测量假肢高度。

6.7.2 截肢者穿带假肢后自然站立,使用盆骨水平尺测定髂嵴水平程度以判断假肢高度。

6.7.3 截肢者坐姿,髋及膝关节屈曲 90°,用直尺测量大腿长度和小腿高度。

6.7.4 用直尺测量假肢长度。

6.7.5 用皮尺测量各部围长。

6.8 **质量检验**

质量检验使用精度为二级的 10 kg 台秤。

7 检验规则

7.1 当采用的合成树脂及增强材料有下列情况之一时,应按 6.3.4 中的规定重新送检:

a) 合成树脂品种牌号变更;

b) 增强材料品质变更;

c) 增强材料用量变更。

7.2 检验内容及方法根据第 5 章及第 6 章中的规定进行。

7.3 产品交付使用前,经检验并签发产品合格证。

7.4 当采用的热塑板材的品质或厚度变更时,应按 6.3.4 中的规定重新送检。

7.5 当采用的柔性板材的品质或厚度变更时,应按 6.4.4 中的规定重新送检。

8 标志、包装、运输、贮存

标志、包装、运输、贮存应符合 GB/T 191 及 GB/T 9174 中的规定。

8.1 **标志**

应在每件产品的适当部位标有产品型号的标记,标记应有以下内容:

a） 制造单位名称地址；

b） 产品名称型号；

c） 出厂日期；

d） 商标。

8.2 包装

8.2.1 每件产品应装入深色防尘袋内。

8.2.2 防尘袋内应装入合格证、使用说明书和保修单。

8.3 运输

8.3.1 运输时应避免磕碰、受压及潮湿。

8.3.2 运输过程中应避免接触易燃品和化学腐蚀剂等有害物质。

8.4 贮存

包装完整的产品应储藏在通风干燥处，并与易燃品和化学腐蚀剂等有害物质隔离和避免受压。

附　录　A
（规范性附录）
假　肢　病　历

姓名：________性别：______国籍（或地区）：________民族：______患者病历编号：__________________

年龄：___岁　　身高：____ cm　　体重：____ kg

身份证件类别：□身份证　　□护照　　□军官（士兵）证　　□其他

身份证件号码：______________________________

电话：______________________通讯地址：__________________________________邮编：__________

家庭住址：____工作单位：_______________________________

截肢原因：__________________截肢时间：____年___月___日　截肢部位：_________________________

病史（现病史、既往病史、家族病史）：____

____

____

____

____

____

__________________________。

其他需要说明的情况：

____

____

____。

接诊人签字：____________________　　　　　　　　　　　　　　就诊日期：____年___月___日

附　录　B
（规范性附录）
假　肢　处　方

姓名：__________性别：________ 年龄：____岁　患者病历编号：________________

肢体缺失部位：____________________　假肢名称：________________

接受腔	□单腔　□双层(内腔+外腔)
□外腔材料	□进口　□国产
	□树脂　□板材　□其他：________
□内腔材料	□热塑　□泡沫板　□皮革　□硅胶　□其他：________
接受腔类型	□插入式　□全面接触式　□吸着式　□其他________
假肢结构：□骨骼式　□壳式	

品名	型号	生产厂家	数量	品名	型号	生产厂家	数量
髋				肩			
膝				肘			
踝				手			
脚							

附件：

特殊要求：

__________（患者或家属签字）同意以上各项假肢配件选择。

假肢制作师（签字）：________________　填写时间：______年____月____日

附　录　C
（规范性附录）
四边形接受腔大腿假肢测量表

姓 名		性 别		年 龄	
身 高		体 重		截肢部位	左　　右
假肢类型				测量日期	年　月　日

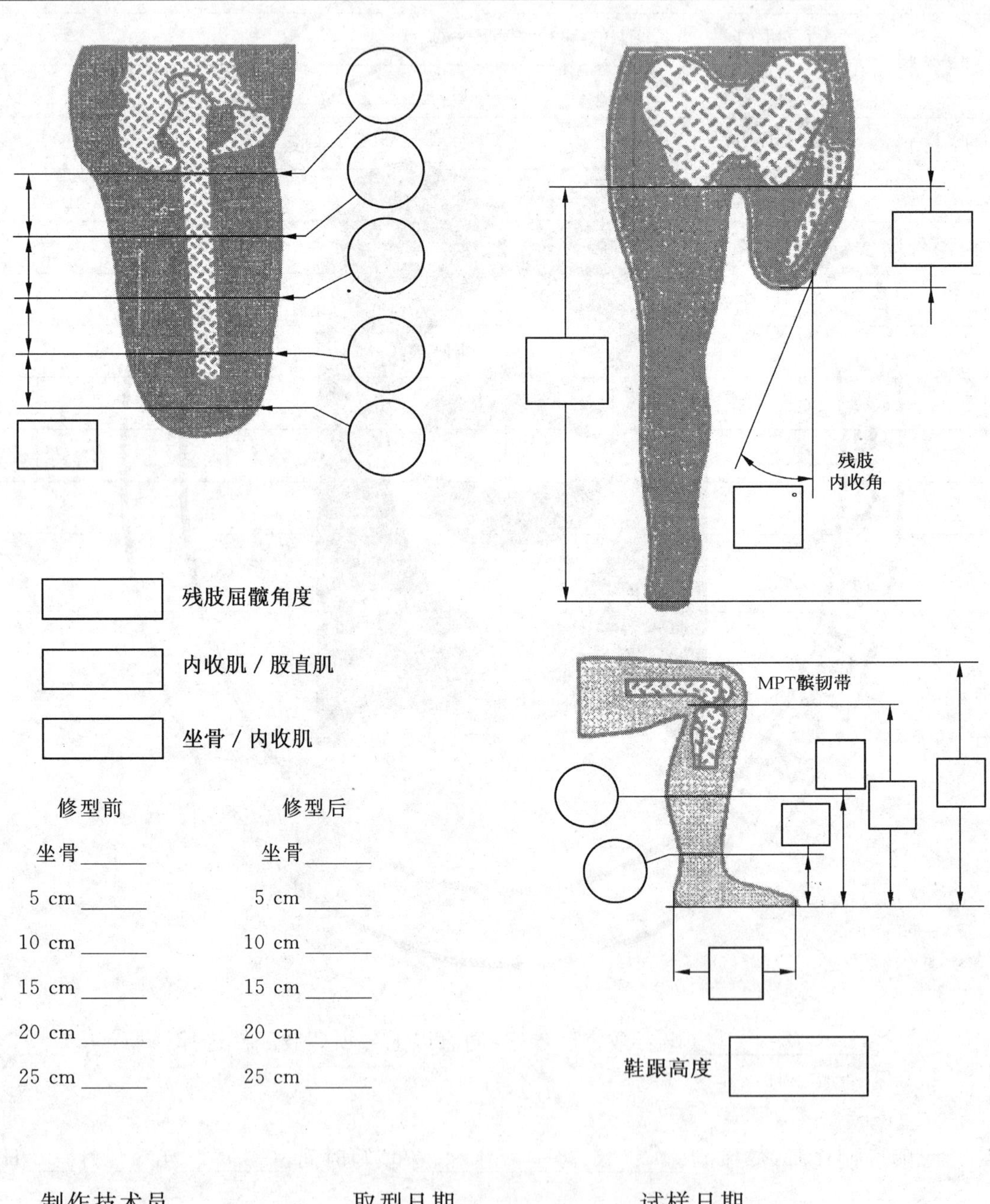

鞋跟高度

制作技术员＿＿＿＿＿　　取型日期＿＿＿＿＿　　试样日期＿＿＿＿＿

附　录　D
（规范性附录）
坐骨包容接受腔大腿假肢测量表

姓 名		性 别		年 龄	
身 高		体 重		截肢部位	左　　右
假肢类型				测量日期	年　月　日

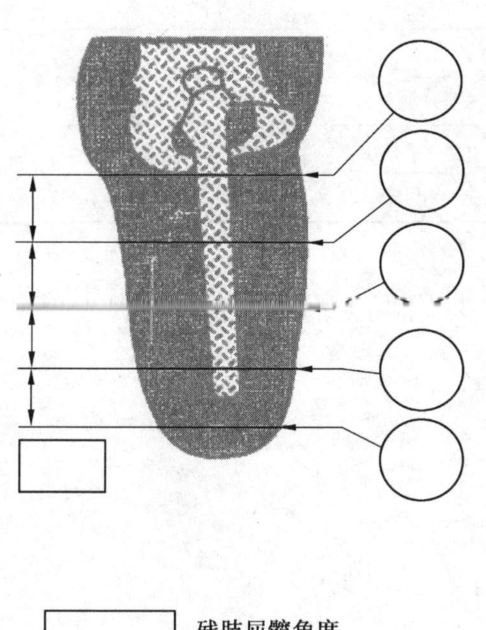

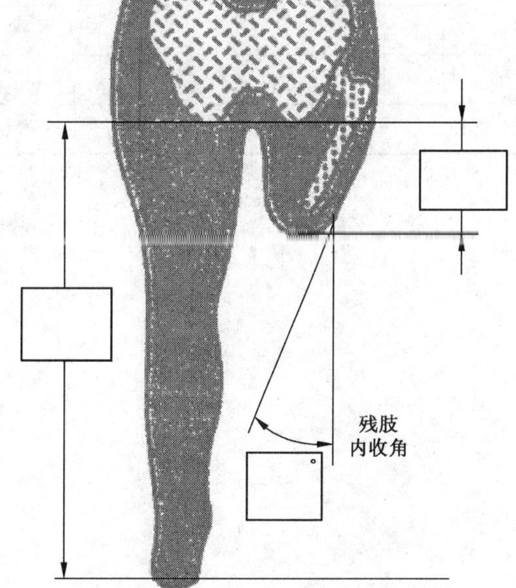

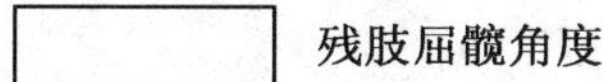
残肢屈髋角度

内收肌／股直肌

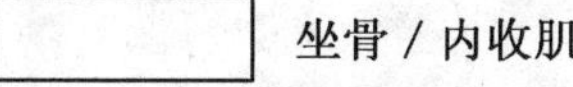
坐骨／内收肌

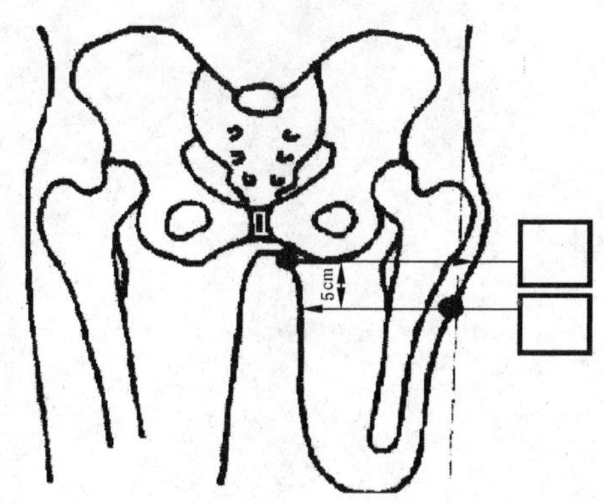

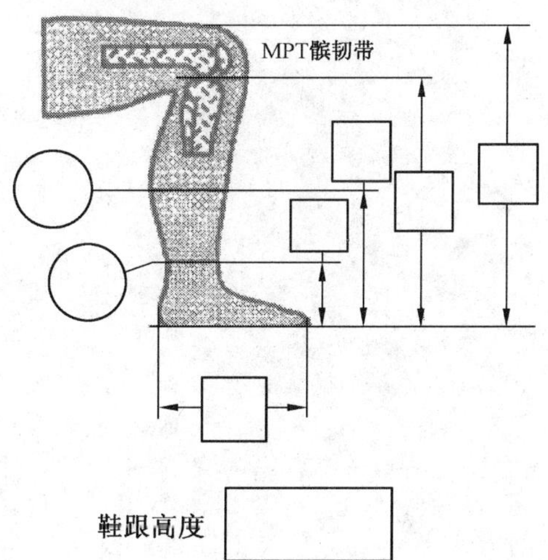

鞋跟高度

姓名：________			患者病历编号：________
残肢测量与设计			
间隔 X=	残肢		预设计值
	松	紧	
0			
1×X=			
2×X=			
3×X=			
4×X=			
5×X=			
6×X=			
7×X=			
残肢长			

测量人签字：__________　　　　测量时间：__________年______月______日

附 录 E
（规范性附录）
膝离断假肢测量表

姓 名		性 别		年 龄	
身 高		体 重		截肢部位	左 右
假肢类型				测量日期	年 月 日

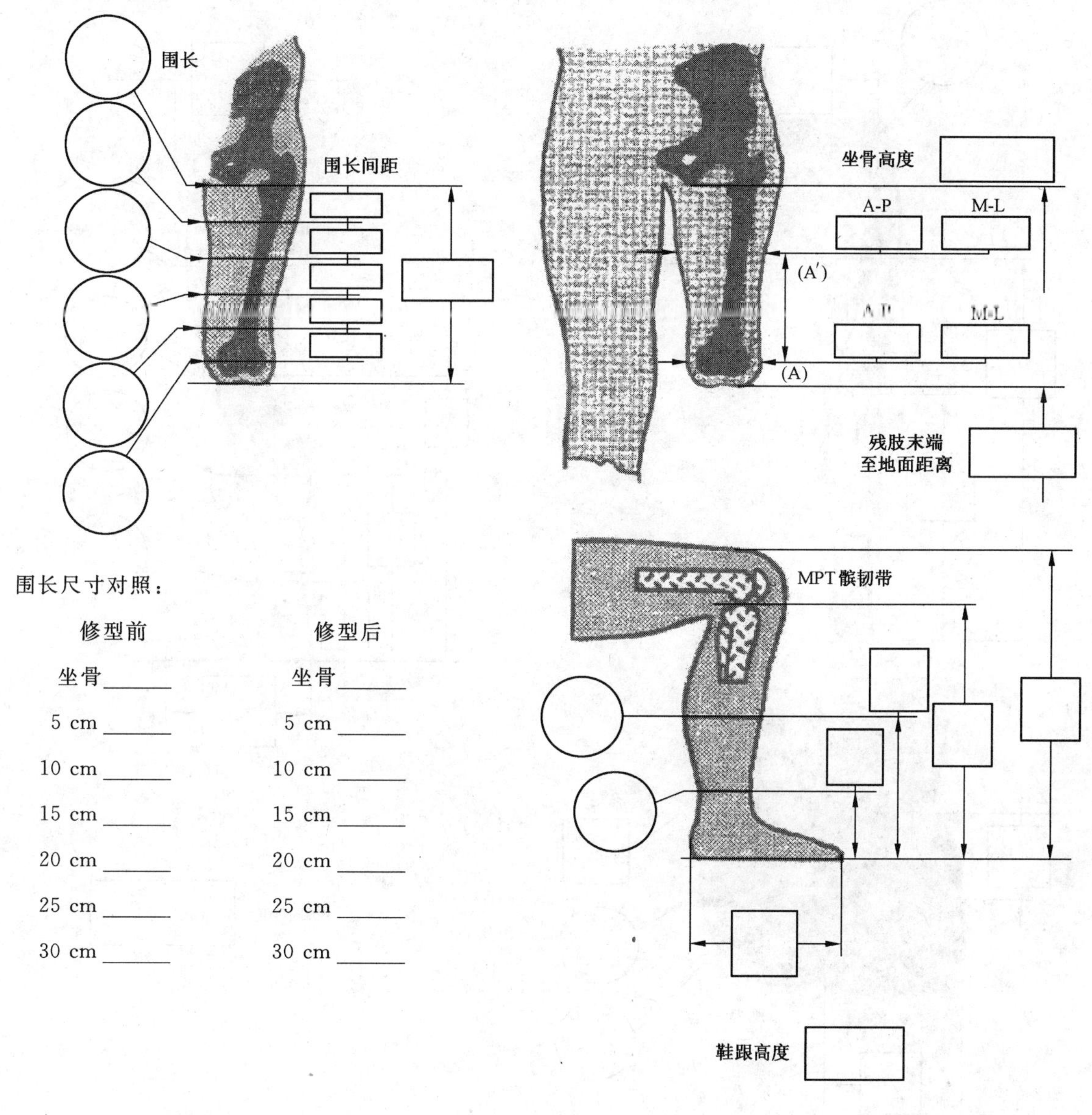

围长尺寸对照：

修型前	修型后
坐骨______	坐骨______
5 cm ______	5 cm ______
10 cm ______	10 cm ______
15 cm ______	15 cm ______
20 cm ______	20 cm ______
25 cm ______	25 cm ______
30 cm ______	30 cm ______

制作技术员__________ 取型日期__________ 试样日期__________

附 录 F
（规范性附录）
髋离断假肢测量表

姓名		性别		年龄	
身高		体重		截肢部位	左　右
假肢类型				测量日期	年　月　日

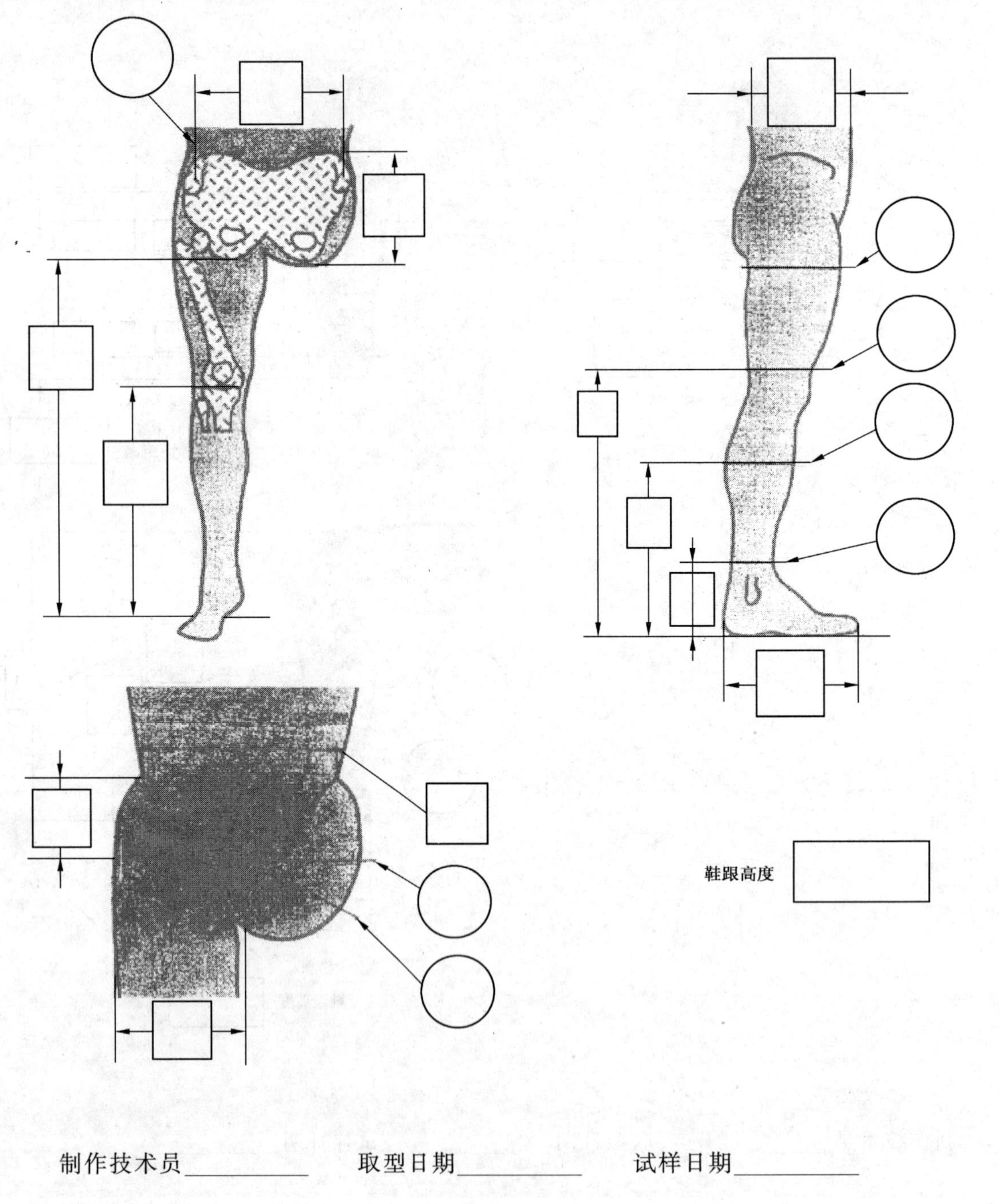

制作技术员__________　取型日期__________　试样日期__________

ICS 11.040.40
C 45

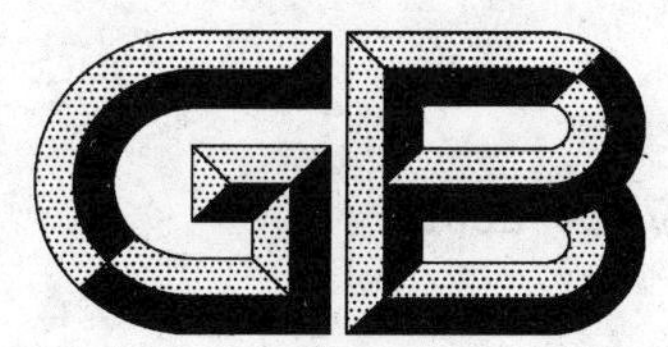

中华人民共和国国家标准

GB 14723—2008
代替 GB 14723—1993

下肢假肢通用件

Modular units of the lower limb prosthesis

2008-09-19 发布　　2009-03-01 实施

中华人民共和国国家质量监督检验检疫总局
中国国家标准化管理委员会　发布

前言

本标准的第6章为强制性条款,其他为推荐性标准。

本标准代替 GB 14723—1993《下肢假肢通用件》。

本标准与 GB 14723—1993《下肢假肢通用件》相比,主要差异有:

a) 增加了在下肢假肢通用件中新近出现的新材料和新产品,例如,储能式假脚、智能膝关节、硅(凝)胶内衬套、碳素纤维接受腔等;

b) 在本标准中,对假肢通用件的结构强度检验,引用了 GB/T 18375—2004《假肢 下肢假肢的结构检验》,GB/T 18375—2004 等同采用 ISO 10328;

c) 对骨骼式膝关节最小屈膝夹角进行了修订,原为65°,本标准为70°。

本标准由中华人民共和国民政部提出。

本标准由全国残疾人康复和专用设备标准化技术委员会(SAC/TC 148)归口。

本标准起草单位:国家康复辅具研究中心、福建省假肢中心、北京假肢矫形技术中心、山东省假肢矫形康复中心。

本标准主要起草人:闫和平、杨成瑞、杨文兵、吴国士、刁兴建。

本标准1993年首次发布。

本标准为第一次修订。

下肢假肢通用件

1 范围

本标准规定了下肢截肢者使用的下肢假肢通用件的型号、尺寸、形状、技术要求、检验方法和检验规则。

本标准适用于下肢假肢的各种通用件，包括假脚、踝关节、膝关节、髋关节、连接件、外装饰件等。

2 规范性引用文件

下列文件中的条款通过本标准的引用而成为本标准的条款。凡是注日期的引用文件，其随后所有的修改单(不包括勘误的内容)或修订版均不适用于本标准，然而，鼓励根据本标准达成协议的各方研究是否可使用这些文件的最新版本。凡是不注日期的引用文件，其最新版本适用于本标准。

GB/T 191 包装储运图示标志

GB/T 1931 木材含水率测定方法

GB/T 3293 中国鞋号及鞋楦系列

GB/T 9174 一般货物运输包装通用技术条件

GB/T 10000 中国成人人体尺寸

GB/T 14191 假肢和矫形器术语

GB/T 18375(所有部分) 假肢 下肢假肢的结构检验

3 术语和定义

GB/T 14191 中确立的以及下列术语和定义适用于本标准。

3.1

连接件 connector

用于假肢部件间连接、固定的部件，有些具有调整功能。

3.2

智能膝关节 intelligent knee joint

具有通过传感器取样截肢者本人在行走中的特征参数经微机处理，实现支撑期或摆动期自适应控制功能的膝关节。

3.3

屈膝夹角 flexion angle

膝关节屈曲后，大腿和小腿后侧形成的夹角。

4 型号

4.1 下肢假肢通用件的型号由产品类型代号、部件代号、结构类型代号、设计及改型代号组成。其组成形式如下：

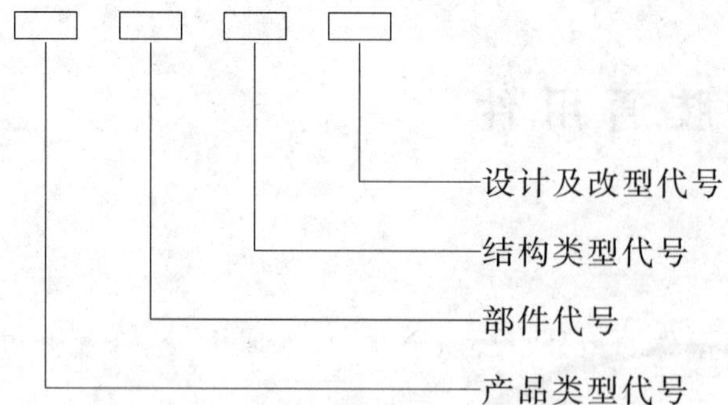

a） 产品类型代号：用“下假零”三个字汉语拼音首位大写字母“XJL”表示下肢假肢零部件；

b） 部件代号：部件按肢体部位分类，用阿拉伯数字表示，如表1：

表1

代　号	1	2	3	4	5	6	7	8	9
部件	假脚	踝关节	连接件	膝关节	内衬套	髋关节	外装饰件	悬吊装置	接受腔

c） 结构类型代号：用结构类型英文名称中有代表意义的一个英文字母表示，如表2：

表2

部件	结构类型	代号	部件	结构类型	代号
假脚	SACH 脚	N	内衬套	织物内衬套	C
	单轴脚	S		泡沫内衬套	P
	万向脚	P		凝胶内衬套	G
	可调跟高的脚	H		硅胶内衬套	S
	储能脚	N		其他	E
	其他	E	髋关节	铰链式	J
踝关节	壳体式	C		单轴式	S
	静踝	N		多轴式	P
	单轴式	S		其他	E
	万向踝	P	外装饰件	装饰软套	F
	其他	E		装饰外壳	C
连接件	壳体式	C		装饰袜	H
	组件式	T		其他	E
	旋盘（盘腿器）	R	悬吊装置	大腿假肢悬吊装置	A
	缓冲器（轴向、扭转）	B		小腿假肢悬吊装置	B
	其他	E		其他	E
膝关节	铰链式	J	接受腔	皮革制作	L
	壳体式	C		木材制作	W
	单轴式	S		纤维增强树脂制作	R
	多轴式	P		塑料板制作	T
	智能式	I		全碳素纤维制作	C
	其他	E		其他材料制作	E

d) 设计与改型代号：设计代号用两位阿拉伯数字依次表示设计顺序(顺序为一位数时，十位补零)。改型代号用大写英文字母 A、B、C……依次表示改型顺序。

4.2 示例

示例 1：XJL4C01 表示 01 号壳体式膝关节。

示例 2：XJL2P03A 表示第一次改型设计的 03 号万向踝关节。

5 尺寸、形状

5.1 假肢零部件尺寸和形状的设计，应使假肢成品外形和所替代的肢体基本保持一致。

5.2 健全人下肢的尺寸、形状和测量方法参照 GB/T 10000 的规定。

5.3 假脚的尺寸和形状参考 GB/T 3293 的规定。

5.3.1 脚长 L(见图 1)的范围选为 130 mm～300 mm，按相隔 10 mm 分为 18 个型号，如表 4 所示。

5.3.2 跟高 H(见图 1)参照表 5 所规定的数值选取。

5.3.3 跟高 H 的测量方法。

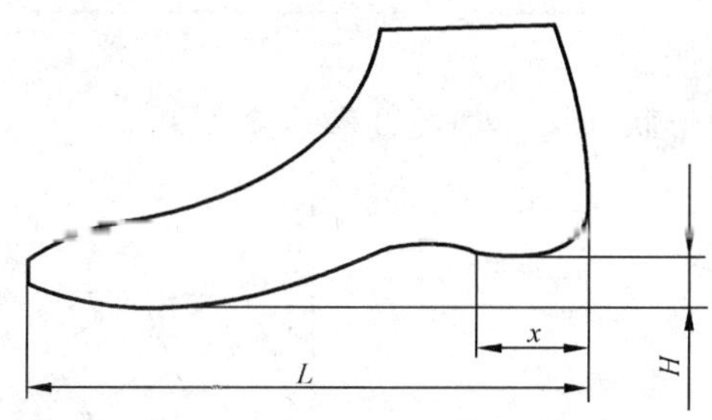

注：H 为跟高，x 为块规。

图 1

按照图 1 和表 3 中规定的块规前伸量，使假脚踝面置于设计位置。(例如：SACH 脚踝面在水平位置，动踝脚踝顶部在设计图纸注明的角度)则 H 值即为跟高。

表 3　　单位为毫米

脚长	≤160	170～190	200～210	220～230	240～260	270～280	≥290
块规前伸	15	20	25	30	35	40	45

表 4　　单位为毫米

脚长 L	130	140	150	160	170	180	190	200	210	220	230	240	250	260	270	280	290	300

表 5　　单位为毫米

跟高 H	0,5,10,15,20,25,30,35

5.4 踝部件的形状和尺寸应与假脚相匹配，壳体式踝关节分四个型号，其外形尺寸系列和脚长的对应外形尺寸如表 6 所示。

表 6　　单位为毫米

假脚脚长		190～200	210～220	230～250	260～300
壳体式踝关节	系列号	1	2	3	4
	外形尺寸 长×宽	78×42	88×48	98×54	106×58

5.5 连接管外径选取 $\phi34^{-0.01}_{-0.05}$ mm、$\phi30^{-0.01}_{-0.05}$ mm、$\phi25^{-0.01}_{-0.05}$ mm、$\phi22^{-0.01}_{-0.05}$ mm，与其配合的孔允许公差为 $\phi34^{+0.05}_{0}$ mm、$\phi30^{+0.05}_{0}$ mm、$\phi25^{+0.05}_{0}$ mm、$\phi22^{+0.05}_{0}$ mm。

5.6 壳体式膝关节的宽度 B(见图 2)分四个型号，尺寸如表 7 所示。

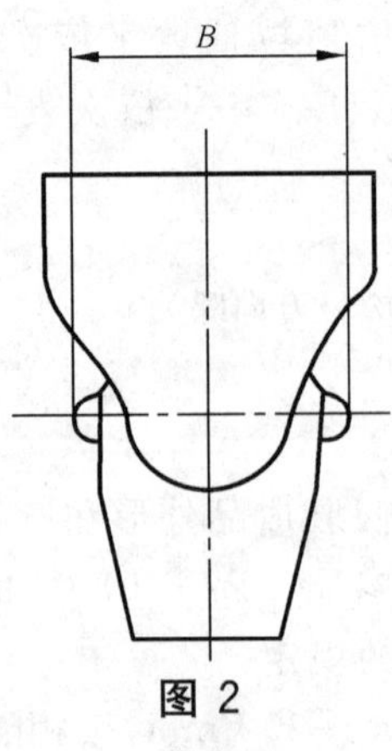

图 2

表 7

单位为毫米

系列号	1	2	3	4
膝宽 *B*	90	95	100	105

5.7 装饰软套应制成与健肢相近似。

5.7.1 按成品提供的装饰软套的形状和尺寸如图 3 和表 8 所示。

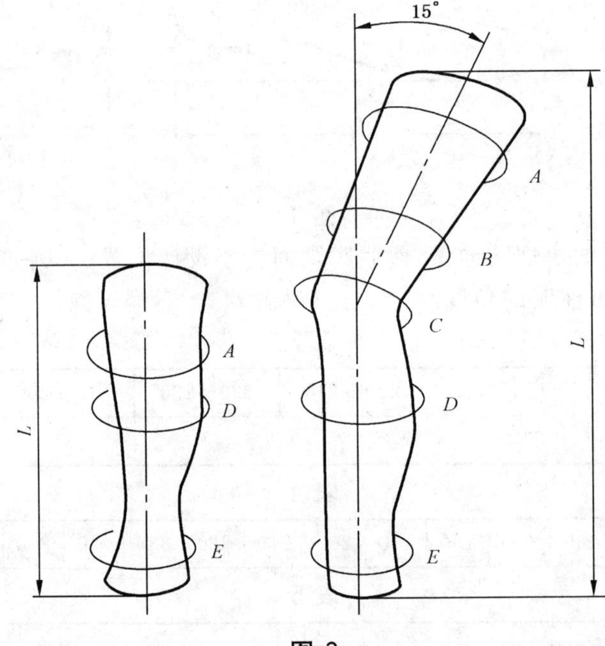

图 3

表 8

单位为毫米

代号	小腿装饰软套						大腿装饰软套					
	1	2	3	4	5	6	1	2	3	4	5	6
L	530	570	610	610	610	610	760	840	890	890	990	1 040
A	330	330	360	380	380	430	440	460	480	510	560	570
B	—	—	—	—	—	—	370	370	380	410	430	490
C	—	—	—	—	—	—	330	360	360	370	410	450
D	300	320	330	360	380	380	300	330	360	380	410	450
E	200	200	230	230	240	250	200	200	230	230	250	280
注：大、小腿装饰软套成品皆分左、右。												

5.7.2 按半成品提供的装饰软套的形状和尺寸如图 4 和表 9 所示。

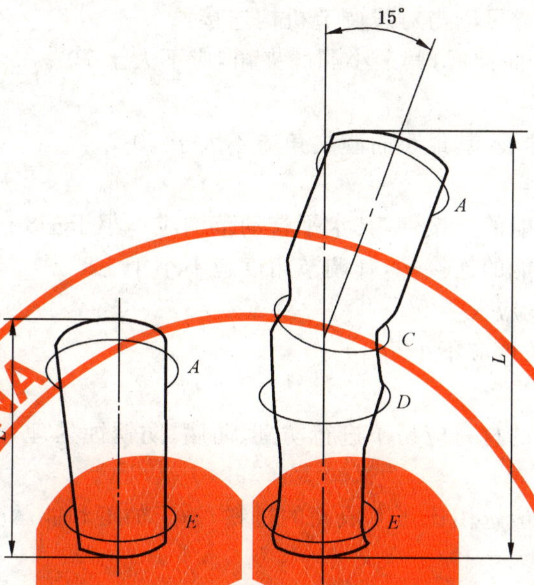

图 4

表 9

单位为毫米

代号	小腿装饰软套(半成品)	大腿装饰软套(半成品)	
		1	2
L	500	900	900
A	630	680	680
C	—	380	430
D	—	380	400
E	450	480	480
注：大腿装饰软套(半成品)分左、右。			

5.8 壳体式连接件和装饰外壳的外形和尺寸应与健肢相近似。

6 技术要求

6.1 一般要求

下肢假肢零部件应按照设计图纸和技术文件制造。

6.2 脚踝部件

6.2.1 脚踝部件要近似人体足部的外形，能穿上与健侧鞋号相同的鞋。

6.2.2 在步行中当假脚与地面接触时，应具有吸收冲击的能力和足够的回弹性。按 7.1.1 和 7.1.2 的测定方法，脚踝部件跖屈、背屈变形量应符合表 10 的规定，且应按跖屈变形量大小分为软(标记为 S)、硬(标记为 H)两种规格。

6.2.3 按 7.1.3 的测定方法，万向踝应能实现内、外旋各 3°以上的活动范围。

6.2.4 按 7.1.4 的测定方法，万向踝应能实现内、外翻各 5°以上的活动范围。

6.2.5 组装后假脚中线与前进方向外旋 5°～6°。

表 10

单位为毫米

跖屈变形量	硬(H)	6～15
	软(S)	16～22
背屈变形量		20～40

6.3 膝关节部件

6.3.1 应具备对线调节功能或可以与对线调节机构连接。

6.3.2 膝关节应能平滑地屈曲伸展，其最小屈膝夹角，应不大于70°。

6.4 髋关节部件

髋关节应能平滑地屈曲伸展，其最小曲髋夹角应不大于70°。

6.5 连接件

6.5.1 具有平移对线调节功能的连接件，其水平移动范围应不小于±8 mm。

6.5.2 具有角度对线调节功能的连接件，其调节角度应不小于±8°。

6.5.3 大腿旋盘，其旋转角度应大于90°。

6.5.4 扭转缓冲器，其扭转角度应不小于10°。

6.6 材料

6.6.1 制作下肢假肢零部件的材料应易于进行防潮、防腐、防锈蚀处理，与人体直接接触的材料应无毒无害。

6.6.2 结构部件的制作材料应选用比强度值高的材料，易于加工和能承受按GB/T 18375规定的结构强度试验。

6.6.3 木材的含水率应小于15%，按GB/T 1931规定的方法测定。

6.6.4 装饰软套应采用具有弹性的轻质材料制作。

6.7 强度要求

对承受载荷的部件，按GB/T 18375的规定进行结构强度试验，不得发生裂纹、损坏、明显的永久变形和异常声音。

6.8 外观要求

6.8.1 壳式连接件、装饰外壳和装饰软套的外表面应平滑、整洁。

6.8.2 塑料件表面应平整、色泽均匀，无明显划伤、裂纹、气泡等缺陷。

6.8.3 皮革件应无刀伤、划痕，折边整齐、针码均匀。

6.8.4 电镀件表面应色泽光亮、均匀，不允许有鼓泡、剥落、烧黑、麻点、露底等缺陷。

6.8.5 氧化处理件表面应色泽均匀，不允许有露底、锈蚀等缺陷。

7 检验方法

7.1 性能检验方法

7.1.1 脚踝部件跖屈变形量测定方法

脚踝部件跖屈变形量的测定按图5所示进行。施加的垂直载荷为400 N的压力，记录脚跟的压缩变形，重复进行3次，取平均值。

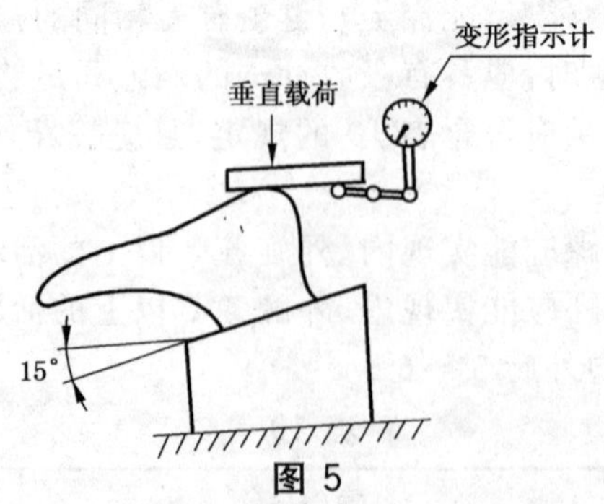

图 5

7.1.2 脚踝部件背屈变形量测定方法

脚踝部件背屈变形量的测定按图6所示进行。施加的垂直载荷为400 N的压力，记录足趾上翘变形量，重复进行3次，取平均值。

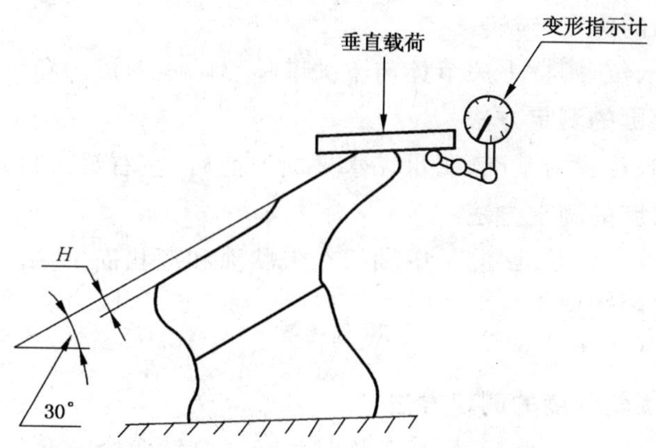

注：H 为假脚后跟高。

图 6

7.1.3 **脚踝部件内、外旋角度的测定方法**

如图 7 所示，在与踝轴平行的水平面上施加 20 N·m 扭矩，测量内、外旋角度，重复进行 3 次，取平均值。

7.1.4 **脚踝部件内、外翻角度的测定方法**

如图 8 所示，绕脚纵轴沿额状面施加 50 N·m 弯矩，测量内、外翻角度，重复进行 3 次，取平均值。

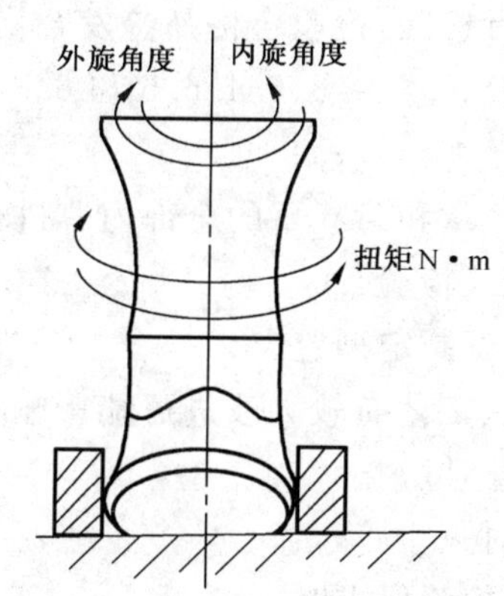

图 7

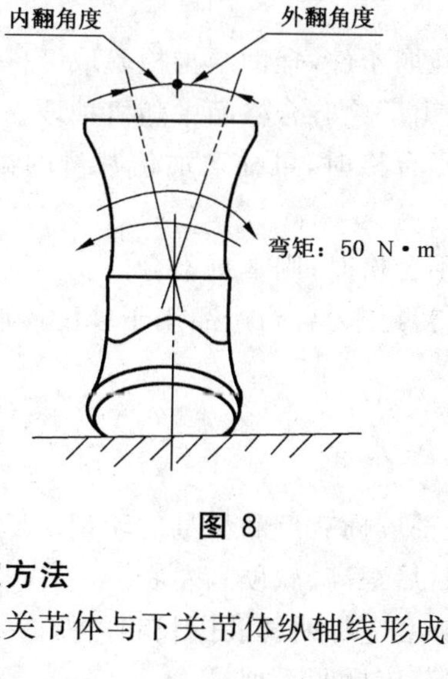

图 8

7.1.5 **膝关节最小屈膝夹角的测定方法**

将膝关节屈膝至极限位，测量上关节体与下关节体纵轴线形成的角度。

7.1.6 **髋关节最小前屈角的测定方法**

将髋关节置于前屈极限位，测量上关节体与下关节体纵轴线形成的角度。

7.1.7 **连接件平移调节范围的测定方法**

以连接件水平面上中心位置为基准，测量在水平面上前后、左右最大移动距离。

7.1.8 **连接件转动调节角度的测定方法**

以连接件中轴线在铅垂位为基准，测量中轴线在矢状面和额状面上偏转的最大角度。

7.1.9 **大腿旋盘旋转角度的测定方法**

在水平面测量大腿旋盘旋转角度。

7.1.10 **轴向扭转缓冲器旋转角度的测定方法**

绕纵轴施加 4.5 N·m 扭矩，分别测量其在顺时针和逆时针两个方向上转动的角度。

7.2 **外观检查方法**

外观检查用目测方法进行，并可对照标准件评定。

7.3 **试验场地条件**

试验场地温度为 5 ℃～35 ℃，相对湿度为 25%～95%。

8 检验规则

8.1 出厂检验

8.1.1 下肢假肢零部件出厂前应进行检验，检验合格品签发合格证。

8.1.2 出厂检验的项目为第 5 章、6.1、6.2、6.3、6.4、6.5 和 6.8。

8.2 型式检验

8.2.1 型式检验按本标准规定的第 5 章和第 6 章的全部内容进行。

8.2.2 有下列情况之一时，应进行型式检验：

a) 新产品或老产品转厂生产的试制定型鉴定；

b) 正式生产后，例如结构、材料、工艺有较大改进可能影响产品性能和强度时；

c) 成批生产，产品质量定期检查时；

d) 产品停产一年后，恢复生产时；

e) 国家质量监督机构提出型式检验要求时。

9 抽样规则

9.1 作型式检验用的样品主结构检验取 4 件，辅助结构检验取 2 件，质量定期检验每年抽验 1 次。

9.2 试验样品须经出厂检验合格，从出厂检验合格品中随机抽取。

9.3 进行型式检验的样品中有 1 件不合格时，可抽取加倍数量的试样重复进行检验，重复检验仍有 1 件不合格时，则本批不合格。

9.4 进行型式检验的试样中有 2 件不合格时，则本批不合格。

9.5 经过结构强度试验的零部件不得再作为合格产品用于装配假肢。

10 标志、包装、运输、贮存

10.1 标志

10.1.1 每个作为单件出厂的零部件都应标有产品型号的印记。

10.1.2 假脚和脚踝部件应标明脚长、后跟高、软硬和左右。

10.1.3 壳式腿筒、装饰外壳和装饰软套应标明腿肚围长和左右。

10.1.4 壳体式踝关节和壳体式膝关节应标明系列号。

10.2 **包装、运输**

10.2.1 每个零部件都应装在防尘袋内，有避光要求的零部件应用深色包装袋。

10.2.2 包装袋内应装入合格证，合格证至少应有下列内容：

a) 制造厂名称；

b) 产品名称和型号；

c) 出厂编号；

d) 出厂日期。

10.2.3 包装袋内应有产品的使用说明书和质量保证单。

10.2.4 运输包装箱应符合 GB/T 9174 的规定，包装储运图示标志应符合 GB/T 191 规定。

10.3 **贮存**

包装完整的假肢零部件应贮存在通风、干燥的库房内，并与易燃品和化学腐蚀品等物质隔离。

ICS 11.180.99
C 45

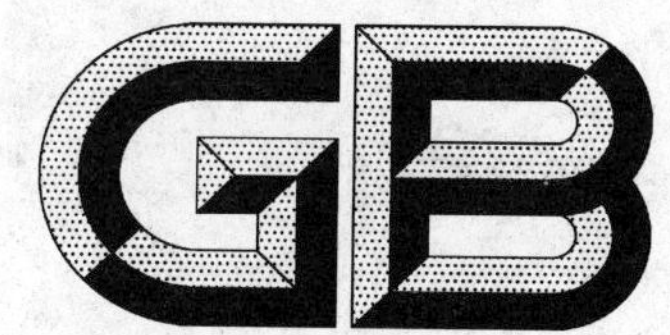

中华人民共和国国家标准

GB/T 14727—2008
代替 GB/T 14727—1993

无线传输式聋儿听力言语训练设备通用技术条件

General specification for the wireless hearing system equipment for the deaf children

2008-09-19 发布　　2009-03-01 实施

中华人民共和国国家质量监督检验检疫总局
中国国家标准化管理委员会　发布

前 言

本标准代替 GB/T 14727—1993《无线传输式聋儿听力言语训练设备通用技术条件》。

本标准与原 GB/T 14727—1993 相比主要变化如下：

a) 对标准名称进行了修改；

b) 对术语部分进行了修改，增加英语部分；

c) 对编写内容进行了规范调整，将第 4 章内容重新编排，编写为技术要求和检验方法两章，将第 6 章、第 7 章归纳为一章；

d) 增加了调频与音频感应混合式聋儿听力言语训练设备的术语和定义、技术要求和试验方法；

e) 对环境试验方法按照国家新颁布的标准进行了修订，删除碰撞试验；

f) 细化了部分技术指标和检验方法。

本标准由中华人民共和国民政部提出。

本标准由全国残疾人康复和专用设备标准化技术委员会(SAC/TC 148)归口。

本标准负责起草单位：国家康复器械质量监督检验中心、中国聋儿康复研究中心、瑞士峰力听力集团中国总部。

本标准主要起草人：张红涛、郭占东、毛杰荣。

本标准所代替标准的历次版本发布情况为：

——GB/T 14727—1993。

无线传输式聋儿听力言语训练设备通用技术条件

1 范围

本标准规定了无线传输式聋儿听力言语训练设备的技术条件、测量方法、检验规则及标志、包装、运输、贮存等。

本标准适用于无线传输式(调频发射、接收即FM式,与音频感应及前两种的混合式,不含红外传输式)聋儿听力言语训练设备。

2 规范性引用文件

下列文件中的条款通过本标准的引用而成为本标准的条款。凡是注日期的引用文件,其随后所有的修改单(不包括勘误的内容)或修订版均不适用于本标准,然而,鼓励根据本标准达成协议的各方研究是否可使用这些文件的最新版本。凡是不注日期的引用文件,其最新版本适用于本标准。

GB/T 191 包装储运图示标志

GB/T 2423.1 电工电子产品环境试验 第2部分:试验方法 试验A:低温

GB/T 2423.2 电工电子产品环境试验 第2部分:试验方法 试验B:高温

GB/T 2423.3 电工电子产品环境试验 第2部分:试验方法 试验Cab:恒定湿热试验

GB/T 2423.8 电工电子产品环境试验 第2部分:试验方法 试验Ed:自由跌落

GB/T 2423.10 电工电子产品环境试验 第2部分:试验方法 试验Fc:振动(正弦)

GB/T 6657 助听器电声特性的测量方法

GB 8898—2001 音频、视频及类似电子设备安全要求

GB/T 9001—1988 声频放大器测量方法

GB/T 9388 无线传声器系统测量方法

GB/T 9401 传声器测量方法

GB/T 11454 助听器用音频感应回路的磁场强度

GB 12641 教学视听设备及系统维护与操作的安全要求

IEC 118-12 助听器 第12部分:电连接器系统的尺寸

3 术语和定义

下列术语和定义适用于本标准。

3.1

聋儿 deaf children

较好耳听力永久性损失超过41 dB的儿童。

3.2

聋儿听力言语训练设备 hearing and speech training equipment for the deaf children

利用聋儿的听觉、视觉、触觉,对其进行听力和言语训练的设备(以下简称"聋儿语训设备")。

3.3

无线传输式聋儿听力言语训练设备 wireless hearing system equipment for the deaf children

通过无线方式(如无线发射接收和电感线圈感应等)将声音信号从传声器或音源传至听者处,再通

过聆听设备聆听的聋儿语训设备。

3.4

音频感应聋儿听力言语训练设备　audio induction loop hearing system equipment for the deaf children

利用电感线圈在电磁场中的感应作用，将声音信号从传声器或音源传至听者聆听设备的聋儿语训设备。

3.5

调频聋儿听力言语训练设备　frequency modulation (FM) wireless hearing system equipment for the deaf children

传声器或音源处配备发射机，听者配备可移动无线接收机，声音信号由发射机无线传输至接收机，进而输入听者聆听设备的聋儿语训设备。

3.6

调频与音频感应混合式聋儿听力言语训练设备　frequency modulation (FM) wireless combined with audio induction loop hearing system equipment for the deaf children

传声器或音源处配备发射机，声音信号由发射机无线传输至接收机后，再利用电感线圈在电磁场中的感应作用，将声音信号传至听者聆听设备的聋儿语训设备。

4　技术要求

4.1　外观和结构要求

4.1.1　各零部件应装配齐全、固定可靠。耳机、插座与导线接插应有效。各调节钮、开关应灵活、有效。

4.1.2　文字、符号或标记应清晰、正确。表面应无毛刺、飞边、凹陷、划痕等缺陷。

4.1.3　电源正、负极接触应有效。

4.1.4　输出接口要求应符合 IEC 118-12 的要求。

4.2　调频聋儿语训设备

由传声器、辅助输入端子、放大发送器等组成发射部分；由接收器、功能选择器、放大器及传声器、耳机等组成接收部分。如图 1 所示。

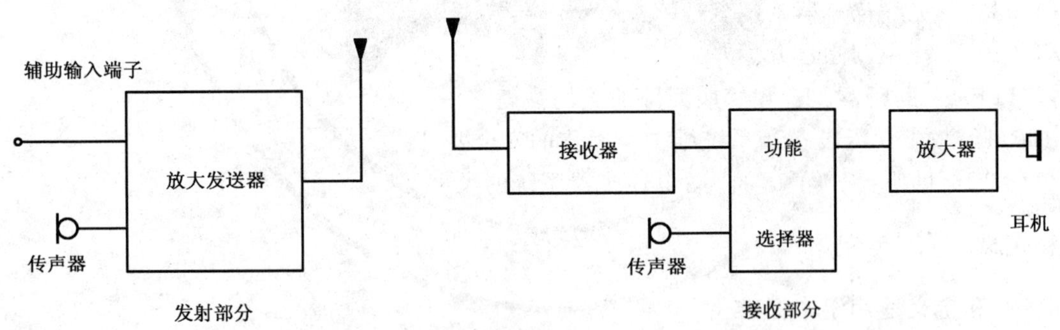

图 1

4.2.1　传声器技术特性应符合 GB/T 9401 的规定。

4.2.2　辅助输入端子的技术特性应符合 GB/T 9001—1988 第 17 章的规定。

4.2.3　放大发送器技术特性应符合 GB/T 9388 的规定。载波频率和载波功率按国家有关规定执行。

4.2.4　功能选择器应具有单纯接收状态、单纯内装传声器状态和混合状态三种功能。

4.2.5　接收器技术特性应符合 GB/T 9388 的规定。

4.2.6　系统有效距离应符合 GB/T 9388 的规定。

4.2.7　系统音频响应，接收部分的功能选择器置于单纯接收状态。系统测试空间中环境噪声、机械振动以及电磁杂散场等干扰，对测试结果的影响应≤0.5 dB。当信号源切断后，接收部分的输出声压级至少下降10 dB为符合要求。发送部分和接收部分的距离≤系统有效工作距离。声音信号自发送部分的传声器输入,自接收部分的耳机输出。

电声特性应满足:

a) 最大饱和声压级,标称值由制造厂产品标准或技术说明书中规定,其实际测试值应≤标称值+3 dB;

b) 最大满档声增益,标称值由制造厂产品标准或技术说明书中规定,其实际测试高频平均值允许偏差±5 dB;

c) 频率响应范围,标称值由制造厂产品标准或技术说明书中规定,且应宽于500 Hz~4 000 Hz;

d) 总谐波失真,标称值由制造厂产品标准或技术说明书中规定,其实际测试值最大不超过10%,且应≤标称值+3%;

e) 等效输入噪声级,标称范围符合制造厂产品标准或技术说明书中规定,其实际测试值最大不超过32 dB,且应≤标称值+3 dB。

4.3 音频感应聋儿语训设备

由传声器、辅助输入端子、放大器、音频感应回路等组成发送部分;置于感应拾音线圈位置的聆听设备作为接收部分。如图2所示。

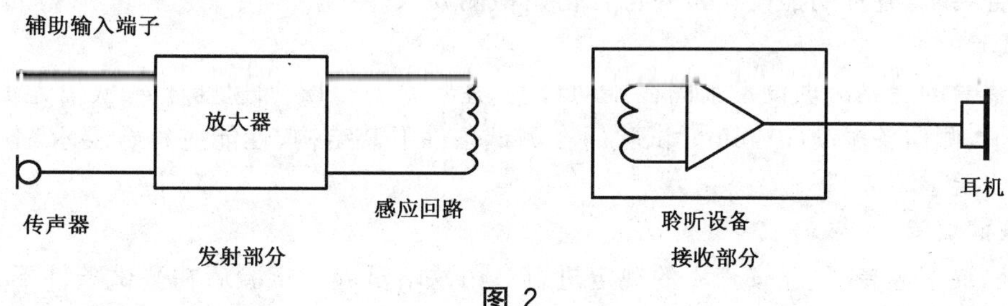

图2

4.3.1 传声器技术特性同4.2.1。

4.3.2 辅助输入端子技术特性同4.2.2。

4.3.3 音频感应回路技术特性应符合GB/T 11454的规定。

4.4 调频与音频感应混合式聋儿语训设备

由传声器、辅助输入端子、放大发送器等组成发射部分;由接收器、辅助输入(出)端子、放大器、电感线圈感应回路等组成中继部分;置于感应拾音线圈位置的聆听设备作为接收部分。如图3所示。

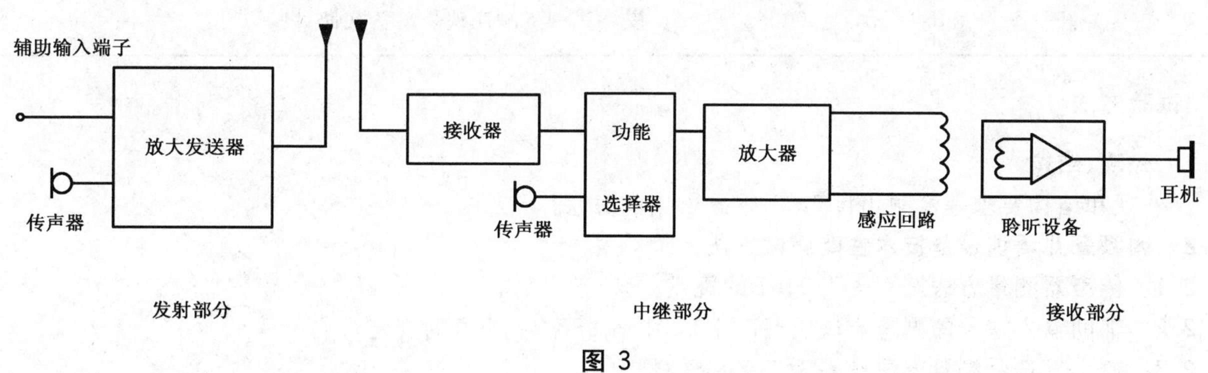

图3

4.4.1 传声器技术特性同4.2.1。

4.4.2 辅助输入端子技术特性同4.2.2。

4.4.3 放大发送器技术特性同4.2.3。

4.4.4 功能选择器同4.2.4。

4.4.5 接收器技术特性同4.2.5。

4.4.6 系统有效距离同 4.2.6。

4.4.7 音频感应回路技术特性同 4.3.3。

4.4.8 系统音频响应,电声特性同 4.2.7。

4.5 电器安全

设备的电器安全应符合 GB 8898—2001 第 5 章、第 9 章、第 10 章及 GB 12641 的规定。

4.6 环境要求

对聋儿语训设备进行环境试验之前应按 4.2.7 或 4.4.8 对设备进行一次初始测量。

4.6.1 低温负荷、贮存试验

样品在 −10 ℃±3 ℃条件下应能连续工作 1 h,继续在温度 −25 ℃±3 ℃条件下贮存 2 h,经 4 h 恢复后,在测试条件下其性能应符合要求,各种功能应正常并符合初始检测要求。

4.6.2 高温负荷、贮存试验

样品在 40 ℃±2 ℃条件下连续工作 2 h,继续在温度 50 ℃±2 ℃条件下贮存 2 h,经 2 h 恢复后,在测试条件下其性能应符合要求,各种功能应正常并符合初始检测要求。

4.6.3 湿度试验

样品在温度 40 ℃±2 ℃,相对湿度 90%～95%条件下连续贮存 48 h,经 24 h 恢复后,在测试条件下其性能应符合要求,各种功能应正常并符合初始检测要求。

4.6.4 振动试验

将带有包装盒的聋儿语训设备紧固在振动台上,在频率 20 Hz、加速度 3 *g*、振幅为 1.875 mm 的条件下,垂直、水平、侧向各振动 10 min。试验后在测试条件下其结构、性能应符合要求,各种功能应正常并符合初始检测要求。

4.6.5 自由跌落试验

样品按出厂要求包装好,应按表 1 的规定进行自由跌落试验。试验后在测试条件下其结构、性能应符合要求,各种功能应正常并符合初始检测要求。

表 1

包装样品质量/kg	跌落高度/mm	跌落面	跌落次数
≤10	800	4 6 3 2 5 按 3-2-5-4-6 顺序跌落,3 为底面	各一次
>10～≤25	600		
>25	400		

5 试验方法

5.1 外观、结构

外观和结构要求等检测用目测、手感或试用的方法。

5.2 调频聋儿语训设备技术性能测试方法

5.2.1 传声器测量方法按 GB/T 9401 的规定。

5.2.2 辅助输入端子的测量方法按 GB/T 9001—1988 第 17 章的规定。

5.2.3 放大发送器测量方法按 GB/T 9388 的规定。

5.2.4 接收器测量方法按 GB/T 9388 的规定。

5.2.5 系统有效距离测量方法按 GB/T 9388 的规定。

5.2.6 系统音频响应电声性能测量方法按 GB/T 6657 的规定

5.3 音频感应聋儿语训设备技术性能测试方法

5.3.1 传声器技术特性同 5.2.1。

5.3.2 辅助输入端子技术特性同 5.2.2。

5.3.3 音频感应回路技术特性应符合 GB/T 11454 的规定。

5.4 电器安全

设备的电器安全测试按 GB 8898—2001 第 5 章、第 9 章、第 10 章及 GB 12641 的规定。

5.5 环境试验方法

5.5.1 试验顺序

对聋儿语训设备应顺序进行下列环境试验：

a) 低温负荷、贮存试验；

b) 高温负荷、贮存试验；

c) 恒定湿热负荷、贮存试验；

d) 振动(正弦)试验；

e) 自由跌落试验。

5.5.2 低温试验测试方法按 GB/T 2423.1 的规定。

5.5.3 高温试验测试方法按 GB/T 2423.2 的规定。

5.5.4 恒定湿热试验测试方法按 GB/T 2423.3 的规定。

5.5.5 振动试验测试方法按 GB/T 2423.10 的规定。

5.5.6 自由跌落试验测试方法按 GB/T 2423.8 的规定。

6 检验规则

6.1 出厂检验

6.1.1 产品在出厂前必须逐套进行检验。

6.1.2 出厂检验应按有关技术文件规定进行。

6.1.3 检验项目

a) 装配与外观质量；

b) 系统音频响应技术特性。

6.1.4 产品经检验合格后，应由制造厂质检部门签发合格证后才能出厂。

6.2 例行检验

6.2.1 有下列情况之一时，应进行例行检验：

a) 新产品或老产品转厂生产的试制定型鉴定；

b) 正式生产后，如结构、元器件、工艺有较大改变可能影响产品性能时；

c) 成批生产，产品质量定期检查时；

d) 产品停产一年后，恢复生产时；

e) 国家质量监督机构提出例行试验要求时。

6.2.2 检验项目

本标准第 4 章全部内容。当为 6.2.1 中的 a)时，需作完所有测试项目，其余各项可根据质量检验部门的要求，确定试验项目。

6.3 抽样和判定规则

6.3.1 用于产品例行试验的样品不得少于 3 套。用于产品质量定期检查用的样品，按年产量每 1 000 套检验 3 套的比例抽取，年产低于 1 000 套按 3 套抽取。

6.3.2 检验样品应从出厂检验合格后的产品中随机抽取。

6.3.3 样品按 4.2.7 或 4.4.8 进行测量时有任意一项技术特性不能达到规定的要求，则该样品为不合格。

6.3.4 进行例行检验的三套产品中，如有一套不合格，可以再抽取不合格样品的 2 倍重复进行试验，仍有一套不合格时则本批为不合格。

6.3.5 进行例行检验的三套产品中,有两套不合格时则本批不合格。

7 标志、包装、运输、贮存

7.1 标志

7.1.1 聋儿语训设备的控制和操作部位应在用户使用说明书中给予明确的解释。

7.1.2 产品的外壳上应标有下列内容:

a) 制造厂名称;

b) 产品名称和型号;

c) 注册商标;

d) 出厂编号;

e) 电源电压和频率。

7.2 包装

7.2.1 产品包装箱外必须标明制造厂名称、商标、相关产品注册证号、数量、毛重、箱体尺寸、出厂日期及印有小心、轻放、向上、怕湿等标志,其图形标志应符合 GB/T 191 的规定。

7.2.2 产品整体部分包装应有合理的防震、防潮、防尘措施,且牢固可靠。

7.2.3 出厂包装的产品应附有:

a) 产品合格证;

b) 使用说明书;

c) 装箱清单;

d) 保修单。

7.3 运输

7.3.1 产品应避免使用无减震设施的交通工具运输,并严禁与具有腐蚀性的物品一起运输。

7.3.2 产品在运输过程中应轻拿轻放,不准抛掷、翻滚、侧置、倒放或重压。

7.4 贮存

7.4.1 产品应存贮在通风干燥的库房内,并与易燃品和化学腐蚀性的物品隔离,周围没有强磁场或其他有害气体存在。

7.4.2 产品应放在离地面 20 cm 以上、距墙 30 cm 以外的货架上。

ICS 11.180.10
C 45

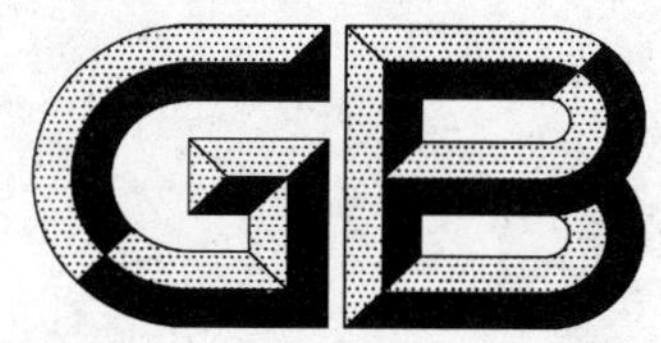

中华人民共和国国家标准

GB/T 14728.2—2008/ISO 11199-2:2005

双臂操作助行器具 要求和试验方法 第2部分:轮式助行架

Walking aids manipulated by both arms— Requirements and test methods— Part 2:Rollators

(ISO 11199-2:2005,IDT)

2008-04-24 发布 2008-07-01 实施

中华人民共和国国家质量监督检验检疫总局
中国国家标准化管理委员会 发布

前　言

GB/T 14728《双臂操作助行器具　要求和试验方法》分为三个部分：

——第1部分：框式助行架；

——第2部分：轮式助行架；

——第3部分：台式助行架；

本部分为GB/T 14728的第2部分。

GB/T 14728的本部分等同采用ISO 11199-2:2005《双臂操作助行器具—要求和试验方法—第2部分：轮式助行架》。

本部分的附录A为资料性附录。

本部分由中华人民共和国民政部提出。

本部分由全国残疾人康复和专用设备标准化技术委员会(CSBTS/TC 148)归口。

本部分起草单位：国家康复器械质量监督检验中心。

本部分主要起草人：曲京仓、王保华。

ISO 前言

ISO(国际标准化组织)是由各国标准化团体(ISO 成员团体)组成的世界性的联合会。制定国际标准的工作通常由 ISO 的技术委员会完成。各成员团体若对某技术委员会已确立的标准项目感兴趣,均有权参加该委员会的工作。与 ISO 保持联系的各国际组织(官方的或非官方的)也可参加有关工作。在电工技术标准化方面,ISO 与国际电工委员会(IEC)保持密切合作关系。

国际标准的起草应与 ISO/IEC 指导第 2 部分的规定相一致。

技术委员会的主要任务是准备国际标准。由技术委员会正式通过的国际标准草案提交各成员团体表决,国际标准需取得至少 75%参加表决的成员团体的同意才能正式通过。

注意到可能涉及一些文件专利权主题的可能性,ISO 将不对鉴定任何或者全部专利权负责。

由 ISO/TC 173 技术委员会起草的 ISO 11199-2,是面向残疾人的辅助产品。

第 2 版技术上的修订将取消并代替第 1 版(ISO 11199-2:1999)。

ISO 11199 标准名称为双臂操作助行器具—要求和试验方法,由以下部分组成:

第 1 部分:框式助行架

第 2 部分:轮式助行架

第 3 部分:台式助行架

双臂操作助行器具
要求和试验方法
第2部分:轮式助行架

1 范围

GB/T 14728 的本部分规定了在没有特殊指定的测试条件下,用手操作没有附件的轮式助行架的静载刹车稳定性以及静载力的要求和试验方法。GB/T 14728 的本部分还给出了轮式助行架涉及安全、生物工程学、使用性能,以及制造商提供的标志和标签的要求。

基于对轮式助行架日常使用的要求和检测,制造商明确规定了轮式助行架使用者的最大质量。GB/T 14728 的本部分包含使用者的体重不小于 35 kg 的轮式助行架。

GB/T 14728 的本部分不适用于前臂水平支撑的轮式助行架。而将其分类在 GB/T 14728 的第 3 部分台式助行架中。

注:其他补充说明参见 GB/T 14728 本部分的附录 A。

2 规范性引用文件

下列文件中的条款通过 GB/T 14728 的本部分的引用而成为本部分的条款。凡是注日期的引用文件,其随后所有的修改单(不包括勘误的内容)或修订版均不适用于本部分,然而,鼓励根据本部分达成协议的各方研究是否可使用这些文件的最新版本。凡是不注日期的引用文件,其最新版本适用于本部分。

GB/T 16432—2004 残疾人辅助器具 分类和术语(idt ISO 9999:2000)

EN 1041 医疗器械供应商提供的信息

3 术语和定义

下列术语和定义适用于 GB/T 14728 的本部分。

3.1

轮式助行架 rollator

用于辅助行走,装有手柄套和两个或两个以上轮子的三腿或更多条腿的助行架(见图 1)。

注:按 GB/T 16432—2004 分类 120606 的规定,包括安装有固定座椅的轮式助行架。

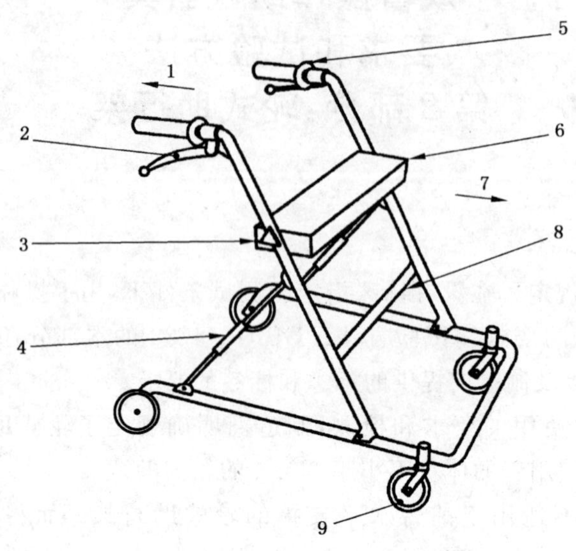

说明：

1——后方；

2——闸；

3——高度调节装置；

4——折叠装置；

5——把手/手柄套；

6——座椅；

7——前方；

8——支撑杆；

9——轮子。

图 1 轮式助行架结构示例

3.2

使用者质量 user mass

使用助行架的人身体的质量。

3.3

最大长度 maximum length

将轮式助行架调至最大高度，在平行轮式助行架前进方向的平面内，测量其外侧边缘最大部位的尺寸(见图 2)。

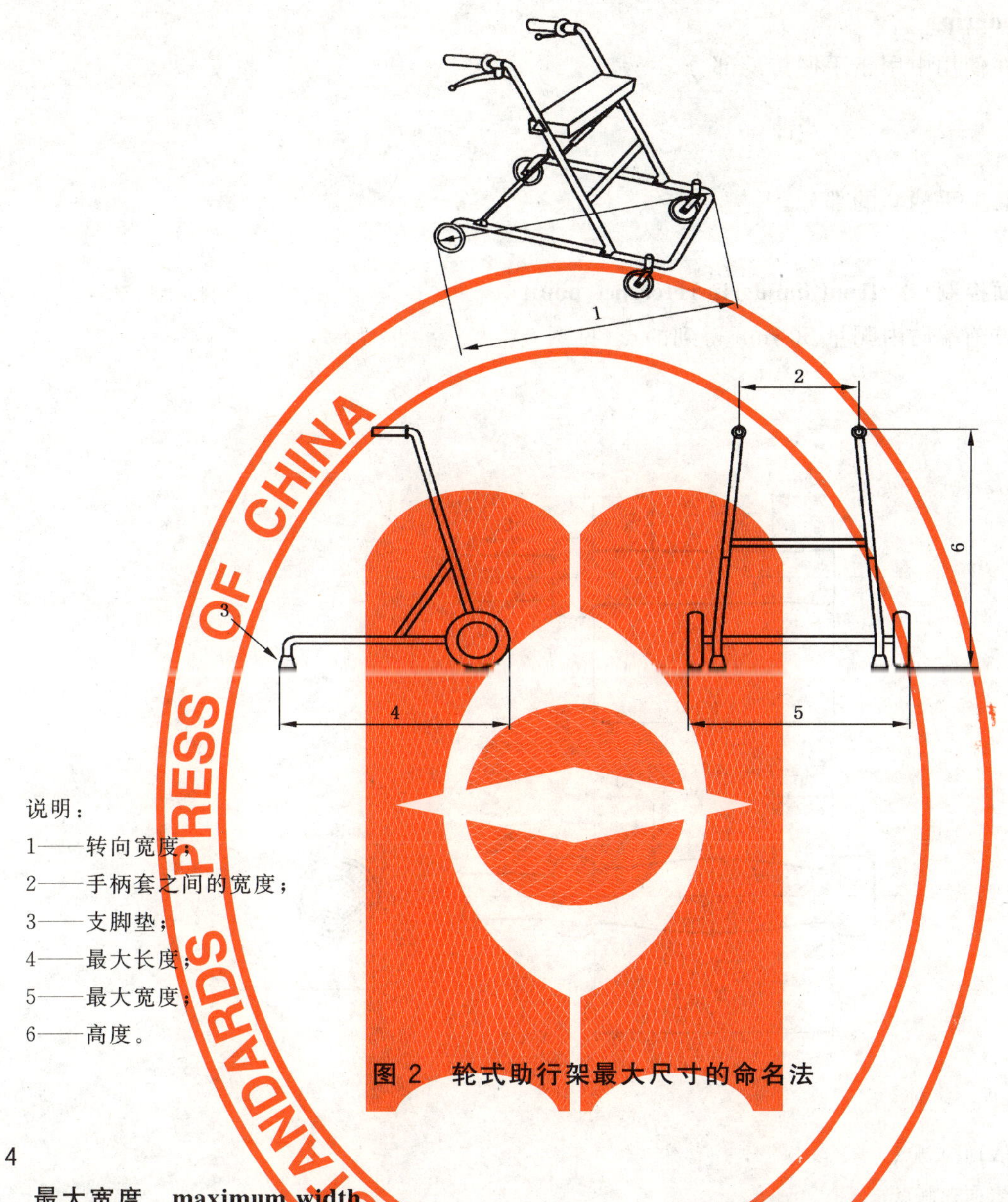

说明：

1——转向宽度；

2——手柄套之间的宽度；

3——支脚垫；

4——最大长度；

5——最大宽度；

6——高度。

图 2　轮式助行架最大尺寸的命名法

3.4

最大宽度　maximum width

将轮式助行架外部尺寸调至最大，测量与轮式助行架前进方向成直角的外侧边缘的尺寸(见图 2)。

3.5

轮式助行架高度　rollator height

从地面到手柄套后端控制点的垂直距离(见图 2)。

3.6

转向宽度　turning width

沿水平面连接轮式助行架对角线上两个轮最小距离的直线，并以该连线的中心垂线为轴旋转 180°(见图 2)。

注：尺寸调整至最大。

3.7

折叠尺寸　folded dimensions

在不使用工具的情况下，将轮式助行架折叠调至最小测量其长度、宽度和高度的尺寸。

3.8

手柄套 handgrip

轮式助行架在使用中用于手握持的部分。

3.9

把手 handle

轮式助行架套上手柄套的部分。

3.10

手柄套前表面控制点 front handgrip reference point

沿手柄套上方前端向内测量 30 mm 得到的点(见图 3)。

单位为毫米

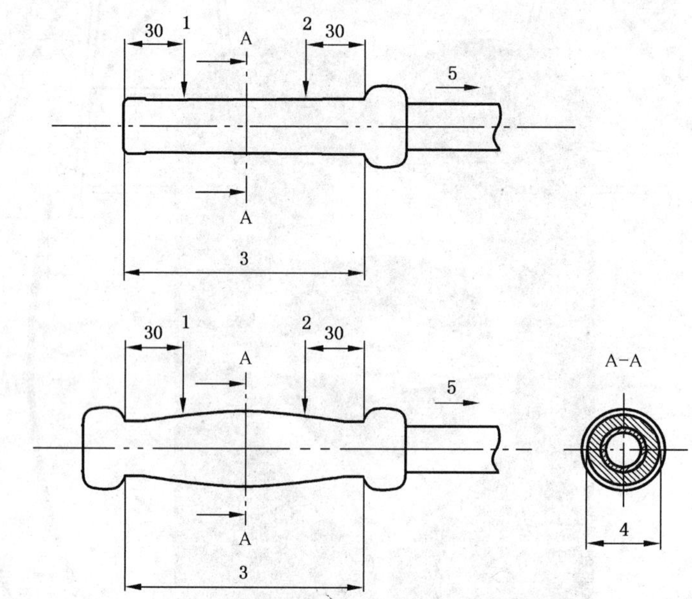

说明：

1——手柄套后表面控制点；

2——手柄套前表面控制点；

3——手柄套长度；

4——手柄套宽度；

5——前进方向。

图 3 手柄套示意图

3.11

手柄套后表面控制点 rear handgrip reference point

沿手柄套上方后端向内测量 30 mm 得到的点(见图 3)。

3.12

手柄套长度 handgrip length

手柄套的纵向尺寸(见图 3)。

注：如果手柄套的前端或后端是不规则的，手柄套的长度应该是能足够支撑使用者质量的全部长度。

3.13

手柄套宽度　handgrip width

手柄套外表横向上的最大尺寸(见图 3)。

3.14

闸把行程　brake grip distance

当闸把在空档位置时,在手柄套长度的中点和闸把中心线垂直方向上,从手柄套上表面到闸把下表面测量的距离(见图 4)。

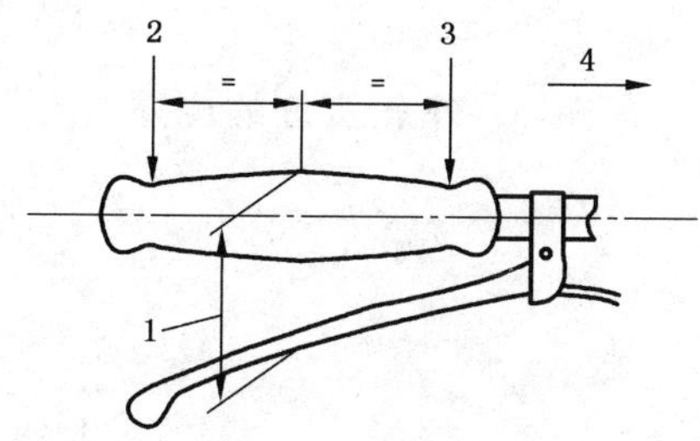

说明:

1——闸把行程;

2——手柄套后表面控制点;

3——手柄套前表面控制点;

4——前进方向。

图 4　闸把行程

3.15

支脚垫　tips

轮式助行架在使用中,与地面接触并承受负载的非轮子部件(见图 2)。

注:在一些四轮轮式助行架中,支脚垫同样可以用作除轮子之外的压力闸。

3.16

前臂支撑　forearm support

前臂水平支撑架,可与手柄套结合。

3.17

驻车装置　parking brake

停止使用后的持续制动装置。

3.18

刹车装置　running brake

行走中使用者用力刹车作用的装置。

3.19

压力闸　pressure brake

轮式助行架使用中,通过垂直施加在手柄套或轮式助行架支撑点上的力的刹车装置。

3.20

车轮宽度　wheel width

当轮式助行架空载时,从地面向上 5 mm 处测量车轮轮胎最大宽度的尺寸(见图 5)。

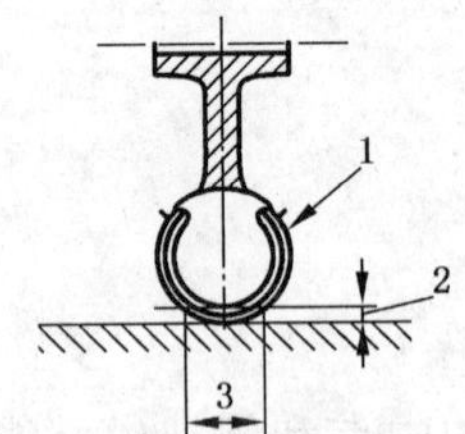

说明：

1——轮胎；

2——从地面向上 5 mm；

3——车轮宽度。

图 5 车轮宽度的测量

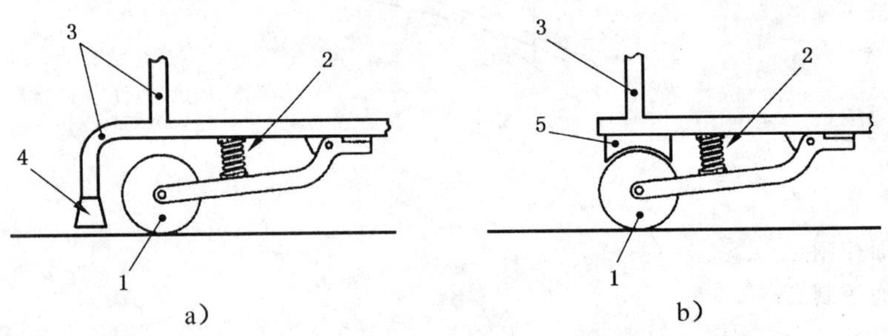

说明：

1——车轮；

2——弹簧；

3——支架；

4——橡胶支脚垫(闸)；

5——刹车衬垫。

图 6 两种类型压力刹车的详细技术资料

4 要求

4.1 轮子

前轮直径不应小于 75 mm。

室外型轮式助行架前轮直径不应小于 180 mm。

室外型轮式助行架前轮宽度不应小于 22 mm。

4.2 稳定性

按 5.3 的要求做前倾稳定性试验时，其倾翻角不应小于 15.0°。

按 5.4 的要求做后倾稳定性试验时，其倾翻角不应小于 7.0°。

按 5.5 的要求做侧倾稳定性试验时，其倾翻角不应小于 3.5°。

4.3 闸

所有两轮以上的助行架，应安装使用者在使用中易于操作的闸。

所有两轮以上带有固定座椅或为室外使用设计的轮式助行架，应有驻车装置，该驻车装置可以和车闸结合在一起。

按 5.7.1.1 的要求，最大刹车行程不应大于 75 mm(见图 4)。

按 5.7.1 的要求，在运转刹车试验时，轮式助行架在 1 min 内的移动距离不应大于 10 mm。

驻车刹车的应用与释放，其最大的力不应大于：

a) 60 N推力；

b) 40 N拉力。

按5.7.2的要求，在驻车刹车试验时，轮式助行架在1 min内的移动距离不应大于10 mm。

如果磨损致使刹车效力降低，应有磨损的补偿方法。

刹车性能应不受折叠或者展开调整的影响。如果刹车性能有必要跟随轮式助行架的调节而调整，调整应不使用工具(例如高度调节)。

4.4 手柄套

手柄套宽度不应小于20 mm，并且不应大于50 mm。

本条要求不适用于仿形的手柄套。

手柄套经检查应可靠的被固定在轮式助行架的把手上。

手柄套应易于更换或易于清洁。

4.5 腿部和支脚垫

没有轮子的部位，腿部末端的设计应防止将支脚垫刺穿(见4.7)。

没有轮子的部位，支脚垫应可以替换。

没有轮子的部位，用目测方法检查，支脚垫不应使地面变色。

支脚垫与地面接触的部分，其最小直径应为35 mm。

按5.9的要求，检验后橡胶支脚垫应可靠的固定在轮式助行架的支腿上。

4.6 座椅

按5.10的要求检验时，轮式助行架的任何部位不应产生裂纹或断裂。

4.7 机械耐久性

按5.11的要求静载试验后，轮式助行架的任何部位不应产生裂纹或断裂，且高度将不超过1%的永久变形。

按5.12的要求疲劳试验后，轮式助行架的任何部位不应产生裂纹或断裂。

4.8 调节装置

每个高度调节装置的最大延长都应有明显的标志。

按5.13的要求对轮式助行架进行检验时，调节装置应满足制造商设计的操作要求。

4.9 折叠装置

按5.13的要求对轮式助行架进行检验时，经检验人员判断，折叠装置应能可靠锁住。

4.10 把手调节

把手可以是可调节的，但在使用中应能安全地固定。

当手柄套与轮式助行架成角度连接，或手柄套位置造成危害轮式助行架在室外的稳定性时，轮式助行架应有防止使用者停车时处于不安全位置或显示调整安全限制的警告。使用说明书应说明稳定性的调整结果。

4.11 材料和光洁度

在正常使用轮式助行架的情况下，轮式助行架的材料不应导致使用者的皮肤或衣服变色。

所有轮式助行架不应有毛刺、锐边、尖角或导致引起使用者衣服损坏的情况存在。

5 检验方法

5.1 总则

除非另有说明，所有试验都应在环境温度为21℃±5℃的条件下进行。

除非另有说明，所有试验都应在轮式助行架调整为最大高度下完成。除非另有说明，轮式助行架的轮子应确定在向前转动的位置。手柄套按制造商的说明确定在最大距离与运动方向在水平面里成最大角度的位置。当手柄套的长度中心线与向前运动平行时，角度为0°，记录全过程的角度。

在稳定性试验中，应防止轮式助行架在倾斜前发生滑动或转动。测试方法应不改变检测的结果。如果轮式助行架调整在较低的高度而不稳定，测试应在最不稳定的位置进行。

除非在测试中另有说明，驻车或刹车不应打开。

如果制造商提供可选择的把手配件作为辅助设备，所有选择应是轮式助行架在检测时最不利的配置（例如，加长的把手）。

5.2 抽样和检验

轮式助行架的检验顺序如下：

尺寸；

稳定性；

闸；

手柄套；

橡胶支脚垫；

座椅静载力；

把手静载力；

疲劳。

测试前应按GB 14728的本部分对轮式助行架检查核对无误，并记录检查外观的缺陷。

5.3 前倾稳定性试验

5.3.1 几何加载

按5.1的要求确定高度调节和手柄套的位置，轮子处于最不稳定的位置。

将轮式助行架的轮子和（或）支脚垫放置在一个平面上，该平面通过前轮轴的连线从水平倾斜，轮式助行架与正常运动方向成直角（见图7）。加载力垂直轮式助行架，加载线路保持垂直通过两手柄套前控制点连线的中点。

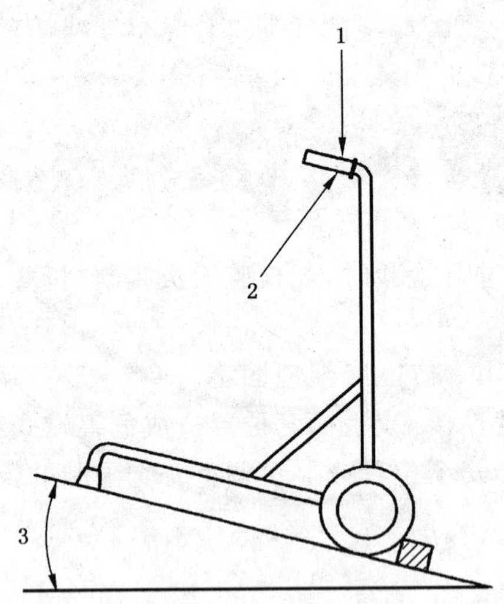

说明：

1——加载力；

2——手柄套前控制点；

3——倾斜角。

图7 前倾稳定性试验加载力

5.3.2 过程

施加 250 N±2%的静载荷，使平面倾斜，记录轮式助行架倾翻时的最大角度，测量精确度应小于等于 0.5°。

5.4 后倾稳定性试验

5.4.1 几何加载

按 5.1 的要求确定高度调节和手柄套的位置，轮子处于最不稳定的位置。

将轮式助行架的轮子和(或)支脚垫放置在一个平面上，该平面通过后轮轴或后腿支脚垫的连线从水平倾斜，轮式助行架与正常运动方向成直角(见图 8)。加载力垂直轮式助行架，加载线路保持垂直通过两手柄套后控制点连线的中点。

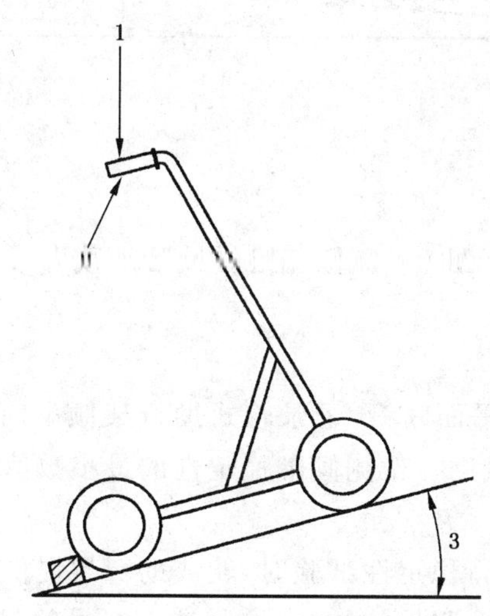

说明：

1——加载力；

2——手柄套后控制点；

3——倾斜角。

图 8 后倾稳定性试验加载力

5.4.2 过程

施加 250 N±2%的静载荷，使平面倾斜，记录轮式助行架倾翻时的最大角度，测量精确度应小于等于 0.5°。

5.5 侧倾稳定性试验

5.5.1 几何加载

按 5.1 的要求确定高度调节和手柄套的位置，轮子处于最不稳定的位置。

将轮式助行架的轮子和(或)支脚垫放置在一个平面上，该平面通过支脚垫、轮子和同侧手柄套连接平面中心线从水平倾斜(见图 9)。加载力垂直通过轮式助行架靠近倾斜面前后手柄套控制点的中点。

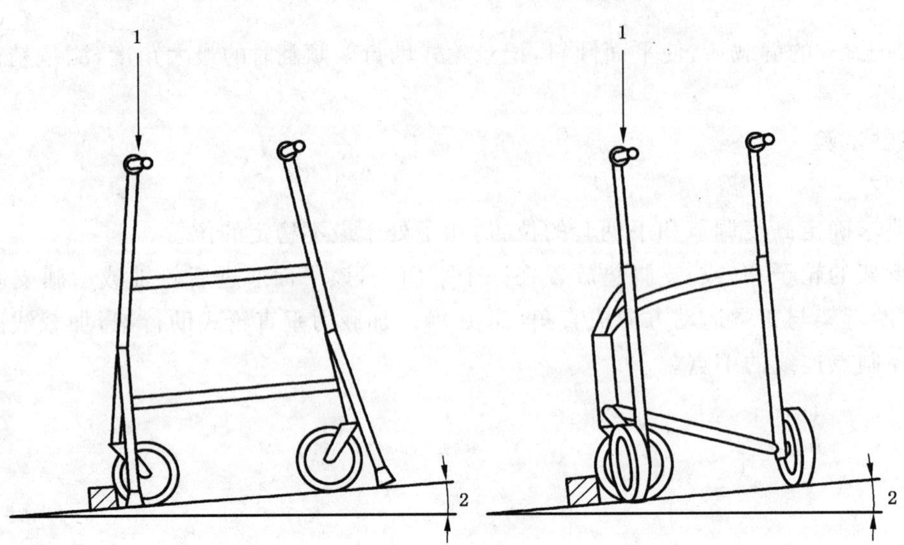

说明：

1——加载力；

2——倾斜角。

图 9 侧倾稳定性试验加载力

5.5.2 过程

施加 250 N±2%的静载荷，使平面倾斜，记录轮式助行架倾翻时的最大角度。分别在两个手柄套上进行侧倾稳定性的检验，记录轮式助行架侧倾翻稳定性的最小数值，测量精确度应小于等于 0.5°。

5.6 附件

按照 5.3、5.4 和 5.5 的要求进行稳定性试验时，轮式助行架提供的例如滴液器，篮子，盘子，购物袋和(或)氧气筒等附件应固定。每一个附件的结合，按制造商提供的最不利的条件进行。检验结果应符合 4.2 的要求。

检测中，滴液器应装满至最大容量，篮子，盘子或购物袋及氧气筒应按制造商的说明装满。如果没有说明，则在篮子、盘子、或购物袋的底部均匀地放置一袋产生 50 N±2%力的沙子。

5.7 刹车试验

按 5.1 的要求确定高度调节和把手的位置。

压力闸只作为刹车闸检验。

5.7.1 刹车装置

如果每一个刹车装置仅对一个轮子起作用，则两个闸的试验应同时进行。如果任一个闸的操作装置对两个轮子起作用(中心闸)，则每一个闸的操作装置应单独进行。

5.7.1.1 闸把行程测量

测量闸把最大行程，并记录最接近的毫米尺寸(见图 4)。

注：轮式助行架的压力闸，没有闸把行程。

5.7.1.2 几何加载

将轮式助行架的轮子放置在一个平面上，该平面通过前轮轴的连线从水平倾斜，轮式助行架与正常运动方向成直角(见图 7，前轮没有阻挡块)。加载力垂直作用于轮式助行架两手柄套前控制点连线的中点。

使用者的质量为 100 kg，加载力应为 500 N±2%。如果使用者的最大质量偏离 100 kg，则按使用者最大质量的±2%每千克 5.0 N 加载，但加载力不应小于 175 N±2%。

5.7.1.3 过程

将轮式助行架反向停止在平面上(见图 7),作用力施加在手柄套前控制点上。在每个运转刹车装置上施加 40 N±2%的拉力或 60 N±2%的推力,无论哪一个刹车装置,平面倾斜 6°。在制动轮与平面之间的摩擦力不能使轮子滑动,取消阻挡块,保留 1 min。如果车轮转动,记录轮式助行架移动 10 mm 的时间。

5.7.2 住车装置

如果每一个刹车装置仅对一个轮子起作用,则两个闸的试验应同时进行。如果任一个闸的操作装置对两个轮子起作用(中枢闸),则每一个闸的操作装置应单独进行。

5.7.2.1 力的调节和释放

必需测量停车制动的调节和释放,精确度为±2%,作用力沿每一个停车制动装置的闸把行程线路,并记录最接近的牛顿数值。

如果刹车装置是一个不能通过手指反向操作控制杆,施加的力从控制杆末端向内 20 mm 处并且方向垂直作用力点与控制杆支点的连线。

5.7.2.2 几何加载

将轮式助行架的轮子放置在一个平面上,该平面通过前轮轴的连线从水平倾斜,轮式助行架与正常运动方向成直角(见图 7,前轮没有阻挡块)。加载力垂直作用于轮式助行架两手柄套前控制点连线的中点。

使用者的质量为 100 kg,加载力应为 500 N±2%。如果使用者的最大质量偏离 100 kg,则按使用者最大质量的±2%每千克 5.0 N 加载,但加载力不应小于 175 N±2%。

5.7.2.3 过程

将轮式助行架反向停止在平面上(见图 7),作用力施加在手柄套前控制点上,平面倾斜 6°,在制动轮与平面之间的摩擦力不能使轮子滑动,取消阻挡块,保持 1 min。如果轮子转动,记录轮式助行架移动 10 mm 的时间。

5.8 手柄套试验

手柄套检查应符合安全要求。

5.9 橡胶支脚垫试验

橡胶支脚垫检查应符合安全要求。

5.10 座椅试验

5.10.1 试验假人

试验用假人应为 340 mm±3 mm 的矩形结构,纵深 200 mm,且有足够的高度,硬度应达到加载力不能使其有明显地变形。试验用假人的底部应为 75 kg/m^3 的泡沫材料,内衬应为厚 15 mm±3 mm,且在纵深沿座椅边缘 10 mm~15 mm 约 45°的斜面。

5.10.2 几何加载

假人放置在座椅上,且假人底部中点垂直通过座椅中心。

垂直于座椅中心逐渐施加 1 200 N±2%的力,施加的力包含假人的质量。如果使用者的最大质量偏离 100 kg,则按使用者最大质量的±2%每千克 12.0 N 加载,但加载力不应小于 420 N±2%。加载时间不小于 1 min。

5.11 静载试验

5.11.1 几何加载

按 5.1 的要求确定高度调节和手柄套的位置,车轮重心向内转动。

加载力按图 10 的说明垂直施加在轮式助行架上。加载线通过两手柄套后控制点连线的中点。

5.11.2 测试平面

将轮式助行架的轮子和支脚垫放置在一固定的水平面上。

5.11.3 加载力

使用者的质量为 100 kg,加载力应为 1 200 N ± 2%。如果使用者的最大质量偏离 100 kg,则按使用者质量 12.0 N 每千克±2%加载。但加载力不应小于 420 N±2%。

5.11.4 加载时间

加载力从最小开始施加 2 s 达到最大值,并至少保持 5 s。

5.11.5 永久变形

加载前后,测量轮式助行架的高度,测量精度为±2 mm。记录轮式助行架的减少量。

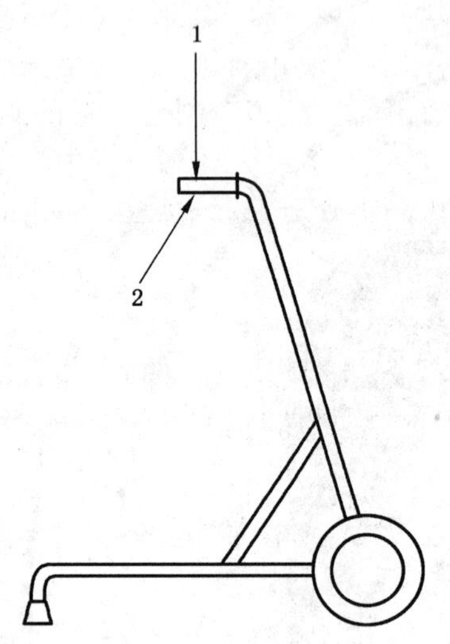

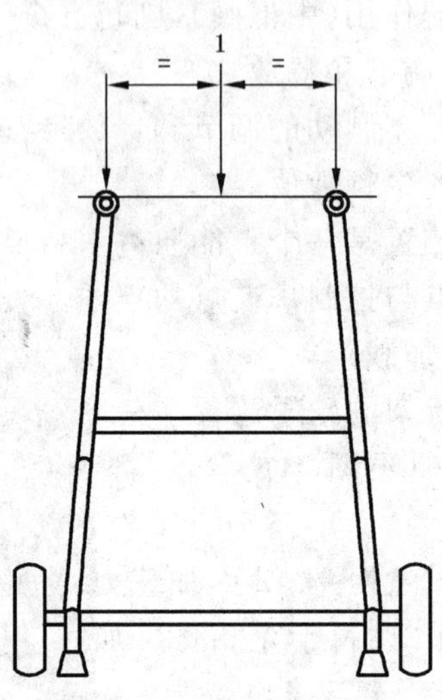

说明:

1——加载力;

2——手柄套后控制点。

图 10 疲劳和静载试验几何加载

5.12 疲劳试验

5.12.1 几何加载

按 5.11.1 的要求和图 10 的说明加载力垂直施加在轮式助行架上。

5.12.2 测试平面

轮式助行架的轮子放置在一个移动面上,且速度不小于 0.4 m/加载周期,如果有关,支脚垫放置在一个与移动面相同的固定水平面上。刹车闸视为支脚垫。

注:图 11 是两轮与两个支脚垫的轮式助行架疲劳试验的范例。

如果移动面是一个圆柱体,且直径等于或大于 250 mm±25 mm,并且轮式助行架任何一个轮子在测试期间的位置通过轮子中心的垂线偏离通过圆柱体中心垂面不能大于 5 mm。

5.12.3 加载力

使用者的质量为 100 kg,施加 800 N±2%循环载荷。如果使用者的最大质量偏离轮式助行架指定的 100 kg,循环载荷则按使用者最大质量的±2%每千克 8.0 N 加载,但加载力不应小于 280 N±2%。循环载荷力的波形应是正弦曲线或是圆滑的没有扩大的脉冲曲线。

5.12.4 加载频率

循环载荷频率不应超过 1 Hz。

5.12.5 加载周期

循环次数为 200 000 次。

检查并记录裂纹、断裂和危险隐患。如果出现不合格,记录出现不合格时的循环次数。

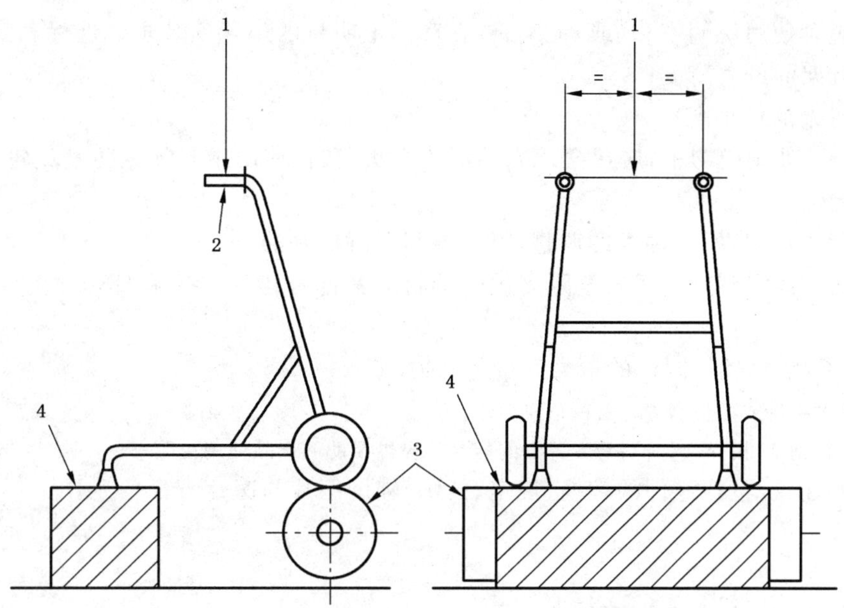

说明：

1——加载力通过基准点；

2——手柄套后控制点；

3——移动面；

4——固定面。

图 11 疲劳试验轮式助行架两个轮子和两个支脚垫示例

5.13 最终检查

当检验全部完成时，检查轮式助行架所有机械功能是否满足制造商说明的操作要求。

6 制造商提供的信息

6.1 总则

提供轮式助行架的信息应与 EN 1041 相一致。但不限于下列要求。

注：标志和标签的连接，应注意 ISO/IEC 指南 71 特殊视力损伤和老年人的感觉能力。

信息应包含其他装置和(或)其他类型能与轮式助行架结合的问题，以及为确保安全向使用者提供的建议。

6.2 产品和(或)附件标志上的信息

每个轮式助行架应在明显的位置安装永久性标志，标志上应有下列信息：

a) 使用者的最大质量；

b) 附件标志上最大安全工作压力；

c) 如果手柄套可向侧面调整，手柄套纵向和运动方向允许最大角度；

d) 制造商的名称或商业名称或地址；

e) 识别制造商名称和(或)号码的模式；

f) 生产日期；

g) 最大调节高度以及调节位置标志数；

h) 轮式助行架的最大宽度；

i) 无论是计划在室内或室外使用的助行架，应与 4.1 的要求一致。

6.3 文件

下列信息应包含使用说明书和(或)汇编，或在产品上明显的位置安装永久性标志。

a) 轮式助行架的最大高度；

b) 轮式助行架的最小高度；

c) 维护和清洁使用说明书，应包含适当的清洁方法，和在使用中必须预防避免轮式助行架的材料腐蚀和老化；

d) 使用说明书汇编，所有种类的调整，可折叠和不可折叠的；

e) 关于移动与固定零件之间安全距离预防措施的警告和建议(参见 EN 12182:1999 中的12和13)；

f) 篮子，盘子，购物袋等附件的最大安全承载力。

注1：国家最多的一种或多种官方语言的信息要求。

注2：ISO/IEC 指南 37 指导文件，消费者关心的能为其提供帮助的产品使用说明书。

制造商提供的建议，包括零件的替换、规定、技术、辅助医疗与医疗方面信息。

7 检验报告

检验报告应包含但不局限于下列信息：

a) 制造商的名称和地址；

b) 测试产品供应商的名称和地址；

c) 检验机构的名称和地址；

d) 与 GB/T 16432—2004 一致的名称和代码；

e) 允许使用者的最大质量；

f) 手柄套位置在运动方向上与纵向中心线之间的角度；

g) 识别制造商名称和(或)号码的类型和模式；

h) 识别供应商名称和(或)号码的类型和模式；

i) 轮式助行架的照片；

j) 检验完成的日期；

k) 检验报告如5.2的详细说明；

l) 与助行架表面接触的支脚垫的直径是否适用；

m) 产品是否满足 GB/T 14728 相关部分的要求；

n) 如果有用，可使用A.4附加的检验报告中的信息。

附 录 A
（资料性附录）
建 议

A.1 总则

本附录给出的详细补充资料，同样考虑轮式助行架的设计及产品测试。

A.2 建议

A.2.1 机械耐久力

按照5.10、5.11或5.12的要求检验时，轮式助行架不应发生任何永久变形，调节机构不应有任何损坏。

A.2.2 稳定性

按照5.5的要求检验时，轮式助行架在倾翻台上沿水平面的倾翻角不应小于6.0°。

A.2.3 把手、手柄套和座椅

手柄套的形状和（或）材料应能防止手的滑落。

手柄套的材料应是非吸收剂。户外使用的座椅材料是非吸收剂。

A.2.4 腿部和支脚垫

支脚垫应具有柔韧性，耐刺穿并有较高的磨损系数。

支脚垫底部应避免吸附在行走路面。

支脚垫不应脱落。

A.2.5 调节装置和折叠机构

应在不使用工具的条件下可进行调节和折叠。

当在折叠状态运输或贮存时，轮式助行架应保持折叠。

检查验证。

A.2.6 材料和光洁度

轮式助行架在使用中不应产生异响。

为了达到清洁的目的，轮式助行架使用的材料应具有耐碱和耐高温的性能，并易于干燥。清洁后不应加速轮式助行架材料的腐蚀变化。

应考虑与使用者的联系计划和使用者关心的产品运输和贮藏，并且按ISO 10993-1的要求对轮式助行架与人体接触的材料进行生物适应性评定。

A.2.7 反光材料

反光材料的安装应尽可能垂直，并尽可能与行进方向成直角，且在轮式助行架上尽可能低的位置并低于离地面800 mm。

A.2.8 把手角度调节

轮式助行架的手柄套可能与水平面成倾斜角，相对于行走方向后面向外或前面向内（取决于结构）角度调整至20°，侧倾稳定性试验应与5.5的要求一致，检验结果应符合4.2的要求。

A.3 标志和标签

除第6章的要求外，每个轮式助行架应有下列标志：

a） 供应商的名称；

b） 识别供应商名称和（或）号码的模式。

A.4 附加的检验报告

除第7章的要求外，检验报告应包含部分或全部下列信息：

a) 5.3检验结果的描述；
b) 5.4检验结果的描述；
c) 5.5检验结果的描述；
d) 5.6检验结果的描述；
e) 5.7检验结果的描述；
f) 5.8检验结果的描述；
g) 5.9检验结果的描述；
h) 5.10检验结果的描述；
i) 5.11检验结果的描述；
j) 5.12检验结果的描述；
k) 5.13描述的检查期间任何所关心的结论；
l) 轮式助行架的最大高度；
m) 轮式助行架的最小高度；
n) 轮式助行架的最大宽度；
o) 轮式助行架的最大长度；
p) 轮式助行架的最大旋转直径；
q) 手柄套中心线之间的宽度；
r) 手柄套宽度；
s) 轮式助行架的折叠尺寸；
t) 没有附件的轮式助行架的质量；
u) 在没有工具的条件下可进行调节和折叠；
v) 其他相关资料。

参 考 文 献

[1] ISO 10993-1 医学设备的生物学评价—第1部分:评价和测试
[2] ISO 11199-3 双臂操作助行器具—要求和试验方法—第3部分:台式助行架
[3] ISO/IEC 指南37 消费者关注的产品使用说明书
[4] ISO/IEC 指南71 编写老年人与残疾人标准语言需要的指导方针[1)]
[5] EN 12182:1999 残疾人辅助器具——一般要求和检验方法

1) 等同于CEN/CENELEC指南。

ICS 11.180.10
C 45

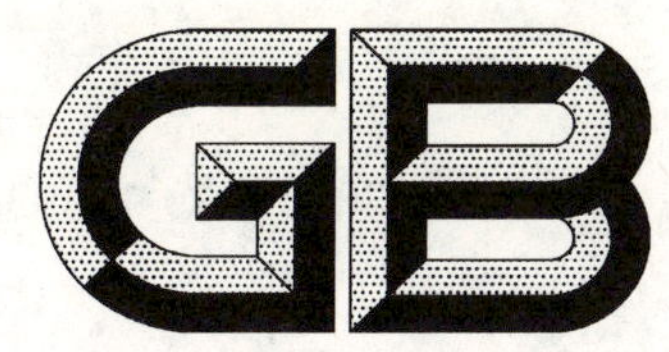

中华人民共和国国家标准

GB/T 14728.3—2008/ISO 11199-3:2005

双臂操作助行器具　要求和试验方法　第3部分:台式助行器

Walking aids manipulated by both arms—Requirements and test methods—Part 3:Walking tables

(ISO 11199-3:2005,IDT)

2008-12-31 发布　　　　2009-09-01 实施

中华人民共和国国家质量监督检验检疫总局
中国国家标准化管理委员会　发布

前　言

GB/T 14728《双臂操作助行器具　要求和试验方法》分为三个部分：

——第1部分：框式助行架；

——第2部分：轮式助行器；

——第3部分：台式助行器。

本部分为GB/T 14728的第3部分。

本部分等同采用ISO 11199-3:2005《双臂操作助行器具　要求和试验方法　第3部分：台式助行器》(英文版)。

本部分的附录A为资料性附录。

本部分由中华人民共和国民政部提出。

本部分由全国残疾人康复和专用设备标准化技术委员会(SAC/TC 148)归口。

本部分主要起草单位：国家康复器械质量监督检验中心、中国康复研究中心。

本部分主要起草人：曲京仓、王保华、丁伯坦、于娟娟。

双臂操作助行器具　要求和试验方法 第3部分:台式助行器

1　范围

GB/T 14728的本部分规定了台式助行器(具体试验过程中若无另外规定,不包含附加设备)的静态稳定性、制动性能、静载及疲劳的要求和试验方法。本部分还给出了涉及安全、人体工效学性能、标志、标签以及制造商提供信息的要求。

本部分适用于所有三轮或更多轮子、支脚,并通过支撑平台或前臂支撑托架支撑的台式助行器。

本部分要求和检测方法基于台式助行器的日常使用,制造商明确规定了台式助行器使用者的最大质量。本部分适用于使用者的体重不少于35 kg的台式助行器。

注:其他补充说明参见附录A。

2　规范性引用文件

下列文件中的条款通过GB/T 14728的本部分的引用而成为本部分的条款。凡是注日期的引用文件,其随后所有的修改单(不包括勘误的内容)或修订版均不适用于本部分,然而,鼓励根据本部分达成协议的各方研究是否可使用这些文件的最新版本。凡是不注日期的引用文件,其最新版本适用于本部分。

GB/T 16432　残疾人辅助器具　分类和术语(GB/T 16432—2004,ISO 9999:2002,IDT)

GB/T 16886.1　医疗器械生物学评价　第1部分:评价与试验(GB/T 16886.1—2001,idt ISO 10993-1:1997)

EN 1041　医疗器械制造商提供的信息

EN 12182:1999　残疾人辅助器具——一般要求和检验方法

3　术语和定义

下列术语和定义适用于本部分。

3.1

使用者　user

使用台式助行器的人。

3.2

使用者质量　user mass

使用者的身体质量。

3.3

台式助行器　walking table

有轮子和(或)支脚,有支撑平台或前臂支撑托架的助行器具,靠双臂或与上身一起向前推进的助行器。

注:见GB/T 16432分类12 06 12(参见图1和图2)。

3.4

支撑平台　supporting table

使用中用于支撑前臂或身体上部的水平平台。

注:支撑平台可以是一个整体,也可以是分开的,并可以与手柄组合安装。

3.5

前臂支撑架　forearm support

使用中用于支撑前臂的水平或槽状托架。

注：前臂支撑架可以与手柄组合保持手臂定位，并可按使用者需要分别调整(见图2和图3)。

3.6

折叠尺寸　folded dimensions

在不使用工具的情况下，将台式助行器折叠至最小，测量其长度、宽度和高度的尺寸。

3.7

手柄　handgrip

使用中手握持的部分(见图1、图2、图3和图4)。

3.8

手柄长度　handgrip length

手柄的纵向尺寸(见图4)。

3.9

手柄宽度　handgrip width

手柄纵轴垂直方向最大尺寸(见图4)。

3.10

手柄杆　handle

台式助行器与手柄连接的部分。

3.11

最大长度　maximum length

将台式助行器调至最大尺寸，平行于台式助行器前进方向的外边缘尺寸(见图5)。

3.12

最大宽度　maximum width

将台式助行器调至最大尺寸，垂直于台式助行器前进方向的外边缘尺寸(见图5)。

3.13

支撑高度　supporting height

从前臂支撑架或支撑平台到地面的垂直距离(见图5)。

3.14

最大高度　maximum height

将台式助行器的调至最大尺寸，从地面到最高点的垂直距离(见图5)。

3.15

转向宽度　turning width

台式助行器可在其间旋转180°的两道平行墙的最小间距。

注：台式助行器调至最大尺寸。

3.16

基准线　datum line

支撑平台上表面的水平线，与前进方向成90°，位置如下：

——有手柄杆的支撑平台，如可调整，将手柄杆调至最前，基准线距离手柄底部后表面300 mm处；

——没有手柄杆的支撑平台，基准线在支撑平台前部边缘向后300 mm处；

——前臂支撑架，基准线通过槽状部分的中点，而不管手柄杆底部后表面至基准线是否为300 mm。

3.17

基准点　datum point

基准线上的中点。

3.18

轮子宽度　wheel width

当台式助行器空载时，从地面向上 5 mm 处轮子轮胎最大宽度的外侧尺寸(见图 6)。

3.19

行驶制动装置　running brakes

使用者通过操作力使助行器在行进中减速或停止的系统。

3.20

驻车制动装置　parking brakes

使助行器保持停止状态的持续制动系统。

3.21

压力制动装置　pressure brakes

通过垂直施加作用力，使助行器在行进中减速或停止的制动装置(见图 7)。

3.22

制动把手行程　brake grip distance

当制动把手在空挡位置时，在手柄长度的中点和制动把手中心线垂直方向上，从手柄后表面到制动把手前表面测量的距离(见图 8)。

3.23

支脚　tips

使用中与地面接触并承受负载的非轮子部件。

注：在一些四轮台式助行器中，支脚同样可以用作除轮子之外的压力制动装置。

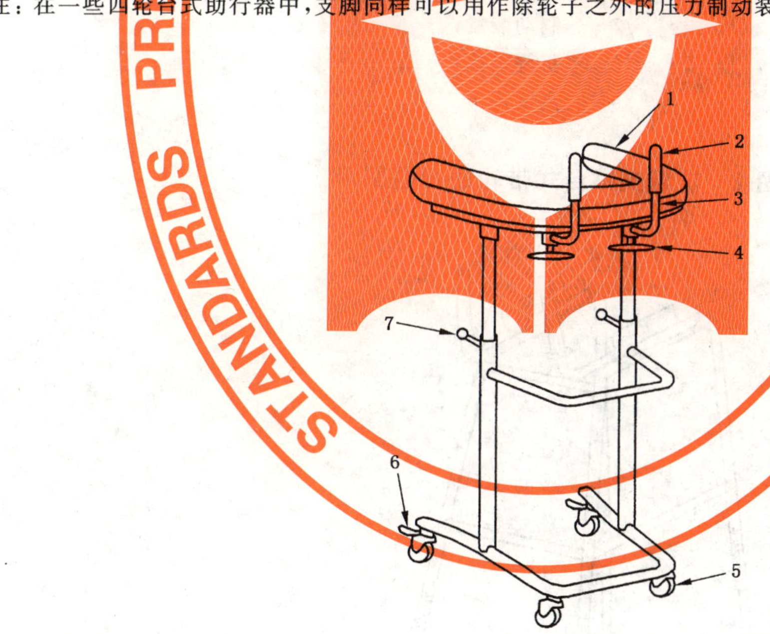

1——支撑平台；

2——手柄；

3——手柄杆；

4——手柄杆调节；

5——轮子；

6——驻车制动装置；

7——高度调节。

图 1　平台支撑台式助行器图示

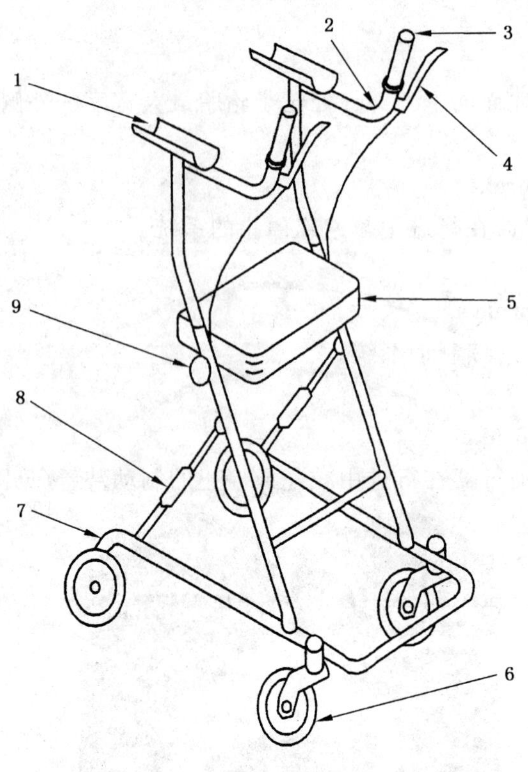

1——前臂支撑架；
2——手柄杆；
3——手柄；
4——制动把手；
5——座椅；
6——轮子；
7——制动装置；
8——折叠机构；
9——高度调节。

图 2 前臂支撑台式带轮助行器图示

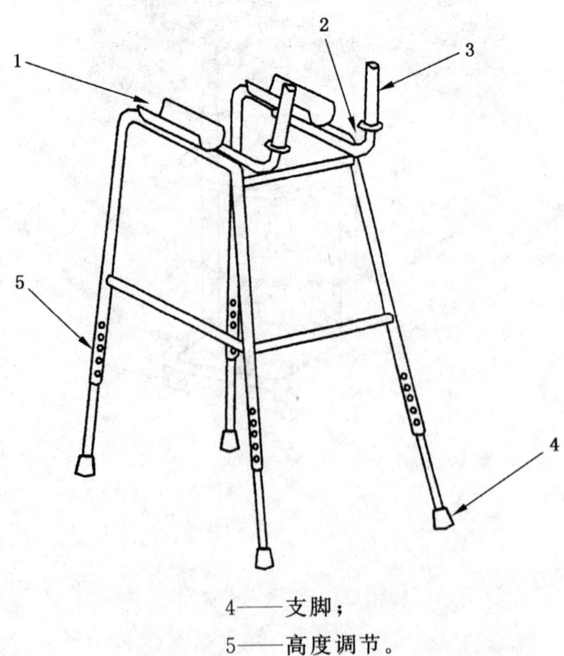

1——前臂支撑；
2——手柄杆；
3——手柄；
4——支脚；
5——高度调节。

图 3 前臂支撑台式带支脚助行器示例

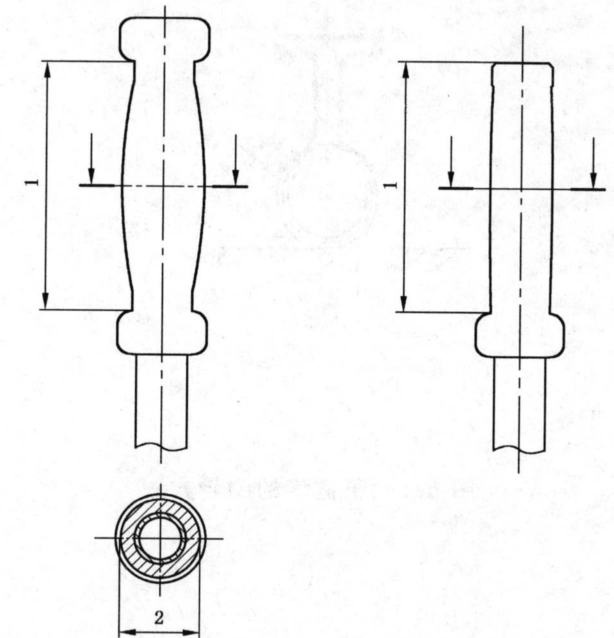

1——手柄长度；
2——手柄宽度。

图 4　手柄示意图

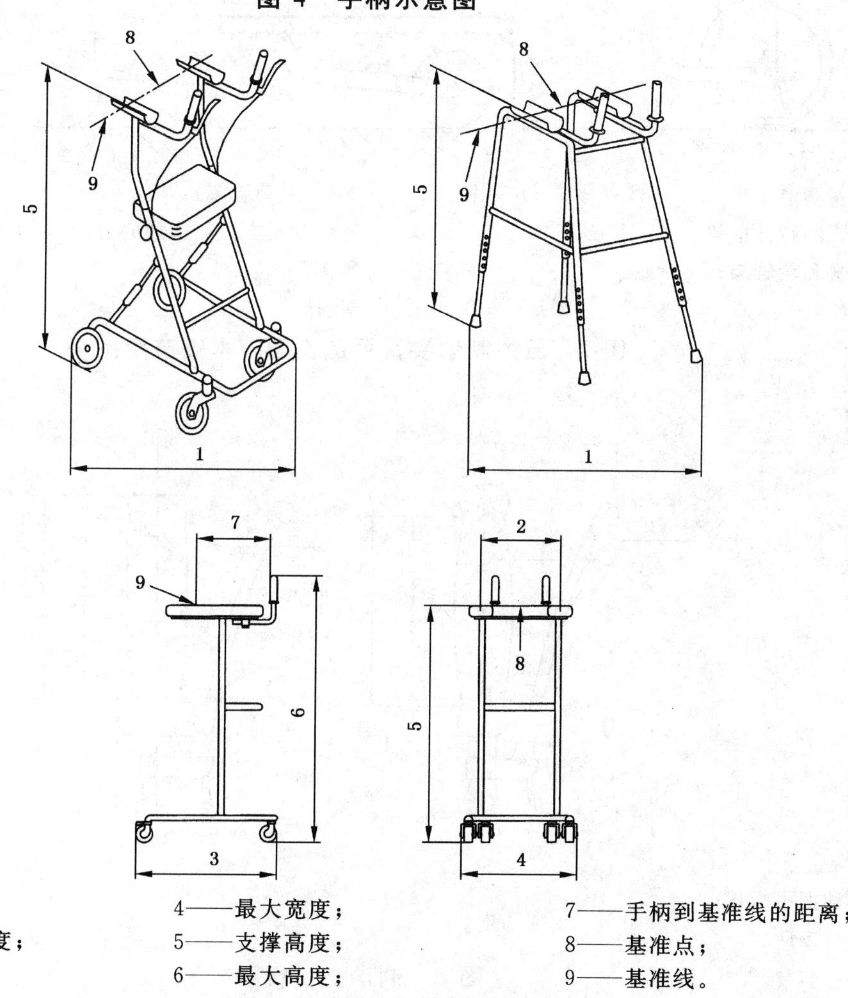

1——转向宽度；
2——支撑点之间宽度；
3——最大长度；
4——最大宽度；
5——支撑高度；
6——最大高度；
7——手柄到基准线的距离；
8——基准点；
9——基准线。

图 5　台式助行器尺寸

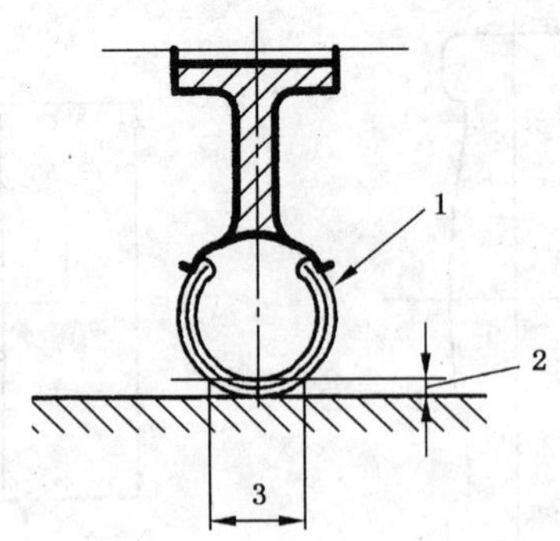

1——轮胎；

2——地面向上 0 mm～5 mm；

3——轮子宽度。

图 6　轮子宽度的测量方法

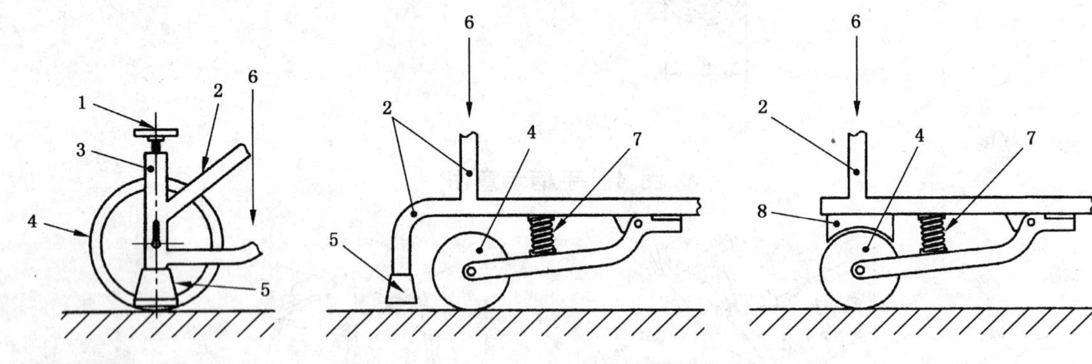

1——弹簧调节手轮；

2——台式助行器框架；

3——弹簧和轮轴架；

4——后轮；

5——支脚(制动装置)；

6——使用者经支撑点施加的力；

7——弹簧；

8——制动垫。

图 7　压力制动装置可选类型技术细节示例

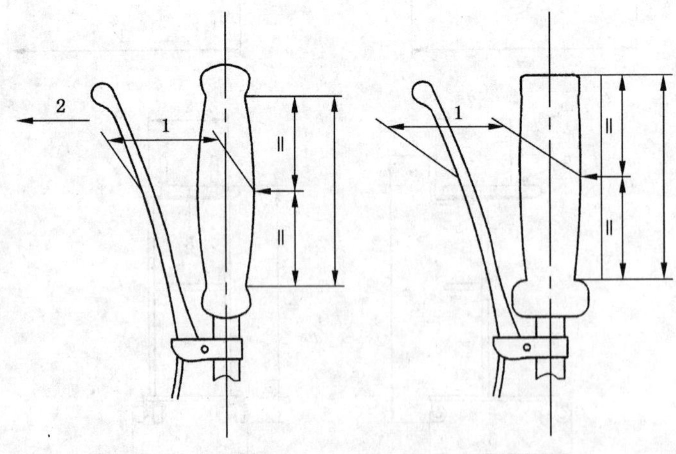

1——制动把手行程；

2——运行方向。

图 8　制动把手行程

4 要求

4.1 稳定性

按5.4的要求做前倾稳定性试验时，室内型台式助行器倾翻角不应小于10.0°，室外型台式助行器倾翻角不应小于15.0°。

按5.5的要求做后倾稳定性试验时，室内型台式助行器倾翻角不应小于4.0°，室外型台式助行器倾翻角不应小于7.0°。

按5.6的要求做侧倾稳定性试验时，室内型台式助行器倾翻角不应小于3.5°，室外型台式助行器倾翻角不应小于4.5°。

4.2 制动装置

所有室外型两轮或两轮以上台式助行器在使用中，制动装置应易于操作。

注1：制动装置可分为手操作制动装置与压力制动装置。

所有台式助行器应有使用者易于操作的驻车制动装置，驻车制动与行驶制动装置可以一体。

注2：支脚可视为驻车制动装置。

如果由于磨损使制动装置效率降低，应有调整手段使制动装置依然有效。

按5.8.2.2的要求检测时，操作制动装置的最大把手行程不应大于75 mm。

按5.8.2的要求进行制动装置试验时，台式助行器1 min内移动距离不应超过10 mm。

驻车制动装置的起动与释放力，最大不应超过60 N的推力或40 N的拉力。

按5.8.3的要求进行驻车制动装置试验时，台式助行器1 min内移动距离不应超过10 mm。

折叠、展开或调整装置不应影响制动装置的性能。如果随着台式助行器调节（如高度调节），制动装置需要再次调整，应不需使用工具。

4.3 机械耐久性

按5.10的要求进行静载试验时，台式助行器的任何部位不应出现裂纹或断裂，且台式助行器的高度不应有超过1%的永久变形。

按5.11的要求进行疲劳试验时，台式助行器的任何部位不应出现裂纹或断裂。

4.4 轮子

轮子直径不应小于75 mm。

室外型台式助行器轮子直径不应小于180 mm。

室外型台式助行器按3.18定义的轮子宽度不应小于22 mm。

4.5 手柄

手柄宽度不应小于20 mm，并且不应大于50 mm。

注：本条要求不适用于仿形手柄。

手柄经检查应可靠的被固定在台式助行器的手柄杆上。

手柄应可更换或易于清洁。

4.6 腿部和支脚

没有轮子的部位应具有支脚，按制造商说明的使用方式中，设计应防止腿部末端将支脚刺穿。

注：没有轮子的部位，支脚应可以替换。

没有轮子的部位，用目测方法检查，支脚不应使地面着色。

支脚与地面接触的部分，其最小直径应为35 mm。

测试中支脚应可靠的固定在台式助行器的支腿上。

4.7 调节装置

手柄杆是可调的，但通过检查确保使用时应被安全固定。

每个高度调节装置的最大允许延长都应有明显的标志。

按5.11的要求疲劳试验后，调节和折叠装置应满足制造商设计的操作要求。

可折叠的台式助行器展开时锁定装置应处在锁定位置。

4.8 座椅

按5.9的要求检测时，台式助行器的任何部位不应出现裂纹或断裂。

4.9 材料和光洁度

台式助行器使用、运输和存贮中，与人体接触部分的材料按GB/T 16886.1进行生物适应性的评定。

台式助行器正常使用中，其材料不应导致使用者的皮肤或衣服着色。

所有台式助行器不应有导致使用者和陪伴人员衣服损坏或不舒适的毛刺、锐边、尖角存在。

4.10 标志和标签

按第6章为用户提供的信息。

5 检验方法

5.1 总则

除非另有说明，所有试验都应在环境温度为21 ℃±5 ℃的条件下进行。

除非另有说明，所有试验都应在高度调至最大，轮子在最不稳定的位置下完成。手柄杆位置向前并固定牢固。宽度可调的支撑平台应调到最大宽度。如可调，每侧前臂支撑架应调至测试人员判定的稳定性最小的位置，且与行走方向中心线夹角尽可能为10°。记录全过程的角度。

除非在测试中另有说明，行驶或驻车制动装置不应打开。

在稳定性测试期间，轮子应置于最不稳定的位置，并且应防止台式助行器在倾斜前发生滑动或滚动。措施应不改变检测的结果。

如果制造商提供可选择配件作为辅助设备，所有选择应是台式助行器在检测时最不利的配置(例如，加长的手柄杆)。

5.2 抽样、测试和检查顺序

台式助行器的检验顺序如下：

——尺寸和质量的测定；

——稳定性；

——制动装置；

——静载力；

——疲劳试验。

测试前应按本部分对台式助行器检查核对无误，任何外观上的缺陷都应记录在检验报告上，以避免之后作为测试导致的缺陷被记录。

5.3 尺寸和质量的测定

进行测量以按可操纵性分类室内和室外使用产品。除了轮子宽度，所有尺寸为外边缘尺寸。

5.4 前倾稳定性试验

5.4.1 几何加载

高度调节、手柄调节、轮子和支撑平台或前臂支撑架的位置按5.1的说明。

将台式助行器的轮子和(或)支脚置于可倾斜的水平面上，且前进方向与倾斜方向一致。倾翻轴平行于通过前轮轴或前支脚中心线。前轮与地面的接触点在轮轴之后，后轮与地面的接触点在轮轴之前。

加载力垂直于台式助行器。加载线保持垂直，通过支撑平台或前臂支撑架上距离手柄底部后端135 mm±5 mm处中点，如无手柄杆则距前面边缘60 mm±5 mm处中点(见图9)。

如果没有手柄，加载力位于距台式助行器前端60 mm±5 mm处。

5.4.2 过程

施加 250 N±2%的静载荷，使平面倾斜并记录最大倾翻角，读数精确到 0.1°，设备测量精度应优于或等于±0.5°。

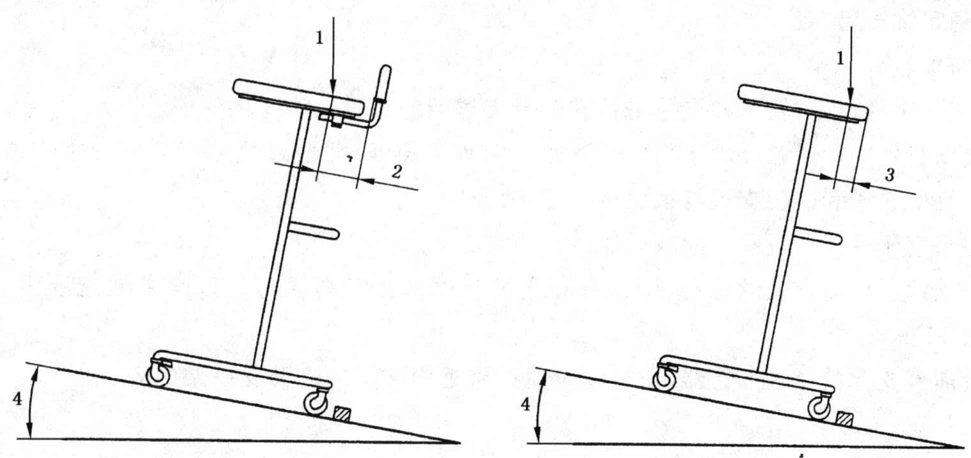

1——加载力；

2——135 mm±5 mm(有手柄杆)；

3——60 mm+5 mm(没有手柄杆)；

4——倾斜角度。

图 9 前倾稳定性试验加载力

5.5 后倾稳定性试验

5.5.1 几何加载

高度调节、轮子和支撑平台或前臂支撑架的位置按 5.1 的说明。

将台式助行器的轮子和(或)支脚置于可倾斜的水平面上，且前进方向与倾斜方向一致。倾翻轴平行于通过后轮轴或后支脚中心线。前轮与地面的接触点在轮轴之后。后轮与地面的接触点在轮轴之前。

加载力垂直于台式助行器。加载线保持垂直，通过支撑平台或前臂支撑架末端向前 30 mm±5 mm 的中点(见图 10)。

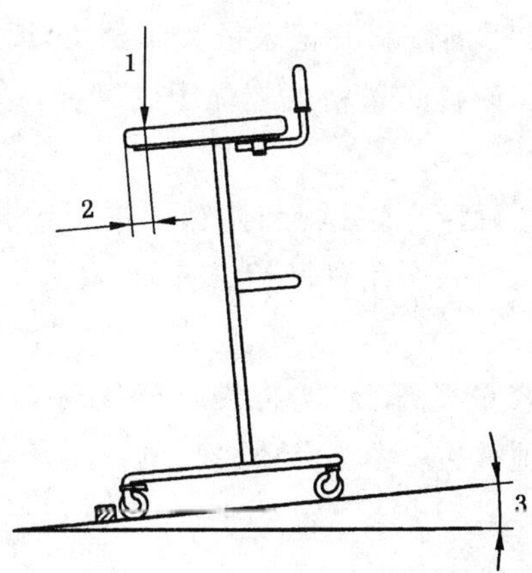

1——加载力；

2——30 mm±5 mm；

3——倾斜角度。

图 10 后倾稳定性试验加载力

5.5.2 过程

施加 250 N±2%的静载荷,使平面倾斜并记录最大倾翻角,读数精确到 0.1°,设备测量精度应优于或等于±0.5°。

5.6 侧倾稳定性试验

5.6.1 几何加载

高度调节、手柄调节、轮子和支撑平台或前臂支撑架的位置按 5.1 的说明。

将台式助行器的轮子和(或)支脚置于可倾斜的水平面上,并使台式助行器横跨在平面上。平行于靠近倾翻一侧的轮子和(或)支脚与平面接触点连线。

加载力垂直于台式助行器。加载线保持垂直并:

——带支撑平台的台式助行器,加载线应通过支撑平台基准线与靠近倾翻轴宽度中点的交点(见图 11);

——带前臂支撑的台式助行器,加载线应通过靠近倾翻轴的前臂支撑架中心。

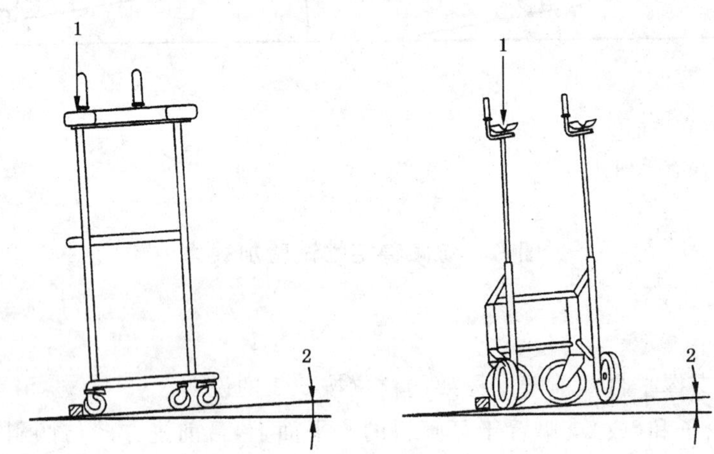

1——加载力;

2——倾斜角度。

图 11 侧倾稳定性试验加载力

5.6.2 过程

施加 250 N±2%的静载荷。使平面倾斜并记录最大倾翻角,读数精确到 0.1°。侧倾稳定性的测试在两侧进行,取较低值作为倾翻角。设备测量精度应优于或等于 0.5°。

5.7 附件

按照 5.4、5.5 和 5.6 的要求进行稳定性试验时,台式助行器提供的例如滴液器、篮子、购物袋和(或)氧气筒等附件应固定。试验时,每一个附件及组合件,按制造商提供的最不利的条件固定。检验结果应符合 4.1 的要求。

检测中,滴液器应装满至最大容量,篮子或购物袋及氧气筒应按制造商的说明装满。如果没有说明,则在篮子或购物袋的底部均匀地放置一袋 50 N±2%的沙子。

5.8 制动装置

5.8.1 几何加载

高度调节至最低。手柄杆、支撑平台宽度和前臂支撑架的位置按 5.1 的说明。

压力制动装置只作为行驶制动装置检验。

将台式助行器的轮子放置在一个平面上,倾翻轴平行于靠近倾翻侧的轮轴连接线,并且与正常行进方向成直角,如图 9 所示。加载力垂直于支撑平台或前臂支撑架并通过基准点,如图 12 所示。

使用者的质量为 100 kg,加载力应为 500 N±2%。如果使用者的最大质量偏离 100 kg,则按使用者最大质量的±2%每千克 5.0 N 加载,但加载力不应小于 175 N±2%。

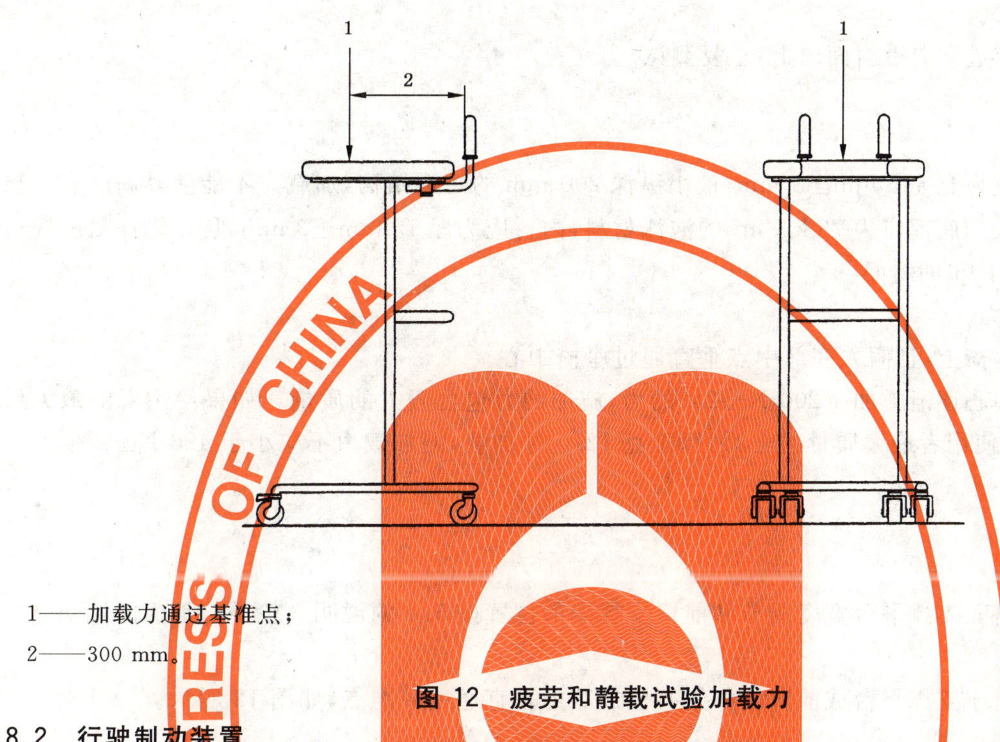

1——加载力通过基准点;

2——300 mm。

图 12 疲劳和静载试验加载力

5.8.2 行驶制动装置

5.8.2.1 如果一个制动装置仅对一个轮子起作用,则两个装置的试验应同时进行。如果一个行驶制动装置的操作对两个轮子同时起作用,则每一个操作应单独进行。

5.8.2.2 行驶制动行程测量

测量制动把手最大行程,精确到毫米(见图 8)。

台式助行器的压力制动把手,没有制动把手行程。

5.8.2.3 过程

将台式助行器置于可倾斜平面上,使用阻挡块阻挡轮子(见图 9)。旋转轮置于轮轴与地面接触点的后面,并施加载荷。行驶制动装置适用于一个或每个运转制动装置的操作。对制动装置施加 40 N±2%的拉力或 60 N±2%的推力。使平面从水平倾斜 6°。在制动轮与平面之间的摩擦力不能使轮子滑动。取消阻挡块。保留 1 min。如果轮子转动,记录台式助行器移动 10 mm 的时间。

5.8.3 驻车制动装置

5.8.3.1 总则

如果每一个驻车制动装置仅对一个轮子起作用,则两个装置的试验应同时进行。如果任一个驻车制动装置的操作对两个轮子同时起作用,则每个驻车装置的操作应单独进行。

5.8.3.2 力的调节和释放

测量驻车制动装置的调节和释放力,精确度为±2%,作用力沿每一个驻车制动装置把手行程线路,记录的力值修约到 1 N。

如果驻车制动装置是一个不能通过手指反向操作控制杆,施加的力从控制杆末端向内 20 mm 处,并且方向垂直作用力点与控制杆支点的连线。

5.8.3.3 向前测试

将台式助行器置于可倾斜平面上,使用阻挡块阻挡轮子(见图 9)。旋转轮置于轮轴与地面接触点的后面。施加载荷。

驻车制动装置按制造商的说明操作。使平面从水平倾斜 6°±0.5°。在制动轮与平面之间的摩擦力不能使轮子滑动。取消阻挡块。保留 1 min。如果轮子转动，记录台式助行器移动 10 mm 的时间。

5.8.3.4 向后测试

台式助行器前进方向沿斜面向上，重复测试。

5.9 座椅试验

5.9.1 试验假人

试验用假人应为宽 340 mm±3 mm，最小纵深 200 mm 的矩形结构，加载力不能使其高度有明显地变形。试验用假人的底部应为 75 kg/m³ 的泡沫材料，内衬应为厚 15 mm±3 mm，且在纵深沿座椅边缘 10 mm～15 mm 约 45°的斜面。

5.9.2 几何加载力

假人放置在座椅上，且假人底部中点垂直通过座椅中心。

垂直于座椅中心逐渐施加 1 200 N±2%的力，施加的力包含假人的质量。如果使用者的最大质量偏离 100 kg，则按使用者最大质量的±2%每千克 12.0 N 加载，但加载力不应小于 420 N±2%。

加载时间不小于 1 min。

5.10 静载试验

5.10.1 几何加载

高度调节、手柄、支撑平台宽度调节和前臂支撑架的位置按 5.1 的说明。轮子与地面的接触点在轮轴之后。

加载装置垂直于支撑平台或前臂支撑架并使加载力垂直通过基准点，如图 12 所示。

5.10.2 测试平面

将台式助行器的轮子和(或)支脚放置在一水平的固定面上。

5.10.3 加载力

使用者的质量为 100 kg，加载力应为 1 500 N±2%。如果使用者的最大质量偏离 100 kg，则按使用者质量 15.0 N/kg±2%加载。但加载力不应小于 525 N±2%。

5.10.4 加载时间

加载力从最小开始施加 2 s 达到最大值，并至少保持 5 s。

5.10.5 损伤及永久变形

检查所有的裂纹或断裂并记录它们的位置和危险隐患。

加载力测试前后，测量台式助行器高度，测量的不准确度为±2 mm。记录台式助行器高度的减少量。

5.11 疲劳试验

5.11.1 几何加载

高度调节、手柄、支撑平台宽度调节和前臂支撑架的位置按 5.1 的说明。

加载装置垂直于支撑平台或前臂支撑架并使加载力垂直通过基准点，如图 12 所示，台式助行器与地面相对移动。

5.11.2 测试平面

将台式助行器的轮子放置在一个运动面上，且速度不小于 0.4 m/加载周期，如果可能，把它的支脚或轮子的压力制动装置放置在一个固定水平面上。测试面上的轮子和(或)支脚相对于作用力成 90°±2.0°。

图 13 所示为二轮和二支脚的台式助行器疲劳试验的实例。

如果运动面是圆筒，直径应大于等于 250 mm±25 mm，并且在全部测试期间所有台式助行器轮子的放置保持垂线通过轮子的中心，偏离通过圆筒中心的垂直平面不大于 5 mm。

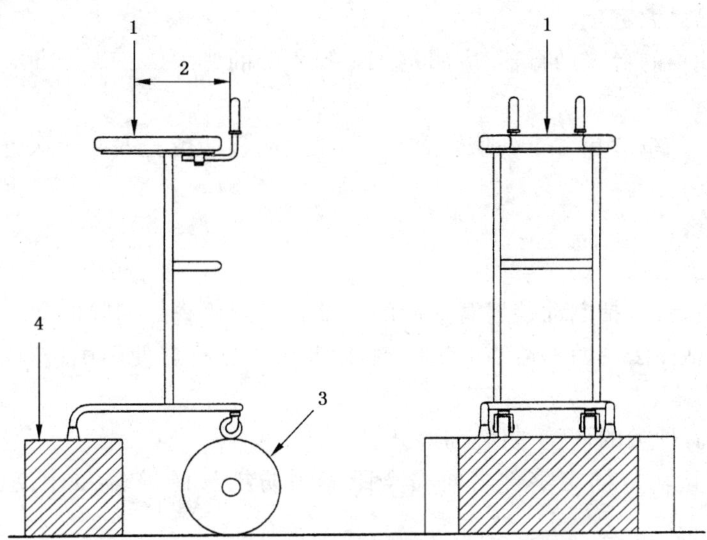

1——加载力通过基准点；

2——300 mm；

3——运动面；

4——固定面。

图 13 二轮和二支脚台式助行器疲劳试验示例

5.11.3 加载力

使用者的质量为 100 kg，施加 800 N±2%循环载荷。如果使用者的最大质量偏离轮式助行架指定的 100 kg，循环载荷则按使用者最大质量的 8.0 N/kg±2%加载，但加载力不应小于 280 N±2%。循环载荷力的波形应是正弦曲线或是圆滑过渡的曲线。

5.11.4 加载频率

循环载荷频率不应超过 1 Hz。

5.11.5 加载周期

循环次数为 200 000 次。

5.12 最终检查

当检验全部完成时，检查台式助行器所有机械功能是否满足制造商说明的操作要求。

6 制造商提供的信息

6.1 总则

随台式助行器提供的信息应与 EN 1041 相一致。包括但不限于下列要求。

信息应包含与台式助行器结合使用的其他装置和(或)其他类型装置相关建议，以及依照 6.2 和 6.3 中列出的确保使用者安全的任何预防或限制措施。

6.2 产品和(或)附件标志上的信息

每个台式助行器应在明显的位置安装永久性标志，标志上应有下列信息：

a) 允许使用者的最大质量；

b) 附件标志上最大安全工作压力；

c) 制造商的名称或地址；

d) 制造商规格型号和(或)序列号；

e) 生产日期；

f) 调节位置标记最大调节高度；

g) 调节机构的最大调节范围；

h) 台式助行器的最大宽度；

i) 室内或室外使用的台式助行器，应满足4.1和4.4的要求。

6.3 文件

使用说明书和(或)汇编应包含下列信息，或在产品上明显的位置安装永久性标志。

a) 最大支撑高度；

b) 最小支撑高度；

c) 最大转向宽度；

d) 维护使用说明书，包括制动装置磨损后的调整和必须检查的间隔时间；

e) 清洗说明，包括方法说明和适当的洗涤剂，以及台式助行器使用中避免材料及结构腐蚀和(或)老化的预防措施；

f) 装配说明，所有种类的调整，折叠和展开；

g) 如适用，应有移动与固定零件之间安全距离预防措施的警告和建议(参见EN 12182:1999 12和13指导)；

注1：多数国家需要一种或多种官方语言的说明书。

注2：参考GB 9969.1《工业产品使用说明书　总则》。

注3：推荐制造商提供的建议，包括零件的替换、规定、技术和辅助医疗方面的信息。

7 检验报告

检验报告应包含但不局限于下列信息：

a) 制造商的名称和地址；

b) 检验产品供应商的名称和地址；

c) 检验机构的名称和地址；

d) 与GB/T 16432一致的名称和代码；

e) 允许使用者的最大重量；

f) 制造商标志、规格型号和(或)序列号；

g) 供应商标志、规格型号和(或)序列号；

h) 被检验产品的照片；

i) 产品最大支撑高度；

j) 产品最小支撑高度；

k) 检验完成的日期；

l) 按5.2检验内容的详细说明；

m) 产品是否满足本部分的要求；

n) 如适用，如何获得A.4附加的检验报告的信息。

附 录 A
(资料性附录)
补 充 资 料

A.1 总则

本附录给出的补充资料及指导，在台式助行器的设计、生产及测试中可予以考虑。

A.2 建议

A.2.1 机械耐久力

按照5.8或5.9的要求检验时，台式助行器或其调节机构不应有任何损坏。

A.2.2 手柄杆和手柄

可调节的手柄杆在使用中应安全固定。

手柄的形状和(或)材料应能防止手的滑落。

手柄的材料不应吸水。

A.2.3 腿部和支脚

如安装支脚，应具有柔韧性，耐刺穿并有较高的磨损系数。

支脚不应脱落。

A.2.4 调节和折叠装置

应在不使用工具的条件下可进行调节和折叠。

当在折叠状态运输或贮存时，台式助行器应保持折叠。并应检查验证。

A.2.5 材料和光洁度

台式助行器在使用中不应产生异响。

为了达到清洁的目的，台式助行器表面处理使用的材料应可耐受一般家用碱性清洁剂和酒精，并易于干燥。清洁后不应加速台式助行器材料的腐蚀变化。

A.2.6 反光材料

反光材料的安装应尽可能垂直，尽可能与光线方向成直角，且在台式助行器上尽可能低的位置(距地面距离低于800 mm)。

A.3 制造商提供的附加信息

除第6章的要求外，每个台式助行器应有下列标志：

a) 供应商的名称；

b) 识别供应商名称和(或)规格型号。

A.4 附加的检验报告

除第7章的要求外，检验报告应包含部分或全部下列信息：

a) 5.4检验结果的描述；

b) 5.5检验结果的描述；

c) 5.6检验结果的描述；

d) 5.7检验结果的描述；

e) 5.8检验结果的描述；

f) 5.9检验结果的描述；

g) 5.10 检验结果的描述；

h) 5.11 描述的检查期间任何有关的结论；

i) 台式助行器的最大高度；

j) 台式助行器的最大宽度；

k) 台式助行器的最大长度；

l) 台式助行器的最大转向宽度；

m) 支撑点中心线之间的宽度；

n) 手柄宽度；

o) 折叠尺寸；

p) 不带附件的台式助行器的质量；

q) 在没有工具的条件下是否可进行调节和折叠；

r) 其他相关资料。

ICS 11.180.10
C 45

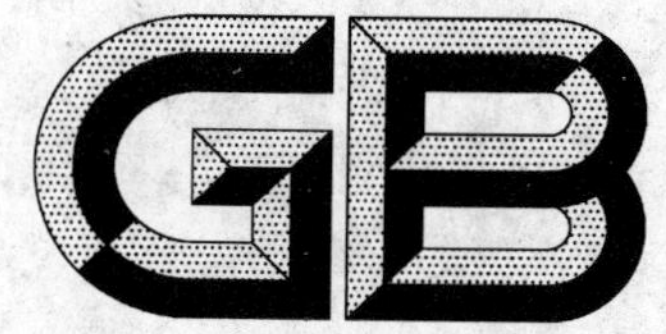

中华人民共和国国家标准

GB/T 14730—2008
代替 GB/T 14730—1993

助行器具　分类和术语

Assistive products for walking—Classification and terminology

2008-09-19 发布

2009-03-01 实施

中华人民共和国国家质量监督检验检疫总局
中国国家标准化管理委员会　发布

前　言

本标准代替 GB/T 14730—1993《助行器　术语》，本次修订按照 GB/T 1.1—2000 对原标准进行了重新调整，并增加了一些具体内容，本标准与 GB/T 14730—1993 相比主要变化如下：

——修改了标准的中文、英文名称，标准名称改为《助行器具　分类和术语》；

——标准的总体编排和结构按 GB/T 1.1—2000 进行了修改；

——增加了目次、前言和规范性引用文件；

——各章增加了相应的分类、术语、定义和图示；

——删除了 1993 年版的第 5 章中助行器参数部分；

——增加了资料性附录“部件和产品图示”(见附录 A)；

——增加了资料性附录“助行器具分类体系”(见附录 B)；

——增加了“参考文献”、“汉语拼音索引”和“英文索引”。

本标准附录 A 和附录 B 为资料性附录。

本标准由中华人民共和国民政部提出。

本标准由全国残疾人康复和专用设备标准化技术委员会(SAC/TC 148)归口。

本标准负责起草单位：中国残疾人辅助器具中心、深圳市伤残人用具资源中心、四川省肢体伤残康复中心、国家康复器械质量监督检验中心。

本标准主要起草人：王蕴平、许弦歌、朱图陵、范佳进、贾亚玲、李明辉、贺旭。

本标准 1993 年首次发布。

本标准为第一次修订。

助行器具　分类和术语

1　范围

本标准规定了助行器具的分类、术语，给出了相应的图示。

本标准适用于双臂和单臂操作的助行器具。

2　规范性引用文件

下列文件中的条款通过本标准的引用而成为本标准的条款。凡是注日期的引用文件，其随后所有的修改单(不包括勘误的内容)或修订版均不适用于本标准，然而，鼓励根据本标准达成协议的各方研究是否可使用这些文件的最新版本。凡是不注日期的引用文件，其最新版本适用于本标准。

ISO 9999　残疾人辅助器具　分类和术语(Assistive products for persons with disability—Classification and terminology)

3　术语和定义

3.1　通用术语

3.1.1

助行器具　assistive products for walking

辅助使用者行走的支撑器具，单臂或双臂操作，单个或成对使用。

3.1.2

双臂操作助行器具　assistive products for walking, manipulated by both arms

辅助使用者行走的支撑器具。双臂或结合上身操作。

注：ISO 9999，分类号 12 06。

3.1.3

单臂操作助行器具　assistive products for walking manipulated by one arm

辅助使用者行走的支撑器具，单臂或单手操作，单个或成对使用。

注：ISO 9999，分类号 12 03。

3.1.4

固定式助行器具　assistive products for walking with fixed structure

整体结构和尺寸不能调整的助行器具。

3.1.5

折叠式助行器具　assistive products for walking with folding structure

整体结构可以折叠的助行器具(见图 A.1)。

3.1.6

可调式助行器具　assistive products for walking with adjustable structure

使用中结构尺寸可以调节的助行器具。

3.2　双臂操作助行器具

ISO 9999 确立的术语和定义适用于 GB/T 14730 的本部分，并与 ISO 9999(分类号 12 06)部分形成助行器具分类体系(见附录 B)。

3.2.1

框式助行器　walking frames

有手柄和多个支脚，没有前臂支撑和轮子的助行器具。

注：ISO 9999，分类号 12 06 03。

3.2.1.1

三脚框式助行器　walking frames with three legs

有两个手柄和三个支脚的框式助行器(见图 A.2)。

3.2.1.2

四脚框式助行器　walking frames with four legs

有两个手柄和四个支脚的框式助行器(见图 A.3)。

3.2.1.3

差动框式助行器　walking frames with one-side alternate movement

有两个手柄和四个支脚，装有铰链可单侧交替行进的框式助行器(见图 A.4)。

3.2.1.4

阶梯框式助行器　walking frames with two-level handgrip

有两个高位和两个低位手柄及四个支脚的框式助行器(见图 A.5)。

注：低位手柄用于辅助支撑使用者站起。

3.2.2

轮式助行器　rollators

有手柄、两个或多个轮子，可以与支脚结合使用的助行器具。

包括带休息座位的轮式助行器。

注：ISO 9999，分类号 12 06 06。

3.2.2.1

两轮助行器　rollators with two wheels

有两个手柄、两个轮子和两个支脚的轮式助行器(见图 A.6)。

3.2.2.2

框式两轮助行器　rollators with two wheels and frame

有两个手柄、两个轮子和两个支脚，呈框式结构的轮式助行器(见图 A.7)。

3.2.2.3

三轮助行器　rollators with three wheels

有两个手柄和三个轮子的轮式助行器(见图 A.8)。

3.2.2.4

四轮助行器　rollators with four wheels

有两个手柄和四个轮子的轮式助行器(见图 A.9)。

3.2.2.5

后置四轮助行器　rollators with four wheels pulled by a person

有两个手柄和四个轮子，使用者位于助行器前方，以拉动方式行进的轮式助行器(见图 A.10)。

3.2.2.6

框式四轮助行器　rollators with four wheels and frame

有两个手柄和四个轮子，呈框式结构的轮式助行器(见图 A.11)。

3.2.2.7

腋托四轮助行器　rollators with four wheels and axillary support

有两个手柄、四个轮子和两个腋托的轮式助行器(见图 A.12)。

3.2.3

座式助行器　walking chairs

有多个轮子和一个行走时支撑身体的座位或吊带的助行器具，也可以带前臂支撑架。

注：ISO 9999，分类号 12 06 09。

3.2.3.1

固定支撑座式助行器　walking chairs with fixed seat

有四个轮子，行走时以固定座位支撑身体的座式助行器(见图 A.13)。

3.2.3.2

吊带支撑座式助行器　walking chairs with sling seat

有四个轮子，行走时以悬吊带支撑身体的座式助行器(见图 A.14)。

3.2.4

台式助行器　walking tables

有轮子和(或)支脚，有支撑平台或前臂支撑托架的助行器具，靠双臂或与上身一起向前推进。

注：ISO 9999，分类号 12 06 12。

3.2.4.1

平台支撑台式助行器　walking tables with table support

有四个轮子和支撑平台的台式助行器(见图 A.15)。

3.2.4.2

前臂支撑台式助行器　walking tables with forearm support

有四个支脚或四个轮子，有前臂支撑托架的台式助行器(见图 A.16)。

3.3　单臂操作助行器具

ISO 9999 确立的术语和定义适用于 GB/T14730 的本部分，并与 ISO 9999(分类号 12 03)部分形成助行器具分类体系(见附录 B)。

3.3.1

手杖　walking sticks

有一个支脚和一个手柄，没有前臂支撑的助行器具。

注：ISO 9999，分类号 12 03 03。

3.3.1.1

直形手杖　walking sticks with vertical rod

手柄与直杆杖体连接为直角的手杖(见图 A.17)。

3.3.1.2

弯形手杖　walking sticks with curving rod

手柄与杖体连接为弯形过渡的手杖(见图 A.18)。

3.3.1.3

S 形手杖　walking sticks with S shape rod

手柄与杖体连接为 S 形过渡，且有一个辅助手柄用于支撑使用者站起的手杖(见图 A.19)。

3.3.2

肘拐　elbow crutches

有一个支脚、一个手柄和非水平前臂支撑架或臂套的助行器具。

注：ISO 9999，分类号 12 03 06。

3.3.2.1

固定式肘拐　elbow crutches with forearm support fixed

前臂有固定支撑架的肘拐(见图 A.20)。

3.3.2.2

臂套式肘拐　elbow crutches with forearm cuff flexible

前臂有活动支撑臂套的肘拐(见图 A.21)。

3.3.3

四脚肘拐　elbow crutches with four legs

有四个支脚、一个手柄和前臂支撑架或臂套的肘拐(见图 A.22)。

3.3.4

前臂支撑拐　forearm support crutches

有一个或多个支脚,一个手柄和水平前臂支撑托架的助行器具。

注:ISO 9999,12 03 09。

3.3.4.1

单脚前臂支撑拐　forearm support crutches with one leg

有一个支脚的前臂支撑拐(见图 A.23)。

3.3.4.2

三脚前臂支撑拐　forearm support crutches with three legs

有三个支脚的前臂支撑拐(见图 A.24)。

3.3.4.3

四脚前臂支撑拐　forearm support crutches with four legs

有四个支脚的前臂支撑拐(见图 A.25)。

3.3.5

腋拐　axillary crutches

有一个支脚和一个手柄,使用中置于身体上部、靠近腋下部位有一个支撑托的助行器具。

注:ISO 9999,分类号 12 03 12。

3.3.5.1

普通腋拐　common axillary crutches

有一个支脚和一个手柄,由双侧杆连接腋托的腋拐(见图 A.26)。

3.3.5.2

弧形腋拐　axillary crutches with curve tip

支脚为弧形,由双侧杆连接腋托的腋拐(见图 A.27)。

3.3.5.3

单杆腋拐　axillary crutches for one-sided

由单侧杆连接腋托的腋拐(见图 A.28)。

3.3.6

三脚或多脚手杖　walking sticks with three or more legs

有三个或多个支脚,一个手柄的助行器具。

注:ISO 9999,分类号 12 03 16。

3.3.6.1

直形三脚手杖　walking sticks with three legs and vertical rod

手柄与直杆杖体连接为直角的三脚手杖(见图 A.29)。

3.3.6.2

弯形三脚手杖　walking sticks with three legs and curving rod

手柄与杖体连接为弯形过渡的三脚手杖(见图 A.30)。

3.3.6.3

S 形三脚手杖　walking sticks with three legs and S shape rod

手柄与杖体连接为 S 形过渡，且有一个辅助手柄用于支撑使用者站起的三脚手杖（见图 A.31）。

3.3.6.4

直形四脚手杖　walking sticks with four legs and vertical rod

手柄与直杆杖体连接为直角的四脚手杖（见图 A.32）。

3.3.6.5

弯形四脚手杖　walking sticks with four legs and curving rod

手柄与杖体连接为弯形过渡的四脚手杖（见图 A.33）。

3.3.6.6

S 形四脚手杖　walking sticks with four legs and S shape rod

手柄与杖体连接为 S 形过渡，且有一个辅助手柄用于支撑使用者站起的四脚手杖（见图 A.34）。

3.3.7

带座手杖　walking sticks with seat

有一个或多个支脚以及一个可折叠座位的助行器具（见图 A.35）。

注：ISO 9999，分类号 12 03 18。

3.3.8

单侧助行架　one-side walker

有手柄和四个支脚，单侧使用的支架式助行器具（见图 A.36）。

3.4　部件

3.4.1

支架　frames

连接和支撑助行器具的主体结构（见图 A.37）。

3.4.2

手柄　handgrip

使用中用于手握持的部分（见图 A.37）。

3.4.3

手柄杆　handle

助行器具与手柄连接的部分（见图 A.37）。

3.4.4

支脚　tips

使用中与地面接触并承受负载的非轮子部件（见图 A.37）。

3.4.5

调节装置　adjustment mechanism

用于改变结构尺寸的部件组合（见图 A.37）。

3.4.6

折叠装置　folding mechanism

使主体结构的一部分与另一部分或多部分叠在一起的部件组合（见图 A.37）。

3.4.7

行驶制动装置　running brakes mechanism

使助行器在行进中减速或停止的部件组合（见图 A.38）。

3.4.8

驻车制动装置　parking brakes mechanism

使助行器保持停止状态的部件组合（见图 A.39）。

3.4.9

压力闸　pressure brakes

通过垂直施加作用力，使助行器在行进中减速或停止的制动装置(见图 A.41)。

3.4.10

支撑平台　supporting table

使用中用于支撑前臂或身体上部的水平平台(见图 A.38)。

注：支撑平台可以是一个整体，也可以是分开的，并可以与手柄组合安装。

3.4.11

前臂支撑架　forearm support

使用中用于支撑前臂的水平或槽状托架(见图 A.38)。

注：前臂支撑架可以与手柄组合安装。

3.4.12

支撑座位　supporting seat

使用中用于支撑身体的座或座椅(见图 A.39)。

3.4.13

支撑吊带　supporting sling

使用中置于胯下，用于支撑身体的悬吊带(见图 A.39)。

3.4.14

腋托　axillary support

使用中置于身体上部、靠近腋下部位的支撑托(见图 A.39)。

3.4.15

肘托　elbow support

使用中用于支撑并稳定前臂的托架或臂套(见图 A.40)。

附 录 A
（资料性附录）
产品和部件图示

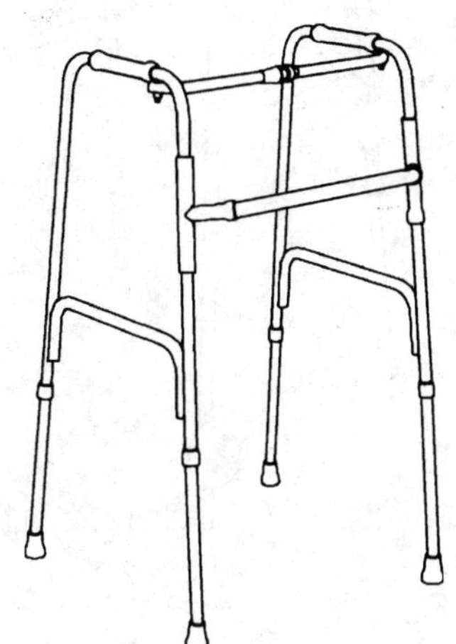
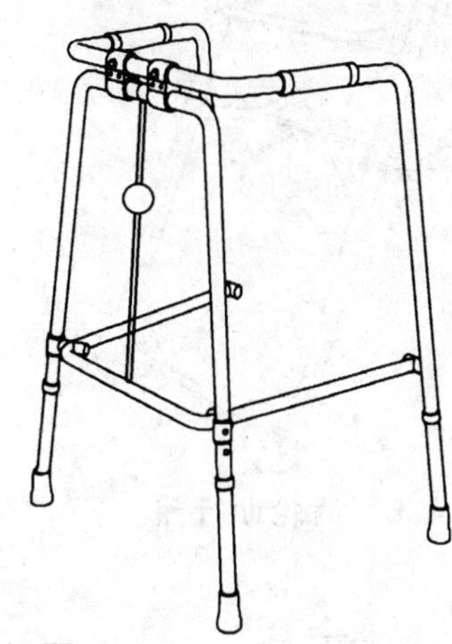

图 A.1 折叠式助行器

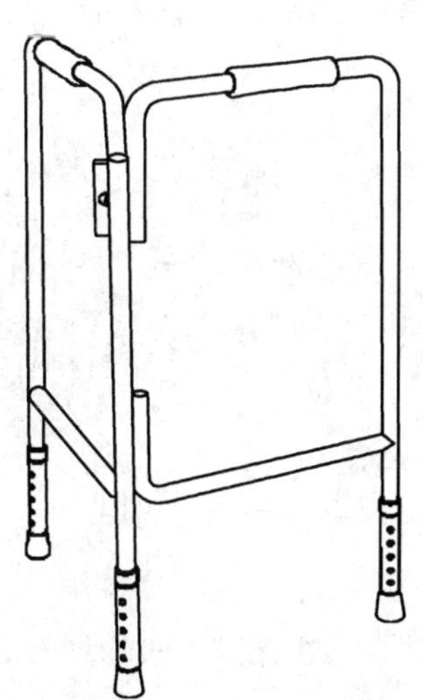

图 A.2 三脚框式助行器

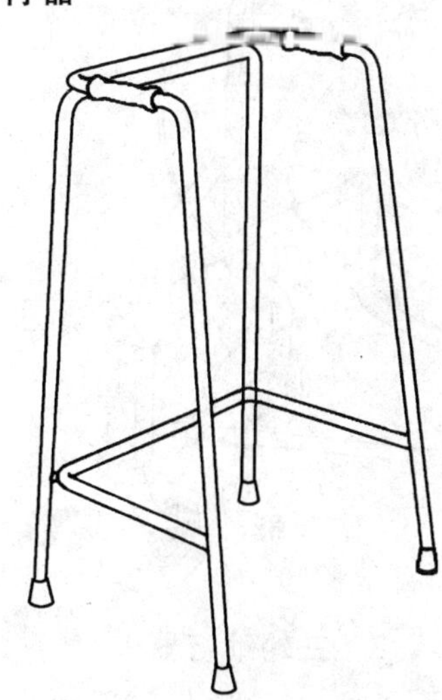

图 A.3 四脚框式助行器

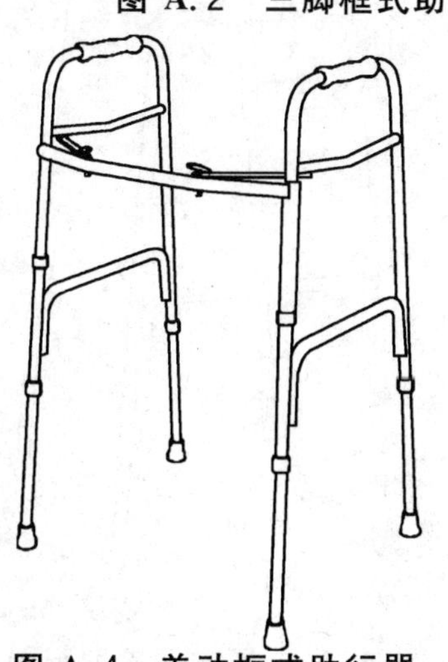

图 A.4 差动框式助行器

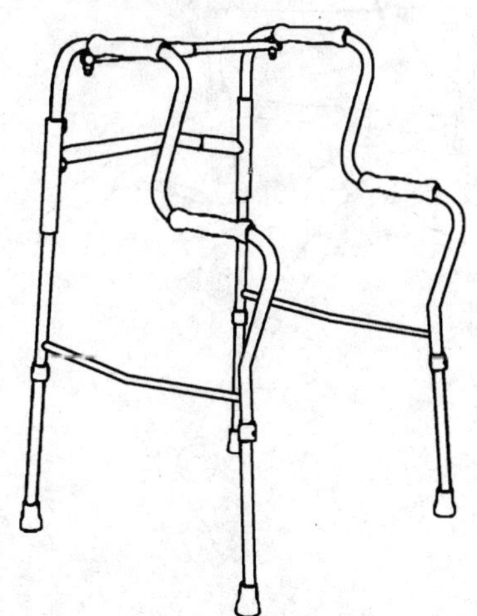

图 A.5 阶梯框式助行器

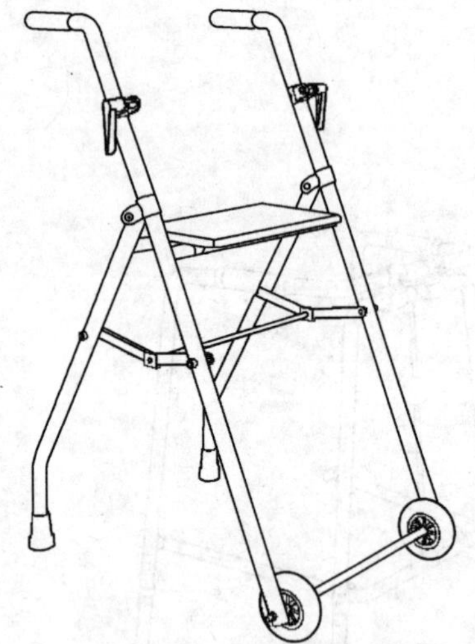

图 A.6　两轮助行器

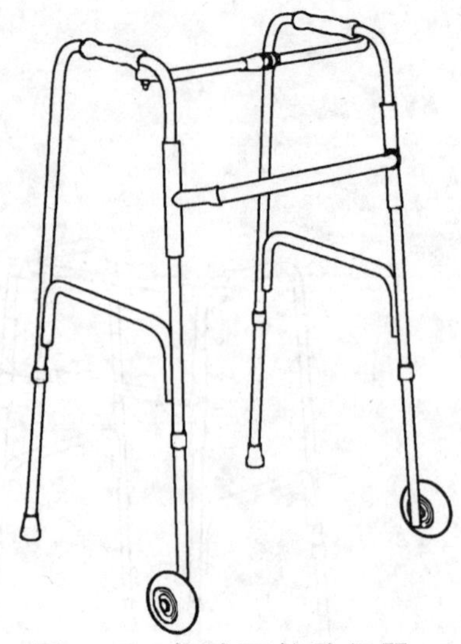

图 A.7　框式两轮助行器

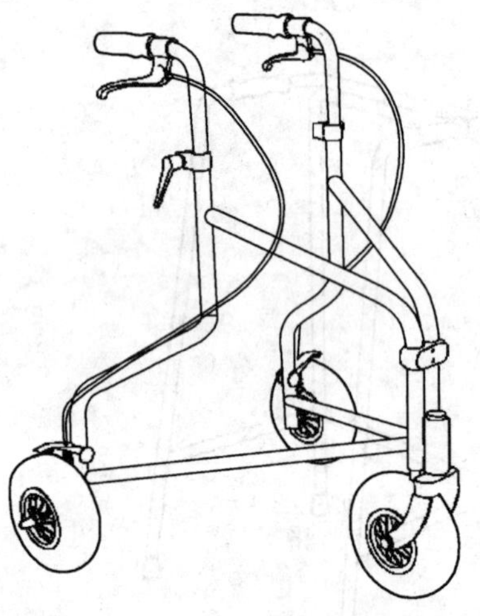

图 A.8　三轮助行器

图 A.9　四轮助行器

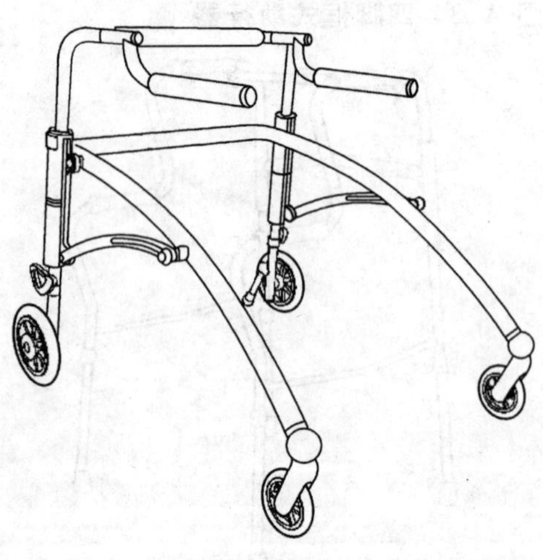

图 A.10　后置四轮助行器

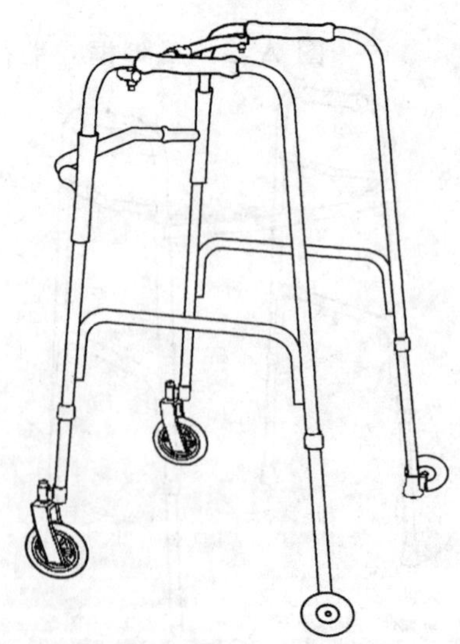

图 A.11　框式四轮助行器

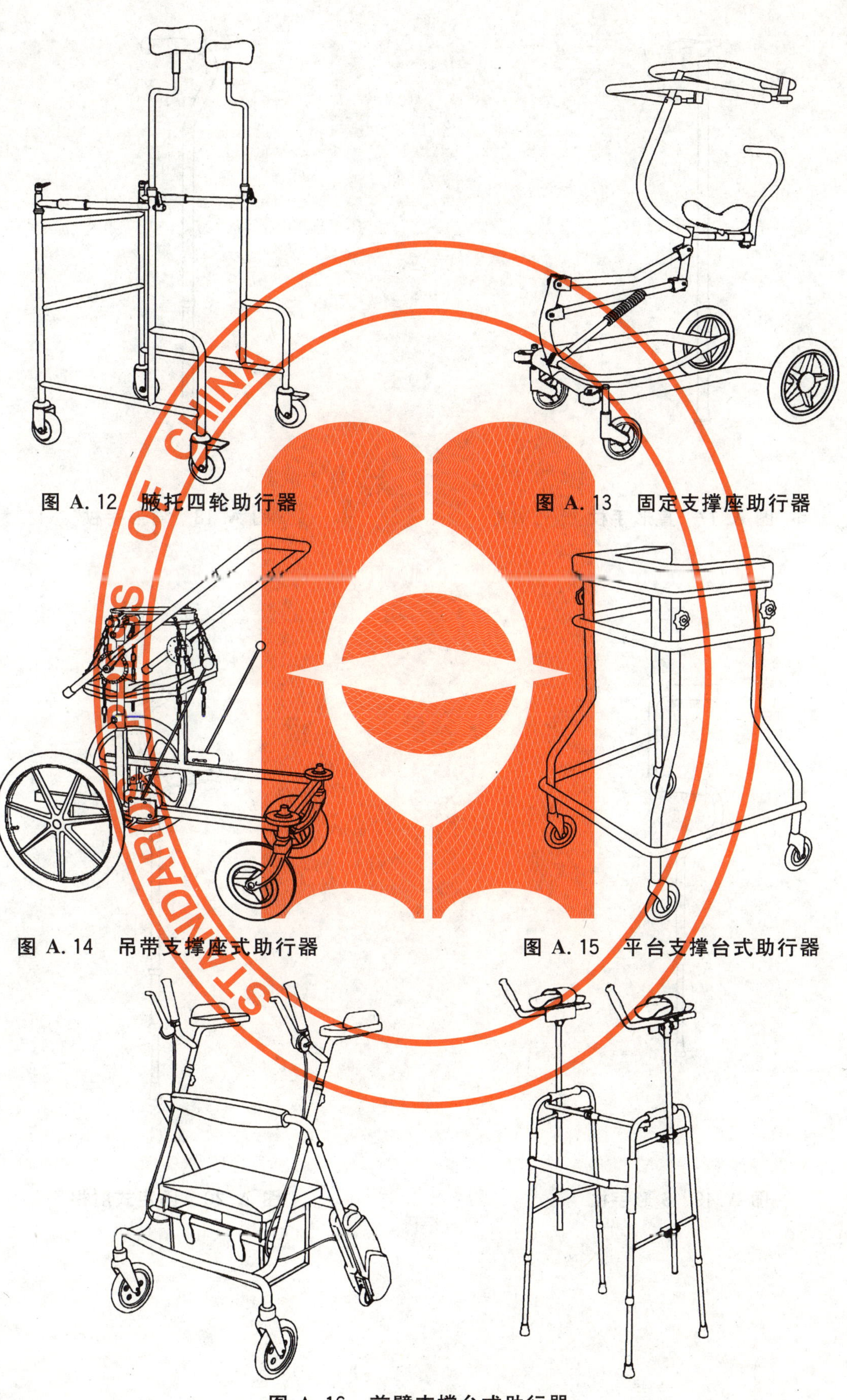

图 A.12　腋托四轮助行器

图 A.13　固定支撑座助行器

图 A.14　吊带支撑座式助行器

图 A.15　平台支撑台式助行器

图 A.16　前臂支撑台式助行器

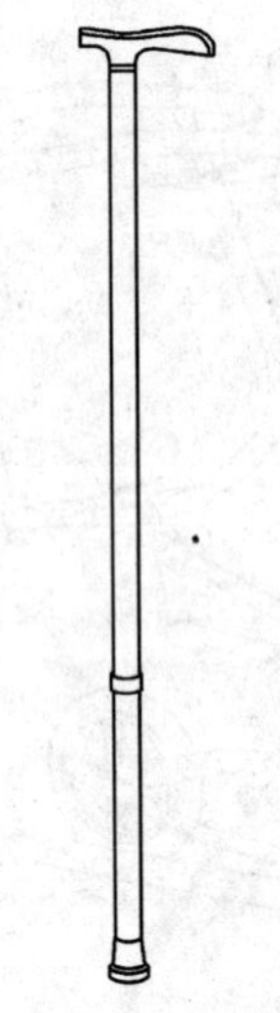

图 A.17 直形手杖

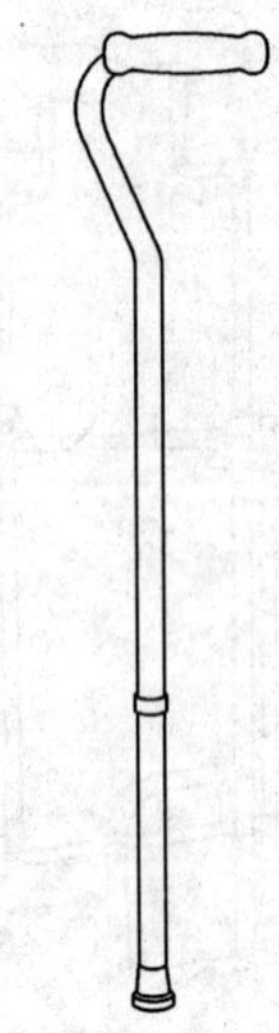

图 A.18 弯形手杖

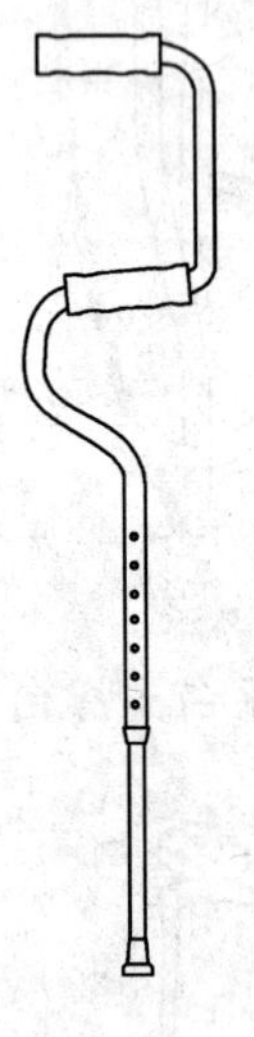

图 A.19 S形手杖

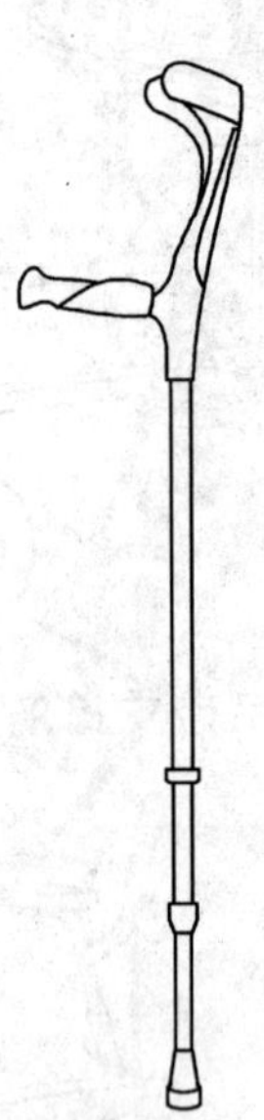

图 A.20 固定式肘拐

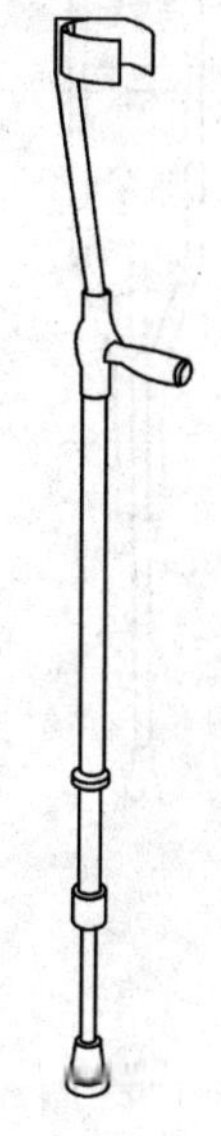

图 A.21 臂套式肘拐

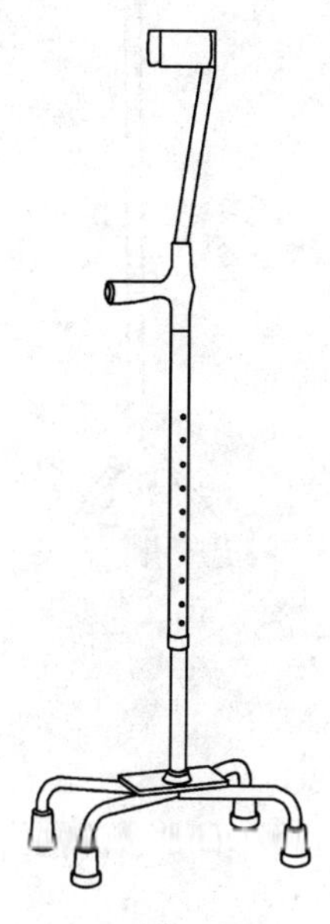

图 A.22 四脚肘拐

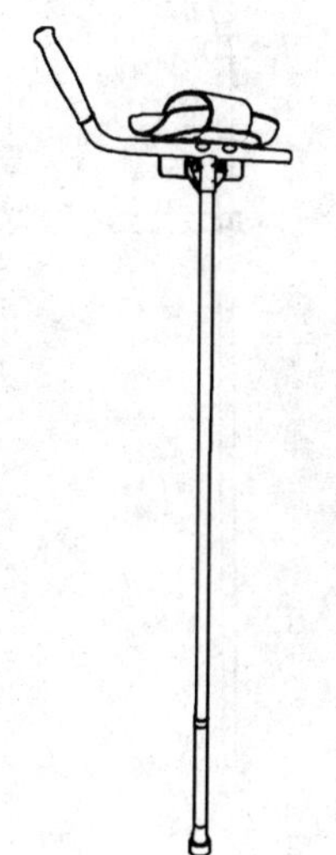

图 A.23 单脚前臂支撑拐

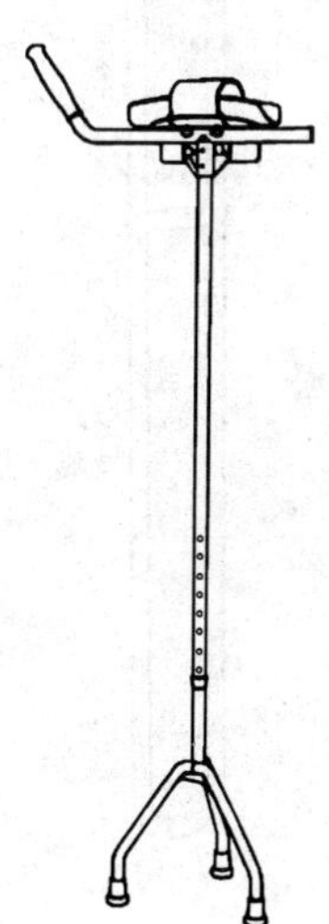

图 A.24 三脚前臂支撑拐

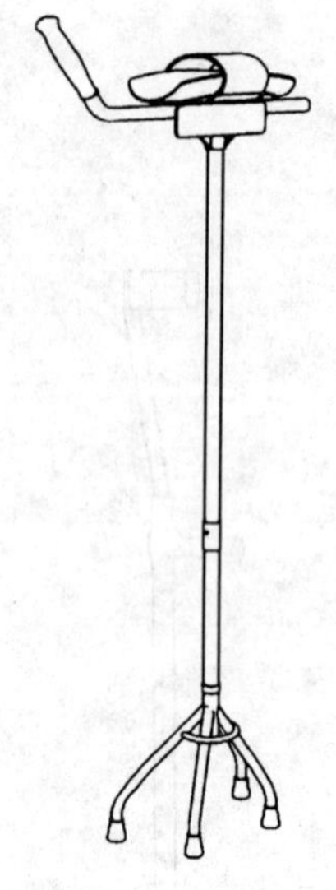

图 A.25 四脚前臂支撑拐

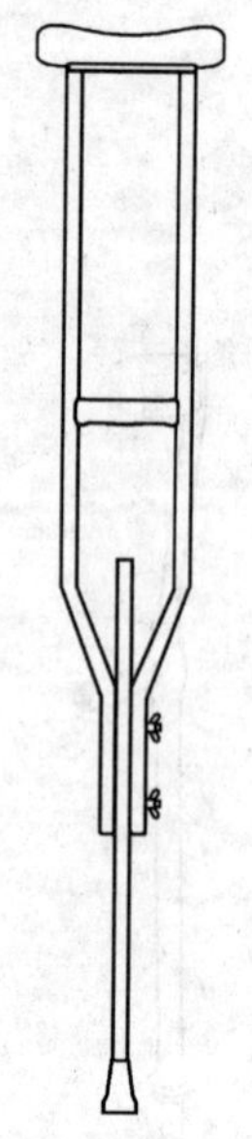

图 A.26 普通腋拐

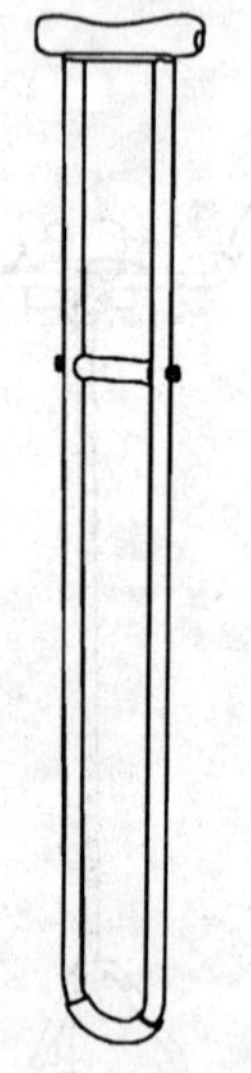

图 A.27 弧形腋拐

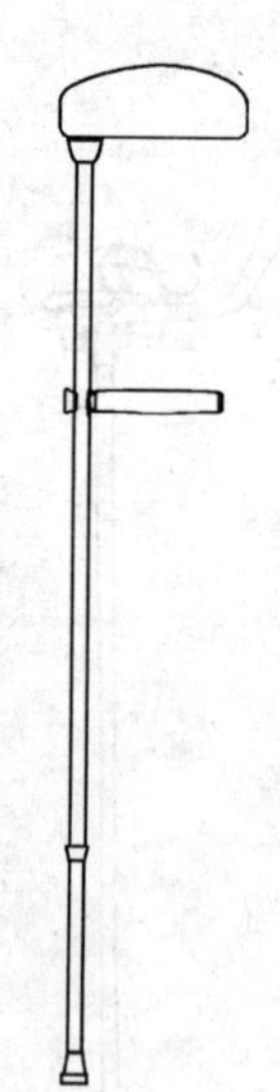

图 A.28 单杆腋拐

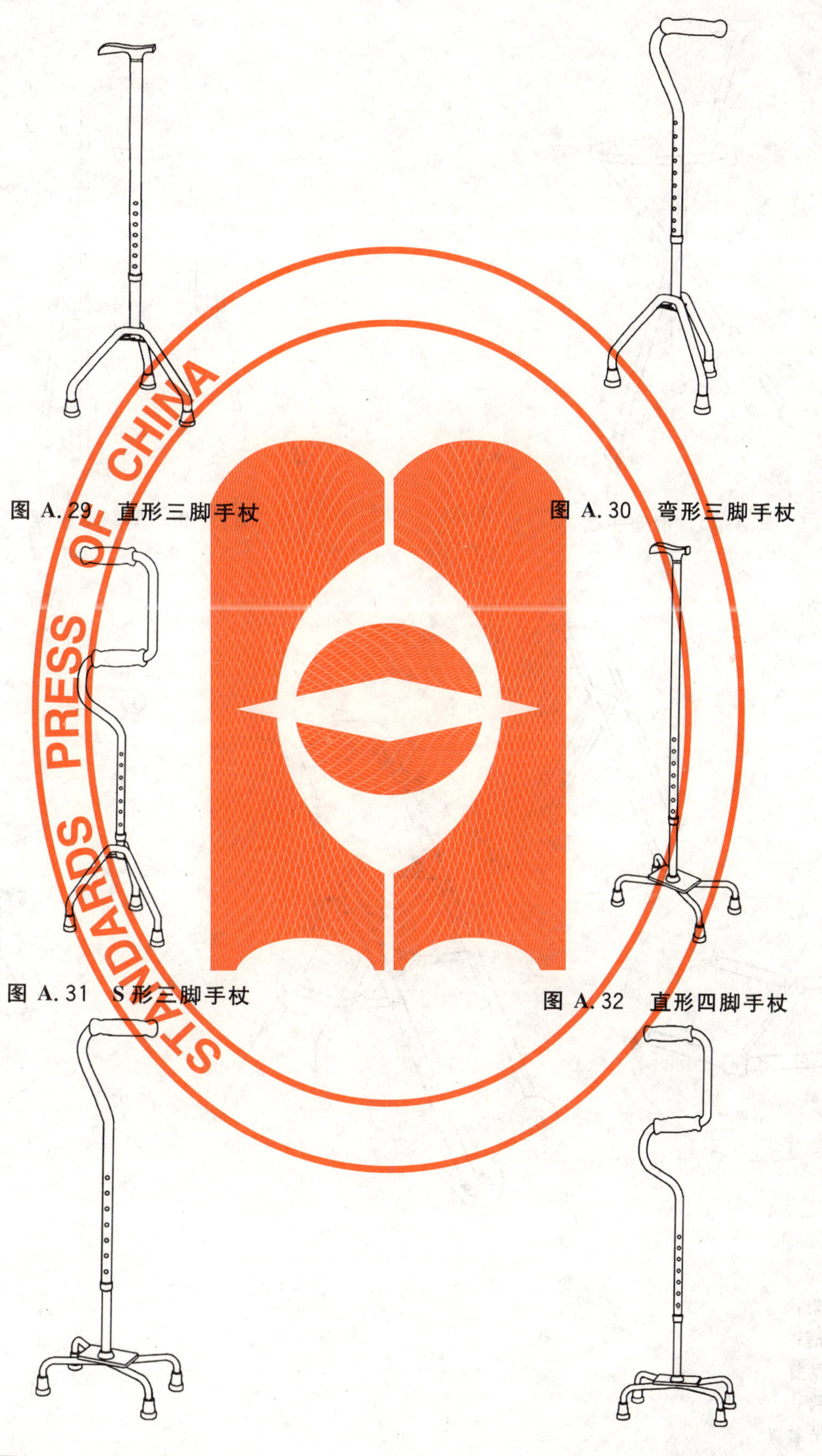

图 A.29　直形三脚手杖

图 A.30　弯形三脚手杖

图 A.31　S形三脚手杖

图 A.32　直形四脚手杖

图 A.33　弯形四脚手杖

图 A.34　S形四脚手杖

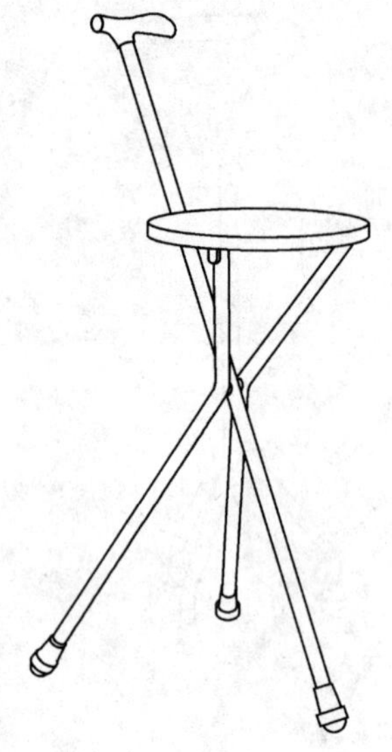

图 A.35 带座手杖

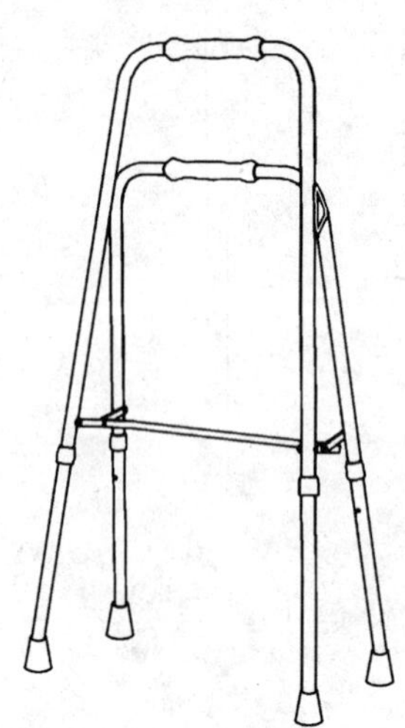

图 A.36 单侧助行架

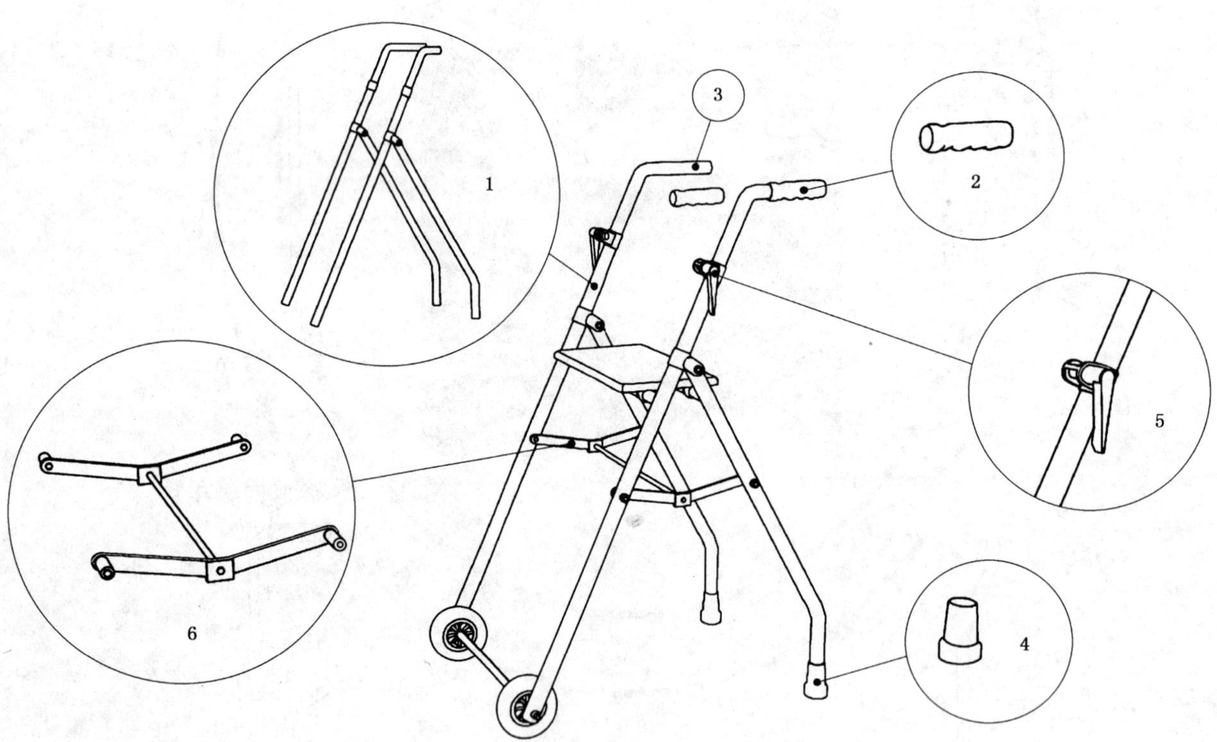

1——支架；

2——手柄；

3——手柄杆；

4——支脚；

5——调节装置；

6——折叠装置。

图 A.37 部件

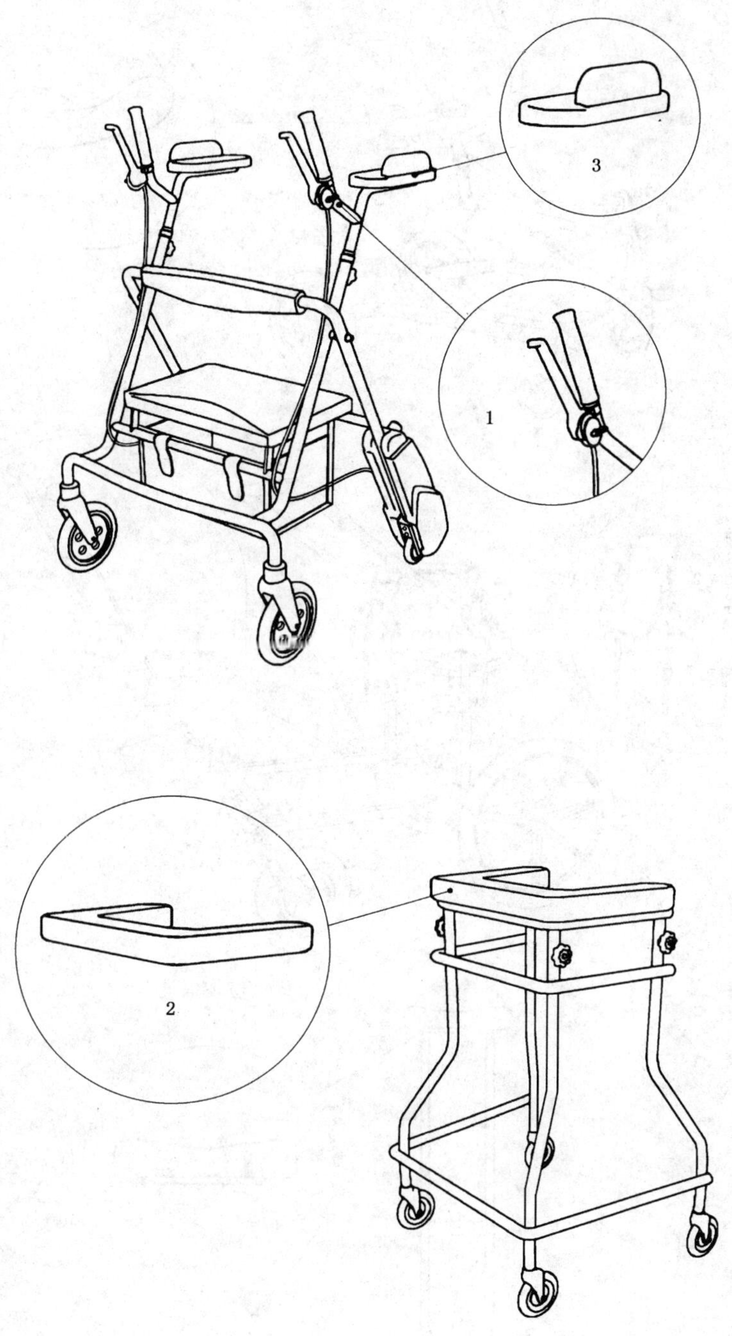

1——行驶制动装置；

2——支撑平台；

3——前臂支撑架。

图 A.38 部件

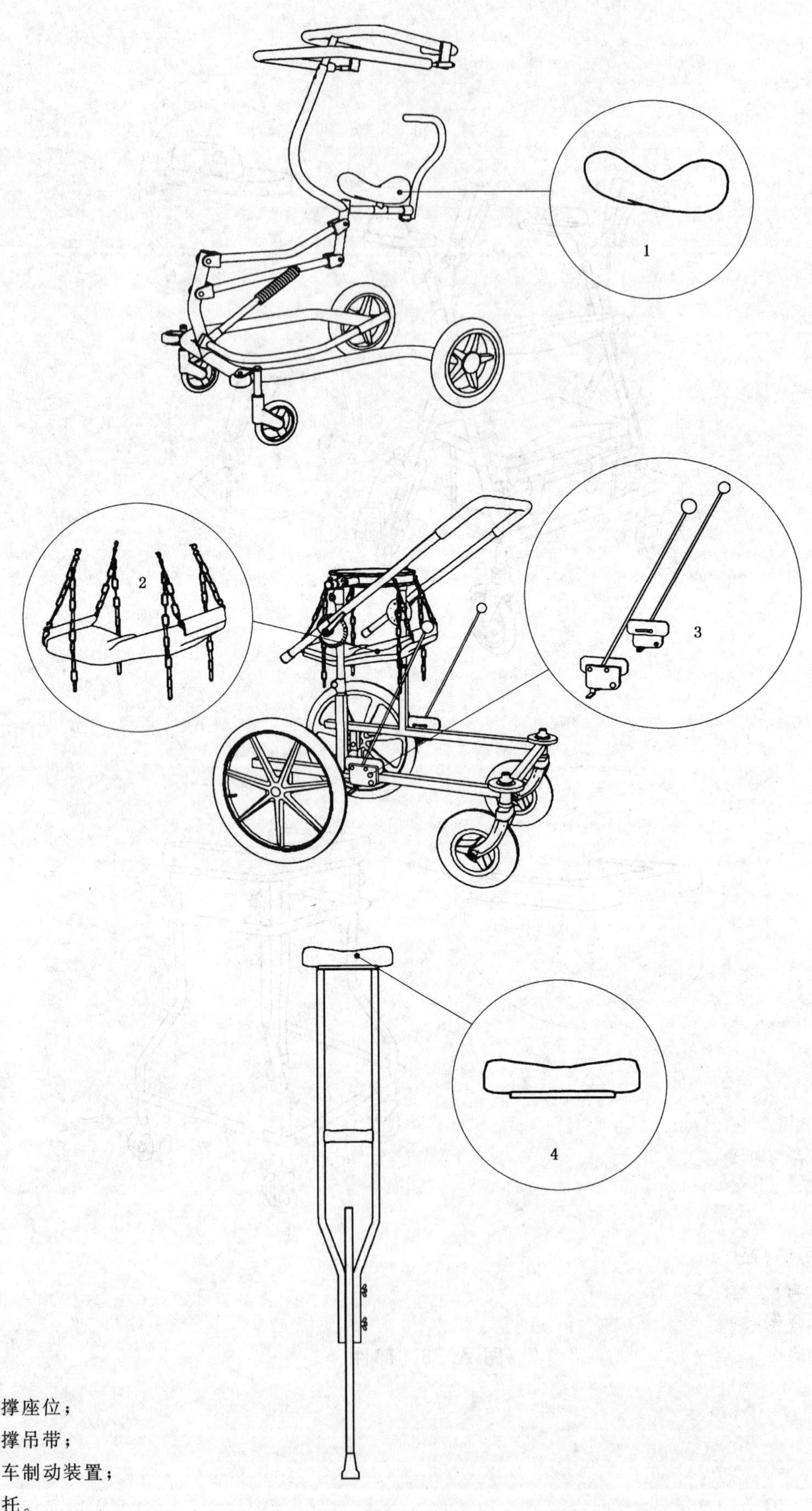

1——支撑座位；

2——支撑吊带；

3——驻车制动装置；

4——腋托。

图 A.39　部件

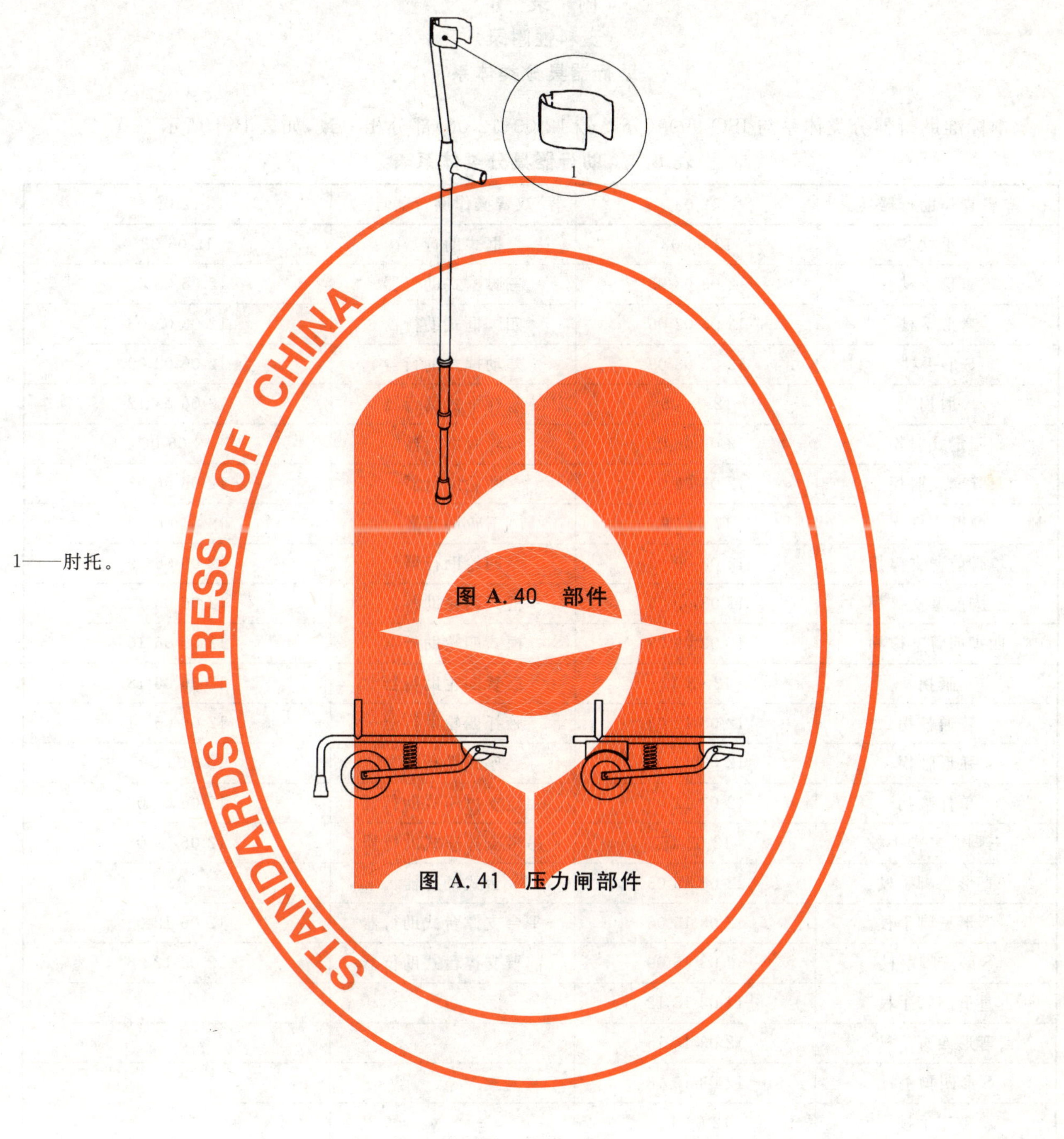

1——肘托。

图 A.40 部件

图 A.41 压力闸部件

附 录 B
（资料性附录）
助行器具分类体系

本标准助行器分类体系与 ISO 9999(分类号 12 03、12 06)部分相一致,如表 B.1 所示。

表 B.1 助行器具分类体系表

单臂操作助行器具	12 03	双臂操作助行器具	12 06
手杖	12 03 03	框式助行器	12 06 03
直形手杖	12 03 03 03	三脚框式助行器	12 06 03 03
弯形手杖	12 03 03 06	四脚框式助行器	12 06 03 06
S 形手杖	12 03 03 09	差动框式助行器	12 06 03 09
肘拐	12 03 06	阶梯框式助行器	12 06 03 12
固定式肘拐	12 03 06 03	轮式助行器	12 06 06
臂套式肘拐	12 03 06 06	两轮助行器	12 06 06 03
前臂支撑拐	12 03 09	三轮助行器	12 06 06 06
单脚前臂支撑拐	12 03 09 03	四轮助行器	12 06 06 09
三脚前臂支撑拐	12 03 09 06	框式两轮助行器	12 06 06 12
四脚前臂支撑拐	12 03 09 09	框式四轮助行器	12 06 06 15
腋拐	12 03 12	后置四轮助行器	12 06 06 18
普通腋拐	12 03 12 03	腋托四轮助行器	12 06 06 21
弧形腋拐	12 03 12 06	座式助行器	12 06 09
单杆腋拐	12 03 12 09	固定支撑座式助行器	12 06 09 03
三脚或多脚手杖	12 03 15	吊带支撑座式助行器	12 06 09 06
直形三脚手杖	12 03 15 03	台式助行器	12 06 12
弯形三脚手杖	12 03 15 06	平台支撑台式助行器	12 06 12 03
S 形三脚手杖	12 03 15 09	前臂支撑台式助行器	12 06 12 06
直形四脚手杖	12 03 15 12		
弯形四脚手杖	12 03 15 15		
S 形四脚手杖	12 03 15 18		
带座手杖	12 03 18		

参 考 文 献

[1] GB/T 14728.1—2006 双臂操作助行器具 要求和试验方法 第1部分:框式助行架

[2] GB/T 14728.2—2008 双臂操作助行器具 要求和试验方法 第2部分:轮式助行架

[3] ISO 11199-3:2005 双臂操作助行器具 要求和试验方法 第3部分:台式助行架(Walking aids manipulated by both arms—Requirements and test methods—Part 3:Walking tables)

[4] GB/T 19545.1—2004 单臂操作助行器具 技术要求和试验方法 第1部分:肘拐杖

汉语拼音索引

Z

英 文 索 引

A

C

E

F

H

O

P

R

S

T

W

ICS 33.040.20
M 33

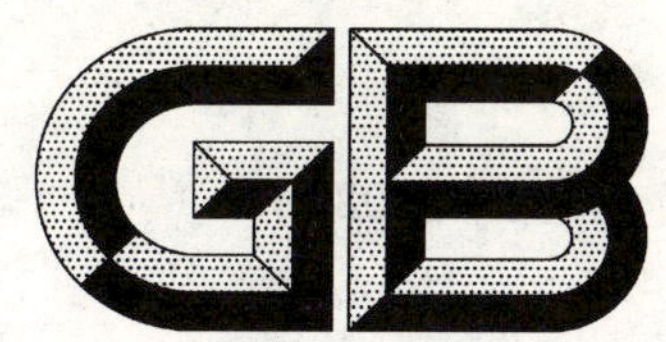

中华人民共和国国家标准

GB/T 14731—2008
代替 GB/T 14731—1993

同步数字体系(SDH)的比特率

Synchronous digital hierarchy (SDH) bit rates

2008-10-07 发布　　2009-04-01 实施

中华人民共和国国家质量监督检验检疫总局
中国国家标准化管理委员会　发布

前　言

本标准参考国际电信联盟-电信标准部门(ITU-T)建议 G.707/Y.1322:2007《同步数字体系(SDH)的网络节点接口》第6.3节。编写规则采用我国标准化工作导则的有关规定。

本标准代替 GB/T 14731—1993《同步数字体系(SDH)的比特率》。

本标准对 GB/T 14731—1993 的具体修订内容如下:

a) 根据我国标准化工作导则的有关规定,原标准中第1章"主题内容与适用范围"修改为第1章"范围",第2章"术语"修改为第3章"术语和定义",另外增加了第2章"规范性引用文件"和第4章"缩略语";

b) 第4章"同步数字体系的比特率"修改为第5章"同步数字体系的比特率",同时按照ITU-T建议 G.707/Y.1322:2007 增加了对 STM-0、STM-64、STM-256 信号比特率的相关规范。

本标准由中华人民共和国工业和信息化部提出。

本标准由中国通信标准化协会负责归口。

本标准起草单位:信息产业部电信研究院。

本标准主要起草人:赵文玉、张健、胡昌军、李伟、汤瑞。

本标准于1993年首次发布,本次为第一次修订。

同步数字体系(SDH)的比特率

1 范围

本标准规定了同步数字体系(SDH)各级的比特率。

本标准适用于SDH体制的公用电信网和专用电信网，包括网络节点接口(NNI)、具备SDH光电接口的光缆数字线路系统、数字微波系统等。

2 规范性引用文件

下列文件中的条款通过本标准的引用而成为本标准的条款。凡是注日期的引用文件，其随后所有的修改单(不包括勘误的内容)或修订版均不适用于本标准，然而，鼓励根据本标准达成协议的各方研究是否可使用这些文件的最新版本。凡是不注日期的引用文件，其最新版本适用于本标准。

GB/T 15409—2008 同步数字体系信号的帧结构

3 术语和定义

下列术语和定义适用于本标准。

3.1

同步数字体系 synchronous digital hierarchy

SDH是一整套可以进行同步数字传输、复用和交叉连接的标准化数字传送结构等级，用于在物理传送网上传输经适配的净负荷。

3.2

同步传送模块 synchronous transport module

同步传送模块(STM)是一种特定信息结构，由STM-0、基本模块STM-1和高阶模块STM-N(N=4,16,64,256)组成。本标准规定STM-0、STM-1与STM-N的关系，STM的具体信息结构由GB/T 15409—2008规定。

3.3

网络节点接口 network node interface

网络节点(实现终结、复用、交叉连接和交换功能)之间的接口。

3.4

净负荷 payload

表示网络节点接口的比特流中可用于电信业务的部分。信令应包括在净负荷中。

4 缩略语

下列缩略语适用于本标准。

NNI	Network Node Interface	网络节点接口
SDH	Synchronous Digital Hierarchy	同步数字体系
STM	Synchronous Transport Module	同步传送模块

5 同步数字体系的比特率

SDH信号由不同阶的同步传送模块(STM-N)信号组成，其中N为正整数和0。STM-0信号的比特率是51 840 kbit/s，基本模块STM-1信号的比特率是155 520 kbit /s，而高阶模块(STM-N)信号的比特率是基本模块 STM-1 信号速率的 N 倍，目前 N 的取值为 4，16，64 和 256。

SDH 的比特率见表 1。

表 1 SDH 的比特率

同步数字体系等级	比特率/(kbit/s)
0	51 840
1	155 520
4	622 080
16	2 488 320
64	9 953 280
256	39 813 120
注：高于 256 等级的规范待定。	

ICS 33.120.01
M 30

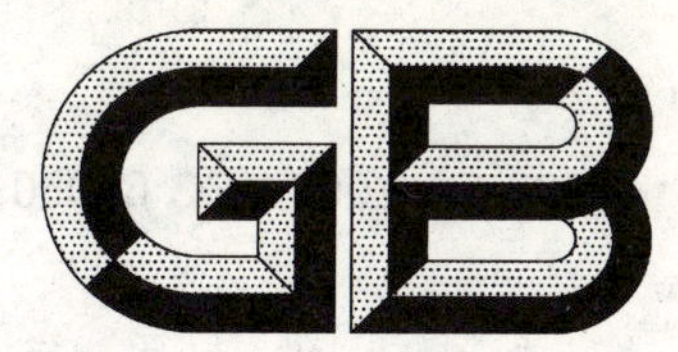

中华人民共和国国家标准

GB/T 14733.2—2008/IEC 60050(726):1982
代替 GB/T 14733.2—1993

电信术语　传输线和波导

Terminology for telecommunication—Transmission lines and waveguides

(IEC 60050(726):1982, International Electrotechnical Vocabulary—Chapter 726: Transmission lines and waveguides, IDT)

2008-08-06 发布　　　　2009-03-01 实施

中华人民共和国国家质量监督检验检疫总局
中国国家标准化管理委员会　发布

前　言

GB/T 14733《电信术语》分为如下12个部分:

——第1部分:电信、信道和网;

——第2部分:传输线和波导;

——第3部分:可靠性、可维护性和业务质量;

——第4部分:交换技术;

——第5部分:使用离散信号的电信方式、电报、传真和数据通信;

——第6部分:空间无线电通信;

——第7部分:振荡、信号和相关器件;

——第8部分:电话;

——第9部分:无线电波传播;

——第10部分:天线;

——第11部分:传输;

——第12部分:光纤通信。

本部分为GB/T 14733的第2部分,等同采用IEC 60050(726):1982《国际电工词汇　第726章:传输线和波导》(英文版)。

本部分代替GB/T 14733.2—1993《电信术语　传输线与波导》。本部分与GB/T 14733.2—1993相比主要变化如下:

——修改了35个术语;

——对19个术语的定义进行了修改;

——删除了4个术语的同义词;

——增加了44个术语同义词;

——3个术语增加了注。

本部分由工业和信息化部提出。

本部分由中国通信标准化协会归口。

本部分起草单位:信息产业部电信研究院。

本部分主要起草人:谭泳、赵世卓、王妮娜、蒋利群。

本部分于1993年首次发布,本次为第一次修订。

电信术语　传输线和波导

1　范围

本部分规定了有关传输线和波导专业方面的术语及其定义。

本部分适用于电信技术领域。

2　术语和定义

2.1　传输线、波导和谐振腔结构

726-01-01

传输线　transmission line

在两点之间以最小辐射传送电磁能量的一种(传输)手段。

726-01-02

波导　waveguide

由引导电磁波沿一定方向传输的系统性物质边界或结构组成的一种**传输线**。

注：最常见的波导形状是一根金属管;其他形式还有(电)介质棒,或者是导体和介质材料的混合结构。

726-01-03

均匀传输线　uniform transmission line

在整个长度上,其物理和电气特性保持不变的**传输线**。

726-01-04

均匀波导　uniform waveguide

在整个长度上,其物理和电气特性保持不变的**波导**。

726-01-05

指数式传输线　exponential transmission line

沿线的**特性阻抗**随距离呈指数式变化的渐变**传输线**。

726-01-06

矩形波导　rectangular waveguide

横截面是矩形的**波导**。

726-01-07

圆形波导　circular waveguide

横截面是圆形的**波导**。

726-01-08

椭圆形波导　elliptic waveguide

横截面是椭圆形的**波导**。

726-01-09

波束波导　beam waveguide

由一系列可以引导电磁波的透镜或镜面组成的**波导**。

726-01-10

波束传输线　beam transmission line

由一系列可以引导电磁波的透镜或镜面组成的**传输线**。

726-01-11

隔膜波导　septate waveguide

用径向金属隔膜或叶片将内外柱体沿纵向连接起来的两个同轴圆柱体组成的**波导**。

726-01-12

脊形波导　ridge waveguide

沿矩形波导纵向在其一个或两个宽边上有内部凸起导电体的**波导**。

726-01-13

介质波导　dielectric waveguide

完全由一种或几种介质材料构成而没有金属边界的**波导**。

726-01-14

周期性加载波导　periodically loaded waveguide

(电磁波的)传播由媒质特性、媒质尺寸或边界的周期性间隔变化决定的**波导**。

726-01-15

同轴线　coaxial line

由两根同轴圆柱形导体组成的**传输线**。

726-01-16

带状线　strip line

由两个平行延伸的导体表面及其中间的介质基片、带状导体组成的**传输线**。

726-01-17

微带线　microstrip

由附在薄介质基片上的带状导体和其反面的平行延伸的导体表面组成的**传输线**。

726-01-18

棒状线　rod line

由沿着一平行延伸的导体表面或在两个这种表面之间的圆形[矩形]横截面导体组成的**传输线**。

726-01-19

板状线　slab line

矩形横截面导体和与之平行延伸的导体表面或在其两侧的两个这种表面组成的**传输线**。

726-01-20

表面[波]波导　surface-wave waveguide;surface waveguide

将电磁波的能流限制在沿引导面附近,约束该波沿引导面前进的**波导**。

726-01-21

单导线传输线　single-wire line;surface wave transmission line (deprecated in this sense)

由介质涂层、**人造介质**或由趋肤效应形成表面电抗的单根导体构成的**表面波波导**。

726-01-22

高宝线　Goubau line;“G” line (deprecated)

表面覆以介质层的圆横截面均匀单导线传输线。

726-01-23

径向传输线　radial transmission line

用于传播其轴垂直于导电板的柱面波的一对平行导电板。

726-01-24

软波导　flexible waveguide

在使用中其结构允许作有限度的弯曲、扭转、拉伸或它们的任意组合,而其电气特性不发生可感知变化的**波导**。

726-01-25

可弯波导　**bendable waveguide**

在安装过程中其结构允许作有限度的弯曲、扭转、拉伸或它们的任意组合,而其电气特性不发生可感知变化的**波导**。

726-01-26

半刚性同轴线　**semi-rigid coaxial line**

其结构允许作极有限弯曲或扭转,而其电气特性不发生可感知变化的**同轴线**。

726-01-27

空腔谐振器　**cavity resonator**

空腔　**cavity**

可以维持至少一个**谐振模**的由导电表面包围的空间。

726-01-28

波导空腔　**waveguide cavity**

由一段**均匀波导**组成的**空腔谐振器**。

2.2　传输线中的波

726-02-01

传播方向　**direction of propagation**

与电磁波等相面垂直,其取向是相位滞后增加的方向。

726-02-02

行波(传输线中的)　**travelling wave** (in a transmission line)

传输线中单向传播的一种电磁波,其沿**传播方向**的任何正弦分量的相位随距离呈线性变化而幅度因损耗呈指数衰减。

726-02-03

驻波(传输线中的)　**standing-wave** (in a transmission line)

沿**均匀传输线**同模、同频率、传播方向相反的二个电磁波干涉而形成的场型。

726-02-04

入射波(传输线中的)　**incident wave** (in a transmission line)

进入**传输线**不连续点的波。

726-02-05

反射波(传输线中的)　**reflected wave** (in a transmission line)

自**传输线**不连续点返回的与**入射波**方向相反的波。

726-02-06

传输波(传输线中的)　**transmitted wave** (in a transmission line)

沿**入射波**相同的方向,离开**传输线**不连续点传输的波。

726-02-07

驻波最小点　**standing-wave minimum**

节点(驻波的)　**node** (of a standing wave)

传输媒质中由两个波的特定场分量的矢量和产生的**驻波**幅度为最小值的位置。

726-02-08

驻波最大点　**standing-wave maximum;antinode** (of a standing wave)

传输媒质中由两个波的特定场分量的矢量和产生的**驻波**幅度为最大值的位置。

726-02-09

反向波　**backward wave**

群速度与**相速度**反向的电磁波。

726-02-10

导波(传输线中的) **guided wave** (in a transmission line)

沿着或在物理边界或在结构物中传输的电磁波。

726-02-11

表面波(传输线中的) **surface wave**(in transmission line)

沿着将两种媒质分隔开的表面传输的,其传输形式由表面的几何形状和表面附近媒质的特性所确定的电磁波。

726-02-12

慢波 **slow wave**

在有边界媒质中传播的**相速度**比在无边界的同样媒质中传播的**相速度**慢的电磁波。

726-02-13

慢波结构 **slow wave structure**

能够支持**慢波**的结构。

2.3 传输线和空腔谐振器中的模

726-03-01

模(电磁) (electromagnetic) **mode**

在具有特定电磁特性的给定空间域中,电磁场的每一种可能结构。

726-03-02

波导模 **waveguide mode**

波导中存在的模。

726-03-03

传播模(传输线中的) **mode of propagation** (in a transmission line);**transmission mode**

描述**传输线**中**行波**电磁场的任何**模**。

726-03-04

隐失模(波导中的) **evanescent mode** (in a waveguide)

描述当**波导**中所施加波长比**临界波长**长时的电磁**模**。

726-03-05

简正模(波导中的) **normal mode** (in a waveguide)

在无损耗波导内的无穷组波导模中其电场或磁场的纵向分量为零的任何**模**。

726-03-06

横电模 **TE mode**;**transverse electric mode**;H mode (deprecated)

TE 模

电场强度矢量的纵向分量处为零而磁场矢量的纵向分量不为零的**简正模**。

726-03-07

横磁模 **TM mode**;**transverse magnetic mode**;E mode (deprecated)

TM 模

磁场强度矢量的纵向分量处为零而电场矢量的纵向分量不为零的**简正模**。

726-03-08

横电磁模 **TEM mode**;**transverse electromagnetic mode**;principal mode (deprecated)

TEM 模

电场与磁场强度矢量的纵向分量处处均为零的**模**。

726-03-09

混合模(波导中的) **hybrid mode** (in a waveguide)

电场与磁场强度矢量均具有不可忽略的纵向分量的**波导模**。

726-03-10

谐振模(空腔谐振器中的) **mode of resonance** (in a cavity resonator)

空腔模 **cavity mode**

由特定场型描述的**空腔谐振器**内的一种自由电磁振荡形式。

注:在**波导空腔**内,没有电场或磁场轴向分量的谐振模分别为**横电模**或**横磁模**;相应的横截场图型类似于在相应的**均匀波导**中的**简正模**。

726-03-11

模标志(波导或空腔谐振器中的) **mode designation** (in a waveguide or cavity resonator)

通过给缩写词 TE 和 TM 加上数字下角标,以识别某个**简正模**或**谐振模**的约定。

注:这种表示法严格限制仅适用于可以以简单的方法在适当的坐标系统中表示的模结构。

726-03-12

mn 阶横电模(波导中的) **TE_{mn} mode** (in a waveguide);H_{mn} mode (deprecated)

TE_{mn}模(波导中的)

通过观察横电场矢量的横截面变化给缩写词 TE 加下角标 m 和 n 的**简正模**:

a) 在**矩形波导**中,规定下角标 m 和 n 分别表示路径平行于宽和窄边的主横场矢量的半周期变化数。

注:相反的标记,即 m 和 n 路径分别平行于窄和宽边被拒用。

b) 在**圆波导**中,下角标 m 表示与管壁同心的圆路径横向场矢量的整周期变化数,而下角标 n 表示沿径向路径同一矢量的反转次数再加一。

726-03-13

mn 阶横磁模(波导中的) **TM_{mn} mode** (in a waveguide);**E_{mn} mode (deprecated)**

TM_{mn}模(波导中的)

通过观察横磁场矢量的横截面变化给缩写词 TM 加下角标 m 和 n 的**简正模**:

a) 在**矩形波导**中,规定下角标 m 和 n 分别表示路径平行于宽和窄边的主横场矢量的半周期变化数。

注:相反的标记,即 m 和 n 路径分别平行于窄和宽边被拒用。

b) 在**圆波导**中,下角标 m 表示与管壁同心的圆路径横向场矢量的整周期变化数,而下角标 n 表示沿径向路径同一矢量的反转次数再加一。

726-03-14

mnp 阶横电模(波导腔中的) **TE_{mnp} mode** (in a waveguide cavity)

TE_{mnp}模(波导中的)

在**均匀波导**中,用与波导轴线垂直的两块金属板密封的**谐振模**,其下角标 m 和 n 含意与波导中表示**横电模**的 m 和 n 相同,而 p 表示在两金属板之间沿波导轴同一矢量的半周期变化数。

726-03-15

mnp 阶横磁模(波导腔中的) **TM_{mnp} mode** (in a waveguide cavity)

TM_{mnp}模(波导中的)

在**均匀波导**中,用与波导轴线垂直的两块金属板密封的**谐振模**,其下角标 m 和 n 含意与波导中表示**横磁模**的 m 和 n 相同,而 p 表示在两金属板之间沿波导轴同一矢量的半周期变化数。

726-03-16

主模(波导中的) **dominant mode** (in a waveguide);fundamental mode (deprecated)

在给定**均匀波导**中具有最低临界频率的**传播模**。

726-03-17

简并模(均匀传输线中的)　**degenerate mode** (in a uniform transmission line)

均匀传输线中,沿纵轴具有相同的场分量指数变化,但是在任意横截面上均具有不同场结构的一组**传播模**中的一个模。

726-03-18

简并模(空腔谐振器中的)　**degenerate mode** (in a cavity resonator)

具有相同的固有频率的一组**谐振模**中的一个模。

726-03-19

截止波导　**waveguide below cut-off**;evanescent waveguide (deprecated);cut-off waveguide (deprecated)

在低于其**波导截止频率**(情况下)使用的**波导**。

726-03-20

过模波导　**over moded waveguide**

用于单模传输但其能力可以传输多个同频率**传播模**的**波导**。

726-03-21

多模波导　**multimode waveguide**

用于传输一个以上同频率**传播模**的**波导**。

726-03-22

模变换(波导中的)　**mode conversion** (in waveguide)

电磁波从一种传播模变换为另一种或多种其他模。

2.4　波和场的极化

726-04-01

极化(波或场矢量的)　**polarization** (of a wave or field vector)

空间一固定点由电场强度矢量或任何规定的场矢量的方向所确定的正弦电磁波或场矢量的特性;此方向随时间变化时,其特性可以由所述场矢量端点描绘的轨迹来表征。

726-04-02

[**简并模的**]**极化**(波导中)　**polarization (of a degenerate mode)** (in a waveguide)

波导中一组**简并模**中一特定**模**的给定场矢量的**极化**。

注:这个概念主要用于具有圆形或方形横截面的波导,其中有两个独立的**传播模**。在这类特定情况下,模的极化可取为波导对称轴上电场强度矢量的极化。

726-04-03

椭圆极化　**elliptical polarization**

在空间一固定点处由电场强度矢量或任何规定的场矢量端点在一个周期内的轨迹为椭圆的**极化**。

726-04-04

圆极化　**circular polarization**

在空间一固定点处由电场强度矢量或任何规定的场矢量端点在一个周期内的轨迹为圆的极化。

726-04-05

线[**性**]**极化**　**linear polarization**

在空间一固定点处由电场强度矢量或任何规定的场矢量端点在一个周期内的轨迹为直线的极化。

726-04-06

椭圆极化的　**elliptically polarized**

用于表述**椭圆极化**的波或场矢量的形容词。

726-04-07

圆极化的　**circularly polarized**

用于表述**圆极化**的波或场矢量的形容词。

726-04-08

线[性]极化的 **linearly polarized**

用于表述**线性极化**的波或场矢量的形容词。

726-04-09

极化方向(波导中的) **direction of polarization** (in a waveguide)

a) 如果电场强度矢量的方向在波导横截面上是固定的,则极化方向即此矢量方向。

b) 任何横截面内位于或靠近模的仅有的一对正交对称轴交点处的**模**的电场强度矢量的方向。

726-04-10

极化椭圆 **polarization ellipse**

椭圆极化波或场的电场强度矢量或规定的场矢量的端点所描述的椭圆。

726-04-11

轴比 **axial ratio**

极化椭圆的长轴与短轴之比。

726-04-12

极化平面 **plane of polarization**

包含**极化椭圆**或圆的平面。

726-04-13

极化比(场矢量的) **polarization ratio** (of a field vector)

在**极化平面**内沿两个正交方向,表示电场矢量分量的两个复数幅值的比值。

726-04-14

极化比(波导中,简并模的) **polarization ratios** (of a degenerate mode) (in a waveguide)

表示**波导**中**简并模**的各独立**传播模**的线性组合系数的比率。

注 1:如果正好有 n 个独立传播模,则最多有 $n-1$ 个完整描述给定简并模的极化(状态)的独立比值。

注 2:在方形或圆形截面波导中有两个独立传播模,并且有一个比值描述给定简并模的极化(状态)。

726-04-15

正交极化 **orthogonal polarization**

交叉极化 **cross polarization**

a) **椭圆极化波**或**圆极化波**的电场强度矢量在空间给定点与在同一**传播方向**上的参考椭圆极化波或参考圆极化波的矢量在同一面上反向旋转,且两个**椭圆极化**的**轴比**相同而它们的长轴互相垂直时的极化。

b) **线极化波**的电场强度矢量在空间给定点与同向或不同向传播的参考线极化波的矢量垂直时的**极化**。

注:术语"正交极化"或"交叉极化"亦用于描述空间给定点处相互正交极化的两个电磁波的状态。

726-04-16

正交模 **orthogonal modes**

流经任何横截面的总功率等于流经那个截面的模的各自的坡印亭矢量之和的总流量的两个模;即流经这个截面作为总坡印亭矢量的两个叉积之和 $\overrightarrow{E_1}\times\overrightarrow{H_2}+\overrightarrow{E_2}\times\overrightarrow{H_1}$ 的总流量为零。

726-04-17

右旋极化 **right-hand polarization**

顺时针极化 **clockwise polarization**

当顺着**传播方向**或某一规定的参考方向观察时,在与这个方向垂直的任意固定平面内,电场强度矢量或者某特定的场矢量随时间变化的轨迹为顺时针旋转的**极化**。

注:当传播方向与极化平面平行时必须规定参考方向。

726-04-18

左旋极化　left hand polarization

逆时针极化　counter-clockwise polarization

当顺着传播方向或某一规定的参考方向观察时,在与这个方向垂直的任意固定平面内,电场强度矢量或者某特定的场矢量随时间变化的轨迹为逆时针旋转的极化。

726-04-19

右旋极化波　right-hand polarized wave

顺时针极化波　clockwise polarized wave

沿着**传播方向**,在垂直于该方向的任意固定平面内观察到的电场强度矢量随时间变化的轨迹为右旋转或顺时针旋转的**椭圆**或**圆极化**波。

注:对于一个右旋**圆极化**波,从垂直于波前面的直线上的任意一点,电矢量端点所绘制的图形在任一瞬间均形成一左旋螺旋线。

726-04-20

左旋极化波　left hand polarized wave

逆时针极化波　clockwise polarized wave

沿着**传播方向**,在垂直于该方向的任意固定平面内观察到的电场强度矢量随时间左旋转或逆时针旋转的椭圆或圆极化波。

注:对于一个左旋**圆极化**波,从垂直于波前面的直线上的任意一点,电矢量端点所绘制的图形在任一瞬间均形成一右旋螺旋线。

2.5　传输线中的电波参数与特性

726-05-01

波导波长　waveguide wavelength;guide wavelength (deprecated)

对于**均匀波导**中给定模和给定频率的**行波**,其沿纵轴场分量的相位差为 2π 弧度的相邻点之间的距离。

726-05-02

波数　wave number;repetency

波导波长的倒数或平面波波长的倒数。

注:有些著者用 $2\pi/\lambda$ 而不用 $1/\lambda$ 表示波数,但是 $1/\lambda$ 更可取。

726-05-03

临界频率(波导中模的)　**critical frequency** (of a mode in a waveguide)

模截止频率　mode cut-off frequency

在给定无损耗波导中的频率,低于此频率时,某特定传播模的行波即不能存在。

726-05-04

临界波长(波导中模的)　**critical wavelength** (of a mode in a waveguide)

模截止波长　mode cut-off wavelength

相应于**波导**中某个**模**的**临界频率**的自由空间波长。

726-05-05

[波导]截止频率　(waveguide) cut-off frequency

在给定**均匀波导**中低于它**主模**就不能存在的那个频率。

726-05-06

固有频率(空腔谐振器中的)　**natural frequency** (in a cavity resonator)

在**空腔谐振器**中当去掉激励后能保持自由振荡的频率。

注:固有频率可以用复数表示,由损耗带来的对数减少量构成其虚数部分。

726-05-07

谐振频率(空腔谐振器中的) **resonance frequency** (in a cavity resonator)

空腔谐振器中某特定**谐振模**的**固有频率**的实数部分。

726-05-08

归一化复数波振幅 **normalized complex wave amplitude**;(complex) wave amplitude (deprecated in this sense)

在**传输线**或**波导**的给定点处,给定**模**中电磁波特定场矢量分量与同模中参考波的同样场矢量分量的复数比。

注1:对于**传播模**而言,参考波可以是一个载送单位功率,并且有一特定场分量在某一特定点处的参考横截面内相位为零的波。为此目的,通常选用的是参考截面的中心点处的电场矢量横向分量。

注2:对于**隐失模**而言,波所载送的功率为零。因而可以令在整个参考截面内的总的纵向复数坡印亭矢量的积分等于虚数单位,或者使用任何其他具有明确定义的归一化方法。

注3:最好将**传播模**和**隐失模**分开考虑,因为归一化复数波振幅的概念更适用于前者。

注4:在极少数情况下,当必须将散射矩阵推广用于隐失模时,最好给予使用者选择和确定他自己的参考波的自由。

726-05-09

传播系数 **propagation coefficient;propagation constant** (USA)

当传输线的长度为无穷长或者由**特性阻抗**终接时,对于**传输线**中给定频率的给定**模**,其在某横截面处的特定场矢量分量与在另一横截面处的矢量分量之比的自然对数,除以**传播方向**上这两个截面之间的距离所得的商。

726-05-10

衰减系数 **attenuation coefficient;attenuation constant** (USA)

传播系数的实数部分。

726-05-11

相位系数 **phase coefficient;phase constan** (USA)

传播系数的虚数部分。

726-05-12

电长度(波导段或元件的) **electrical length** (of a waveguide element or component)

以**波导波长**表示的**波导**长度,在感兴趣的频率下它能提供与给定的波导段或元件(所呈现)相同的总相移。

726-05-13

相速[度](传输线中的) **phase velocity** (in a transmission line)

单频工作的给定**传播模**沿**传输线**的等相位面的传播速度。

726-05-14

包络时延 **envelope delay**

在传输系统中表示某个信号包络经过两点之间的传播时间。

注1:仅当包络相对未被传输系统造成失真时的包络时延才有意义。

注2:如果对于信号的所有主要频谱分量群时延都近似为一常数,则包络时延与群时延相等。

726-05-15

包络速度 **envelope velocity**

路径长度与该路径长度的**包络时延**之比。

726-05-16

群时延 **group delay**

在传输系统两点之间工作于给定频率的电磁波的给定分量的总相移对角频率的变化率。

726-05-17

群速度　group velocity

路径长度与该路径长度的**群时延**之比。

2.6　传输线中波的功率和能量

726-06-01

复数功率(传输线中的)　**complex power** (in a transmission line)

传输线横截面上复数坡印亭矢量的面积分。

726-06-02

平均功率(传输线中的)　**average power** (in a transmission line)

在相当于基本周期的时间间隔内,周期性波通过传输线给定横截面的瞬时功率的时间平均值。

726-06-03

瞬时峰值功率(传输线中的)　**instantanous peak power** (in a transmission line)

在所研究期间内,通过**传输线**给定横截面的最大瞬时功率。

726-06-04

能量传播方向(传输线中的)　**direction of propagation of energy** (in a transmission line)

传输线中固定点处坡印亭矢量对时间平均的方向

注1:在**均匀传输线**中,能量的传播方向通常取沿纵轴方向。

注2:在**均匀无损耗波导**中,横截面的每一点处的能量传播方向与纵轴平行。

726-06-05

吸收　absorption

在传输媒质中,电磁波能量与另一种形式能量的转换(例如热能)。

726-06-06

衰减(传输线中的)　**attenuation** (in a transmission line)

所研究的单模或多模波沿**传输线**功率下降的现象,用起始点的输入功率与相应的终点输出功率之比或比的对数值表示。

注:衰减通常以分贝表示。

726-06-07

插入损耗　insertion loss

在传输系统中由插入网络引起的损耗,以插入网络之前馈送到接在网络之后的那部分系统的功率与插入网络之后馈送到该系统同一部分的功率之比表示。

注:插入损耗通常以分贝表示。

726-06-08

插入增益　insertion gain

在传输系统中由插入网络引起的增益,以插入网络之后馈送到接在网络之前的那部分系统的功率与插入网络之后馈送到该系统同一部分的功率之比表示。

注:插入增益通常以分贝表示。

726-06-09

模变换损耗　mode conversion loss

由**波导中的模变换**引起的功率损耗。

注:模变换损耗通常以分贝表示。

726-06-10

模变换增益　mode conversion gain

由**波导中的模变换**引起的功率增益。

注:模变换增益通常以分贝表示。

2.7 传输线中的阻抗、反射、传输和转移特性

726-07-01

特性阻抗(传输线或波导的) **characteristic impedance** (of a transmission line or waveguide)

特征阻抗(传输线或波导的)

由下列三个关系式之一确定的在特定**均匀传输线**或**均匀波导**中工作于某一频率的传播模的量:

$$\underline{Z}_1 = \underline{S} / |\underline{I}|^2 \qquad \cdots\cdots (1)$$

$$\underline{Z}_2 = |\underline{U}|^2 / \underline{S} \qquad \cdots\cdots (2)$$

$$\underline{Z}_3 = \underline{U} / \underline{I} \qquad \cdots\cdots (3)$$

其中 $\underline{Z}$ 为复数特性阻抗;$\underline{S}$ 为复数功率;而 $\underline{U}$ 和 $\underline{I}$ 分别为通过传输线方程式计算的,按习惯规定的各种模的电压和电流值,通常为复数值。

示例 1:对于平行导线传输线,$\underline{U}$ 和 $\underline{I}$ 是唯一确定的,因而三个方程式是一致的。如果传输线是无损的,特性阻抗为实数。

示例 2:对于波导,$\underline{U}$ 和 $\underline{I}$ 的习惯性定义取决于模的类型,并且往往导出三种不同的特性阻抗值。

示例 3:对于**圆形波导**的 **TE_{11} 主模**,U 为沿电场强度矢量为最大的径向上均方根电压值,I 为纵向均方根电流值。

示例 4:对于**矩形波导**的 **TE_{10} 主模**,U 为垂直于电场强度矢量的两导体面中心点间的均方根电压值,I 为流经与电场强度矢量垂直的一个面上的纵向均方根电流值。

726-07-02

特性波阻抗(传输线的) **characteristic wave impedance** (of a transmission line)

在**传输线**特定横截面中的某点处,电场强度矢量的横向分量与磁场强度矢量的横向分量之比。

注:在具有均匀横截面的**均匀传输线**中,特性波阻抗在每一点都是相同的。

726-07-03

归一化阻抗 **normalized impedance**

传输线阻抗与其**特性阻抗**之比。

726-07-04

归一化导纳 **normalized admittance**

传输线归一化阻抗的倒数。

726-07-05

表面阻抗(各向同性材料的) **surface impedance** (of an isotropic material)

平行于各向同性传播媒质表面流动的电流的电场强度矢量分量与沿该表面单位宽度的电流之比。

726-07-06

趋肤深度 **skin depth**

对给定频率,导电材料中的电流密度下降到 $1/e$ 表面电流密度时的深度。

726-07-07

[振幅]传输因数(传输线中) **(amplitude) transmission factor** (in a transmission line); (amplitude) transmission coefficient (deprecated)

在**传输线**的一个**端口**或横截面处的**传输波**与另一端口或横截面处的**入射波**的**归一化波复数幅值**之比。

726-07-08

[振幅]反射因数(传输线中) **(amplitude) reflection factor** (in a transmission line); (amplitude) reflection coefficient (deprecated); voltage reflection coefficient (deprecated)

传输线的**端口**或横截面处**反射波**与**入射波**的**归一化波复数幅值**之比。

726-07-09

驻波比(传输线的) **standing-wave ratio** (in a transmission line); **standing-wave ratio**

SWR(缩写词) SWR (abbreviation)

电压驻波比 voltage standing-wave ratios;voltage standing-wave ratios

VSWR(缩写词) VSWR (abbreviation)

沿**传输线驻波**的特定场分量的最大幅值与相邻最小幅值之比。

注1:驻波比等于(1+r)/(1−r),其中r是振幅反射因数的模数。

注2:偶尔也有用上述定义的倒数表示驻波比的,但是不推荐这种用法。

726-07-10

功率传输因数(传输线中的) **power transmission factor** (in a transmission line);power transmission coefficient (deprecated)

传输线的一特定**端口**或横截面处,**传输波**的功率与另一特定端口或横截面处**入射波**的功率之比。

726-07-11

功率反射因数(传输线中的) **power reflection factor** (in a transmission line);power reflection coefficient (deprecated)

传输线特定**端口**或横截面处**反射波**功率与**入射波**功率之比。

726-07-12

散射矩阵 scattering matrix

由多端口结构各个**端口**处的**振幅传输因数**和**振幅反射因数**组成的复数方阵。

注:散射矩阵是线性方程式各个系数组成的方阵,它表示**传输波的归一化复数波振幅**。当端口1,2,i,…,n被看作输入端口时就**入射波的归一化复数波振幅而言**,表示的是端口1,2,j,…,n被看作输出端口时的**反射波**。

726-07-13

散射参数 scattering parameter;scattering coefficient

S_{ij}

散射矩阵的一个元。

注:典型的散射参数S_{ij}的下标j和i分别指输入和输出端口。

2.8 法兰(盘)与法兰(盘)连接

726-08-01

波导法兰 waveguide flange

按设计固定在**波导**终端上的法兰,并可安装上为了与配对法兰对准和夹紧用的配件。

726-08-02

自对准法兰 socket flange

在配合面上具有与内部波导相同的开孔,在另一面上具有使法兰口与波导对准的自卡紧特性。

726-08-03

直通法兰 through flange

波导开口面与法兰配合面相重合的波导法兰。

726-08-04

平面法兰 flat flange

具有平配合面的波导法兰。

726-08-05

配用法兰盖片 cover flange

与扼流法兰配用以提供扼流连接的平面法兰。

726-08-06

扼流法兰 choke flange;choke connecter (deprecated)

设计有辅助传输线组元的**波导法兰**,以提供没有金属接触的、在给定频段内与用**平面法兰**有相近似的几乎全部功率的传递。

726-08-07

法兰组件　flange assembly

固定在波导端的**波导法兰**,用于将**波导**开口与配对波导开口对准并相连接的目的。

726-08-08

法兰连接　flange joint;flange coupling (deprecated);coupling (deprecated in this sense)

用于与另一个法兰组件或其功能相当者相连接,达到将两个**波导**开口机械地相连接并对准,以提供在波导间有效的功率传递为目的的**法兰组件**。

726-08-09

平面接头　plain joint;contact coupling (deprecated);plain coupling (deprecated)

由两个平面法兰组成的法兰连接。

726-08-10

对头连接　butt joint

接触连接　contact joint

保证**波导**内壁间金属连续性的**法兰连接**。

726-08-11

扼流连接　choke joint;choke coupling (deprecated)

由**扼流法兰**和**平面法兰**组成的**法兰连接**。

726-08-12

法兰类型　flange type

由**法兰外形**确定的**波导法兰**类别。

726-08-13

"C"型法兰　flange style"C";pressurizable choke flange (deprecated)

具有可放**波导垫片**的槽的**扼流法兰**。

726-08-14

"P"型法兰　flange style"P";pressurizable flange (deprecated)

具有**波导垫片**槽但无**扼流**槽的**波导法兰**。

726-08-15

"U"型法兰　flange style"U";unpressurizable flange (deprecated)

既无**波导垫片**槽也无**扼流**槽的**波导法兰**。

注:有时这种法兰也与平面垫片配用,可以提供电密性,气密性或两者兼有之。

726-08-16

波导垫片　waveguide gasket

为达到下述一项或几项基本目的而置于波导法兰之间的插入物:

a) 减少影响波导内气压的气体泄漏;

b) 防止异物侵入波导内;

c) 减少功率泄漏和电弧。

726-08-17

气密性金属封垫片　metal plate air seal gasket

为了减少影响波导内气压的气体泄漏所用的金属**波导垫片**。

726-08-18

板状垫片　plate gasket

在其两端面固定有厚金属片,有一段极短**波导**垂直于这些面,面上还有垂直的销钉以供配对**波导法**

兰之间进行装配。

726-08-19

波纹边[片状]垫片　knurled plate gasket;knurled gasket

为了确保配对**波导法兰**之间的紧密接触,围绕波导开口周围在垫片上有波纹表面的**片状垫片**。

726-08-20

波导垫圈　waveguide shim

为保证电气连续性,在**波导法兰**间插入的弹性金属薄片。

2.9　接头、弯波导和弯头

726-09-01

弯波导　waveguide bend;elbow

其纵轴方向是逐渐变化的一段**波导**。

注:有时也认为波导弯头是一种弯波导,但在此拒用。

726-09-02

波导弯头　waveguide corner;elbow

其纵轴方向是突然变化的一段**波导**。

注:有时也认为波导弯头是一种弯波导,但在此拒用。

726-09-03

H-平面弯波导　H-plane bend

H 弯波导　H bend

在整个弯曲过程中,波导纵轴始终保持在与磁场矢量平行的平面内的**弯波导**。

726-09-04

H-平面弯头　H-plane corner

H 弯头　H corner

在整个弯折过程中,波导纵轴始终保持在与磁场矢量平行的平面内的**波导弯头**。

726-09-05

E-平面弯波导　E-plane bend

E 弯波导　E bend

在整个弯曲过程中,波导纵轴始终保持在与电场矢量平行的平面内的**弯波导**。

726-09-06

E-平面弯头　E-plane corner

E 弯头　E corner

在整个弯折过程中,波导纵轴始终保持在与电场矢量平行的平面内的**波导弯头**。

726-09-07

二项式弯头　binomial corner

由两段以上相隔约四分之一波长的连续**波导弯头**组成的复合**波导弯头**,每段由其本身引起的**振幅反射因数**与二项式级数系数的大小近似成比例。

注:二项式指数为$(n-1)$,其中 n 为弯头的数目。

726-09-08

T 形接头　T junction;Tee junction;Tee

纵向波导轴形成“T”形的**波导接头**。

726-09-09

E-平面 T 形接头　E-plane T junction;series T

在所有各臂中**主模**的电场强度矢量平行于包含有各臂纵轴的面的 **T 形接头**。

726-09-10

H-平面 T 形接头　H-plane T junction;shunt T

在所有各臂中**主模**的电场强度矢量垂直于包含有各臂纵轴的面的 **T 形接头**。

726-09-11

Y 形接头　Y junction;Wye junction

纵轴形成"Y"形的**波导**接头。

726-09-12

E-平面 Y 形接头　E-plane Y junction

在所有各臂中**主模**的电场强度矢量平行于包含有各臂纵轴的面的 **Y 形接头**。

726-09-13

H-平面 Y 形接头　H-plane Y junction

在所有各臂中**主模**的电场强度矢量垂直于包含有各臂纵输的面的 **Y 形接头**。

2.10　波导转换

726-10-01

渐变[截面]波导　tapered waveguide

其横截面尺寸或有效折射率沿其纵轴随距离的增加而逐渐变化的**波导**。

726-10-02

扭波导　waveguide twist

沿纵轴横截面逐渐旋转的一节**波导**。

726-10-03

阶梯扭波导　step twist

通常由长度为四分之一波长的一节或更多节**波导**形成的绕波导纵轴突变旋转的器件。

726-10-04

二项式扭波导　binomial twist

一种阶梯扭波导,其每一阶梯的振幅反射因数与二项式级数系数的大小成比例。

注:二项式的指数为(n—1),其中 n 为突然旋转的次数。

726-10-05

四分之一波长变换器　quarter-wave transformer

长度为四分之一波长用作阻抗变换器的**传输线**。

726-10-06

纵横式同轴波导变换器　crossbar transformer;crossbar transition

同轴波导变换器　bar and post transformer

由**同轴线**到矩形**波导**的变换器,其中同轴线的外导体与波导的一个宽边上的一个圆孔端接,而其内导体伸入部分波导并与垂直连接于两个窄边的金属圆棒相连。

726-10-07

门钮式同轴波导变换器　door-knob transformer

由**同轴线**到矩形**波导**的变换器,其中同轴线的外导体与波导的一个宽边上的一个圆孔端接,而其内导体在横穿波导的过程中直径逐渐增加并在对边端接。

726-10-08

阶梯阻抗变换器　stepped-impedance transformer

其横截面尺寸作若干次阶梯变化,且每个阶梯之间各节长度通常为四分之一波长的**波导**。

726-10-09

[传输线]适配器　(transmission line) adapter

将与不同类型或尺寸的器件端接的,具有相同或不同横截面的两节**传输线**连接起来的器件。

注:**波导**适配器可以包括具有所要求的配合法兰的短波导。如果要连接的二根波导具有不同的横截面,适配器可能还包含了匹配变换段。如果**传播模**也不同,适配器可以起**模转换**作用。

2.11　终端和负载

726-11-01

活塞　piston;plunger

可调短路　adjustable short circuit

在**传输线**中,可以基本上反射全部入射能量的纵向可移动的阻挡块。

726-11-02

接触式活塞　contact piston;contact plunger

与**波导**壁之间有金属摩擦接触的**活塞**。

726-11-03

扼流活塞　choke piston;choke plunger

反射表面边沿与波导壁之间的金属接触是由一个**扼流**系统产生的低阻抗路径来代替的**活塞**。

726-11-04

四分之一波长接触式活塞　quarter-wave contact piston;bucket piston;bucket plunger

其摩擦接触是由从滑阀表面延伸的紧贴波导壁长度为四分之一波长的金属弹簧薄片的自由端面实现的**接触式活塞**。

注:因此实际接触是在低电流和高电压区形成的,从而使接触电阻为最小。

726-11-05

端口　port

在一个器件或网络中可以供给能量或提取能量的接入点,或者可对器件或网络的变量进行观察或测量之处。

注:对传输线或波导而言,端口是由规定的参考面和规定的模表征的,因为每个端口都是对应每个独立的模赋予符号的。

726-11-06

开路终端　open circuit termination

在规定的参考面上具有无穷大阻抗或零导纳的基本上无辐射的**传输线**终端。

726-11-07

短路终端　short-circuit termination

在规定的参考面上具有零阻抗或无穷大导纳的基本上无辐射的**传输线**终端。

726-11-08

失配终端　mismatched termination

反射一定能量的**传输线**终端。

726-11-09

匹配终端　matched termination

不反射任何能量的**传输线**终端。

726-11-10

滑动阀门　sliding shutter

位于两片波导法兰之间的可移动金属板,在某个位置上该板起**短路终端**的作用,而在另一位置上可允许**入射波**自由通过。

726-11-11

假负载 dummy load

用来模拟实际负载,例如天线所呈现的负载的,导抗特性的耗散性无辐射**传输线**终端。

726-11-12

滑动负载 sliding load

沿传输线可连续移动的耗散性**传输线**终端。

726-11-13

水负载 water load

电磁能量由水吸收的**匹配终端**。

2.12 衰减器

726-12-01

衰减器 attenuator

为了使输出**端口**提供的功率小于输入端口的入射功率而设计的两端口器件。

726-12-02

电阻式衰减器 resistive attenuator

吸收性衰减器 absorptive attenuator

用耗散性材料制作的**衰减器**。

726-12-03

缓冲衰减器 pad attenuator;buffer attenuator (deprecated)

插在传输系统的两元件之间以减小相互作用的**电阻式衰减器**。

726-12-04

翼形衰减器 vane attenuator

矩形波导中的一种可变**电阻式衰减器**,其中有一片与**波导**窄壁平行的吸收板,该板可以在垂直于其平面的方向上移动。

726-12-05

铡刀式衰减器 flap attenuator

由通过**波导**壁上纵向槽插入的吸收材料板绕靠近槽一端的枢轴旋转所构成的可变**电阻式衰减器**。

726-12-06

刀式衰减器 guillotene attenenuator

由通过**波导**壁上的纵向槽插入的吸收材料板,沿垂直于波导轴的方向移动所构成的可变**电阻式衰减器**。

726-12-07

盘式衰减器 disc attenuator

由一段开槽**波导**与一块因有偏心轴而能以不同深度插入该波导的吸收材料盘所构成的可变**电阻式衰减器**。

726-12-08

旋转式翼形衰减器 rotary vane attenuator

由工作于11阶横电模(TE_{11}模)的圆形**波导**段及其中的可以绕波导轴旋转的径向吸收膜板所组成的可变**电阻式衰减器**。

注:当与矩形波导配用时,该器件备有适当的过渡段。

726-12-09

电抗式衰减器 reactive attenuator

通过反射一部分入射功率以提供衰减的非吸收式**衰减器**。

726-12-10

截止衰减器　cut-off attenuator

由工作于**波导截止频率**以下的、固定或可变长度**波导**构成的**电抗式衰减器**。

726-12-11

活塞式衰减器　piston attenuator

由装在**活塞**上的耦合器件构成的可变**截止衰减器**。

726-12-12

残余衰减　residual attenuation;residual loss (deprecated)

可变**衰减器**被调节到其最小**衰减**位置时的衰减。

2.13　电抗元件

726-13-01

波导调节器　waveguide tuner

一种可调的**波导**阻抗变换器。

726-13-02

调节螺钉　tuning screw

调节探针　tuning probe

插入**传输线**电磁场内深度可变的,以产生可控制反射量的螺钉或探针。

726-13-03

调节条　tuning slug

将一条形材料放入一谐振结构内,以改变**谐振频率**的一种装配件。

726-13-04

条状调节器　slug tuner

由**传输线**内的一片或多片纵向可调金属或介质片组成的阻抗变换器。

726-13-05

滑动螺钉调节器　slide screw tuner

沿**传输线**纵轴位置可调的**调节螺钉**。

726-13-06

E-H 面调节器　E-H tuner

其 E 面臂和 H 面臂端接可调短路器的 T 型混合接头所组成的**波导调节器**。

726-13-07

匹配段　matching section

或是横截面是变化的,或是有金属或介质插入物的一段用于阻抗变换的**传输线**。

726-13-08

膜片(波导内的)　**iris** (in a waveguide)

由置于**波导**横截面上的一片或多片金属或介质薄板构成的用于阻抗变换的部分遮挡物。

726-13-09

谐振膜片　resonant iris;resonant window

为使工作于特定频率的**波导入射波**无**衰减**地通过而设计的**膜片**。

726-13-10

波导窗　waveguide window

为使电磁波基本上透明传输而设计的气密或液密的阻挡物或**波导**盖。

726-13-11

波导柱 **waveguide post**

在实质上起着并联电纳作用的置于**波导**横截面中的圆柱形棒。

726-13-12

调节短线 **stub tuner**

短线 **stub**

与主传输线电气上并联或串联，而长度可调的短路或开路**传输线**。

726-13-13

耦合环 **coupling loop**；loop (deprecated)

插入**传输线**、**空腔谐振器**或**波导**中的旨在向外电路输出功率或从外电路得到功率的小型单圈电感环。

726-13-14

耦合口 **coupling aperture；coupling slot；coupling hole**

空腔谐振器或**波导**壁上的一个口，旨在向外电路输出能量或从外电路得到能量。

726-13-15

[耦合]探针 **(coupling) probe**

插入**传输线**、**空腔谐振器**或**波导**中的探针，旨在向外电路输出能量或从外电路得到能量。

726-13-16

扼流器 **choke**

防止某给定频带内的能量选取不应取的路径的一种阻抗变换器件。

2.14 定向耦合器

726-14-01

耦合 **coupling**

在系统间传递功率的方法或器件。

726-14-02

定向耦合器 **directional coupler**

由按下述方式耦合在一起的两根**传输线**构成的四端口器件：在任一传输线中的单个**行波**将在另一传输线中感应出单个行波，且后一行波的**传播方向**取决于前者。

726-14-03

方向性(定向耦合器的) **directivity** (of a directional coupler)

在**定向耦合器**所有端口都处于**匹配终端**的情况下，在其中一**传输线**的任一方向上馈入功率后，在另一传输线的适当**端口**处测量到的输出功率与在馈入线中反向输入同样功率后，在上述同一测量点测量到的输出功率之比(通常以分贝表示)。

726-14-04

混合接头 **hybrid junction**

一四端口器件，当功率由任一端口馈入后将平均分配到具有**匹配终端**的其他两个端口，而且，将功率馈入剩下的那个端口时亦会平均分配到这两个端口。

726-14-05

混合 T 型接头 **hybrid T；E-H tee**

含有一个 **E-平面 T 形接头**和一个 **H-平面 T 形接头**的**混合接头**，其所有旁臂相交于主波导的一公共点。

726-14-06

魔幻T型接头　magic T

魔T

有内部匹配元件的**混合T型接头**,可以使任意**端口**的**入射波**在其余端口具有**匹配终端**时为无反射(状态)。

726-14-07

混合环　hybrid ring;ratrace

含有一个由**传输线**构成的矩形或环形路径,且沿矩形或环形结构以适当间距引出四条传输线的一种**混合接头**。

726-14-08

90°混合接头　quadrature hybrid

在含有**匹配终端**的两个输出**端口**上,输出波具有90°相位差特性的**混合接头**。

726-14-09

三分贝耦合器　three dB coupler;3 dB coupler

将一条**传输线**中一个**端口**的入射功率的一半分流到另一条传输线中一个端口的**定向耦合器**。

726-14-10

短开槽耦合器　short slot coupler;Riblet coupler

通过公共窄壁上的单个短开口电耦合的两个**波导**组成的**三分贝耦合器**。

726-14-11

贝塞孔耦合器　Bethe hole coupler

通过相互接触的宽壁上的圆形耦合孔耦合的两个歪**波导**组成的**定向耦合器**。

2.15　其他部件

726-15-01

模变换器　mode converter;mode changer (deprecated);mode transformer (deprecated)

将电磁波从一种**传播模**变换为另一种模的器件。

726-15-02

滤模器　mode filter

为使所选择的一种或几种**传播模**通过波导,而实质上抑制其他模的电磁波而设计的一种器件。

726-15-03

谐振滤模器　resonant mode filter

采用谐振结构选出所需要的**传播模**的**滤模器**。

726-15-04

反射滤模器　reflection mode filter

通过将其他模反射回去而选择所需要的**传播模**的一种**滤模器**。

726-15-05

回波箱　echo box

在雷达设备中能将所发射脉冲的部分能量存储起来待脉冲发送完毕后再逐渐将这部分能量馈入接收系统中去的已校准的**空腔谐振器**。

726-15-06

检波座　detector mount

装有诸如半导体二极管之类的检测器件,提供已检测信号输出的一段端接**传输线**。

726-15-07

晶体混频器　crystal mixer

由一个本地振荡器和一个信号源同时馈入以产生某信号的频率变换的晶体二极管装置。

726-15-08

平衡混频器(波导中的)　**balanced mixer** (in a waveguide)

在不耦合的一对臂装上晶体二极管，余下的一对臂分别由一个信号源和一个本地振荡器馈入；二极管以信号合成相加的方式使公共输出端上**晶体混频器**产生的噪声影响为最小的一种**混合接头**。

726-15-09

相位变换器(传输线中的)　**phase changer** (in a transmission line)

移相器(传输线中的)　**phase shifter** (in a transmission line)

对输出**端口**的前向**行波**相位相对于输入端口的相位进行调节的基本无损耗的器件。

726-15-10

旋转式相位变换器　rotary phase changer

旋转式移相器　rotary phase shifter

行波相位的变化与其某个元件的旋转度成正比例的**相位变换器**，该元件通常是由位于两个固定的**四分之一波长板**之间的旋转**半波板**组成。

726-15-11

半波板(波导中的)　**half-wave plate** (in a waveguide)

在一个能够传播具有相同的**相位变化系数**的两个**正交极化**波的**波导**中，对一个波可引入相对于另一个波 π 弧度相移的器件。

726-15-12

四分之一波长板(波导中的)　**quarter-wave plate** (in a waveguide)

在一个能够传播具有相同的**相位变化系数**的两个**正交极化**波的**波导**中，对一个波可引入相对于另一个波 π/2 弧度相移的器件。

726-15-13

双工器　duplexer

允许一副天线共用于发射和接收的**传输线**器件。

726-15-14

发射机阻断盒 transmitter blocker cell

T-B 盒　T-B cell

在**传输线**中，电离时起短路作用而非电离时起开路作用的充气器件。

726-15-15

发射接收盒　transmit-receive cell

T-R 盒　T-R cell

在**传输线**中，电离时起短路作用而非电离时可以使低功率能量透过的充气器件。

726-15-16

发射接收开关　transmit-receive switch

T-R 开关　T-R switch

雷达双工器　radar duplexer

包含有一个或几个**发射机阻断盒**或**发射接收盒**，可以自动地将一副公共天线在发射期间接到发射机上，而在接收期间接到接收机上，且无论发射机的阻抗是多少，均可使接收机防护发射机高功率的器件。

726-15-17

发射接收去耦器　anti T-R cell

使用发射和接收共用天线时,在接收期间可使发射机与天线自动去耦的充气器件。

726-15-18

波导开关　waveguide switch

波导系统中的可以按需要阻止电磁波或使电磁波转向的器件。

726-15-19

环形开关　ring-switch

一个或几个谐振金属环组成开关元件的**波导开关**。

726-15-20

压缩波导段　squeeze section

其结构形式允许利用宽边变化改变相应**电气长度**的矩形**波导段**。

726-15-21

线路拉伸器　line stretcher

具有可调物理长度的**传输线**段。

726-15-22

线路电长度变换器　line lengthener

改变**传输线电气长度**而不改变其**端口**之间的物理长度的器件。

726-15-23

波导滤波器　waveguide filter

包含一个或几个调谐元件以提供需要的频率特性的**波导段**。

726-15-24

延时线　delay line

凭借其**电气长度**故意引入规定的**群时延**的**传输线**段。

726-15-25

功率分配器　power divider;power splitter

连接到其中某个**端口**的源功率按给定比例分配到其他端口的多端口器件。

726-15-26

旋转关节　rotary joint;rotating joint

其设计允许一条传输线相对于另一条作连续机械旋转并且在这两条**传输线**间能有效传输电磁波的接头。

726-15-27

垫珠(同轴线)　bead(in a coaxial line)

为**同轴线**内导体提供的电气上短的介质支撑物。

726-15-28

人造介质　artifical dielectric

导电或介电元素遍布于介质以产生需要的介电常数的复合材料。

2.16　旋磁和非互易效应

726-16-01

旋磁效应　gyromagnetic effects

一种材料或媒质的磁化受到静磁场扰动的影响经环绕该磁场方向的阻尼进动而恢复平衡的现象。

注：这种进动可由加到静磁场上的交变成分维持。

726-16-02

旋磁媒质　gyromagnetic medium

能呈现旋磁效应的媒质。

注：旋磁媒质的导磁率以张量导磁率表示。

726-16-03

旋磁材料　gyromagnetic material

能呈现旋磁效应的材料。

注：旋磁材料的导磁率以张量导磁率表示。

726-16-04

法拉弟效应　Faraday effect;

法拉弟旋转　Faraday rotation

当**线性极化**电磁波通过具有沿传播方向分量的任意静磁场作用下的**旋磁媒质**时，其电通量密度矢量环绕**传播方向**旋转的现象。

726-16-05

旋磁比　gyromagnetic ratio

γ

在**旋磁媒质**中由于电子自旋引起的磁域矩与电子自旋的角矩之比。

注：自由电子的旋磁比近似等于 176×10^{6}C kg^{-1}。

726-16-06

旋磁谐振　gyromagnetic resonance

当所施加的周期性扰动频率与进动运动的频率一致时伴随**旋磁效应**产生的谐振。

726-16-07

场移　field displacement

均匀波导中两个反向传播的完全不同模的波在**旋磁效应**下的产物，例如在矩形波导中部分地和不对称地充填有纵向铁氧体片的情况。

2.17　旋磁和非互易器件

726-17-01

旋磁器件　gyromagnetic device; gyrator (deprecated in this sense)

利用**旋磁材料**产生**旋磁效应**的器件。

726-17-02

旋磁谐振器　gyromagnetic resonator

为呈现**旋磁谐振**而设计的具有给定尺寸和形状的一块**旋磁材料**。

726-17-03

非互易移相器　non-reciprocal phase-shifter; directional phase changer (deprecated); directional phase-shifter (deprecated)

其传播媒质可以使双向传播的波从一端到另一端时产生不同相移的两**端口**器件。

726-17-04

模拟移相器　analogue phase shifter

可以连续改变相移量的**非互易移相器**。

726-17-05

数字移相器　digital phase shifter

可以逐级改变相移量的**非互易移相器**。

726-17-06

非互易极化旋转器 non-reciprocal polarization rotator

非互易波旋转器 non-reciprocal wave rotator

通常为具有圆形横截面的**波导结构**,其传播媒质能使**线性极化波**的**极化平面**在一个**传播方向**上顺时针旋转而在相反传播方向上逆时针旋转。

726-17-07

回旋器 gyrator

为两个反向传播(的波)提供π弧度相移差的**非互易移相器**。

726-17-08

环行器 circulator

进入其任一**端口**的**入射波**按照由静偏磁场确定的方向顺序传入下一个端口的多端口器件。

注1:当偏磁场反向时,顺序也反向。

注2:这种特性可用于切换电磁波。

726-17-09

移相式环行器 phase-shift circulator

至少包含一个**非互易移相器**的**环行器**。

726-17-10

[波]旋转式环行器 (wave) rotation circulator

至少包含一个**非互易极化旋转器**的**环行器**。

726-17-11

结式环行器 junction circulator

传输线间有接头的**环行器**。

726-17-12

T形环行器 T circulator

形状为**T形接头**的**结式环行器**。

726-17-13

Y形环行器 Y circulator

形状为**Y形接头**的**结式环行器**。

726-17-14

E-平面T形环行器 E-plane T circulator

形状为E-平面T**形接头**的**结式环行器**。

726-17-15

H-平面T形环行器 H-plane T circulator

形状为**H-平面T形接头**的**结式环行器**。

726-17-16

E-平面Y形环行器 E-plane Y circulator

形状为**E-平面Y形接头**的**结式环行器**。

726-17-17

H-平面Y形环行器 H-plane Y circulator

形状为**H-平面Y形接头**的**结式环行器**。

726-17-18

集总元件环行器 lumped-element circulator

其各**端口**都与具有集总阻抗元件的回路相连接的**环行器**。

726-17-19

隔离器 **isolator**

单向衰减器 **one-way attenuator**

在一个**传播方向**的**衰减**比在反向传播时大得多的二**端口**器件。

726-17-20

[波]**旋转式隔离器** (**wave**) **rotation isolator**

至少包含一个**非互易极化旋转器**的**隔离器**。

726-17-21

谐振[吸收]**式隔离器** **resonance** (absorption) **isolator**

其工作取决于**旋磁材料**在**旋磁谐振**时的吸收(作用)的**隔离器**。

726-17-22

场移式隔离器 **field-displacement isolator**

其工作取决于部分填充**旋磁材料**的**波导**中的场移(效应)的**隔离器**。

726-17-23

集总元件隔离器 **lumped-element isolator**

两个**端口**均与具有集总阻抗元件的回路相连接的**隔离器**。

726-17-24

旋磁滤波器 **gyromagnetic fliter**;YIG fliter (deprecated);garnet tilter (deprecated)

其工作取决于**旋磁效应**的滤波器。

726-17-25

旋磁功率限制器 **gyromagnetic power limiter**

其工作取决于**旋磁材料**中的饱和效应的功率限制器。

2.18 非互易器件的特性

726-18-01

差分相移 **differential phase-shift**

非互易移相器为两个**反向传播**(波)提供的相移差。

注:在描述其他类型,如数字移相器中的各种状态之间的相位差时,本术语拒用。

726-18-02

正向(环行器或隔离器的) **forward direction** (in a circulator or isolator)

环行器或**隔离器**两**端口**之间波的**衰减**比反向传播时小的**传播方向**。

726-18-03

反向(环行器或隔离器的) **reverse direction** (in a circulator or isolator)

环行器或**隔离器**两**端口**之间波的**衰减**比反向传播时大的传播方向。

726-18-04

正向损耗(环行器或隔离器的) **forward loss** (in a circulator or isolator)

环行器或**隔离器**中**正向**的波**衰减**。

注:正向损耗通常以分贝表示。

726-18-05

反向损耗(环行器或隔离器的) **reverse loss** (in a circulator or isolator)

环行器向**隔离器**中**反向**的波**衰减**。

注:反向损耗通常以分贝表示。

726-18-06

交叉耦合(环行器的) **cross coupling** (of a circulator)

具有四个或更多**端口**的**环行器**,按照为各端口规定的顺序,输入端口和任一不与之相邻的其他端口之间的**衰减**。

注:不应将交叉耦合与相邻端口之间发生的反向损耗相混淆。

726-18-07

损耗比 **loss ratio**

沿**隔离器**或**环行器**传输路径的**反向损耗**值与**正向损耗**值之比,以分贝表示。

2.19 驻波和阻抗测量

726-19-01

史密斯圆图 **Smith chart;Smith diagram**

以极坐标图形表示的特性阻抗为 Z_0 的无损耗均匀传输线的振幅反射因数 $\underline{r}$:

$$\underline{r}=\frac{\underline{Z}-Z_0}{\underline{Z}+Z_0}=\frac{\underline{Z}/Z_0-1}{\underline{Z}/Z_0+1} \qquad \cdots\cdots(4)$$

复数阻抗 $\underline{Z}$ 用两族正交的圆表示,每个圆或者具有固定的电阻 R 值或具有固定电抗 X 值,式中 $\underline{Z}=R+\mathrm{j}X$,为测定振幅反射因数那一点处的**入射波**在**传播方向**上的复数阻抗。

注1:史密斯圆图也能以阻抗 $\underline{Z}$,导纳 $\underline{Y}=\dfrac{1}{\underline{Z}}$,归一化阻抗$\dfrac{\underline{Z}}{Z_0}$或归一化导纳$\dfrac{\underline{Y}}{Y_0}=\dfrac{Z_0}{\underline{Z}}$为参数使用。

注2:史密斯圆图通常仅限于用在 R 为正值时,在这种情况下该圆图是以振幅反射因数为1的外圆所环绕。

注3:由史密斯圆图可以通过直读振幅反射因数而得到阻抗或导纳的实数和虚数部分,或进行相反的变换;这种表达方式也可简化在同一传输线上由一点到另一点的阻抗或导纳变换。

726-19-02

***Z*-*θ* 图** ***Z*-Theta chart**

以极坐标图形表示的特性阻抗为 Z_0 的无损耗均匀传输线的振幅反射因数 $\underline{r}$:

$$\underline{r}=\frac{\underline{Z}-Z_0}{\underline{Z}+Z_0}=\frac{\underline{Z}/Z_0-1}{\underline{Z}/Z_0+1} \qquad \cdots\cdots(5)$$

复数阻抗 $\underline{Z}$ 用两族正交的圆表示,每个圆或者具有固定的模 Z 值或者固定的幅角 θ 值,式中 $\underline{Z}=Z/\underline{\theta}$,为测定振幅反射因数那一点处的**入射波**在**传播方向**上的复数阻抗。

注1:Z-θ 图也能以阻抗 $\underline{Z}$,导纳 $\underline{Y}=\dfrac{1}{\underline{Z}}$,归一化阻抗$\dfrac{\underline{Z}}{Z_0}$或归一化导纳$\dfrac{\underline{Y}}{Y_0}=\dfrac{Z_0}{\underline{Z}}$为参数使用。

注2:Z-θ 图通常仅限于用在 θ 值在 $-\dfrac{\pi}{2}$ 和 $+\dfrac{\pi}{2}$ 之间,相当于 $\underline{Z}$ 的实数部分为正值时,在这种情况下该图是以振幅反射因数为1的外圆所环绕。

注3:Z-θ 图的特性和使用与史密斯图相同,但是在其复数阻抗 $\underline{Z}$ 的两个正交的圆族中每一个圆或者是用以表示具有固定的模 Z 值,或者是具有固定的幅角 θ 值,而不是象史密斯圆图那样那以表示 $\underline{Z}$ 的实数 R 和虚数 X。

726-19-03

反射计 **reflectmeter**

用于测量**传输线**中**反射波**某个量与**入射波**相对应量的比率的仪器。

726-19-04

驻波计 **standing-wave meter**

驻波指示器 **standing-wave indicator**

测量沿**传输线**的**驻波比**的仪器。

726-19-05

测量线 **measuring line**

测量线段 **measuring line section**

有一可以沿其纵向移动的供测量用的**耦合探针**的**均匀传输线**段。

726-19-06

开槽线　slotted line

开槽测量段　slotted measuring section

在其壁上有一可插入一个供测量用的**耦合探针**的纵向槽的**均匀传输线**段。

726-19-07

开槽线架　slotted line carriage

沿**开槽线**可以纵向导行的可移动架，其中可插入一**耦合探针**以探取微波能量供测量**驻波**用。

726-19-08

驻波检波器　standing-wave detector

装在**开槽线架**上供测量**驻波**用的检波器。

726-19-09

二倍最小功率点　twice minimum power points; double minimum power points

沿**开槽线驻波最小点**两侧的由**耦合探针**所探取的功率为最小点功率二倍的两点。

注：为了更精确的确定很大值的驻波比，利用这两点间的中点可确定最小点的确切位置，并由这两点之间的距离确定驻波比。

2.20　频率和波长测量

726-20-01

谐振腔频率计　cavity frequency meter; cavity wavemeter

一种可机械地改变尺寸，以将其**谐振频率**调整为与其耦合的外接振荡器的未知频率一致的**空腔谐振器**，此时其刻度即标示了未知频率的值。

726-20-02

吸收式频率计　absorption frequency meter; absorption wavemeter

当其与某外部电磁源耦合并调谐到该源的频率时从该源吸收功率的**频率计**或**谐振腔频率计**。

726-20-03

通过式频率计　transmission frequency meter

通过式波长计　transmission wavemeter

当其与**传输线**耦合并调谐到**入射波**的频率时可将电磁功率传递到其输出端的**谐振腔频率计**。

2.21　功率测量

726-21-01

[微波]功率计　(microwave) power meter

能吸收或感应**传输线**中的微波功率，并且有一个能反应出因微波功率变化而引起某些物理或电变化的电路，还具有一个业经功率核准的输出表头的仪器。

726-21-02

自平衡桥式功率计　self-balancing power bridge

以桥路的一个臂作为功率感应元件的**功率计**，它可以通过调节适当的参数达到自动平衡，该参数的相应变化被用作测量功率的手段。

726-21-03

温度补偿桥式功率计　temperature compensated power bridge

其功率校准部分对环境温度变化能自动补偿的**功率计**。

726-21-04

辐射热计　bolometer

测量功率的装置(设备)，它含有一吸收功率的元件，该元件因其电阻率的温度系数引起的电阻值变化被用作测量功率的手段。

注：吸收元件可以是具有正温度系数的热线检流计，具有负温度系数的热敏电阻，或是其他类似器件。

726-21-05

辐射式功率计　bolometric power meter

以**辐射热计**为功率传感元件的**功率计**。

726-21-06

辐射测量计座　bolometer mount

热敏电阻座　thermistor mount

热线检流计座　barretter mount

以所装**辐射式热计**为基本件的**传输线**端接件。

726-21-07

热线检流计　barretter

具有大的正温度系数的电阻,在其上电磁功率被转换为热能,由此产生的电阻值的相应变化被用作测量吸收功率的手段。

726-21-08

热敏电阻　thermistor

其电阻具有大的负温度系数的半导体器件。

726-21-09

热电式功率计　thermoelectric power meter

用热电结作为功率传感元件的**功率计**。

726-21-10

量热计式功率计　calorimetric power meter;calorimeter power meter

利用某种媒质的温度升高作为测量吸收功率的手段的**功率计**。

注:这类媒质,通常是水,或用作功率吸收的媒介物,或者由功率吸收元件将热传送给它。

726-21-11

翼形瓦特计　vane Wattmeter

利用由电磁场在金属或介质的翼片或翼轮上产生的电机械力测量**波导**中流过的功率的仪器。

中 文 索 引

Y

Z

英 文 索 引

D

E

F

G

H

I

J

K

O

P

Q

R

S

T

U

ICS 33.120.01
M 30

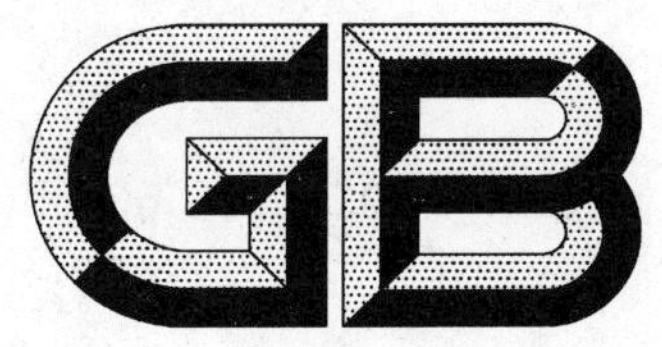

中华人民共和国国家标准

GB/T 14733.7—2008/IEC 60050(702):1992
代替 GB/T 14733.7—1993

电信术语　振荡、信号和相关器件

**Terminology for telecommunication—
Oscillations, signals and related devices**

(IEC 60050(702):1992, International Electrotechnical Vocabulary—
Chapter 702: Oscillations, signals and related devices, IDT)

2008-08-06 发布　　2009-03-01 实施

中华人民共和国国家质量监督检验检疫总局
中国国家标准化管理委员会　发布

前言

GB/T 14733《电信术语》分为如下12部分：

——第1部分：电信、信道和网；

——第2部分：传输线和波导；

——第3部分：可靠性、可维护性和业务质量；

——第4部分：交换技术；

——第5部分：使用离散信号的电信方式、电报、传真和数据通信；

——第6部分：空间无线电通信；

——第7部分：振荡、信号和相关器件；

——第8部分：电话；

——第9部分：无线电波传播；

——第10部分：天线；

——第11部分：传输；

——第12部分：光纤通信。

本部分为GB/T 14733的第7部分，等同采用IEC 60050(702):1992《国际电工词汇　第702章：振荡、信号和相关器件》(英文版)。

本部分代替GB/T 14733.7—1993《电信术语　振荡、信号和相关器件》。

本部分与GB/T 14733.7—1993相比主要变化如下：

——本部分增加7个新条目术语和定义，增加了7个同义词术语，并修改了部分术语的定义。

——对本部分的编写格式进行了修改。

本部分由工业和信息化部提出。

本部分由中国通信标准化协会归口。

本部分起草单位：信息产业部电信研究院。

本部分主要起草人：蒋利群、王妮娜、谭咏、赵世卓。

本部分于1993年首次发布，本次为第一次修订。

电信术语 振荡、信号和相关器件

1 范围

本部分规定了振荡、信号和相关器件的术语和定义。

本部分适用于电信技术领域。

2 术语和定义

2.1 频率

702-01-01

[电信]频谱 **(telecommunication) frequency spectrum**

用于**传输**信息**电磁振荡**或**电磁波**的**频率**范围。

702-01-02

频带 **frequency band**

在规定的两个界限频率之间的一段连续频率。

注：频带是由规定它在频谱中位置的两个值(例如其上限频率和下限频率)来表示。

702-01-03

[频率]带宽 **(frequency) bandwidth**

频带的两个限定频率之间的差值。

注1：频率带宽通常带有限定词，例如：基带带宽、必要带宽、放大器带宽或其他器件带宽。

注2：频率带宽用一个单一的值来定义，并且与其在频谱中的位置无关。

702-01-04

带宽(器件的) **bandwidth** (of a device)

在设备或传输信道中，给定的**频率特性**对**基准值**的**偏离**不超过规定值或比值时的**频带**带宽。

注：给定的频率特性例如振幅/频率特性、相位/频率特性或时延/频率特性。

702-01-05

X分贝带宽(信号的) **XdB bandwidth** (of a signal)

XdB带宽(信号的)

一个**频率带宽**，在其上限和下限频率之外，**信号**频谱的任何谱线或功率谱密度比所考虑的**信号**类型的特定基准电平至少低X分贝。

702-01-06

基带 **baseband**

在传输系统特定的输入和输出点上，由一个**信号**或若干个**复用信号**所占有的**频带**。

注1：在无线电通信中，基带是指由调制发射机的信号所占有的频带。

注2：采用多级调制时，基带通常是加在第一调制级上的信号所占有的频带，而不是中间的已调制信号所占有的频带。

702-01-07

自然频率 **natural frequency**

在物理系统中，当移去激励源后，能存在自由**振荡**的任何频率。

702-01-08

音频 audio frequency

声频

AF(缩写词) AF (abbreviation)

正常人耳能听到的,相应于正弦声波的任何频率。

注1:正常人耳的音频范围一般约为16 Hz～16 kHz;

注2:在电信网中话带的音频范围为300 Hz～3.4 kHz。

702-01-09

视频 video frequency

VF(缩写词) VF (abbreviation)

包含电视图像**信号频谱分量**的**频带**内的频率。

702-01-10

射频 radio frequency

RF(缩写词) RF (abbreviation)

某一周期性无线电**波**或相应电**振荡**的频率。

702-01-11

频率偏离 frequency departure

由于非有意的原因而出现的对规定频率的频率偏差。

702-01-12

频率偏移 frequency shift

由调制有意产生的频率变化,或由自然现象无意引起的频率变化。

702-01-13

频率漂移 frequency drift

频率随时间而发生的不需要的不断和缓慢变化。

702-01-14

频率偏置 frequency offset

除调制以外,为其他目的而有意产生的少量频率变化。

注:例如,频率偏置可作为避免或减少干扰的一种手段。

2.2 振荡和波

702-02-01

振荡 oscillation

以一个或多个交替地增加和减少的量来表征的一种物理现象。

702-02-02

波 wave

以场来表征的一种媒质的物理状态变化,此场在每一点上及每个方向上的运动速度由媒质的性质来规定。

702-02-03

发射 emission

能量以**波**或粒子的形式从一个源发出的现象。

702-02-04

发送(在电信中) **sending** (in telecommunication)

信号出现在传输线的输入端口或进入传输媒质。

702-02-05

发射(在无线电通信中) **emission** (in radiocommunication)

无线发射台产生无线电**波**或**信号**。

注:在无线电通信中,术语“发射”不应用在较一般意义上的“无线电频率发射”。如:由无线接收机本地振荡器传递到外部空间的那部分电磁能量是辐射而不是发射。

702-02-06

辐射 **radiation**

a) 能量以**波**或粒子的形式从一个源发散到空间的现象;

b) 能量以**波**或粒子的形式通过空间转移。

702-02-07

[电磁]辐射 **(electromagnetic) radiation**

a) 能量以电磁**波**的形式从一个源发散到空间的现象;

b) 能量以电磁**波**的形式通过空间传播。

702-02-08

场量 **field quantity**

在线性系统中,其平方与功率成比例的量。诸如电压、电流、声压、电场强度。

702-02-09

电平(时间变量的) **level** (of a time-varying quantity)

一个时间变量,如功率或**场量**,在特定时间间隔内以特定方式计算的均值或加权值。

注:电平可以用相对于基准值的对数形式的单位表示,例如“分贝”。

702-02-10

衰减 **attenuation**

损耗 **loss**

a) 电功率、电磁功率或声功率在两点之间的降低;

b) 以规定的形式,用两点功率的比值或与功率有关的量之比值来表示的功率降低。

注1:“衰减”和“损耗”两词可引伸为在给定情况或参考条件下功率之间的比。例如“插入损耗”。

注2:“衰减”通常以对数形式的单位的正值表达。

702-02-11

增益 **gain**

a) 电功率、电磁功率或声功率在两点之间的增加;

b) 以规定的形式,用两点功率的比值或与功率有关的量之比值来表示的功率增加。

注1:在给定情况或参考条件下,“增益”一词可引伸为功率之间的比。例如“天线增益”。

注2:“增益”通常以对数形式的单位的正值或负值表示。当其为负值时,则可以用“衰减”代替。

702-02-12

吸收 **absorption**

在传播媒质中,电磁波或声**波**的能量转化为其他形态的能量(例如:热能)。

702-02-13

传播系数 **propagation coefficient;propagation constant** (USA)

γ

沿着给定频率的导波、平面波或在有限空间域中实际可视为平面波的传播方向的两点上,当两点间距离趋近于零时,其电磁场的特定分量之比的自然对数除以该距离之商的极限。

注:传播系数为复量,通常是频率的函数,其量纲是长度的倒数。复量的实部为衰减系数,通常用Np/m来表示;虚部为相移系数,通常用rad/m来表示。

702-02-14

衰减系数 **attenuation coefficient;attenuation constant** (USA)

α

传播系数的实部。

注:传输线或波导的衰减系数是指在传输线或波导轴线上两点之间的衰减除以该两点的距离,当距离趋近于零时,其商的极限。

702-02-15

相移系数 **phasechange coefficient**

β

传播系数的虚部。

注:传输线或波导的相移系数是指在传输线或波导轴线上两点之间的场量的相位变化除以该两点的距离,当距离趋近于零时,其商的极限。

702-02-16

相位延迟 **phase delay**

一个与正弦行**波**相关联的,并由一**场量**的一固定相位来规定的动点,在一传输媒质中两给定点间移动所需的时间。

702-02-17

相速[度] **phase velocity**

$\vec{v}_{\varphi}$

一个与正弦行**波**相关联的,并由一**场量**的一固定相位来规定的动点,在给定方向上的速度矢量。

注:在传播方向上相速度最小,如相速度的方向未经指明,即指传播的方向。

702-02-18

波长(以给定方向) **wavelength** (in a given direction)

λ

正弦**波相速**值与该**波**的频率之比。

注:在传播方向上波长最小;如波长的方向未经指明,即指传播的方向。

702-02-19

折射率 **refractive index;index of refraction**

n

在传输媒质的给定点和给定方向上,光在真空中的速度与在此给定方向上正弦平面波的**相速度**值之比。

702-02-20

群时延 **group delay**

理想上可以由幅度相等而频率稍有差异,但均趋近于一个共同限值的两个正弦**波**叠加表示的**信号**在两点间传播的时间。

注:在均匀媒质中或在均匀线路上,群时延等于共同限值波在两点上同一时间的实际相位差对角频率的导数。

702-02-21

包络时延 **envelope delay**

假定所有有效频谱分量的**群时延**基本相同,**信号包络**的有效**频谱分量**的**群时延**。

注:仅当传输媒质所引起的信号包络失真可忽略不计时,包络时延才有意义。

702-02-22

群速度 **group velocity**

$\vec{v}_{g}$

理想上可以由幅度相等而频率稍有差异,但均趋向于一个共同限值的两个正弦**波**叠加来表示的**信**

号在传播媒质中一点上的速度矢量。

注：在一般情况下，群速度的量值$|\vec{v}_g|$的倒数等于波长的倒数对频率的导数：

$$\frac{1}{|\vec{v}_g|}=\frac{d(\lambda^{-1})}{df}$$

702-02-23

包络速度　envelope velocity

路径长度与这段路径的**包络时延**之比。

2.3　脉冲

702-03-01

脉冲　pulse

物理量在短暂时间突变，接着又迅速回复到起始值。

702-03-02

单向脉冲　unidirectional pulse

物理量的各瞬时值全都大于或小于共同的起始值和终止值的**脉冲**。

702-03-03

脉冲幅度　pulse magnitude；pulse amplitude (deprecated)

能表征在一个**单向脉冲**中全部瞬时值相对于共同起始值和终止值的单值，例如平均值，均方根值或峰值。

702-03-04

脉冲宽度　pulse width

脉冲持续时间　pulse duration

脉冲瞬时值最初上升和最终下降到特定的**脉冲幅度**百分值或门限值的两瞬时之间的时间间隔。

702-03-05

上升时间(脉冲的)　**rise time** (of a pulse)

脉冲的瞬时值首次达到规定下限和规定上限的两瞬时之间的时间间隔。

注：除另有规定外，下限和上限分别定为**脉冲幅度**的10%和90%。

702-03-06

下降时间(脉冲的)　**decay time** (of a pulse)；**fall time** (of a pulse)

脉冲的瞬时值再次达到规定的上限和规定的下限的两瞬时之间的时间间隔。

注：除另有规定外，上限和下限分别定为脉冲幅度的90%和10%。

702-03-07

脉冲重复频率　pulse repetition frequency；pulse repetition rate

PRF(缩写词)　PRF (abbrevition)

在一**脉冲串**中的**脉冲**数除以该**脉冲串**的持续时间所得之商。

702-03-08

脉冲间隔　pulse spacing

一个**脉冲**上的指定瞬时与其紧邻**脉冲**的对应瞬时之间的时间间隔。

702-03-09

脉冲占空比　pulse duty factor

一**脉冲**序列的平均**脉冲持续时间**与**脉冲重复频率**的倒数之比。

702-03-10

矩形脉冲　rectangular pulse

上升时间和**下降时间**相对于**脉冲持续时间**可以忽略，而且上升和下降之间的瞬时值几乎不变的**单向脉冲**。

702-03-11

脉冲串 pulse train

有限数量的相似脉冲的离散序列。

702-03-12

方脉冲串 square pulse train

脉冲占空比为1/2的矩形脉冲串。

702-03-13

正弦平方脉冲 sine-squared pulse

以下列时间函数 t 表达的单向脉冲：

$$y = k\sin^2(\pi t/2T) \quad 当\ 0 \leqslant t \leqslant 2T \qquad (1)$$

$$y = 0 \quad 当\ t < 0\ 和\ t > 2T \qquad (2)$$

其中：y——特征量的瞬时值；

k——脉冲峰值；

$2T$——脉冲的持续时间，T 为特征量大于 $k/2$ 时的时长。

702-03-14

脉冲整形 pulse shaping

使脉冲形状更接近于所要求形状的过程。

702-03-15

脉冲再生 pulse regeneration

用可能失真的输入脉冲来控制新脉冲的产生过程，而这些新脉冲的时间上的位置、形状和幅度都接近原脉冲。

2.4 信号（一般术语）

702-04-01

信号 signal

可用其一种或多种特征量的变化来表示信息的物理现象。

注：物理现象例如电磁波或声波，特征量例如电场、电压或声压。

702-04-02

模拟信号 analogue signal

在一段连续的时间间隔内，其代表信息的特征量可以在任一瞬间呈现为任一数值的信号。

注：例如一个模拟信号可以连续跟随另一个表示信息的物理量的值而变化。

702-04-03

对称[交变]信号 symmetrical (alternating) signal

相差半周期的所有点大小相等而符号相反的交变信号。

702-04-04

时间离散信号 discretely-timed signal

由在时间上作顺次排列的若干个单元所组成的信号，其中的每个单元都具有一种或多种能传送信息的特征量，例如：它的持续时间、时间上的位置、波形、幅度。

702-04-05

数字信号 digital signal

其信息是用若干个明确定义的离散值表示的时间离散信号，它的某个特征量可以按时提取。

702-04-06

样值（信号的） sample (of a signal)

信号在某个选定瞬时的代表值，此值是由该信号邻近这个瞬时的值得到的。

注：在理想情况下，样值等于给定的信号在选定瞬时的值；在实际上，它等于该信号邻近这个瞬时的变化值的加权平均值或者与其成正比例。

702-04-07

量化　quantizing

将一个量可能呈现的连续值的范围，划分成预定的一些相邻间隔，并且在给定间隔内的任何值都是由这个间隔内的单一预定值表示的处理过程。

702-04-08

时基　time base

一个作为基准的**振荡**，其**振荡**周期某些部分的出现瞬时能够用来确定时间间隔。

注：术语"时基"也可应用在产生基准振荡的设备中。

702-04-09

定时信号　timing signal

决定操作开始的瞬时所用的**信号**。

702-04-10

周期性定时信号　cyclic timing signal

决定操作开始的瞬时所用的周期性**信号**。

702-04-11

时标　time-scale

一系列相继的预先规定的时间间隔。

注：时标中的时间间隔不必都相同。

702-04-12

周期性时标　cyclic time-scale

由周期性重复的一系列时间间隔构成的**时标**。

注：单个周期所包含的各个时间间隔不必都相同。但理想上，所有的周期都是同样的。

702-04-13

等时的　isochronous

用于表述具有下述特征的时变现象、**时标**或**信号**的形容词，其连续的**有效瞬时**由时间间隔分开，所有的时间间隔都具有相同的标称持续时间或者具有等于单位持续时间整倍数的标称持续时间。

注：在"等时的"意义时，拒用"同步的"。

702-04-14

等时　isochronisms

时变现象、**时标**或**信号**处于**等时的**状态。

注：在"等时"意义时，拒用"同步"。

702-04-15

不等时的　anisochronous；asynchronous (deprecated in this sense)

用于表述具有下述特征的时变现象、**时标**或**信号**的形容词。其连续的**有效瞬时**由时间间隔分开，且不强迫各时间间隔具有相同的标称持续时间或者具有等于单位持续时间整数倍的标称持续时间。

702-04-16

不等时　anisochronism

时变现象、**时标**或**信号**处于不等时的状态。

702-04-17

同步的　synchronous

用于表述具有下述特征的两个时变现象、**时标**或**信号**的形容词。其相应的**有效瞬时**是由标称固定持续时间的时间间隔分开的。

注：两现象、时标或信号可以是同步而不等时的。

702-04-18

同步状态　synchronism

两个时变现象、**时标**或**信号**处于同步的状态。

702-04-19

非同步的　non-synchronous;asynchronous

用于表述具有下述特征的两个时变现象、**时标**或**信号**的形容词,其相应的有效瞬时是不具有标称固定持续时间的时间间隔分开的。

702-04-20

判定含量　decision content

在有限个互斥事件中选取一给定事件所需的判定次数的对数,对数的底是每一判定的选择次数。

702-04-21

香农　Shannon

Sh

用以以 2 为底的对数表示的对数形式信息计量单位,它是两个互斥事件集合的**判定含量**。例如:一个 8 字符的字符集的判定含量等于 3 香农。即以 2 为底 8 的对数为 3。

702-04-22

哈特莱　hartley

用以 10 为底的对数表示的对数形式信息计量单位,它是十个互斥事件集合的**判定含量**。

例如:一个以 8 字符的字符集的判定含量约等于 0.9 哈特莱,即以 10 为底 8 的对数为 0.903。

702-04-23

动态范围(信号的)　**dynamic range** (of a signal)

在给定的时间内,**信号电平**的最大值与最小值之差,以 dB 表示。

注:最小信号电平应大于规定的可用信号电平。

702-04-24

压缩　compression

按照规定的法则,将**信号**的平均**电平**的变化自动地减弱,而平均值是在每一情况下所规定的时间内取得的。

702-04-25

压缩,动词　**to compress**

使一个**信号**压缩。

702-04-26

扩展　expansion

按照规定的法则,将一**信号**平均**电平**的变化自动地增强。通常是为了将已**压缩**的**信号**恢复其原状。

702-04-27

扩展,动词　**to expand**

使一个**信号**扩展。

702-04-28

压[**缩**]**扩**[**展**]　**companding**

在传输信道的两点上,依次对同一**信号**进行的**压缩**和**扩展**的组合。

702-04-29

音节压[**缩**]**扩**[**展**]　**syllabic companding**

语言**信号**的**压缩扩展**,其中对**压缩**和**扩展**的平均电平是在一些可与讲话音节持续时间相比拟的时间间隔内取得的。

702-04-30

预加重 **pre-emphasis**

为了利于**信号**的传输或记录，对该**信号**的某些**频谱分量**的幅值相对于其他分量的幅值预先有意予以增强的一种措施。

702-04-31

去加重 **de-emphasis**

对**信号**的某些频谱分量的幅值相对于其他分量的幅值有意予以削弱的一种措施。例如为了要使经**预加重**而增值的**信号**分量恢复到原幅值。

702-04-32

限幅 **limiting**

将**信号**超过一预定门限值或在两个预定门限值之外的所有瞬时值予以减弱而对其他所有的瞬时值予以保留的作用。

注：对瞬时值的减弱可以是突然的或是逐渐的。限幅的例子有：削波，双削波，基值限幅。

702-04-33

削波 **clipping**

将**信号**超过一预定门限值的所有瞬时值减弱至接近此门限值，且将其他所有瞬时值予以保留的一种**限幅**的方式。

702-04-34

双削波 **slicing**

将**信号**处于两个预定门限值以外的所有瞬时值减弱至接近与其较相近的门限值，且将两个门限值之间的所有瞬时值予以保留的一种**限幅**方式。

702-04-35

基值限幅 **base limiting**

将**信号**下降至一预定门限值以下的所有瞬时值均以接近于该门限之值来代替，而此**信号**的其他瞬时值予以保留的一种**限幅**方式。

702-04-36

中心削波 **centre clipping** (inappropriate term)

将**信号**处于符号相反的两固定门限低值之间所有瞬时值均以接近于零之值来代替，而此**信号**的其他瞬时值予以保留的一种限幅方式。

702-04-37

钳位 **clamping**

将重复**信号**的某一特征(如：直流分量)保持在参考值上的过程。

注：此参考值可以是固定的或是可调节的。

702-04-38

自动增益控制 **automatic gain control；automatic volume control**

AGC(缩写词) AGC (abbreviation)

对**放大器**的**增益**进行自动调节的过程或装置，通常是为了使随输入**信号**电平变化而引起的输出**信号**电平变化减少。

702-04-39

选通 **gating**

在规定的一些瞬时或在规定的一些**信号**值上，将两条电路或传输信道接通或断开的过程。

702-04-40

频谱(信号或噪声) (signal or noise) **spectrum**

在频域中表示时变**信号**或**噪声**的一些正弦**振荡**的集合。其中的每一**振荡**以其频率、**振荡**幅度和起始相位来表征。

702-04-41

频谱分量　spectral component

组成**信号**或**噪声频谱**起作用的每个正弦**振荡**。

702-04-42

幅度谱　amplitude spectrum

以频率函数形式表达的**信号**或**噪声频谱分量**的幅度分布。

702-04-43

相位谱　phase spectrum

以频率函数形式表达的**信号**或**噪声频谱**分量的起始相位分布。

702-04-44

频谱表示法　spectral representation

复频谱　complex spectrum

用傅里叶变换式或傅里叶级数的复数系数的序列，将**信号**或**噪声**表示为**频率函数的方法**。

注：复频谱的模和幅角分别是幅度频谱和相位频谱。

702-04-45

连续谱　continuous spectrum

在其占有的一个或多个的连续频率区间没有零值的**频谱**。例如：表示非周期**信号**的傅里叶变换的连续值的集合。

702-04-46

线谱　line spectrum

仅对频率的某些离散值或扩展到在这些值的附近，具有非零值的**频谱**。例如：表示周期**信号**或**噪声**的傅里叶级数之系数的序列。

702-04-47

谱线　spectral line

a）线谱中的每个离散分量；

b）以单值来表征的，量子系统中两能级之间发生跃迁时，放射或吸收单色**电磁辐射**所占的窄频带或窄**波带**。

702-04-48

功率谱　power spectrum

以频率函数形式表达的**信号**或**噪声频谱分量**的幅度平方的分布。

注：在 GB/T 2900.65 中定义的电磁辐射的频谱可认为是功率谱。

702-04-49

能量谱密度　energy spectral density

以频率函数表示具有连续频谱和总能量有限的**信号**或**噪声**的能量分布。

注 1：通常**信号**或噪声的总能量与其瞬时值平方的时间积分成比例。如该特征量为一**场量**，则此积分与物理能量成比例。

注 2：如果确定**信号**的时间函数平方可积的，则该**信号**的能量谱密度存在。它等于**信号**傅里叶变换的模的平方，也等于该**信号**的自相关函数的傅里叶变换。

702-04-50

功率谱密度　power spectral density; power spectrum density

对于具有连续频谱和有限平均功率的**信号**或**噪声**，表示其**频谱分量**的单位**带宽**功率分布的频率函数。

注 1：通常信号或噪声的瞬时功率等于其瞬时值的平方，如该特征量为一场量，则此平方与物理功率成比例。

注 2：功率谱密度是该**信号**或噪声的自相关函数的傅里叶变换。如某一确定**信号**平均功率为有限的，则该信号的自相关函数存在。如随机**信号**或随机噪声是由二阶随机平稳函数来表示的，则其自相关函数存在。

702-04-51

[总]谐波因数　(total) harmonic factor

一交变量各谐波分量总和的均方根值与该量的均方根值之比。

702-04-52

解析信号　analytic signal

实部和虚部分别为代表一**信号**的实函数 $f(t)$和 $f(t)$的希尔伯特变换 $g(t)$的一个复函数：

$$f(t)+\mathrm{j}g(t)=f(t)-\frac{\mathrm{j}}{\pi}\int_{-\infty}^{+\infty}\frac{f(\tau)}{\tau-t}\mathrm{d}\tau \qquad (3)$$

注1：解析信号的实部 $f(t)$为符号相反的虚部的希尔伯特变换。

注2：如果一解析信号存在，则对于所有负频率而言，其复傅里叶变换为零，从而能用此解析信号代表诸如单边带已调信号等。

702-04-53

正交信号　quadrature signal

谐波共轭信号　harmonic conjugate signal

解析信号的虚部 $g(t)$。

注：所以称为"正交信号"是由于除了符号改变外，$\sin\omega t$ 和 $\cos\omega t$ 彼此互为希尔伯特变换，从而对应于实信号 $\cos\omega t$ 的解析信号是 $\mathrm{e}^{\mathrm{j}\omega}t$。

702-04-54

包络(信号的)　envelope (of a signal); amplitude (of a signal)

代表一实**信号** $f(t)$的**解析信号**的模，即下式中的 $A(t)$。

$$f(t)+\mathrm{j}g(t)=A(t)\mathrm{e}^{\mathrm{j}\phi(t)} \qquad (4)$$

注：当一已调信号以 $E(t)\cos[2\pi ft+\theta(t)]$表示时，其中 f 甚大于调制信号的任何有效频谱分量的最高频率，则曲线 $y=\pm E(t)$可近似地代表包络。

702-04-55

相位(信号的)　**phase** (of a signal)

代表一实**信号** $f(t)$的**解析信号**的辐角，即下式中的 $\Phi(t)$。

$$f(t)+\mathrm{j}g(t)=A(t)\mathrm{e}^{\mathrm{j}\phi(t)} \qquad (5)$$

702-04-56

瞬时频率(信号的)　**instantaneous frequency** (of a signal)

信号相位的时间导数除以 2π。

2.5　离散信号、数字信号和编码

702-05-01

信号元　signal element

组成**时间离散信号**的每一部分，它以其一种或几种特征(例如持续时间、相对位置、波形、大小等)以区别于其他部分。

702-05-02

数位(在电信中)　**digit** (in telecommunication)

用来表示信息的一些整数的有限集合中的一元。

注：数位可用信号元代表。

702-05-03

二进制数位　binary digit

比特　bit

通常用来表示信息的二元集合中的一元。

702-05-04

二进制数　binary figure

二进制中的数，它的取值可以是"0"或是"1"。

702-05-05

n 进制数位　n-ary digit

从 n 元集合中选出的一元。

702-05-06

n 比特字节　n-bit byte

n 位字节

作为一个整体使用的 n 个**二进制数位**的有序集合。

702-05-07

二位字节　doublet

两个**二进制数位**的有序集合。

702-05-08

三位字节　triplet

三个**二进制数位**的有序集合。

702-05-09

字节　byte

多个**二进制数位**的有序集合。

注：IEC 原文中术语是“byte;octet;8-bit byte”，随着技术发展，“octet 和 8-bit byte”已不能反映目前的技术状况。

702-05-10

字符　character

经商定用来组织、表示或控制**信息**的元素集合的一个组成元素。

注：字符可以是字母、数字、标点符号或其他符号。它亦可用于扩充功能控制，例如：包含报文中的间隔、回车或换行。

702-05-11

代码　code

为信息和代表它的**字符**、符号或**信号元**之间一一对应而规定的一套规则。

702-05-12

编码，动词　to encode，to code

用**代码**表示信息。

702-05-13

编码　encoding;coding

用**代码**表示信息的过程。

702-05-14

解码，动词　to decode

将信息从已经编码的形式恢复到编码前的原状。

702-05-15

解码　decoding

将信息从已经编码的形式恢复到编码前原状的过程。

702-05-16

代码转换　code conversion;transcoding

同一信息从一种给定**代码**到另一种**代码**的转换。

702-05-17

码字　code word

代码组合　code combination

为代表数据元(如**字符**)而由一种**代码**来规定的基元有序集合，如 **n 比特字节**。

702-05-18

冗余码　redundant code

比表示**信息**的**字符**、符号或**信号元**的数目多的一种**代码**。例如：检错码；纠错码。

702-05-19

检错码　error detecting code

在**信息**的记录、处理或传递过程中，按编码规则能用来自动检测出某些能导致违反规则的差错的**冗余码**。

702-05-20

纠错码　error correcting code

对一些被检测出来的差错能自动校正的**检错码**。

702-05-21

特征状态　significant condition

用一种代码规定**信号元**意义的该**信号元**的状态。

702-05-22

特征状态数　number of significant conditions

按照一种代码能呈现**信号元**不同特征状态的数目。

注：可使用"二态"、"三态"表示特征状态数。

702-05-23

数字率　digit rate

在一段时间内所传递**数位**的数目除以该段时间所得的商。

注："数字率"一词前可加限定词，例如：当特征状态数分别为 2、3、*n* 时，则称二进制数字率、三进制数字率、*n* 进制数字率。

702-05-24

波特　baud

Bd

在电报通信和数据通信中**调制**率的单位，或在数字通信中可用来表达线路数字率的单位。它分别等于以秒计算的最短**信号元**持续时间的倒数，或由持续时间固定的**信号元**所组成的数字**信号**的单位时间间隔的倒数。

注：英文中，术语"modulation rate"(调制率)和"line digit rate"(线路数字率)使用在不同场合。

2.6　调制和解调

702-06-01

调制　modulation

表征一**振荡**或**波**的特征量随着某一**信号**或另一**振荡**或**波**的变化而变化的过程。

注：调制也许是有意或无意的。

702-06-02

调制，动词　**to modulate**

按照一**信号**、**振荡**或**波**的变化，去改变另一**振荡**或**波**的一个或多个特征。

702-06-03

载波　carrier

通常是周期性的**振荡**或**波**，通过调制使其某些特征量跟随某个**信号**或另一个**振荡**或**波**的变化而变化。

702-06-04

调制信号 modulating signal

调制波 modulating wave

用来调制**载波**的**信号**、**振荡**或**波**。

702-06-05

已调信号 modulated signal

已调波 modulated wave

已调振荡 modulated oscillation

由调制产生的**振荡**或**波**。

702-06-06

载波[分量] carrier(component)

在**已调信号**中,其频率为调制前周期性**载波**频率的**频谱分量**。

702-06-07

多次调制 multiple modulation

一系列的**调制**过程,其中在某一级中的**调制信号**是来自前面调制级的**已调信号**的全部或一部分,例如一个**边带**。

702-06-08

主载波 main carrier

在**多次调制**中的最后一个**载波**。

702-06-09

中间载波 intermediate carrier

在**多次调制**中,除**主载波**之外的任一**载波**。

702-06-10

副载波 sub-carrier

在某一中间**调制**过程中的一个被调制的中间**载波**,所产生的**已调信号**又与其他**信号**一起,去**调制**另一**载波**。

702-06-11

边带 sideband

a) 由**调制**正弦载波而产生的一些**频谱分量**,高于或低于该载频;

b) 高于或低于一正弦载波频率的一个**频带**,它含有调制所产生的有效频谱分量。

702-06-12

上边带 upper side band

频谱分量高于载波频率的**边带**。

702-06-13

下边带 lower side band

频谱分量低于载波频率的**边带**。

702-06-14

固定基准调制 modulation with a fixed reference

数字**调制信号**的每一**特征状态**都用**已调信号**特征量的特定值来表示并与前一位**信号元**的给定值无关的一种**调制**。

702-06-15

差分调制　differential modulation

数字**调制信号**的每一**特征状态**都用**已调信号**特征量的值相对于前一位**信号元**的给定的特定变化来表示的一种**调制**。

702-06-16

线性调制　linear modulation

载波特征量经调制后是**调制信号**瞬时值的线性函数的一种**调制**。

702-06-17

幅度调制　amplitude modulation

调幅

AM(缩写词)　AM (abbreviation)

周期性**载波**的幅度经调制后是**调制信号**瞬时值的特定函数的一种**调制**,该函数通常是线性的。

702-06-18

幅移键控　amplitude shift keying

ASK(缩写词)　ASK (abbreviation)

幅移调制　amplitude shift modulation

数字**调制信号**的每一**特征状态**都用正弦**振荡**幅度的一个特定值来表示的一种**调制**。

702-06-19

调制因数　modulation factor

a) 在线性**幅度调制**中,**已调信号**的最大和最小幅度之差与这些幅度总和的比值,通常用百分数表示;

注:如调制信号是一对称正交信号,则仅存在一个调制因数;如调制信号是一非对称正交信号,则调制因数的值可由调制信号的每一个频谱分量来确定。

b) 在角度调制中,由特定的**调制信号**产生的峰值频率偏移或峰值相位偏移与对给定传输系统规定的最大偏移之比,用百分数表示。

702-06-20

过调制　overmodulation

调制信号的某些峰值超过所考虑的系统或设备的最大允许值的状态。

注:在全载波幅度调制时,最大值等于对应于100%调制因数的那个值。

702-06-21

欠调制　under-modulation

调制信号的波峰峰值长期远低于所考虑的系统或设备的最大允许值的状态。

702-06-22

全载波　full carrier

描述这样一种**幅度调制**传输或**发射**,其中正弦**载波分量**的功率比峰包功率低不到6dB。

702-06-23

减幅载波　reduced carrier

描述这样一种**幅度调制**传输或**发射**,其中正弦**载波分量**的功率,比峰包功率至少低6dB,但尚保留能够重建和用于**解调**所需的电平。

702-06-24

抑制载波　suppressed carrier

描述这样一种幅度调制传输或**发射**,其中正弦载波分量的功率降低到通常不能重建和用于**解调**的电平。

702-06-25

双边带　double sideband

DSB(缩写词)　DSB (abbreviation)

描述这样一种传输或**发射**,其中由**调幅**所产生的两个**边带**都同样地被保留下来。

702-06-26

单边带　single sideband

SSB(缩写词)　SSB (abbreviation)

描述这样一种传输或**发射**,其中只保留了由**调幅**所产生的**上边带**或**下边带**。

702-06-27

独立边带　independent sideband

ISB(缩写词)　DSB (abbreviation)

描述这样一种传输或**发射**,其中**调幅**所产生的**下边带**和**上边带**分别对应独立的两**调制信号**。

702-06-28

残留边带　vestigial sideband

VSB(缩写词)　VSB (abbreviation)

只保留与**调制信号**的较低频率相对应的一些**频谱分量**,而其他分量都被大量衰减的**边带**。

702-06-29

残留边带(限定术语)　**vestigial sideband** (qualifying term)

描述这样一种传输或**发射**,其中利用一个完整的**边带**及其相对的**残留边带**。

702-06-30

角度调制　angle modulation

正弦**载波**的相位是**调制信号**瞬时值的特定函数的一种调制。

702-06-31

[**瞬时**]**相位偏移**　(instantaneous) phase deviation

在**角度调制**中,在给定时刻和指定条件下,**已调信号**的相位与没有调制时**载波**的相位之差。

702-06-32

峰值[**相位**]**偏移　peak (phase) deviation**

在**角度调制**中,对给定的**调制信号**,**瞬时相位偏移**的最大值。

702-06-33

[**瞬时**]**频率偏移　(instantaneous) frequency deviation**

在**角度调制**中,在给定时刻和特定条件下,**已调信号**的**瞬时频率**与调制前的**载波**频率之差。

702-06-34

峰值[**频率**]**偏移　peak (frequency) deviation**

在**角度调制**中,对给定的**调制信号**,**瞬时频率偏移**的最大值。

702-06-35

峰-峰值频率偏移　peak-to-peak (frequency) deviation;frequency swing

在**角度调制**中和在特定条件下,对于给定**调制信号**,已调信号**瞬时频率**的最大值与最小值之差。

702-06-36

相位调制　phase modulation

调相

PM(缩写词)　PM (abbreviation)

瞬时相位偏移按照给定的**调制信号**瞬时值之函数而改变的**角度调制**,该函数通常是线性的。

702-06-37

频率调制 frequency modulation

调频

FM(缩写词) FM (abbreviation)

瞬时频率偏移按照给定的**调制信号**瞬时值之函数而改变的角度调制。该函数通常是线性的。

702-06-38

[频率]偏移率 (frequency) deviation ratio

在**频率调制**中和在特定条件下,**峰值频率偏移**与**调制信号**的最大频率之比。

702-06-39

相移 phase shift

在用**时间离散信号**进行**调制**的**角度调制**中,稳态条件下**已调信号**的两个**信号元**之间的相位差。

702-06-40

相移键控 phase shift keying

PSK(缩写词) PSK (abbreviation)

相移调制 phase shift modulation

相移信号 phase shift signaling

时间离散的**调制信号**的每一**特征状态**都由**已调信号**的相位与调制前**载波**相位之间特定的差来表示的**角度调制**。

702-06-41

差分相移键控 differential phase shift keying

PDSK(缩写词) PDSK (abbreviation)

时间离散的**调制信号**的每一**特征状态**的变化都由**已调信号**相位的特定改变来表示的**角度调制**。

702-06-42

多值相移键控 multiple phase shift keying

MPSK(缩写词) MPSK (abbreviation)

取 n 个不同相移值的**相移键控**,通常这些取值是 $2\pi/n$ 弧度的整倍数。

702-06-43

正交相移键控 quadrature phase shift keying

QPSK(缩写词) QPSK (abbreviation)

正交相位调制 quadrature phase modulation

取 $\pi/2$ 弧度倍数的相移值的四态**相移键控**。

702-06-44

倒相调制 phase inversion modulation

取两个相差 π 弧度的相移值的双态**相移键控**。

702-06-45

相干调制 coherent modulation

由**时间离散信号**进行的**调制**,其中表征调制前**载波相位**的瞬时与**已调信号**的特征瞬时之间存在一预定的关系。例如:已调信号的特征瞬时值与载波过零点相对应的调制。

702-06-46

频移(键控中) **frequency shift** (in keying)

在由**时间离散信号**进行调制的**角度调制**中,稳定状态下**已调信号**的两个**信号元**的频率差。

702-06-47

频移键控　frequency shift keying

FSK(缩写词)　FSK (abbreviation)

频移调制　frequency shift modulation

频移信号　Frequency shift signaling

时间离散的调制信号的每一特征状态都由已调信号一组特定频率离散值之一来表示的角度调制。

702-06-48

***n* 态频移键控　*n*-condition frequency shift keying**

n-FSK(缩写词)　*n*-FSK (abbreviation)

取 *n* 个不同频移值的频移键控,通常这些取值有均匀的间隔。

702-06-49

最小相位频移键控　minimum (phase frequency) shift keying

MSK(缩写词)　MSK (abbreviation)

调制指数等于0.5的双态频移键控,其相位变动是连续的。

702-06-50

调制指数　modulation index

a)　在角度调制中,用弧度表示的峰值相移;

注:在正弦调制信号的角度调制中,调制指数等于峰值频率偏移与调制信号频率之比。

b)　在双态频移键控中,以赫兹表示的频移与以波特表示的调制率之比。

702-06-51

脉冲调制　modulation by pulse; pulse modulation (deprecated in this sense)

调制信号是一脉冲序列的一种调制。

702-06-52

脉冲载波　pulsed carrier

用于接受调制的一组由完全一样的脉冲组成的周期性脉冲序列。

702-06-53

脉冲[载波]调制　modulation of pulses;pulsed carrier modulation

脉冲载波的一个或多个特性随调制信号的变化而改变的一种调制。

702-06-54

脉冲幅度调制　pulse amplitude modulation

PAM(缩写词)　PAM (abbreviation)

脉冲幅度随调制信号的变化而改变的脉冲调制。通常该变化是一个线性函数。

702-06-55

脉冲时间调制　pulse time modulation

PTM(缩写词)　PTM (abbreviation)

脉冲载波与时间有关的特性随调制信号的变化而改变的脉冲调制。例:脉冲持续时间调制,脉冲频率调制。

702-06-56

脉[冲]位[置]调制　pulse position modulation

PPM(缩写词)　PPM (abbreviation)

脉冲的时间位置从其初始位置开始随给定函数调制信号的变化而改变的脉冲时间调制。

702-06-57

脉冲持续时间调制 **pulse duration modulation**

PDM(缩写词) PDM (abbreviation)

脉冲宽度调制 pulse width modulation (deprecated)

脉冲持续时间随**调制信号**的变化而改变的**脉冲时间调制**。

702-06-58

脉冲频率调制 **pulse frequency modulation**

PFM(缩写词) PFM (abbreviation)

脉冲重复率调制 pulse repetition rate modulation

脉冲重复频率随**调制信号**的变化而改变的**脉冲时间调制**。

702-06-59

脉[冲编]码调制 **pulse code modulation**

PCM(缩写词) PCM (abbreviation)

对信号抽样并分别把每个**样值**单独予以量化后,再将所得的量化值序列进行**编码**,变换为**数字信号**的调制过程。

702-06-60

差分脉[冲编]码调制 **differential pulse code modulation**

DPCM(缩写词) DPCM (abbreviation)

对信号抽样和把每一**样值**与前面的**样值**或量化值序列导出的预测值之差加以**量化**,再将所得的量化值序列编码和变换为**数字信号**的调制过程。

702-06-61

增量调制 **delta modulation**

ΔM(缩写词) ΔM (abbreviation)

DM(缩写词) DM (abbreviation)

只保留每一信号**样值**与其预测值之差的符号,并用一位**二进制数位**编码的**差分脉冲编码调制**。

702-06-62

脉冲交织 **pulse interlacing;pulse interleaving**

将来自几个**信号**源的一些**脉冲**或脉冲组顺序和周期性地通过公共传输信道传输的时分多路复用过程。

702-06-63

正交[幅度]调制 **quadrature (amplitude) modulation**

QAM(缩写词) QAM (abbreviation)

由两个独立的**信号**对两个幅度和频率都相同但相位正交的正弦载波进行的**幅度调制**,并将**已调信号**加在一起,以便在独立信道中传输。

702-06-64

频率变换 **frequency translation;frequency changing;frequency conversion**

变频

将**信号**的所有**频谱分量**,从**频谱**中某一位置整体向另一个位置的搬移,搬移时每对分量之频率差和每一分量的**幅度**与相对**相位**保持不变。

注:频率变换也许伴随着频率倒置。

702-06-65

频率倒置 **frequency inversion**

使**信号**的任一对**频谱分量**间频率差的符号改变。在倒置后的信号中,较高的频率分量代表原信号较低的频率分量;反之,较高的原频率分量由倒置后的较低频率分量来表示。

702-06-66

检波　detection

一种识别振荡、信号或波的本身及其变量是否存在的手段,通常为了提取所携带的信息。

702-06-67

解调　demodulation

从已调信号中恢复出原调制信号的过程。

702-06-68

载波恢复　carrier recovery

从已调信号中恢复原载波的过程。

702-06-69

幅度解调　amplitude demodulation

对幅度调制产生的已调信号的解调。

702-06-70

线性解调　linear demodulation

包络线解调　envelope demodulation

线性检波　linear detection (deprecated)

产生的输出信号正比于已调信号包络线的瞬时值的幅度解调。

702-06-71

相干解调　coherent demodulation;synchronous demodulation

将已调信号的频率和相位都与载波分量相同的正弦振荡相加而进行的幅度解调。

702-06-72

平方律检波　square law detection

用具有输出信号近似地与输入振荡包络线瞬时值的平方成比例特性的器件来完成的非线性的操作过程。

702-06-73

频率解调　frequency demodulation

对频率调制产生的已调信号进行的解调。

702-06-74

相位解调　phase demodulation

对相位调制产生的已调信号的解调。

2.7　传输特征、性能和失真

702-07-01

贝尔　bel

B

以两功率比的常用对数形式表示该比的单位。

注1:“贝尔”也可用以表示两个场量之比,假定阻抗相等,则将场量比的对数乘以2时所得之值与它对应的功率比的对数值相等。

注2:此单位已由“分贝”取代,所以不常采用。

702-07-02

分贝　decibel

dB

以两功率比的常用对数再乘以10的形式表示该比的单位。

注1:“分贝”也可用以表示两个场量之比,假定阻抗相等,则将场量比的对数乘以20时所得之值与它对应的功率比

对数值的10倍相等。

设:两功率为 P_1 和 P_2,则:以分贝表示的功率比为:$10\lg\frac{P_1}{P_2}$

场量比与对应的功率比之间的关系取决于阻抗。

设:P_1 和 P_2 分别代表因电流 I_1 和 I_2 而耗散在电阻器 R_1 和 R_2 上的功率。则:

$$10\lg\frac{P_1}{P_2}=10\lg\frac{I_1^2R_1}{I_2^2R_2}=20\lg\frac{I_1}{I_2}+10\lg\frac{R_1}{R_2} \qquad (6)$$

注2:在 ITU-T B.12,ITU-R 574 建议及 IEC 出版物 27-3 中给出了分贝和各种量值比的使用指南。

702-07-03

奈[培] **nape**

Np

以两场量比的自然对数形式表示该比的单位。

注1:以奈培表示的功率比,其数值为功率比的自然对数值的一半。仅在阻抗相等时,以奈培表示的两场量比和它对应的两功率比在数值上相等。

注2:也可用奈培的约量作单位,例如:分奈,其符号为 dNp。

注3:1Np=8.686 dB

注4:在有些学科中,奈培用来直接表示功率比的对数而不乘以因子1/2,如在辐射度学中又名光深度的衰减就是一例,对这类情况,1 Np 应等于4.343 dB。但在电信中为了避免混淆起见,不采取这种用法。

702-07-04

绝对功率电平 **absolute power level**

在传输信道中的一点上,信号或噪声功率与规定的参考功率之比,通常以分贝表示;当参考功率为1 mW,即用 dBm 表示。

702-07-05

相对功率电平 **relative power level**

在传输信道中的一点上,信号或噪声功率与该信号在一选定的参考点上功率之比,通常以分贝表示,该参考点一般是信道的起始点。

注:在每一种情况下都应规定是有效功率还是视在功率。

702-07-06

绝对电压电平 **absolute voltage level**

在传输信道的一点上,信号的电压均方根值(r.m.s)与一个规定的参考电压均方根值(r.m.s)之比,通常以分贝表示。

702-07-07

传输损耗 **transmission loss**

信号在一链路两端之间的衰减。

注:在 GB/T14733.9、GB/T14733.12 中给出适用于特定场合的更多确切解释。

702-07-08

插入损耗(二端口器件的) **insertion loss** (of two-port-device)

在传输通道中的一点上的功率与在此点之前插入一二端口器件后该点上功率之比,通常以分贝表示。

注:如插入损耗的功率比小于1,则其分贝值为负,而将该分贝值前的负号变为正号,即可用作"插入增益"的分贝值。

702-07-09

插入增益(二端口器件的) **insertion gain** (of two-port-device)

在传输通道中一点之前将一给定的二端口器件插入该通道后该点上的功率与网络插入之前在这同一点上的功率之比,通常以分贝表示。

注:如插入增益的功率比值小于1,则其分贝值为负,而将该分贝值前的负号变为正号,即可用作"插入损耗"的分贝值。

702-07-10

可用功率 available power

具有正实部阻抗的源直接连到负载上，当负载的阻抗变化很大时，理论上该源在给定频率上能供给的最大有效功率。

注1：当负载和源两者的电阻相等，且两者的电抗数值上相等但符号相反时，可获得可用功率。

注2：在实际中，诸如过热或过电压等状况会限制从一个源所获得的功率。

702-07-11

可换功率 exchangeable power

一个直接和负载相连的源，在给定频率上，当接口处的**复反射因数**变化很大时，能向负载提供的有效功率的极限值。

注1：负载与源匹配时则获得功率极限值。

注2：习惯上，赋予可换功率和源阻抗实部相同的符号，设实部符号为正，则极限值是最大值，且可换功率等同于可用功率。

702-07-12

可用功率增益(二端口器件的) **available power gain** (of a two-port device)

源通过级联的给定二端口器件所提供的**可用功率**与源单独提供的**可用功率**之比。

702-07-13

可换功率增益(二端口器件的) **exchangeable gain** (of a two-port device)

源通过级联的给定**二端口**器件所提供的**可换功率**与源单独提供的**可换功率**之比。

702-07-14

匹配(负载与源之间的) **matching** (between a load and a source)

a) 当负载直接连接到给定的源时所获得的下列状况，即：从该源获得**可换功率**或**可用功率**；或是在负载中获得最大的电流或电压；或是在源与负载的接口之间获得最小**复反射因数**；

b) 对于给定源和给定负载，通过在给定源和给定负载间插入一具有适当特性的**二端口**器件，或改变负载或源的特性参数，从而在负载中获得最大的功率、电流或电压的一种作用，或是反射到该源去的功率为最小的一种作用。

702-07-15

反射损耗 reflection loss

在负载和特定的源接口处**复反射因数**为零的情况下，该源能提供此负载的视在功率与同一源提供给和它直接相连的特定负载的视在功率之比，通常以分贝表示。

702-07-16

转换器损耗(二端口器件的) **transducer loss** (of a two-port device)

特定源的**可用功率**与源和给定阻抗的负载之间插入给定的**二端口**器件后发送给该负载的**有效功率**之比，通常以分贝表示。

注：如转换器损耗的比值小于1，则分贝值为负，而将该分贝值前的负号变为正号。即可用作“转换器增益”的分贝值。

702-07-17

转换器增益(二端口器件的) **transducer gain** (of a two-port device)

在特定源和特定负载之间插入给定的**二端口**器件后，从源发送给该负载的**有效功率**与该源的**可用功率**之比，通常以分贝表示。

注：如转换器增益的比值小于1，则分贝值为负，而将该分贝值前的负号变为正号，即可用作“转换器损耗”的分贝值。

702-07-18

复合损耗(二端口器件的) **composite loss** (of a two-port device)

在负载和特定源接口处**复反射因数**为零的情况下,该源应能供给负载的视在功率与在该源和特定的负载之间插入给定**二端口**器件后能供给负载的视在功率之比,通常以分贝表示。

注:如**复合损耗**的比值小于1,则其分贝值为负,而将该分贝值前的负号改变为正号,即可用作"**复合增益**"的分贝值。

702-07-19

复合增益(二端口器件的) **composite gain** (of a two-port device)

源和特定负载间插入给定**二端口**器件后供给该负载的视在功率与同一源在它和负载接口处的**复反射因数**为零的情况下,该源应能供给负载的视在功率之比,通常以分贝表示。

注:如复合增益的比值小于1,则其分贝值为负,而将该分贝值前的负号改变为正号,即可用作"复合损耗"的分贝值。

702-07-20

入射电流 **incident current**

流向传输线中不连续点或端口的电流。

702-07-21

入射波 **incident wave**

射向两不同媒质分界面、传输线的不连续点或网络端口的波。

702-07-22

反射电流 **reflected current**

由于传输线的不连续性对**入射电流**的影响而流向反方向的电流。

702-07-23

反射波 **reflected wave**

a) 当入射波遇到两不同媒质的分界面时,所出现的离开该分界面并在与**入射波**相同媒质中传播的波;

b) 从电网络的端口或传输线的不连续点处传播与**入射波**方向相反且和该**入射波**有关的波。

702-07-24

[复]反射因数 **(complex) reflection factor**

[复]反射系数 **(complex) reflection coefficient**

$\overline{r}$

在靠近两传播媒质的分界面、或靠近电网络端口或传输线的不连续点处,正弦**场量**如**反射电流**或**反射波**分量与相应的入射电流或**入射波场量**的复值比。

注1:当该**场量**是平面电磁波分量时,其**复反射因数**的符号对电场分量和相应的磁场分量是不同的。

注2:**场量**在网络端口或传输线的不连续点时,电压的**复反射因数**可定为与电流**复反射因数**的符号相反。

注3:当阻抗能确定时,则电流复反射因数为:$\overline{r}=\dfrac{\overline{Z}-\overline{Z'}}{\overline{Z}+\overline{Z'}}$ ……………………………(7)

式中:$\overline{Z}$——在不连续点之前的传输线的特性阻抗或源阻抗;

$\overline{Z'}$——在不连续点之后的传输线的特性阻抗或从接点看去的负载阻抗。

注4:对于波导,复反射因数取决于所采用的电磁波模式。

702-07-25

回波损耗 **return loss**

复反射因数倒数的模,通常以分贝表示。

注:当阻抗能确定时,回波损耗由下式给出:

$$-20\lg|\overline{r}|=20\lg\left|\frac{\overline{Z}+\overline{Z'}}{\overline{Z}-\overline{Z'}}\right| \qquad (8)$$

式中：$\overline{Z}$——传输线在不连续点之前的特性阻抗或源阻抗；

$\overline{Z}'$——传输线在不连续点之后的特性阻抗或从源与负载之间的接点看去的负载阻抗。

702-07-26

单位冲激响应　unit impulse response; unit pulse response; Weighting function

在二端口器件输入端施加一狄拉克增量函数表达的单位冲激时产生的时间响应。

注1：表达单位脉冲的增量函数可看成是一个当时间间隔趋近于零时的函数极限，该函数除在围绕原点的很短时间间隔内有正值，且其积分恒等于1之外，其余各点均为零值。

注2：单位脉冲可看成是单位阶跃的时间导数。

注3：单位冲激响应可看成是非时变线性二端口器件的单位阶跃响应的时间导数。

702-07-27

传递函数(1)　transfer function

在非时变线性二端口器件的输出端以频率表征的时变信号复量与表征所对应的输入信号复量之比，此两复量都是用相同的方式来定义的。

702-07-28

传递函数(2)　transfer function; transmittance; response function

表征非时变线性二端口器件特性的一种函数，它等于网络输出端与输入端对应信号的拉氏变换之比。

注：二端口器件的**传递函数**是它的**单位冲激响应**的拉氏变换。

702-07-29

频率响应　frequency response

频率响应特性　frequency response characteristic

表征非时变线性二端口器件特性的一种函数，它等于输出端与输入端对应信号的傅里叶变换之比。

注：当拉氏变换的变量为复频率的纯虚数值时，二端口器件的频率响应等于输出与输入信号的拉氏变换之比，因此它就是一线性的非时变线性二端口器件的**单位冲激响应**的傅里叶变换。

702-07-30

转移阻抗　transfer impedance

输出量为电压而输入量为电流的**传递函数**。

702-07-31

转移导纳　transfer admittance

输出量为电流而输入量为电压的**传递函数**。

702-07-32

转移导抗　transfer immittance

转移阻抗或**转移导纳**。

702-07-33

转移比　transfer ratio

输入、输出**信号**为同一类型的量的**传递函数**。

注：例如电压转移比或电流转移比。

702-07-34

幅度-幅度特性　amplitude/amplitude characteristic

二端口器件的输出**信号**的基波分量的幅度作为特定频率下正弦输入信号幅度的函数。

注：该输出信号基波分量的频率可能与输入信号频率不同。

702-07-35

幅[度]频[率]特性　amplitude/frequency characteristic

二端口器件输出信号的基波分量的幅度作为特定幅度的正弦输入信号频率的函数。

注1：对于非时变线性二端口器件，幅度频率特性以**频率响应**的模数表示。

注2：该输出信号基波分量的频率可能与输入信号频率不同。

702-07-36

相[位]频[率]特性　phase/frequency characteristic

二端口器件输出**信号**的基波分量与特定幅度的对应正弦输入**信号**之间的相位差，作为频率的函数。

注：对于非时变线性**二端口**器件，相位频率特性以**频率响应**的幅角表示。

702-07-37

时延频率特性　delay/frequency characteristic

非时变线性**二端口**器件的输入与输出间的群时延作为频率的函数。

702-07-38

传输性能　transmission performance

电信系统或传输信道在给定条件下再现**信号**的能力。

702-07-39

差错比　error ratio

在给定的一段时间内，所接收到的消息差错单元数与所传送的消息单元总数之比。

注：在 GB/T14733.11 和 GB/T14733.5 中给出更多的特定的解释。

702-07-40

差错控制　error control

在**信息**的收录、处理或传递过程中，用来减少差错事故的任何技术。

702-07-41

差错检测　error detection

检错

在接收的消息中用来判断有差错基元的任何技术。

702-07-42

纠错　error correction

纠正消息中一些被认为是差错基元的任何技术。

702-07-43

失真(信号的)　**distortion** (of a signal)

畸变(信号的)

任何非故意造成的且通常不希望有的**信号**变化。

702-07-44

线性[的]　linear

在规定工作范围内，器件、网络或传输媒质符合叠加原理的一种工作属性，按照此种属性：

a)　当加在给定端口上的任一输入**信号**按某一系数倍增时，则导致在特定输出端口上的**信号**也按同一系数倍增；

b)　将任意一些输入信号同时分别加在互不相关的给定输入端口上，或是将它们集中地加在一给定的输入端口上，则在特定的输出端口上所得到的总信号就是将同样的这些输入信号逐个加到同上的各输入端口而在对应的输出端口上应分别得到的输出信号的总和。

注：有若干端口的器件，可以仅有某些给定端口是线性的。

702-07-45

线性失真　linear distortion

当在有用**频带**中，**幅频特性**是一个非恒定数，**相频特性**不是以一条在相位轴上零频截距为零或 π 弧度倍数的直线来表示时，**线性二端口**器件或线性传输媒质所产生的失真。

702-07-46

均衡(在模拟传输中)　**equalization** (in analogue transmission)

为了减少传输**信号**的**线性失真**，针对传输信道或**二端口**器件的**传递函数**偏离其理想形状而进行的补偿过程。

702-07-47

均衡(在数字传输中) **equalization** (in digital transmission)

在传输信道中,为减少因失真而导致符号间干扰的一种措施。

702-07-48

预均衡 **pre-equalization**

在传输信道或**放大系统**中为补偿随后发生的失真而对**信号**所作的有意改变。

702-07-49

幅度频率失真 **amplitude/frequency distortion**

衰减频率失真 **attenuation/frequency distortion**

在有用**频带**内,传输信道或**二端口**器件的**幅度频率特性**偏离其理想形状时出现的一种**线性失真**。

注:幅度频率特性的理想形状是一条纵坐标为恒定值的直线。

702-07-50

衰减均衡 **attenuation equalization**

在全部有用**频带**内,为了补偿**幅度频率失真**而有意采取的一种措施。

702-07-51

相位频率失真 **phase/frequency distortion**

在有用**频带**内,传输线或**二端口**器件的**相位频率特性**偏离其理想形状时出现的一种**线性失真**。

注1:理想形状的相位频率特性是一直线,该直线在相位轴上的零频截距为零或为 π 弧度的整倍数。

注2:相位频率失真区别于群时延频率失真之处在于前者对信号的所有有效频谱分量增加了一固定相角,若零频相位截距为一弧度的整倍数时,则此种增加不改变信号或仅使其符号相反。

702-07-52

相位均衡 **phase equalization**

在全部有用**频带**内,为了补偿**相位频率失真**而有意采取的一种措施。

702-07-53

群时延频率失真 **group delay/frequency distortion;envelope delay distortion**

在全部有用**频带**内,当**群时延**从传输信道或**二端口**器件输入端到输出端发生变化时出现的一种**线性失真**。

注:群时延频率失真是反映相位频率特性对于信号的有效频谱分量频率不是一直线的一种相位频率失真。

702-07-54

群时延均衡 **group delay equalization**

在全部有用**频带**内,为了补偿**群时延频率失真**而有意采取的一种措施。

702-07-55

非线性[的] **non-linear**

器件、网络或传输媒质的一种工作属性,按照此属性:

a) 在规定的全部工作范围内,加在给定端口上的任一输入**信号**按某一系数倍增时,则并不导致在特定输出端口上得到的**信号**也按同一系数倍增。

b) 在规定的全部工作范围内,将任意一些输入**信号**同时分别地加在互不相关的给定输入端口上,或是将它们集中地加在一给定的输入端口上,则在特定的输出端口上所得到的总**信号**与将同样的这些输入**信号**逐个加到同上的各输入端口而在相应的输出端口上应分别得到的输出**信号**的总和不相等。

注1:在规定的全部工作范围内是非线性的器件可能在其中有限的一段范围中对信号呈现线性特性。

注2:带有若干端口的器件,其中某些端口的组合可以是非线性的,而另一些端口的组合却是线性的。

702-07-56

非线性失真　non-linearity distortion;nonlinear distortion

二端口器件或传输线的输入与输出之间为**非线性的**关系时出现的一种信号失真。

702-07-57

幅度[-幅度]失真　amplitude/amplitude distortion;amplitude distortion

以正弦输入**振荡**的幅度与对应的随输入幅度变化的基波输出分量的幅度之比来表征的一种**非线性失真**。

702-07-58

相位幅度失真　phase/amplitude distortion

以正弦输入**振荡**与对应的随输入幅度变化的输出基波分量间的相位差来表征的一种**非线性失真**。

702-07-59

微分相位失真　differential phase distortion

对于包括叠加在一直流分量上的小幅度正弦**振荡**在内的信号,以其正弦输入**振荡**与对应的随输入直流分量值变化的输出基波分量之间相位差来表征的一种**非线性失真**。

对于包括叠加在一直流分量上的小幅度正弦**振荡**在内的**信号**,由其输出基波分量与对应随输入直流分量值变化的正弦输入**振荡**之间相位差的非期望变化值表征的一种**非线性失真**。

702-07-60

微分幅度失真　differential amplitude distortion

微分增益失真　differential gain distortion

对于包括叠加在一直流分量上的小幅度正弦**振荡**在内的**信号**,以其输出**振荡**的基波分量的幅度与随输入直流分量变化的输入**振荡**幅度之比的非期望变化值来表征的一种**非线性失真**。

702-07-61

谐波失真　harmonic distortion

以输出分量产物来表征的一种**非线性失真**,这些输出分量的频率是正弦输入**信号**频率的整倍数。

702-07-62

谐波失真因数　harmonic distortion factor

当输入**信号**为特定频率和特定幅度的正弦**振荡**时,在产生**谐波失真**的传输信道或**二端口**器件之输出端的**总谐波系数**。

702-07-63

非线性校正　non-linearity correction

为了减少**二端口**器件或传输信道产生的**非线性失真**而有意采取的一种措施。

702-07-64

互调　intermodulation

出现在**非线性的**器件或传输媒质中,由于一个或多个输入**信号**的多**频谱分量**之间相互作用,从而产生新的分量的一种过程。这些新分量的频率等于各输入分量的一些整数倍频的线性组合。

注:互调可以是加在同一个或不同的输入端的单一非正弦输入信号或是几个正弦或非正弦信号所造成的。

702-07-65

互调产物　intermodulation product

互调分量　intermodulation component

互调形成的每一**频谱分量**。

702-07-66

组合频率　combination frequency;combination tone

互调产物的频率。

注:组合频率由下式给出:

$$f=pf_1+qf_2+\cdots \qquad (9)$$

式中：$p,q\cdots$——正整数、零或负整数；

$f_1,f_2\cdots$——一个或多个输入信号的谱分量频率。

702-07-67

互调产物阶次　intermodulation product order

组合频率公式 $f=pf_1+qf_2+\cdots$ 中整数系数 $p,q\cdots$ 的绝对值之和。式中 f 为**互调产物**的组合频率。$f_1 f_2\cdots$ 为在**非线性的**器件或传输媒质输入端的**频谱分量**。

702-07-68

互调失真　intermodulation distortion

以在**非线性的**器件或传输媒质的输出**信号**中出现的**互调**产物来表征的一种**非线性失真**。

注：互调失真能定量地表示为各阶次的互调产物幅度与特定幅度和特定频率的两个或多个正弦输入振荡幅度之比。

702-07-69

量化失真　quantizing distortion

量化噪声　quantizing noise

在工作范围内对相应于原**信号**的样值**量化**所导致的**信号**失真。

注：当量化后的信号表现为携带信息并叠加随机噪声的信号时，可采用“量化噪声”一词。

702-07-70

反馈　feedback

部分信号从**二端口**网络输出端向输入端的回传，或从传输通道上的一点向途中已通过的一点的回传。

702-07-71

正反馈　positive feedback

回传信号使输出**信号**增强的**反馈**。

702-07-72

负反馈　negative feedback

回传信号使输出**信号**减弱的**反馈**。

702-07-73

前馈　feedforward

部分信号从**二端口**器件输入端向输出端传送，或从传输通道上的一点沿着该通道向随后的点传送。

702-07-74

抖动　jitter

信号的特征，如相位、**脉冲持续时间**或幅度等对其理想值骤然、微量、无规则的**偏离**。

注：在 GB/T14733.11 给出数字传输中抖动的更多特定的定义。

702-07-75

时间失真　time distortion

当各特征瞬时与其相应的理想瞬时不重合时，对**时间离散信号**的不良影响。

702-07-76

前沿展宽　leading-edge broadening

上升时间展宽　rise-time broadening

相对于容许的最大持续时间而言，**脉冲**或**信号元**的**上升时间**有非期望的增长。

702-07-77

后沿展宽　trailing-edge broadening

下降时间展宽　decay-time broadening

相对于容许的最大持续时间而言，脉冲或**信号元**的下降时间有非期望的增长。

702-07-78

瞬态 **transient** (adjective and noun)

在短于所考虑的时标之时间间隔内,变化于连续的两稳态之间的一种现象或量,或是此种现象或量的属性。

702-07-79

[瞬间]过冲 **overshoot;transient overshoot**

由于在**二端口**器件输入端**信号**的突然变化而引起的瞬态现象,其特点表现为输出**信号**值暂时远超过其应达到的稳态值,而且一般还跟随着接近此稳态值的阻尼**振荡**。

注:过冲可能会影响诸如脉冲的前沿或后沿的阶跃过渡。

2.8 噪声与干扰

702-08-01

有用信号 **wanted signal;desired signal**

一个或多个接收机所要寻找的携带信息的**信号**。

702-08-02

无用信号 **unwanted signal;undesired signal**

对**有用信号**的接收可能招致损伤的**信号**。

702-08-03

噪声(在电信中) **noise** (in telecommunication)

显然未携带信息并可能叠加或合并于**有用信号**上的任何变化的物理现象。

注1:在某些场合,噪声也可在其源的一些特征上携带信息,如它的性质和位置;

注2:当多个信号的集成在它们不可分别确认时,也可能呈现噪声。

702-08-04

电磁骚扰 **electromagnetic disturbance**

可能使器件、设备或系统性能劣化或者对生物和非生物起不良影响的任何电磁现象。

注:电磁骚扰可以是噪声、无用信号或传播媒质本身的变化。

702-08-05

无线电噪声 **radio (frequency) noise**

具有射频范围内一些频率分量的电磁**噪声**。

702-08-06

无线电骚扰 **radio (frequency) disturbance**

具有射频范围内一些频率分量的**电磁骚扰**。

702-08-07

脉冲噪声 **impulsive noise;impulse noise**

脉冲骚扰 **impulsive disturbance**

在特定设备上出现的、表现为一连串清晰**脉冲**或**瞬态**的**噪声**。

702-08-08

循环[脉冲]噪声 **recurrent (impulsive) noise**

循环骚扰 **recurrent disturbance**

由重复出现在相等或几乎相等的时间间隔的**脉冲**或**瞬态**产生的**噪声**。

702-08-09

连续噪声 **continuous noise**

对一个特定设备的效应不能分解为一串清晰可辨的效应的**噪声**。

702-08-10

准脉冲噪声　quasi-impulsive noise

相当于脉冲噪声和连续噪声重叠的噪声。

702-08-11

自然噪声　natural noise

来源于自然现象而非人造器件产生的电磁噪声。

702-08-12

人为噪声　man-made noise

来源于人造器件的电磁噪声。

702-08-13

固有噪声　intrinsic noise

系统内噪声　intra-system noise

来源于特定设备或系统的内部，而在其输出端呈现的噪声。

注：固有噪声的例子，如：电路噪声、信道噪声、接触噪声、设备噪声。

702-08-14

外界噪声　external noise

来源于特定设备或系统的外部，而在其输出呈现的噪声。

702-08-15

背景噪声　background noise

嘘音　hiss

当有用信号存在时，在给定设备输出呈现的噪声。

注："嘘音"一词用于可闻连续噪声的特定情况下。

702-08-16

基本噪声　basic noise

不存在有用信号时，传输信道或设备输出呈现的噪声，而当有用信号存在时，则此噪声归属于背景噪声。

702-08-17

喀呖声(在电信中)　**click** (in telecommunications)

持续时间非常短暂的噪声。

702-08-18

蜂音(在电信中)　**buzz** (in telecommunications)

以多少有些规律的快速连续的喀呖声而呈现的噪声。

702-08-19

噼啪声(在电信中)　**crackle** (in telecommunications)

以一串间歇的喀呖声呈现出的噪声。

702-08-20

哼声　hum

交流声　supply noise

通常由交流供电系统直接或间接地引起的低频噪声。

702-08-21

电报噪声　telegraph noise

电键喀呖声　key clicks

由电报设备或电路产生的噪声。

702-08-22

切换噪声　switching noise

由于切换动作而产生的**噪声**。

702-08-23

话筒噪声　microphonics

传声器噪声　microphony

在设备中因机械冲击或振动的后果而产生的**噪声**。

702-08-24

寄生振荡　parasitic oscillation

在设备中产生的一种无用**振荡**，其频率既不取决于工作频率也不取决于和产生所需**振荡**有关的一些频率。

702-08-25

振鸣　singing

由于过量的**正反馈**而引起的一种无用的自持**振荡**的产物。

702-08-26

振鸣点　singing point

设备或传输信道的工作特性因**正反馈**引起少许增强而产生**振鸣**的门限点。

702-08-27

尖叫声(在电信中)　**birdies** (in telecommunications)

啸声　whistling

在设备或传输信道里，由**寄生振荡**产生的或由内部**振荡**、**有用信号**及**无用信号**之间的**相位干涉**而产生的可闻**噪声**。

702-08-28

互调噪声　intermodulation noise

由于不可分辨的互调产物的存在而引起的**噪声**。

702-08-29

电磁干扰　electromagnetic interference

EMI(缩写词)　EMI (abbreviation)

由于**电磁骚扰**而导致设备、传输信道或系统性能的劣化。

注：英文中“interference”(干扰)和“disturbance”(骚扰)在使用时，经常不予区分。

702-08-30

干扰信号　interfering signal

对**有用信号**的接收招致损伤的**信号**。

702-08-31

干扰(对有用信号)　**interference** (to a wanted signal)

由于**干扰信号**、**噪声**或**电磁骚扰**而对**有用信号**的接收造成的骚扰。

702-08-32

相位干涉　phase interference

波干涉　wave interference

由两个或多个频率相等或接近相等的相干**振荡**或**波**叠加而形成的一种现象，它在空间以干涉图的形式，在时间上以拍频形式表现为合成幅度的变化。

702-08-33

符号间干扰　intersymbol interference

由于代表有用数字的前一个或后一个数字的**信号元**溢出至代表该有用数字的**信号元**而产生的骚扰。

702-08-34

信道间干扰　interchannel interference

在给定传输信道里，由其他一路或多路信道中的**信号**所导致的**干扰**。例如：电话中的“串话”，电视中的“串画面”和“串色”。

702-08-35

交[叉]调[制]　cross modulation

通过在**非线性的**设备、网络或传输媒质中各**信号**间的相互作用而产生的**无用信号**对**有用信号**的**载波**的**调制**。

702-08-36

边带干扰　sideband interference

在传输信道中由于**已调信号**的**边带**侵入相邻**频带**而产生的**干扰**。

702-08-37

回波(在电信中)　**echo** (in telecommunication)

通过不同于正常路径的其他途径返回到给定点上的**信号**，在该点上，此**信号**有足够的幅度和时延，以致可感知与由正常路径传送来的**信号**有所不同。

702-08-38

随机噪声　random noise

在给定瞬间其值不可预测的**噪声**。

702-08-39

白噪声　white noise

平坦随机噪声　flat random noise

在所考虑的**频带**内具有**连续谱**和恒定的**功率谱密度**的**随机噪声**。

702-08-40

色噪声　Coloured noise

在所考虑的**频带**内具有**连续谱**和变化的**功率谱密度**的**随机噪声**。

702-08-41

加权噪声　weighted noise

其**功率谱**经过特定的选频网络予以修改的**噪声**。

702-08-42

噪声计加权噪声　psophometrically weighted noise

由一滤波网络加权的**噪声**，该网络的**幅度频率特性**在所有不同频率上对应于人耳的灵敏度。

注：在 ITU-T 建议 0.41 中给出了商用电话噪声计的定义及其加权法则，在 ITU-R 建议 468 中给出了声音节目信道噪声计定义及其加权法则。

702-08-43

三角噪声　triangular noise

在所考虑的**频带**内具有**连续谱**且其**功率谱密度**的平方根与频率成比例的**随机噪声**。

702-08-44

粉红噪声　pink noise

在所考虑的**频带**内具有**连续谱**且其**功率谱密度**与频率的倒数成比例的**随机噪声**。

702-08-45

热噪声 **thermal noise;Johnson noise**

在导体中由于带电粒子热骚动而产生的**随机噪声**。

注:热噪声具有连续谱,且当频率低到其量子现象已不再能忽略后,可看成是白噪声。

702-08-46

散弹噪声 **shot noise**

由于离散电荷的运动而形成电流的现象所引起的**随机噪声**。

注1:散弹噪声主要出现在半导体器件或电子管中。

注2:散弹噪声具有**连续谱**,且在非常低的频率与瞬时效应显著的较高频率之间的**频带**内可看成是**白噪声**。

702-08-47

闪烁噪声 **flicker noise**

在电流流过的媒质中,由于该媒质的表面不规则性或其颗粒状性质而导致的**随机噪声**。

注1:半导体间的接合点,氧化物被覆的阴极以及颗粒状电阻都属于不规则或颗粒状媒质。

注2:闪烁噪声具有连续谱,且仅在非常低的频率下它近似 $1/f$ 噪声时,其功率谱密度才重要。

702-08-48

$1/f$ 噪声 **$1/f$ noise**

具有**连续谱**,且在低于给定频率时其**功率谱密度**大致与频率倒数成比例的**随机噪声**。

702-08-49

量子噪声 **quantum noise**

属于**电磁辐射**的离散粒子性质的**噪声**。

注:在正常温度下量子噪声仅在诸如光辐射的极高频率时才有重要性。

702-08-50

高斯噪声 **gaussian noise**

一种**随机噪声**:在任选瞬时中任取 n 个,其值按 n 个变数的高斯概率定律分布。

注1:高斯噪声完全由其时变平均值和两瞬时的协方差函数来确定,若噪声为平稳的,则平均值与时间无关,而协方差函数则变成仅和所考虑的两瞬时之差有关的相关函数,它在意义上等效于功率谱密度。

注2:高斯噪声可以是大量独立的脉冲所产生的,从而在任何有限时间间隔内,这些脉冲中的每一个脉冲值与所有脉冲值的总和相比都可忽略不计。

注3:实际上热噪声、散弹噪声及量子噪声都是高斯噪声。

702-08-51

等效噪声电压(一端口器件的) **equivalent noise voltage** (of a one-port device)

噪声电动势(一端口器件的) **noise electromotive force** (of a one-port device)

E

在**一端口**器件输出,仅仅是由其**噪声**源而产生的开路均方根电压。

注:从接收天线输出端看可视为一端口器件。

702-08-52

[等效]噪声电阻(一端口网络的) **(equivalent) noise resistance** (of a one-port device)

具有电阻量纲的量 R_{eq};通过下式关系来表示一端口的网络的等效**噪声**电压 E_n:

$$R_{eq}=\frac{E_n^2}{4kT_0\Delta f} \qquad (10)$$

式中:T_0——参考热力学温度,习惯上定在 290 K 左右;

Δf——所考虑的带宽;

k——波耳兹曼常数。

注:从接收天线输出端看可视为一端口器件。

702-08-53

[可换]噪声功率(一端口器件的) **(exchangeable) noise power** (of a one-port device)

在**一端口**器件终端仅由于其各种**噪声源**产生的**可换功率**。

注 1:从接收天线输出端看可视为一端口的器件。

注 2:如器件阻抗在热力学温度 T 具有一恒定实部,而假设量子效应可予忽略,则仅由网络热噪声产生的可换功率谱密度与频率无关且等于 kT,其中 k 为玻耳兹曼常数。

702-08-54

点噪声温度(一端口器件的) **spot noise temperature** (of a one-port device)

一端口器件中,在给定频率上除以玻耳兹曼常数的**可换噪声功率**谱密度。

注 1:此定义假定量子效应可予忽略。

注 2:点噪声温度与器件阻抗的实部同符号。当实部为正时,可换功率变为可获功率。

注 3:若器件的阻抗的实部为正,其在给定频率的点噪声温度在数值上等于与该阻抗的实部相等的电阻的热力学温度,得到的热噪声可获功率等于该器件在同一频率的噪声可获功率。

注 4:从接收天线输出端看可视为一端口器件。

702-08-55

平均噪声温度(一端口器件的) **mean noise temperature** (of a one-port device)

给定**一端口**器件在特定**频带**中平均的**点噪声温度**。

702-08-56

等效[点]噪声温度(线性二端口器件的) **equivalent(spot)noise temperature** (of a linear two-port device)

$T(f)$

将**一端口**器件与一给定**线性二端口**器件输入端相连,若此**二端口**器件产生的**噪声**被暂时抑制,则此**一端口**器件在给定频率处的**噪声温度**总量应增加,增加值应使得与输入频率相同的输出频率处的输出**噪声功率谱密度**等于**一端口**器件和给定**二端口**器件的总**噪声**功率谱密度。

注 1:此定义假定量子效应可予忽略。

注 2:二端口器件的等效点噪声温度与连接到其输入端的一端口器件的阻抗有关。

702-08-57

点噪声因数(线性二端口器件的) **spot noise factor** (of a linear two-port device); **spot noise figure** (of a linear two-port device)

$F(f)$

在给定**线性二端口**器件输出端,出现在给定频率时的**可换噪声功率**谱密度与将会出现在输出端的**功率谱密度**之比,设若由于连接到输入端的**一端口的**器件所引起的**热噪声**为仅有的**噪声源**,而且还假定在所有频率时,**噪声温度**等于习惯上定在 290K 左右的参考热力学温度。

注 1:点噪声系数 $F(f)$ 与等效点噪声温度 $T(f)$ 的关系式如下:

$$F(f)=1+\frac{T(f)}{T_0} \qquad (11)$$

式中:T_0——参考热力学温度。

注 2:$F(f)$ 的比值可以分贝表示。

702-08-58

平均[等效]噪声温度(线性二端口器件的) **mean (equivalent) noise temperature** (of linear two-port device)

T

在规定**频带**内,给定**线性二端口**器件的**等效噪声温度**的平均值。

702-08-59

[平均]噪声因数(线性二端口器件的) **(mean)noise factor** (of a linear two-port device); **(mean)**

noise figure (of a linear two-port device)

$\overline{F}$

出现在给定**线性二端口**器件输出端且在规定的频带内的总**噪声**功率与其中来自连接到**二端口**器件输入端的**一端口**器件所产生的那部分**噪声**功率之比，此时假定**一端口**器件**噪声**温度在所有频率上都等于习惯上定的 290 K 左右的参考热力学温度。

注 1：平均噪声系数 $\overline{F}$ 与平均噪声温度 $\overline{T}$ 的关系式如下：

$$\overline{F}=1+\frac{\overline{T}}{T_0} \qquad \cdots\cdots(12)$$

式中：T_0——参考热力学温度。

注 2：平均噪声因数可以分贝表示。

702-08-60

有效噪声带宽(线性二端口器件的) **effective noise bandwidth** (of a linear two-port device)

理想**线性二端口**器件的矩形通带的宽度。该器件在此通带中具有固定的**增益**且等于一实际的线性**二端口**网络最大增益，从而若将同样的**白噪声**源连接到两个假定都不必考虑内部**噪声**影响的器件的输入端，则在两个输出端上会得到相同的**噪声**功率。

注：实际的**二端口**器件**可用功率增益**为一具有最大值 G_M 的频率函数 $G(f)$；则该**二端口**器件的噪声带宽 f 为：

$$f=\frac{1}{G_M}\int_0^\infty G(f)\mathrm{d}f \qquad \cdots\cdots(13)$$

702-08-61

信[号]噪[声]比 **signal-to-noise ratio; signal/noise ratio**

S/N

在规定的条件下，传输信道的特定点上**有用信号**功率与和它同时存在的**噪声**功率之比，通常以**分贝**表示。

注：通常信号与噪声是不能分开的，所以实际上所测量的是信号加噪声与噪声之比。

702-08-62

比特能量噪声频谱密度比 **bit energy to noise spectral density ratio**

E/N

在传输信道的一点上，传送一个**二进制数字**所用的能量与**噪声功率谱密度**之比，通常以**分贝**表示。

702-08-63

信[号]干[扰]比 **signal to interference ratio; signal/interference ratio**

在规定条件下所测量的传输信道的特定点上，**有用信号**功率与**干扰信号**加**噪声**的总功率之比，通常以分贝表示。

702-08-64

抗干扰性 **immunity to interference**

传输系统特别是接收设备减少或排除对**有用信号干扰**的一种能力。

702-08-65

电磁环境 **electromagnetic environment**

给定地区内多种电磁现象的存在的总状态。

702-08-66

电磁兼容性 **electromagnetic compatibility**

EMC(缩写词) EMC (abbreviation)

设备或系统在其电磁环境中既能满足其功能要求又不会对在该环境中的任何事物带来不能容忍的**电磁骚扰**的能力。

2.9 线性与非线性网络和器件

702-09-01

硬件(在电信中) **hardware** (in telecommunications)

连接在一起以完成电信功能的电的、机械的或其他物理的器件。

702-09-02

软件(在电信中) **software** (in telecommunications)

与设备、电信网络或其他系统操作有关的计算机程序、步骤、规则以及任何相关文件。

702-09-03

功能单元 **functional unit**

能完成特定功效的**硬件**、**软件**或兼有硬、软件的实体。

702-09-04

电路 **(electric)circuit**

一些器件或媒质的连接安排,使电流能在其中流通。

702-09-05

[电]**网络** **(electrical) network**

作为一整体来看的各相互连接的**电路**元件的集合。

702-09-06

有源的 **active**

用于表述除输入**信号**之外尚需有能源才能发挥功效的网络或器件的形容词。

702-09-07

无源的 **passive**

用于表述除输入**信号**之外不需任何能源就能发挥功效的网络或器件的形容词。

702-09-08

一端口,形容词 **one-port**

用于表述仅有一终接点的电网络或器件特征的形容词,且通过此终接点,**信号**能进入或送出。例如:腔体谐振器、双端网络。

702-09-09

二端,形容词 **two-terminal**

用于表述具有终接点为一对端子的**一端口电网络**或器件特征的形容词。

702-09-10

二端口,形容词 **two-port**

用于表述带有两独立终接点的**电网络**或器件特征的形容词,且通过此两终接点,**信号**能进入或送出。例如:波导段,**二端对**网络。

702-09-11

二端对,形容词 **two-terminal-pair**

用于表述具有每一端口为一对端子的**二端口电网络**或器件特征的形容词。

702-09-12

n **端口**,形容词 ***n*-port**

用于表述具有一种终端数量规定为 n 的**电网络**或器件特征的形容词,且**信号**能够通过这些终端进入或送出。

702-09-13

传感器 **transducer**

由一个或多个输入量所激励的且能提供与输入量相关,但具有不同物理性质的输出量的器件。

702-09-14

延迟线　delay line

用来在**信号**的传输中引入所需的延迟而不改变**信号**其他特性的**线性二端口**器件。

702-09-15

衰减器　attenuator

使输出**信号**功率小于输入**信号**功率且不改变**信号**其他特性的一种**线性无源的二端口**器件。

注：衰减器提供的衰减量可以是固定的，也可以是可变的。

702-09-16

移相器　phase shifter；phase changer

一种**线性二端口**器件，它在给定**频带**内的每一频率的正弦输出**信号**，其相位均和正弦输入**信号**有一规定的相位差，但并不改变**信号**的其他特性，特别是**幅度频率特性**。

702-09-17

滤波器　filter

按规定法则设计用来传递**信号**的各频谱分量的一种**线性二端口**器件。通常是为了通过某一频带的**频谱分量**而衰减在其他频带内的**频谱分量**。

702-09-18

配线架　distribution frame

为**通路**、**电路**或设备提供半永久性灵活互连的一种结构或设备。可将**通路**、**电路**或设备终接，并能按照所要求的任何方式将它们连通起来。

702-09-19

放大器　amplifier

主要是为产生输出**信号**功率大于输入**信号**功率的一种有源**二端口**器件。

注：放大器也可以设计成滤波器或对信号产生其他工作效用，例如：限幅。

702-09-20

低噪[声]放大器　low-noise amplifier

位于放大链路输入端的一种**放大器**，它专为对一给定**增益**要求，引入尽可能小的内部**噪声**及在输出端获得最大可能的**信噪比**而设计的。

702-09-21

缓冲放大器　buffer amplifier

缓冲级　buffer (stage)

为防止连接在其输出端电路的特性变化影响其输入**信号**而专门设计的一种**放大器**。

702-09-22

振荡器　oscillator

产生周期性量的**有源的**器件，该量的基频取决于本器件的特性。

702-09-23

张弛振荡器　relaxation oscillator

一种周期性的非正弦**振荡**发生器，它是利用两个有规律交替的非周期性的连续现象而形成的，通常此两现象的持续时间相差很大，例如电容器的充电和放电。

702-09-24

多谐发生器　multivibrator

产生丰富谐波含量**振荡**的一种**张弛振荡器**，例如它是由两个晶体管或电子管用阻容**耦合**电路将每个管的输入接到另一管的输出而构成的。

702-09-25

触发电路　trigger circuit

具有一些稳态或非稳态的电路，其中至少有一个是稳态的，并设计成在施加一适当**脉冲**时即能启动所需的转变。

702-09-26

双稳态[触发]电路　bistable trigger circuit；bistable latch；bistable circuit bistable trigger (deprecated)；**flip-flop** (strongly deprecated)

具有两个稳态的**触发电路**。

702-09-27

单稳态[触发]电路　monostable friggle circuit；monostable circuit

具有一个稳态和一个非稳态的**触发电路**。

702-09-28

信号发生器　signal generator

产生规定的**信号**且其特性通常为可调的一种仪器或器件。

702-09-29

主振荡器　master oscillator

用来产生**振荡**且其频率具有高稳定性和高精确度的一种**振荡器**。

702-09-30

时钟　clock

提供**周期性定时信号**的器件。

注：当为了可靠而采用多重信号源时，则将它们的组合看成是一个单时钟。

702-09-31

频率合成器　frequency synthesizer

以一固定频率的**主振荡**器为基础，通过**倍频器**与**分频器**将**振荡**进行合并、分离及叠加而产生高稳定性和高精确度的频率可调的装置。

702-09-32

倍频器　frequency multiplier

产生的**振荡**频率为其输入频率整数倍的**非线性的**器件。

702-09-33

分频器　frequency divider

产生的**振荡**频率为其输入频率整约数的**非线性的**器件。

702-09-34

积分器　integrator

积分电路　integrating circuit

产生的输出量与其输入量的时间积分成比例的器件。

702-09-35

微分器　differentiator

微分电路　differentiating circuit

产生的输出量与其输入量的时间导数成比例的一种器件。

702-09-36

混频器　(frequency) mixer

产生的**振荡**频率为两个输入**振荡**或**信号频谱分量**中的频率的整数倍的线性组合的**非线性的**器件。

702-09-37

变频器 **frequency changer;frequency converter**

由**振荡器**和**混频器**组成,用来对**信号**进行**频率变换**的器件,通常其后接有带通滤波器。

702-09-38

调制器 **modulator modulating stage**

制约**振荡**或**波**的某一特征量,使其随着**信号**或者另一**振荡**或**波**的变化而变化的一种**非线性的**器件。例如:幅度调制器,相位调制器,频率调制器,脉冲调制器。

702-09-39

检波器 **detector**

识别**波**、**振荡**或**信号**存在或变化的器件,通常用来提取所携带的信息。例如:线性检波器、平方律检波器。

702-09-40

解调器 **demodulator**

从**调制**产生的**振荡**或**波**中恢复原**调制信号**的器件。例如:幅度解调器、线性解调器、**包络**解调器、频率解调器、相位解调器、脉冲解调器、相干解调器、同步解调器。

702-09-41

鉴频器 **frequency discriminator**

利用在有用**频带**内**电路**的**幅度频率特性**具有线性斜率的一种频率**解调器**。

702-09-42

鉴相器 **phase detector**

产生的输出信号为输入正弦信号与参考**振荡**间之相位差的函数的器件。

702-09-43

编码器 **encoder**

按照一种给定的**代码**产生信息表达形式的一种器件。

702-09-44

解码器 **decoder**

将信息从编码的形式恢复到其原来形式的一种器件。

702-09-45

代码转换器 **code converter**

转码器 **transcoder**

将给定的一种**代码**来表达的信息改用另一种**代码**来表达的器件。

702-09-46

串并[行]转换器 **serial-to-parallel converter;desterialize**

将一个连续的**信号元**序列转换成相应的且在同时间表达相同信息的一组**信号元**的器件。

702-09-47

并串[行]转换器 **parallel-to-serial converter;serialize**

将一组在同时间出现的所有**信号元**转换成相应的表达同一信息的连续的**信号元**序列的器件。

702-09-48

[逻辑]门 **(logic) gate**

逻辑单元 **logic element**

实施一种基本逻辑操作,对应于若干同时输入值的每一可能组合有一个且只有一个输出值的器件。

注:每种逻辑门可按它所完成的逻辑动作来命名。

702-09-49

组合电路　combinatorial circuit

实施一些逻辑操作,使每一输出有一值且只有一值对应于若干个同时输入值的每一可能组合的器件。

702-09-50

时序电路　sequential circuit

实施一连串逻辑操作,在任一给定瞬时的输出值取决于其输入值和在该瞬时的内部状态,且其内部状态又取决于紧邻着的前一个输入值和前一个内部状态的器件。

702-09-51

逻辑电路　logic circuit

输入和输出信号代表一些逻辑状态的电路,而逻辑状态是指代表一些在有限个离散值中可呈现一值的量。

注:逻辑电路可包括各种逻辑门和时序电路中的各单元,例如延迟单元和存储单元。

702-09-52

鉴幅器　amplitude discriminator

仅当输入信号的瞬时值处于两规定门限之间时才有输出信号的一种器件。

702-09-53

量化器　quantizer

用作量化一个量的器件。

702-09-54

限幅器　limiter

限制幅度的一种非线性的器件。例如:削波、双削波器,基值限幅器。

702-09-55

削波器　clipper

用作削波的限幅器。

702-09-56

双削波器　slicer

用作双削波的限幅器。

702-09-57

基值限幅器　base limiter

用作基值限幅的限幅器。

702-09-58

钳位器　clamp

用作对信号钳位的一种非线性的器件。

702-09-59

脉冲再生器　pulse regenerator

用作脉冲再生的器件。

702-09-60

压缩器　compressor

用作压缩信号的一种非线性的器件。

702-09-61

扩展器　expander

用作扩展信号的一种非线性的器件。

702-09-62

压扩器　compandor

在一传输信道的一点上是**压缩器**而在相同信道的另一点上是**扩展器**的一种组合。

702-09-63

均衡器　equalizer

用作均衡的器件。例如：幅频均衡器，相频均衡器，群时延均衡器。

702-09-64

校正器　corrector

用于减少**信号失真**或改善仪器、设备或传输信道特性的器件。例如：**非线性失真**校正器。

702-09-65

差分耦合器　differential coupler

混合耦合器　hybrid coupler

一个四端口器件，其作用是将从任一端口馈入的功率相等地分配到其他的两个端口，而不将功率传送到第四个端口。

注1：理想的功率分配通常要求在所有的端口上都端接有匹配阻抗，此时称此差分耦合器是平衡的。

注2：差分耦合器可用来把分别来自两个端口的两个输入信号合并，而从单独一个输出端口输出。

702-09-66

混合变量器　hybrid transformer

混合线圈　hybrid coil

由具有几个线圈的变量器构成的一种**差分耦合器**。

702-09-67

平衡网络　balancing network

仿真平衡线　artificial balancing line

模拟二线线路阻抗，以确保**差分耦合器**平衡的**一端口**器件。

702-09-68

频率范围(设备的)　**frequency range** (of an equipment)

设备可调节到满足其工作需要的一个频率集合。

注：设备的频率范围可再分成几个可转接的分段，而这些分段可以是也可以不是连续的。

702-09-69

动态工作范围(设备的)　**dynamic operating range** (of an equipment); **working range** (of an equipment)

输入**信号**的给定特征的数值范围，设计上要求在此范围内该设备按规定的性能工作。

中 文 索 引

I

J

K

L

M

X

Y

Z

英 文 索 引

A

B

C

E

G

H

I

J

K

L

Q

R

S

U

V

W

X

ICS 33.060.01
M 30

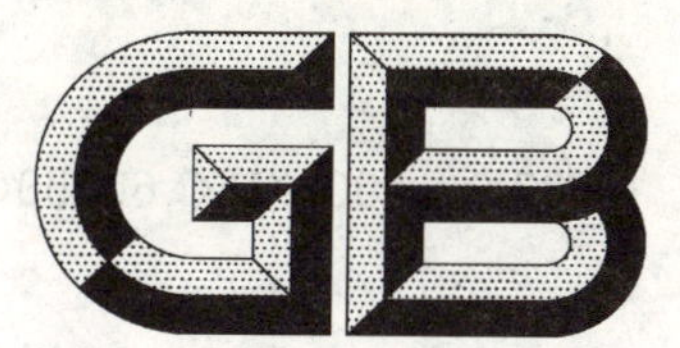

中华人民共和国国家标准

GB/T 14733.9—2008/IEC 60050(705):1995
代替 GB/T 14733.9—1993

电信术语　无线电波传播

Terminology for telecommunication—Radio wave propagation

(IEC 60050(705):1995, International Electrotechnical Vocabulary—Chapter 705: Radio wave propagation, IDT)

2008-08-06 发布　　　　2009-03-01 实施

中华人民共和国国家质量监督检验检疫总局
中国国家标准化管理委员会　发布

前　言

GB/T 14733《电信术语》分为如下12个部分：

——第1部分：电信、信道和网；

——第2部分：传输线和波导；

——第3部分：可靠性、可维护性和业务质量；

——第4部分：交换技术；

——第5部分：使用离散信号的电信方式、电报、传真和数据通信；

——第6部分：空间无线电通信；

——第7部分：振荡、信号和相关器件；

——第8部分：电话；

——第9部分：无线电波传播；

——第10部分：天线；

——第11部分：传输；

——第12部分：光纤通信。

本部分为GB/T 14733的第9部分，等同采用IEC 60050(705)《国际电工词汇　第705章：无线电波传播》(英文版)。

本部分代替GB/T 14733.9—1993《电信术语　无线电波传播》。

本部分与GB/T 14733.9—1993相比主要变化如下：

——本部分增加2个新条目术语和定义，增加了5个同义词术语，对17条术语的中文译名进行了修改，并对86条术语的定义进行了修改。

——对本部分的编写格式进行了修改。

本部分由中华人民共和国工业和信息化部提出。

本部分由中国通信标准化协会归口。

本部分起草单位：信息产业部电信研究院。

本部分主要起草人：赵世卓、谭泳、蒋利群、王妮娜。

本部分于1993年首次发布，本次为第一次修订。

电信术语　无线电波传播

1　范围

本部分规定了无线电波传播的术语和定义。

本部分适用于电信技术领域。

2　术语和定义

2.1　电磁场和波的基本特征

705-01-01

场　field

一个标量、矢量或张量,它是在一规定空间内的点坐标的函数,并可能是时间的函数。

注:一个场可以表示一种物理现象,例如:声压场、重力场、地球磁场和**无线电波**的场。

705-01-02

传播　propagation

在物质没有移动的情况下,能量在两点间的转移。

注:例如电磁能在空间的传播、热沿棒的传播。

705-01-03

波　wave

由**场**表征的媒质物理状况的变化,并以由该媒质的特性在每一点和每一方向所确定的速度移动。

注1:波是由一局部动作或一连串这样的动作产生的。

注2:波的**传播**只能由那些可以用双曲线型偏微分方程表示的场来描绘。例如,电磁能是以**波**的形式在空间**传播**,但热在棒中**传播**没有确定的速度,因此不是波的**传播**。

705-01-04

传播速度[矢量](波的)　velocity (vector) of propagation (of a wave)

对**波**的**传播**而言,表示在一给定瞬间和一给定空间的点上,**场**的一个给定特性在指定时间间隔内的位移矢量与该时间间隔的持续时间之比,当持续时间趋于零时的极限。

注:随特性的选取,可以定义不同类的速度,例如:**相速**、**群速度**,其值取决于所考虑的点和方向。

705-01-05

正向波前　forward wavefront

对在一指定瞬间开始的源所发出的**波**的**传播**而言,它是将现在受到该**波**作用的空间区域和尚未受到该**波**重大影响的区域分开的面。

注:当**传播**沿一个面或沿一条线进行时,波前分别由一条线或一个点定义。

705-01-06

反向波前　backward wavefront

对在一指定瞬间终止的源所发生的**波**的**传播**而言,它是将现在受到该**波**作用的空间区域和不再受到该**波**重大影响的区域分开的面。

注:当**传播**沿一个面或一条线进行时,波前分别由一条线或一个点定义。

705-01-07

电磁场　electromagnetic field

表征物质媒质或真空的电、磁的状态的**场**,由下面四矢量集定义:

$\vec{E}$——电场(矢量);

$\vec{D}$——电通量密度(矢量);

$\vec{H}$——磁场(矢量);

$\vec{B}$——磁通量密度(矢量)。

注1:电磁场服从**麦克斯韦方程组**。

注2:在电磁现象的量子观可以忽略不计的情况下,这个电磁场定义是有效的。

注3:某些作者称 $\vec{B}$ 为"磁场",在这种情况下,有时将 $\vec{H}$ 称为"磁激励场"。

注4:电磁场可以包括静态分量,即静电场和静磁场、而时变分量表示**电磁波**。

705-01-08

麦克斯韦方程组　Maxwell's equations

一组由代表媒质内**电磁场**的 $\vec{E}$、$\vec{D}$、$\vec{B}$、$\vec{H}$ 四个量和分别代表在媒质某些部分内可能存在的电流密度 $\vec{J}$ 和电荷密度 ρ 两个量所构成的偏微分方程组。

注1:在国际单位制(SI)中,麦克斯韦方程组为:

$$\mathrm{rot}\vec{E}=-\frac{\partial\vec{B}}{\partial t},\ \mathrm{div}\vec{D}=\rho \qquad \cdots\cdots(1)$$

$$\mathrm{rot}\vec{H}=\vec{J}+\frac{\partial\vec{D}}{\partial t},\ \mathrm{div}\vec{B}=0 \qquad \cdots\cdots(2)$$

注2:麦克斯韦方程组仅在与媒质的构成关系式结合时,才完全地定义**电磁场**;对于线性媒质,这些关系式用媒质的电容率、导磁率和导电率表示。

705-01-09

电磁波　electromagnetic wave

由时变**电磁场**的**传播**表征的**波**。

注:电磁波是由电荷或电流的变化产生的。

705-01-10

无线电波　radio wave

没有人为的导波系统在空间**传播**的**电磁波**,按照惯例,频率低于3 000千兆赫兹。

注:频率在3 000千兆赫兹附近的**电磁波**可认为是**无线电波**,也可认为是光波。

705-01-11

无线电传播　radio propagation

能量以**无线电波**的形式转移。

705-01-12

模(电磁的)　(electromagnetic)**mode**

麦克斯韦方程组的一个解,表示某一给定空间区域的**电磁场**并属于由特定边界条件确定的独立解族。

705-01-13

极化(电磁波的)　**polarization** (of an electromagnetic wave)

电磁波的一个属性,它描述在一固定点上电通量密度矢量的大小和指向随时间的变化。

705-01-14

线极化　linear polarization

电通量密度矢量的末端,相对于一给定点,描绘出一固定直线的**电磁波**的**极化**,直线的中心与给定点重合。

705-01-15

水平极化　horizontal polarization

一种**线极化**,其电通量密度矢量是水平的。

705-01-16

垂直极化　vertical polarization

一种**线极化**,其电通量密度矢量位于包含**传播**方向的垂直平面内。

705-01-17

椭圆极化　elliptical polarization

电通量密度矢量的末端,相对于一给定点,描绘出一椭圆的**电磁波**的**极化**,椭圆的中心与给定点重合。

注:在特性与时间无关的线性媒质内,通常所有正弦波都是椭圆极化的,包括作为特例的**线极化**和**圆极化**。

705-01-18

右旋极化　right-hand polarization

顺时针极化　clockwise polarization

一种**椭圆极化**,当沿**传播方向**往前看时,其电通量密度矢量在不包括传播方向的任何固定平面内,随时间向右旋转即顺时针方向旋转。

705-01-19

左旋极化　left-hand polarization

逆时针极化　counter clockwise polarization

一种**椭圆极化**,当沿传播方向往前看时,其电通量密度矢量在不包括传播方向的任何固定平面内,随时间向左旋转即反时针方向旋转。

705-01-20

圆极化　circular polarization

椭圆极化的特例,在此场合,电通量密度矢量的末端描绘出一个圆。

705-01-21

极化椭圆　polarization ellipse

椭圆极化时,**电磁波**的电通量密度矢量末端描绘出的椭圆。

705-01-22

极化平面　plane of polarization

极化椭圆所在的平面。

注:对**线极化**波来说,椭圆退化成一线段从而**极化平面**不是唯一地定义。在各向同性媒质中,现在按照惯例取**极化**平面与传播方向垂直。这是对过去作法的改变,过去习惯地取包含传播方向和一个场矢量的平面为**极化**平面,对无线电波此场矢量通常为电场矢量,对光波为磁场通量密度矢量。

705-01-23

正交极化　orthogonal polarization

交叉极化　cross polarization (deprecated in this sense)

a) **椭圆极化波**的**极化**与同类型的另一个**波**的**极化**相比:

　1) **传播方向**相同;

　2) **极化平面**相同;

　3) **极化椭圆**有相同的偏心率,但长轴互相垂直,旋转方向相反。

b) **线极化波**的**极化**与同类型的另一个**波**的**极化**相比:

　1) **传播方向**相同;

　2) **电通量密度**矢量互相垂直。

注:在英语中,术语“**cross polarization**”有另一个含义(见 705-08-52)。

705-01-24

纵向分量　longitudinal component

一个**电磁场**的矢量之一在**传播方向**上的投影。

705-01-25

横向分量 transverse component

一个**电磁场**的矢量之一在垂直于**传播方向**的平面上的投影。

705-01-26

径向分量 radial component

a) 一个**电磁场**的矢量之一在矢径上的投影。矢径是将场源看做点源时,从场源引出的径向线。

b) 在圆柱型结构(例如一导线或一波导的横截面)的一个点上的一个**电磁场**的矢量之一在该点的横截面的半径上的投影。

705-01-27

横[电磁]波 transverse (electromagnetic) wave

TEM 波 TEM wave

电场矢量和磁场矢量与**传播方向**垂直的**电磁波**。

705-01-28

波矢量 wave vector

一个复数矢量 $\vec{K}=\vec{K}'+\mathrm{j}\vec{K}'$,它表示关于空间一点一正弦**电磁波**的特性,如果在该点附近的空域内,每个**电磁场**矢量都可表示成下列表达形式:

$$\vec{V}_{\mathrm{i}}=\vec{V}_{\mathrm{oi}}\mathrm{e}^{\mathrm{j}}(\omega t-\vec{K}\cdot\vec{r}) \qquad \cdots\cdots(3)$$

式中:

——矢量 $\vec{V}_{\mathrm{oi}}$,一般为复数,与时间无关并在所考虑的域内实际上为常数;

——矢量 $\vec{K}$ 在所考虑的域内实际上为常数;

ω——角频率;

t——时间;

$\vec{r}$——连接坐标原点与域内感兴趣的点的矢量。

注 1:如果波在域内每一点上都可用波矢量来表征,则存在包含该点并与波矢量的实部 $\vec{K}'$ 正交的**波前**。$\vec{K}'$ 的大小等于 2 π 除以波长。

注 2:如果每一矢量 $\vec{V}_{\mathrm{oi}}$ 的虚部既不为零也不与它的实部共线,则波具有**椭圆极化**,在其他情况下,波为**线极化**。

705-01-29

等相面 equiphase surface

点集,在其上一周期性电磁波的矢量之一的一个指定分量在相同的时间具有相同的相位。

705-01-30

波前 wavefront

一个**电磁场**矢量的所有分量共同的**等相面**(如果存在的话)。

注:波前在每一点上都与关于该点的**波矢量**的实部正交。

705-01-31

等幅面 equi-amplitude surface

可能存在的点集,在其上一行进的正弦**电磁波**的每个矢量在同一瞬间具有同样的大小。

注:对一均匀平面波,等幅面在每一点上都与关于该点的**波矢量**的虚部正交。

705-01-32

平面波 plane wave

所有**波前**都是平行平面的**电磁波**。

注:对平面波,其**波矢量**的实部具有固定的方向。

705-01-33

均匀平面波 uniform plane wave

等幅面为平行平面的**平面波**。

注:均匀平面波的**波矢量**的实部矢量和虚部矢量具有固定的方向。

705-01-34

同一平面波　homogeneous plane wave

波矢量的实部和虚部共线的平面波。

705-01-35

非同一平面波　heterogeneous plane wave

波矢量的实部和虚部不共线的平面波。

705-01-36

球面波　spherical wave

所有**波前**为同心球面的**电磁波**。

705-01-37

自由[前进]波　free wave;free progressive wave

在所有方向都可认为是无限的均匀媒质内**传播**的**电磁波**。

注:自由波可存在于吸收媒质内。

705-01-38

行波　travelling wave

在至少可以认为是局部均匀并在**传播方向**为无限的媒质内行进的**电磁波**。

705-01-39

平面行波　travelling plane wave

既是**同一平面波**又是**行波**的**电磁波**。

注:就正弦平面行波来说,在均匀媒质内对波的每个分量在**传播方向**相位随距离作线性变化,而幅度为常数,或当媒质为有耗时,随距离按指数下降。

705-01-40

驻波　standing wave

由两个相同频率、反向**传播**的**行波**叠加产生的媒质的电磁状态,并由数值表征。每个值可由一个时间实函数和一个空间坐标实函数的乘积表示。

705-01-41

相位干涉　phase interference

波干涉　wave interference

由两个或多个等频或几乎等频的**波**的相干振荡叠加所产生的现象,表现为合成波幅以干涉图的形式在空间的变化并可能在恰好的时候形成拍频。

705-01-42

[干涉]条纹　(interference)fringes

由于**相位干涉**在空间产生的一系列的**电磁场**最大值和最小值。

705-01-43

相干性　coherence

两个**波**的相位之间存在的相关现象,或者一个**波**在时间上的两瞬时或在空间上的两点的相位之间,存在的相关现象。

705-01-44

空间相干性　spatial coherence;space coherence

电磁场在一个空间区域内相关的**相干性**。

705-01-45

时间相干性　time coherence;temporal coherence

电磁场在一给定时间内相关的**相干性**。

2.2 辐射,电磁波的路径和速度

705-02-01

[电磁]辐射 (electromagnetic)radiation

a) 能量以**电磁波**的形式从一个源发散到空间的现象。

b) 能量以**电磁波**的形式通过空间**传播**。

705-02-02

电磁能的[体]密度 (volume)density of electromagnetic energy

空间一给定单元内所含的电磁能除以该单元的体积。

注:实际上只能确定体积内所含能量的变化。

705-02-03

功率通量密度 power flux density;radiant flux density

穿过与**电磁波**的能量**传播方向**垂直的面单元的功率除以该单元的面积。

705-02-04

辐射强度(在一给定方向的) **radiation intensity** (in a given direction)

一相干点源在包括指定方向的立体角元素内**辐射**的功率除以该立体角。

注:只要辐射是在远场测量的,一天线可认为是一点源。

705-02-05

衰减(电磁波的) **attenuation** (of electromagnetic wave)

在**传播**期间,**电磁波**能量的减少,由在两个指定点上的**功率通量密度**之比定量表示。

注:衰减一般用分贝表示。

705-02-06

扩散损耗 spreading loss

仅由于随着距离的增加,能量将分布在一个更宽的面积内所造成的**电磁波**的**衰减**。

注:在均匀和各向同性媒质内,扩散损耗的特征是**功率通量密度**与离源距离的平方成反比例下降。

705-02-07

吸收(电磁波的) **absorption** (of an electromagnetic wave)

由于与物质媒质的交互作用,**电磁波**能量部分或全部转换成另一能量形式。

705-02-08

吸收损耗(电磁波的) **absorption loss** (of an electromagnetic wave)

仅由于吸收所造成的**电磁波**的那部分**衰减**。

705-02-09

坡印廷矢量 Poynting vector

在**电磁场**内一个点上的实电场矢量 $\vec{E}(t)$ 和实磁场矢量 $\vec{H}(t)$ 的矢积:

$$\vec{S}(t) = \vec{E}(t) \times \vec{H}(t) \qquad \cdots\cdots(4)$$

注1:穿过一闭曲面的坡印廷矢量通量等于通过该面的功率。

注2:对于周期性**电磁场**,坡印廷矢量的时间平均值是一个矢量,在有某些保留的情况下,可认为该矢量的方向就是**能量的传播方向**,其大小就是平均**功率通量密度**。

705-02-10

复数坡印廷矢量 complex Poynting vector

对一角频率为 ω 的正弦波,当在同一点上的电场矢量 $\vec{E}(t)$ 和磁场矢量 $\vec{H}(t)$ 用复数符号由下式表示时:

$$\vec{E}(t) = R_e(\vec{E}e^{j\omega t}) \qquad \cdots\cdots(5)$$

$$\vec{E}(t) = R_e(\vec{H}e^{j\omega t}) \qquad \cdots\cdots(6)$$

复数坡印廷矢量是 $\vec{E}$ 和 $\vec{H}$ 的矢积：

$$\frac{1}{2}\vec{E}\times\overrightarrow{H^{*}} \quad \cdots\cdots(7)$$

式中 $\vec{E}$ 和 $\vec{H}$ 与时间无关，一般是复数，$\vec{E}$ 是 $\vec{H}$ 的复数共轭值。

注 1：复数坡印廷矢量的实部是**坡印廷矢量**一周期的平均值。

注 2：复数坡印廷矢量的虚部是一个矢量，在有某些保留的情况下，可以认为该矢量的方向就是无功能量**传播**的方向，而其大小可认为是与该方向垂直的单位面积上的无功功率通量，矢量的方向按照惯例规定正负号。

705-02-11

相位延迟(波的)　**phase delay** (of a wave)；**phase propagation time** (of a wave)

一个由规定的相位定义的正弦**行波**的**波前**通过空间两给定点的两瞬时之间的持续时间。

705-02-12

正相位差　**positive phase difference**

相位滞后(电磁波的)　**phase lag** (of an electromagnetic wave)

一正弦**电磁波**的**相位延迟**与参考**相位延迟**间的正差。

705-02-13

负相位差　**negative phase difference**

相位超前(电磁波的)　**phase lead** (of an electromagnetic wave)

一正弦**电磁波**的**相位延迟**与参考**相位延迟**间的负差。

705-02-14

光程长度　**optical path length**

相程长度　**phase path length**

一给定**电磁波**在两给定点间的**相位延迟**的持续时间内，以真空中的光速行进的路径长度。

注：在同一射线路径上的两点间，这个长度等于沿**射线路径**的折射指数的线积分：$\int n\mathrm{d}s$ 式中 n 是在路径方向每一点上媒质的折射指数，$\mathrm{d}s$ 是沿路径的弧线元。

705-02-15

传播方向(波的)　**direction of propagation** (of a wave)

在一给定点上**波前**的法线，以相位增加的方向为正向。

注 1：在一点的传播方向是**波矢量**的实分量的方向。

注 2：一个波的传播方向可以不同于该波能量的传播方向。

705-02-16

相速[矢量]　**phase velocity (vector)**

由指定相位定义的正弦行波**波前**在一给定点和给定方向运动的速度矢量。

注 1：如果不指定方向，则所考虑的是**传播方向**的相速。

注 2：在**传播方向**，相速的绝对值为一最小值，它等于角速度除以**波矢量**的实分量的绝对值。

705-02-17

[相位]波长　**(phase) wave length**

在给定方向一正弦波的**相速矢量**的大小与波的频率之比。

注 1：在**传播方向**波长为最小值；如果不规定方向，则指的是**传播方向**的波长。

注 2：在任何方向的波长等于 2π 除以**波矢量**的实部在该方向的分量的绝对值。

705-02-18

传播方向(能量的)　**direction of propagation** (of energy)

一周期性**电磁波**的能量流的时间平均方向。

注 1：在某些保留条件下，能量传播方向是**坡印廷矢量**的时间平均方向。

注 2：电磁波能量的传播方向可以不同于该波的**传播方向**。实际上，如果媒质既不是过于吸收性的，又不是过于各向异性的，也不是过于色散的，则能量的传播方向与群速度矢量的方向重合。

705-02-19

传播路径　propagation path

射线路径　ray path

在每一点上，与该点**能量传播方向**相切的路径。

注 1：射线概念是射线理论的基础，应用该理论，能够以简单的关系式代替**麦克斯韦方程组**。

注 2：在一些情况下，两点间可以有几条路径。

注 3：在各向同性媒质中，传播路径是与**波前**正交的轨道，且术语"射线"常被定义为该轨道。在各向异性媒质中，与**波前**正交的轨道并不总是与源和接收点之间的实际路径重合，因而不应称为射线。

705-02-20

几何光学　geometrical optics

趋近于零的波长的一个渐进模型，通过这个模型，在不同媒质中及在其边界的波的**传播**通过使用射线的几何概念来决定，而不是波的常规理论。

注 1：波的**极化**通常不用几何光学来考虑。

注 2：实际上应用几何光学应满足以下条件：

a)　不同媒质的电特性的空间变化在沿着一个波长距离内必须很小；

b)　分隔两个不同媒质的表面必须非常大，并且相对与波长而言，它的不规则性必须很小；

c)　波在一个分隔两个不同媒质的平面上的**入射余角**不能太小。

705-02-21

群速度[矢量]　group velocity(vector)

在**传播**媒质内一个点上，信号的速度矢量。理论上该信号可由幅度相等、频率稍微不同并趋近一共同频率极限的两个叠加的正弦波表示。

注：在最一般的情况下，群速度矢量的大小等于频率对**波长**倒数的导数，而群速度沿坐标轴的分量等于角速度对**波矢量** $\vec{K}$ 的实部 $\vec{K}'$ 的分量的偏导数。

705-02-22

群时延　group delay；group propagation time

在**群速度矢量**定义的**射线路径**上两点间的**传播**时间，由群速度的倒数沿**射线路径**的线积分表示：

$$\int \frac{1}{v_{\mathrm{g}}} \mathrm{d}s \qquad \cdots\cdots(8)$$

式中 v_{g} 是**群速度矢量**在**射线路径**切线上的投影的代数值，ds 是弧线元。

注：实际上，如果媒质既不是过于吸收性的，又不是过于各向异性的，也不是过于色散的，则群时延等于用以定义群速度的信号单元的**传播**时间。

705-02-23

群波长　group wave length

一**电磁波**的**群速度矢量**的大小除以波的频率。

705-02-24

传播系数　propagation coefficient

传播常数(拒用)　propagation constant(deprecated)

γ

出现在方程式中的复数量 γ：

$$a(t) = A\mathrm{e}^{\mathrm{j}(\omega t - \varphi) - \gamma_{x}} \qquad \cdots\cdots(9)$$

式中 A 和 γ 原则上与 x 无关，这个方程式可表示角频率为 ω 起始相位为 φ 的正弦**电磁场**在沿与 OX 轴平行的线上**传播**的分量 $a(t)$，特别是关于利用与 OX 轴平行的圆柱形表面的**导向传播**或对于**均匀平面波的传播**。

注：在 GB/T 14733.7 和 GB/T 14733.2 中有相同的定义。

705-02-25

衰减系数　attenuation coefficient;attenuation constant

α

传播系数的实部。

注:上面定义的衰减系数也可以用每单位长度的奈培表示,而 1 奈培等于 8.686 分贝。

705-02-26

相位变化系数　phase change coefficient;phase constant

β

传播系数的虚部。

注:上面定义的相位变化系数用每单位长度的弧度表示。

705-02-27

自由空间传播　free space propagation

电磁波在均匀的、所有方向都可认为是无限大的**理想电介质**内的**传播**。

注:对于自由空间内的**传播**,在从源出发的任一给定方向上,超过某一由源尺寸和波长决定的距离后,**电磁场**的每一矢量的大小均与离开源的距离成反比。

705-02-28

电磁波束　electromagnetic beam

通过空间**传播**的能量基本上一直限制在一个甚小顶角的圆锥体内的**电磁波**。

705-02-29

直接射线路径　direct ray path

一直线**射线路径**或由于在**传播媒质**内的**折射**而稍微弯曲的**射线路径**。

705-02-30

直达波　direct wave

沿一**直接射线路径传播**的**无线电波**。

705-02-31

视线传播　line of sight propagation

两点间的**传播**,其**直接射线路径**上的障碍少到足以使**绕射作用**可以忽略不计。

705-02-32

非直接射线路径　indirect ray path

由显著的**折射**或其他现象,诸如发生在路径上的**反射**、**绕射**或**散射**造成的**射线路径**。

705-02-33

非直达波　indirect wave

沿非直接**射线路径传播**的**无线电波**。

705-02-34

[电]路程差　path length difference;electrical path length difference

两点间两独立**射线路径**的长度差,这些长度一般用沿所考虑的路径的波长表示。

705-02-35

空间相位差　space phase difference

来自具有同频不同源的两个正弦**行波**在一点产生的相位差中,由两个源与该点之间的**相位延迟**的差所造成的那一部分相位差。

705-02-36

多径传播　multipath propagation

发射点到接收点间同时经由若干分离的**传播**路径进行的**传播**。

705-02-37

无线电回波　radio echo

由非最短路径的一个**传播路径**到达接收点的、具有足以觉察为一明晰信号的强度和迟延的**无线电信号**。

2.3　传播媒质的电磁特性

705-03-01

电常数　electric constant

真空的绝对电容率　absolute permittivity of vacuum

一个标量常数 ε_0，在真空中它与电场矢量 $\vec{E}$ 的乘积等于电通量密度矢量 $\vec{D}$：

$$\vec{D} = \varepsilon_0 \vec{E} \qquad (10)$$

注 1：在国际单位制(SI)中，ε_0 的值为：$(4\pi c_0^2)^{-1}10^7$，近似为 8.85 pF/m，式中：c_0 是电磁波在真空中的**传播**速度。

注 2：电常数与磁常数 μ_0 间存在关系式：$\varepsilon_0 \mu_0 c_0^2 = 1$ ……(11)

705-03-02

[绝对]电容率　(absolute)permittivity

[绝对] 介电常数　(absolute)dielectric constant (deprecated)

一个标量 ε 或张量 $\bar{\bar{\varepsilon}}$。其乘以电场矢量 $\vec{E}$ 时，等于电通量密度矢量 $\vec{D}$：

$$\vec{D} = \varepsilon \vec{E} \text{ 或 } \vec{D} = \bar{\bar{\varepsilon}} \vec{E} \qquad (12)$$

注：绝对电容率，在各向同性媒质中为一标量；在各向异性媒质中为一张量。

705-03-03

相对电容率　relative permittivity

相对介电常数　relative dielectric constant (deprecated)

媒质的**绝对电容率**除以**电常数**的商为相对电容率。

注：相对电容率，在各向同性媒质中为一标量 ε_r；在各向异性媒质中为一张量 $\bar{\bar{\varepsilon}}_r$；在真空中等于 1。

705-03-04

相对复电容率　relative complex permittivity

相对复介电常数　relative complex dielectric constant(deprecated)

对于用复数符号表示的正弦波，标量 ε_r 或张量 $\bar{\bar{\varepsilon}}_r$ 一般与频率有关，并由下式定义：

$$\vec{D} = \varepsilon_0 \varepsilon_r \vec{E} \text{ 或 } \vec{D} = \varepsilon_0 \bar{\bar{\varepsilon}}_r \vec{E} \qquad (13)$$

在电通量密度矢量 $\vec{D}$ 和电场矢量 $\vec{E}$ 成线性关系的媒质中，ε_0 为电常数。

注 1：相对复电容率，在各向同性媒质中为一标量；在各向异性媒质中为一张量。

注 2：在各向同性媒质中，ε_r 通常表示为 $\varepsilon_r = \varepsilon'_r - j\varepsilon''_r$，式中 ε'_r 为相对实电容率；ε''_r 表示损耗，既包含介质损耗也包含电导损耗，电导损耗等于 $\sigma/\varepsilon_0\omega$，式中 ω 是角频率。

705-03-05

[相对][实]电容率　(relative)(real)permittivity

相对介电常数　relative dielectric constant (deprecated)

各向同性媒质的**相对复电容率** ε_r 的实部 ε'_r。

705-03-06

介质损耗角　dielectric loss angle

对正弦波，由下式定义的角度 δ_E：

$$\delta_E = \arctan\left(\frac{\varepsilon''_r}{\varepsilon'_r}\right) \qquad (14)$$

式中：ε''_r 和 ε'_r 分别是**相对复电容率** ε_r 的负虚部和实部。

705-03-07

电介质　dielectric (medium)

这样的媒质,在其中一个变电场产生的电流密度矢量 $\vec{J}$ 在一给定方向的值小于在特定频带内矢量 $\frac{\partial \vec{D}}{\partial t}$ 的值。

注 1:对在各向同性媒质中的正弦波,当下列关系成立时,媒质为电介质:

$$\frac{\sigma}{\varepsilon_0 \omega} \ll \varepsilon_r \qquad (15)$$

式中:

ε_r——相对实电容率;

ε_0——电常数;

σ——电导率;

ω——角频率。

注 2:一各向异性媒质仅在某些方向可以是介电的。

705-03-08

理想电介质　perfect dielectric;ideal dielectric

一种电介质,在其中一变电场在给定方向和特定频带内产生大小为零的位移电流密度矢量 $\vec{J}$。

注 1:对均匀媒质,若在一给定方向的电导率 σ 可认为是零,则在该方向媒质是纯电介质。

注 2:任何频率下,真空均为理想电介质。

705-03-09

导电媒质　conducting medium

一种媒质,在其中变电场产生的电流密度矢量 $\vec{J}$,在一给定方向的值大于在特定频带内矢量 $\frac{\partial \vec{D}}{\partial t}$ 的值。

注 1:对在各向同性媒质中的正弦波,当下列关系成立时,媒质是导电的:

$$\frac{\sigma}{\varepsilon_0 \omega} \gg \varepsilon_r' \qquad (16)$$

式中:

ε_r'——相对实电容率;

ε_0——电常数;

σ——导电率;

ω——角频率。

注 2:一各向同性媒质仅在某些方向可能是导电的。

705-03-10

理想导体　perfect conductor

一假想媒质,使外加变电场在它表面上产生的电流密度 $\vec{J}$ 将与表面相切并在特定频带内为任意大。

注:各向异性媒质仅可能在一些方向成为理想导体;在这些方向导电率可以认为是无限大的。

705-03-11

吸收媒质　absorbing medium

耗散媒质　dissipative medium

在特定的频带内,**电磁波**能量在**传播方向**上有**明显吸收**的一种媒质。

705-13-12

吸收频带　absorption(frequency)band

在一给定方向上媒质被认为是**吸收媒质**的频带。

705-03-13

色散媒质　dispersive medium

在一特定频带内,电磁特性随频率显著变化的媒质。

705-03-14

磁常数　magnetic constant

真空绝对磁导率　absolute permeability of vacuum

一个标量常数 μ_0,使在真空中它与磁场矢量 $\vec{H}$ 的乘积等于磁通量密度矢量 $\vec{B}$:

$$\vec{B} = \mu_0 \vec{H} \tag{17}$$

注1:在国际单位制(SI)中,μ_0 的数值为:$4\pi \times 10^{-7}$ H/m。

注2:磁常数与电常数 ε_0 和电磁波在真空中的**传播速度** c_0 成如下关系:

$$\varepsilon_0 \mu_0 c_0^2 = 1 \tag{18}$$

705-03-15

[绝对]磁导率　(absolute)permeability

一个标量 μ 或一个张量 $\bar{\bar{\mu}}$,其乘以磁场矢量 $\vec{H}$,等于磁通量密度 $\vec{B}$:

$$\vec{B} = \mu\vec{H} \text{ 或 } \vec{B} = \bar{\bar{\mu}}\vec{H} \tag{19}$$

式中:

$\vec{B}$——磁通量密度矢量;

$\vec{H}$——磁场矢量。

注:绝对磁导率,在各向同性媒质中为一标量;在各向异性媒质中为一张量。

705-03-16

相对磁导率　relative permeability

媒质的**绝对磁导率**除以**磁常数**的商。

注:相对磁导率,在各向同性媒质中为一标量 μ_r;在各向异性媒质中为一张量 $\bar{\bar{\mu}}_r$;在真空中等于1。

705-03-17

相对复磁导率　relative complex permeability

对用复数符号表示的正弦波,标量 $\underline{\mu_r}$ 或张量 $\underline{\bar{\bar{\mu}}_r}$ 通常与频率有关,并由下式定义;

$$\vec{\beta} = \mu_0 \underline{\mu_r} \vec{H} \text{ 或 } \vec{\beta} = \mu_0 \underline{\bar{\bar{\mu}}_r} \vec{H} \tag{20}$$

在磁通量密度矢量 $\vec{\beta}$ 和磁场矢量 $\vec{H}$ 成线性关系的媒质中,μ_0 为磁常数。

注:对各向同性媒质,$\underline{\mu_r}$ 通常表示为:

$$\underline{\mu_r} = \mu'_r - j\mu''_r \tag{21}$$

式中:

μ'_r——相对实磁导率;

μ''_r——表征磁损耗。

705-03-18

相对[实]磁导率　relative(real) permeability

各向同性媒质的**相对复磁导率** $\underline{\mu_r}$ 的实部 μ'_r。

705-03-19

磁损耗角　magnetic loss angle

对正弦波,由下式定义的角度 δ_H:

$$\delta_H = \arctan \frac{\mu''_r}{\mu'_r} \tag{22}$$

式中 μ'_r 和 μ''_r 分别为**相对复磁导率** $\underline{\mu_r}$ 的虚部的负值和实部。

705-03-20

复折射指数(在一给定方向) **complex refractive index** (in a given direction)

一个无量纲的、表示媒质在给定点和一给定方向特征的复标量$\underline{n}$。当在媒质内可能存在一正弦**电磁波**其**波矢量** $\vec{K}$ 在给定方向有共线的实部 $\vec{K}'$ 和虚部 $\vec{K}''$时,这个量由下式定义:

$$\vec{K} = \vec{K}' + \mathrm{j}\vec{K}'' = \underline{n}\frac{\omega}{c_0}\vec{u} \qquad (23)$$

式中:

ω——角频率;

c_0——电磁波在真空中的**传播**速度;

$\vec{u}$——给定方向的单位矢量。

注1:对各向同性媒质,复折射指数是**相对复电容率**与**相对复导磁率**乘积的平方根。

注2:对各向异性媒质中的每个方向,一般有两个不同的波矢量和两个**复折射指数**值。

705-03-21

折射指数 **refractive index**

n

在媒质中一给定点和一给定方向上,真空中的光速与一正弦**平面波**在给定方向的**相速矢量**值之比。

注:折射指数是**复折射指数**的实部。

705-03-22

波阻抗 **wave impedance**

对采用复数符号的**正弦电磁波**,表示在一个点上的电场和磁场的复数量之比。

705-03-23

媒质的特性阻抗 **characteristic impedance of a medium**

特定媒质内一**行波**的**波阻抗**。

注:均匀的各向同性媒质的特性阻抗由下式给出:

$$Z_0 = \sqrt{\frac{\mu_0\,\underline{\mu_r}}{\varepsilon_0\,\underline{\varepsilon_r}}} \qquad (24)$$

式中:

μ_0——磁常数;

$\underline{\mu_r}$——相对复磁导率;

ε_0——电常数;

$\underline{\varepsilon_r}$——相对复电容率。

705-03-24

真空的特性阻抗 **characteristic impedance of vacuum**

磁常数 μ_0 除以**电常数** ε_0 之商的平方根 Z_0

$$Z_0 = \sqrt{\frac{\mu_0}{\varepsilon_0}} \qquad (25)$$

注:在国际单位制中,真空的特性阻抗等于:$Z_0 = 4\,\pi 10^{-7} c_0$,c_0是电磁波在真空中的速度;$Z_0 \approx 120\,\pi$ 或 377 Ω。

705-03-25

穿入深度 **penetration depth**

趋肤深度 **skin depth**

对一个由平面限定的、基本上无限厚的、各向同性的均匀媒质而言,一正弦**均匀平面波**的电场穿入媒质并沿垂直于表面的方向**传播**衰减到 $1/e$ 时的深度。

注:以"米"表示的穿入深度等于波在穿入媒质内的以"奈培/米"表示的**衰减系数**的倒数。

2.4 与传播媒质边界有关的现象

2.4.1 折射和反射

705-04-01

入射波　incident wave

朝向两媒质的分界面**传播**的**波**。

705-04-02

入射平面　plane of incidence

包括表面一点上的法线和在该点**入射波**的**传播方向**的平面。

705-04-03

入射角　angle of incidence

在表面的一个点上,表面的法线与**入射波**的**传播方向**间的锐角。

705-04-04

擦地角　grazing angle

入射角的余角。

注:术语擦地角的入射角已拒用。

705-04-05

擦地入射　grazing incidence

入射波以一个很小的**擦地角**投射到表面上。

705-04-06

传输波　transmitted wave

透射波

当**入射波**与两媒质的分界面或一媒质的不连续点相遇时,穿过分界面或不连续点继续行进的**波**。

705-04-07

折射波　refracted wave

a) 当**入射波**遇到两不同媒质的分界面时,所出现的穿过并离开该分界面,通常沿一个不同方向**传播**的、可用**几何光学**解释的**波**。

b) 在特性随空间连续变化的媒质中**传播**的、可用**几何光学**解释的**波**。

注:在第一种情形,不包括第2种情形,**折射波**与一个**反射波**相关联。

705-04-08

折射　refraction

a) 遇到两不同媒质分界面的一个**波**引发一个穿过分界面可用**几何光学**解释的**波**的过程。

b) **折射波**在特性随空间连续变化的媒质中的**传播**。

705-04-09

反射波　reflected wave

当**入射波**遇到两不同媒质的分界面时,所出现的离开该分界面并在与**入射波**相同媒质中**传播**的、可用**几何光学**解释的**波**。

注:在传输线的情况下,反射波是从直达波取得能量并向反方向**传播**的波。

705-04-10

反射　reflection

遇到两不同媒质分界面的**入射波**引发一个离开该分界面并在与**入射波**相同媒质中传播的、可用**几何光学**解释的**波**的过程。

注:根据某些**几何光学**条件的满足程度,反射可以分为**镜面反射**或**漫反射**。

705-04-11

镜面反射　specular reflection;regular reflection

当表面的不规则尺寸可以忽略不计时的**波**的**反射**。

705-04-12

漫反射　diffuse reflection

当表面的不规则尺寸不可以忽略不计时的**波**的**反射**。

注:漫反射可以看作是伴随有因表面不规则性引起的**散射**的**镜面反射**。

705-04-13

镜面表面　specular surface

一个分离两媒质的表面,其尺寸远大于**入射波**的波长,其不均匀性则小到足以发生**镜面反射**。

705-04-14

粗糙表面　rough surface

一个分离两媒质的表面,其尺寸远大于**入射波**的波长,其不均匀性是随机分布的并引起**漫反射**。

705-04-15

瑞利准则　Rayleigh criterion

一个表征表面粗糙程度的准则,对一给定**擦地角**的**电磁波**,按照下列关系判定:

$$h > \frac{\lambda}{16\sin\theta} \qquad (36)$$

式中:

h——表面不均匀性的平均高度;

θ——相对于平均表面的擦地角;

λ——波长。

注:实际上,如果$\frac{h\sin\theta}{\lambda}<\frac{1}{100}$,则粗糙度可以忽略不计并将表面看做是镜面的。

705-04-16

[幅度]反射系数　(amplitude)reflection coefficient

在靠近**反射镜面**的一点上,**反射波**电场一给定分量的复值与**入射波**相应分量的复值之比。

注:在传输线中,反射系数同样被定义为在一端口处或横截面处的反射波与入射波之比。

705-04-17

功率反射系数　power reflection coefficient;reflectance

在靠近反射面的一点上,反射前后处在相应的**能量传播方向**的**反射波**与**入射波**的**功率通量密度**之比。

705-04-18

菲涅耳反射系数　Fresnel reflection coefficient

平面波入射到无限大平面上的**反射系数**。

注:术语"菲涅耳反射系数"仅用于这样的入射波,其电通量密度矢量与该平面平行或者位于**入射平面**上。

705-04-19

全反射　total reflection

分离两**电介质**的**镜面表面**的**反射系数**之模为一时的**反射**。

注1:当第二媒质的**折射指数**小于第一媒质的**折射指数**且**入射角**大于临界值时发生全反射。

注2:发生全反射时,第二媒质内存在**速衰场**。

705-04-20

布鲁斯特角　Brewster angle

分离两**理想电介质**的**镜面表面**上的一个**入射角**,它使电通量密度矢量位于**入射平面**内的**波**的**反射**

系数为零。

注1:在无线电中,术语布鲁斯特角经常用于表示上面定义的角的余角。

注2:从折射指数为 n_1 的媒质**传播**到折射指数为 n_2 的媒质时,布鲁斯特角为 $\arctan\frac{n_2}{n_1}$。

705-04-21

布鲁斯特角入射　Brewster angle incidence

在一**理想电介质**内的**入射波**以等于**布鲁斯特角**的**入射角**入射到与另一**理想电介质**的分界面上的入射。

705-04-22

准布鲁斯特角入射　pseudo-Brewster angle incidence

在一**理想电介质**内的**入射波**以这样的**入射角**入射到与另一非**理想电介质**的分界面上的入射,它使电通量密度矢量位于**入射平面**内的波的**反射系数**的模为最小。

705-04-23

会聚　convergence

由于反射面的弯曲或由于**波**的**传播路径**上**折射指数**的空间变化,造成的一给定**电磁波**在空间一点上幅度的增加。

705-04-24

发散　divergence

由于反射面的弯曲,或由于**波**的**传播路径**上**折射指数**的空间变化,造成的一给定**电磁波**在空间一点上幅度的减小。

705-04-25

会聚因子　convergence factor

在一给定点上,满足**会聚效应**的一给定**电磁波**的幅度与没有这些效应时,存在于同一点上的**波**的幅度之比。

注:当给定的波为一曲面所反射的**波**时,该相应因子可认为是与假定反射面为平面时的**反射系数**相乘的因子。

705-04-26

发散因子　divergence factor

在一给定点上,满足**发散效应**的一给定**电磁波**的幅度与没有这些效应时,存在于同一点上**波**的振幅之比。

注:当给定的波为一曲面所反射的**波**时,该相应因子可认为是与假定反射面为平面时的**反射系数**相乘的因子。

705-04-27

会聚增益　convergence gain

用分贝表示的**会聚因子**。

705-04-28

发散损失　divergence loss

发散损耗

用分贝表示的**发散因子**。

705-04-29

色散(电磁波的)　**dispersion** (of an electromagnetic wave)

在给定频带内,**电磁波**的一些特性随频率的相对显著变化。例如在**色散媒质**中**传播**的**电磁波**的**相速**。

705-04-30

菲涅耳椭圆球体　Fresner ellipsoid

点集在空间的轨迹,它使得从每个点到发射和接收天线(假定这些天线为点源)的距离之和比两天线间的距离大半个**波长**的整倍数。

705-04-31

菲涅耳区(在一个反射面上) **Fresnel zone** (on a reflective surface)

在一个反射面上点的轨迹,它使得从其中每一点到发射和接收天线(假定这些天线为点源)的距离之和等于**光程**加上一个两相邻半**波长**倍数之间的量。

2.4.2 绕射和散射

705-04-41

障碍物 **obstacle**

障碍 **obstruction**

在**电介质**内由一个表面所限定的区域,在其上**复折射指数**特别是它的虚部发生显著的不连续。

705-04-42

阴影区 **shadow region**

由于一个**障碍物**的存在,沿给定**传播方向**的**入射波**,根据**几何光学**不能到达的空间。

705-04-43

绕射波 **diffracted wave**

当在媒质中**传播**的**入射波**遇到一个或多个**障碍物**,这些**障碍物**可能含有限孔径,所出现的在这个媒质中不能用**几何光学**解释的**波**。

注1:绕射波可以存在于**入射波**或**反射波**或**折射波**不能到达的区域。

注2:在表面附近**传播**的某些波,如:表面波、漏波、侧波,尽管它们也不能用几何光学解释,但通常不被看作是绕射波;

注3:可利用与几何光学相似的近似法来研究绕射波,例如几何绕射理论。

705-04-44

绕射 **diffraction**

在媒质中**传播**的**入射波**遇到一个或多个**障碍物**,这些**障碍物**可能含有限孔径,产生在这个媒质中的另一个不能用**几何光学**解释的**绕射波**的过程。

705-04-45

散射波 **scattered wave**

可由波动理论而不能用**几何光学**解释的**波**。当**入射波**在媒质中遇到一个**粗糙表面**、一群**障碍物**或大量随机分布的不匀体时所产生的**波**。

注:散射波可看做是由每个独立的**障碍物**或不匀体所引起的**绕射波**之和。

705-04-46

散射 **scattering**

当**入射波**遇到一个**粗糙表面**、一群大量随机分布的**障碍物**或其他不匀体时,产生不能用**几何光学**解释的**波**的过程。

注:散射将入射波的能量连续不断地散布到所有方向,而这些波间的相位关系是随机的。

705-04-47

前向散射 **forward scattering**

散射波的**传播方向**与原波束的平均**传播方向**成小锐角的**电磁波束**的**散射**。

705-04-48

后向散射 **back scattering**

散射波的**传播方向**与原波束的平均**传播方向**成180°左右钝角的**电磁波束**的**散射**。

705-04-49

湍流 **turbulence**

在液体或气体媒质中速度的随机变化。它可导致媒质某些特性出现不均匀的值,例如**折射指数**。

705-04-50

湍流尺度　scale of turbulence

在**湍流**媒质中,用长度表示的速度不匀度的空间平均尺寸。

2.4.3　在表面附近的传播

705-04-61

导[行][电磁]波　guided(electromagnetic)wave

传播时能量一直限制在两表面之间的**电磁波**;或者由于沿表面垂直方同媒质的电磁特性发生尖锐的或逐渐的变化,能量一直限制在表面附近的**电磁波**。

注1:一导行电磁波可包含几个电磁模。

注2:不同类型的导行电磁波在GB/T 14733.2和GB/T 14733.12中有述。

705-04-62

导行传播　guided propagation

电磁波以**导行**的形式**传播**。

705-04-63

截止频率(对一个模的)　**cut-off frequency** (for a mode)

在一特定**电磁模**中,高于或低于它时,**导行传播**不能存在的频率。

705-04-64

慢波　slow wave

以低于**自由波**的**相速**在一均匀**电介质**边界附近**传播**的**电磁波**。自由波是存在于具有同样的电磁特性的无界媒质中的波。

705-04-65

快波　fast wave

以高于**自由波**的**相速**在一均匀**电介质**边界附近**传播**的**电磁波**。自由波是存在于具有同样电磁特性的无界媒质中的波。

705-04-66

表面波　surface wave

沿一表面导行的**慢波**。

注:导行面可以是两媒质的分界面或者是一周期结构伴生的假想面。**相速**的降低可利用例如一具有高电容率的介质层覆盖一导体、或一导体上的横向凹槽获得,或可能是导体有限导电率的结果。

705-04-67

岑内克波　Zenneck wave

沿着有限电导率媒质与**理想电介质**的分界平面导行的**表面波**。

注:这个概念是岑内克为了表示较长**波长**的**无线电波**在地球表面邻近并远离发射点处的**传播**而提出的。

705-04-68

[表面]波倾角　(surface)wave tilt

在**理想电介质**中,靠近该媒质与有限电导率媒质分界的一点上,**表面波极化椭圆**的长轴与分界面法线间的夹角。

注1:在这种情况下,**极化椭圆**平面包括**传播方向**。

注2:对于沿平面地面行进的**表面波**,**椭圆极化**长轴与表面法线间夹角的正切与电场纵向分量和横向分量之模的比差别不大时,该比值可用作波倾角的另一度量标准。

705-04-69

漏波　leaky wave

伴随**快波**的**电磁波**,沿表面导行并具有能量从表面辐射的特征。

注:在射频范围内,漏波可由一周期结构产生。例如,由沿一**快波**导引线长度分布的口面组成的周期结构产生。

705-04-70

速衰场 **evanescent field**

速衰模 **evanescent mode**

速衰波(拒用) evanescent wave (deprecated)

这样的**电磁场**,使得至少在一个方向,场的一个矢量的每一分量在所有点上同一时间具有相同的相位,而幅度在几个**波长**上迅速下降到一个可略去不计的值,这种下降不是由于吸收所造成的。

705-04-71

侧波 **lateral wave**

一个归属于**几何光学反射波**的**电磁波**,当时表面的**入射角**近似等于**全反射**的临界值时,产生一相对于**传播方向**展宽的波束,并平行于表面及**入射平面**移动。

注:侧波可看做是由在第二媒质中靠近表面**传播**的电磁波在第一媒质中产生的出射波群。对大于临界值的入射角,在第二媒质中的场不能再**传播**,而是一**速衰场**。

2.5 对流层传播和地面的作用

2.5.1 地球大气层下部的结构和特性

705-05-01

对流层 **troposphere**

地球大气层的下部,从地面向上延伸,在其中除某些局部的**逆温**层外,温度随高度下降。这部分大气层在两极延伸到大约 9 km 的高度。

注:在赤道约为 17 km,在中纬地区约为 12 km。

705-05-02

对流层顶 **tropopause**

对流层的上边界。

705-05-03

平流层 **stratosphere**

位于**对流层**之上其中温度恒定或随高度略微增加的那一部分地球大气层,这部分大气层延伸到大约 50 km 的高度。

705-05-04

平流层顶 **stratopause**

平流层的上边界。

705-05-05

散逸层 **mesosphere**

位于**平流层**之上其中温度随高度下降的那一部分地球大气层,这部分大气层延伸到大约 85 km 的高度,在这个高度上温度到达一最小值。

705-05-06

散逸层顶 **mesopause**

散逸层的上边界。

705-05-07

逆温(在对流层中) **temperature inversion** (in the troposphere)

在**对流层**中温度随高度的增加。

705-05-08

混合比(水蒸气的) **mixing ratio** (of water vapour)

在一给定的空气体积中,水蒸气的质量与干空气的质量之比。

注:该比值通常用“克/千克”表示。

705-05-09

相对湿度　relative humidity

用百分数表示的湿空气中水蒸气的蒸汽压与在相同温度和压力下的水或冰的饱和蒸汽压之比。

705-05-10

折射率　refractivity

N

大气**折射指数** n 减 1 之差的一百万倍：$N=10^6(n-1)$。

705-05-11

N-单位　N-unit

用来表示**折射率**的单位。

例：如果**折射指数** n 使得：$10^6(n-1)=350$，则**折射率**为 350 **N-单位**，或 $N=350$。

705-05-12

修正折射指数　modified refractive index

在高度 h 处空气的**折射指数** n 与该高度对地球半径 a 的比值之和：

$$n+\frac{h}{a} \qquad (27)$$

705-05-13

折射模数　refractive modulus

M

修正折射指数减 1 之差的一百万倍：

$$\begin{aligned} M &= 10^6\left(n+\frac{h}{a}-1\right) \\ &= N+10^6\frac{h}{a} \end{aligned} \qquad (28)$$

式中：

n——折射指数；

N——折射率；

h——高度；

a——地球半径。

705-05-14

M-单位　M-unit

用来表示**折射模数**的单位。

例：如果**折射率** N 使得：$N+10^6\frac{h}{a}=400$，则**折射模数**为 400 **M-单位**，或 $M=400$。

705-05-15

标准折射率梯度　standard refractivity gradient

标准-N 梯度　standard-N gradient

折射率的垂直梯度的标准值，即每公里负 40**N-单位**。

注：这个值近似相当于温带第一个 1 千米高度内梯度的中值。

705-05-16

标准折射模数梯度　standard refractive modulus gradient

标准-M 梯度　standard-M gradient

对应于**标准折射率梯度**的**折射模数**的垂直梯度的标准值。

注：这个值为每公里 117**M-单位**。

705-05-17

标准无线电大气层　standard radio atmosphere

垂直折射率梯度等于**标准折射率梯度**的大气层。

705-05-18

折射参考大气层　reference atmosphere for refraction

折射率由下式确定的大气层：

$$N(h)=315\ \exp(-0.136h) \qquad (29)$$

式中：

h——用千米表示的海拔高度。

注：实际上可以认为，在 1 km 高度以下，折射参考大气层与**标准无线电大气层**是一致的。

705-05-19

标准折射　standard refraction

标准无线电大气层中发生的折射。

705-05-20

亚折射　sub-refraction

折射率垂直梯度大于**标准折射率梯度**的折射。

705-05-21

超折射　super-refraction

折射率垂直梯度小于**标准折射率梯度**的折射。

705-05-22

水凝体　hydrometeors

可能存在于大气中或沉积于地面上的水或冰粒子。

注：雨、雾、云、雪、冰雹是主要的水凝体。

705-05-23

降水率　precipitation rate

一个降水强度的度量标准，用每单位时间降落到地面的水的高度表示。

注：降水率通常用 mm/h 表示。

705-05-24

雷达反射率因子（水凝体的）　**radar reflectivity factor** (of hydrometeors)

对从一结定方向入射的电磁波而言，一个表征存在于大气中的水凝体产生的后向散射功率的量。

注：对均匀的降雨，雷达反射率因子由下式表示：

$$Z=\frac{\sum N_i D_i^6}{V} \qquad (30)$$

式中：

N_i——在体积 V 内直径为 D_i 的雨粒数，系数 Z 通常用 mm^6/m^3 表示。

2.5.2　对流层和地面对无线电波传播的作用

705-05-31

对流层传播　tropospheric propagation

在**对流层**内的**传播**，并延伸到未受**电离层**影响的**电离层**下面的**传播**。

705-05-32

对流层波　tropospheric wave

在**对流层**中**传播**的**无线电波**，并且它的**传播**基本上由对流层的特性决定。

705-05-33

地波　ground wave

在对流层中传播的无线电波,它主要是由围绕地球的绕射所造成的,并且基本上决定于地面的特性。

705-05-34

空间波(拒用)　space wave (deprecated)

注:这个术语是含糊的。"空间波"在不同的时期被不同的作者用来或者表示电离层波。或者表示对流层传播中直达波和由地面反射的反射波之和。

705-05-35

无线电地平线　radio horizon

从无线电波的一个点源发出的直接射线与地球表面相切的切点的轨迹。

注:由于大气折射,通常无线电地平线和几何地平线是不同的。

705-05-36

无线电地平线距离　radio horizon distance radio horizon range

一个无线电波源与给定方向无线电地平线间的距离。

705-05-37

超地平线传播　trans-horizon propagation

接收点处在发射点的无线电地平线之外时,靠近地面的两点间的对流层传播。

注:超地平线传播可能是由于对流层的各种机制,例如对流层的绕射、散射、反射所造成的。但是不包括大气波导。因为在波导内没有无线电地平线。

705-05-38

标准传播　standard propagation

在由标准无线电大气层包围的、具有均匀特性的球形地球上面的对流层传播。

705-05-39

标准无线电地平线　standard radio horizon

与通过标准无线电大气层的传播相对应的无线电地平线。

705-05-40

等效地球半径　effective radius of the earth

一个理想的没有大气层的球形地球的半径,电磁波在其上空传播时,传播路径是直线,其高度和地面距离与处在具有恒定垂直折射率梯度之大气层的实际地球上空传播时的相同。

注1:等效地球半径这个概念意味着在所有点上传播路径与水平面的夹角不太大。

注2:对具有标准折射率梯度的大气层,取等效地球半径等于8 500 km,它大约相当于地球实际半径的4/3。

705-05-41

等效地球半径因子　effective earth-radius factor

K

等效地球半径与实际地球半径之比。

注1:因子 K 与折射指数 n 的垂直梯度 $\frac{dh}{dn}$ 和实际地球半径 a 有关,由下式表示:

$$K=\frac{1}{1+a\frac{dn}{dh}} \quad \cdots\cdots(31)$$

注2:对具有标准折射率梯度的大气层,K 值取为4/3,相当于大约8 500 km的等效地球半径。

705-05-42

等效梯度　equivalent gradient

一个假定为恒量的、假想大气层的折射指数的垂直梯度,它使实际的传播路径为一圆弧所替换,圆弧的两端点与实际路径的相同,并与路径一端相切,该端点通常是更靠近地面那一端。

705-05-43

对流层分层　tropospheric layer

大气层的一部分,具有与周围大气层明显不同的无线电**传播**特性,其水平尺度大大超过垂直尺度。

705-05-44

导波分层　ducting layer

用负 M 梯度表征的**对流层分层**,它能形成**对流层无线电波导**。

705-05-45

对流层[无线电]波导　tropospheric(radio)duct

对流层中的一个准水平分层,它能将一个频率足够高的无线电能量充分地限制在其中并以甚低于在均匀大气层中的**衰减传播**。

注:对流层**无线电波导**由**导波分层**,和在**悬空波导**的情况下的一部分下面的大气层组成。

705-05-46

地基波导　ground based duct

表面波导　surface duct

下边界为地球表面的**对流层无线电波导**。

705-05-47

悬空波导　elevated duct

下边界高于地球表面的**对流层无线电波导**。

705-05-48

波导厚度　duct thickness

一个**对流层无线电波导**的上边界和下边界的高度差。

705-05-49

波导高度　duct height

悬空波导的下边界离地球表面的高度。

705-05-50

沿波导传播　ducting

无线电波在**对流层无线电波导**内的**导行传播**。

注:在足够高的频率上,在同一**对流层无线电波导**内可同时存在一些**导行传播**的**电磁模**。

705-05-51

球面绕射[传播]　spherical diffraction (propagation)

由沿地球球形表面的**绕射**,或更一般地说,由沿任何极大于**波长**的圆形**障碍物**的**绕射**造成的**对流层传播**。

注:球面绕射可导致**超地平线传播**。

705-05-52

边缘绕射　edge diffraction

由沿横向**障碍物**(例如具有比较陡的轮廓并位于发射和接收点间的小山或高山)**绕射**造成的**对流层传播**。

注:边缘绕射可导致**超地平线传播**。

705-05-53

刃形绕射　knife-edge diffraction

沿顶部曲率半径对**波长**来说可忽略不计的**障碍物**的**绕射**。

705-05-54

绕射区　diffraction region

一个在地面上或靠近地面处并超过一**无线电波**源的**无线电地平线**范围的区域。这个区域中,大部分时间内,场基本上是由**绕射**造成的。

注:绕射区是相关的**无线电波**源的**阴影区**的一部分。

705-05-55

对流层散射[传播]　tropospheric scatter (propagation)

由大气层**折射指数**的许多不均匀性和不连续点的**散射**造成的**对流层传播**。

注:对流层散射可导致**超地平线传播**。

705-05-56

散射区　scattering region

一个在地面上或靠近地面处,远远超过一**无线电波**源的**无线电地平线**范围的区域。其中大部分时间内,场基本上是由**对流层散射**造成的。

705-05-57

降水散射[传播]　precipitation scatter(propagation)

由**水凝体**主要是雨引起的**散射**造成的**对流层传播**。

705-05-58

障碍增益　obstacle gain

由**一个**孤立的**障碍物**的**边缘绕射**所产生的**电磁场**,与**障碍物**不存在时仅由**球面绕射**所产生的电磁场之比。这个比值通常用分贝表示。

705-05-59

高度增益　height gain

一给定点上的**电磁场**与在同一垂直线上选做基准高度的另一点上的**电磁场**之比。这个比值通常用分贝表示。

注1:当这个比值用分贝表示时,并可能是负值。

注2:在地球**球面绕射**的情况下,通常采用的基准高度取决于**波长**和**地球等效半径**与实际地球半径之比。

705-05-60

增益降低　gain degradation

天线媒质耦合损耗　antenna to medium coupling loss

当在**传播路径**上发生显著的**散射**效应时,发射天线和在长**传播路径**上与它关联的接收天线的增益之和的视在下降量,用分贝表示。

注:增益降低与天线的**辐射**特性和沿**传播路径**的**传播**特性有关。

705-05-61

路径天线增益　path antenna gain

一无线电链路的天线增益总和减去可能发生的**增益降低**,用分贝表示。

2.6　地球上空的电离媒质

2.6.1　电离和等离子体

705-06-01

离子　ion

总电荷量不为零的原子或束缚原子团。

705-06-02

电离　ionization

a)　通过对原子或分子添加或移去电子,或通过分子离解而生成**离子**的过程。

b) 在媒质中出现离子和自由电子。

705-06-03

光电离　photo-ionization

由电磁辐射作用(例如紫外线辐射或 X-射线)造成的原子或分子的**电离**。

705-06-04

等离子体　plasma

由自由电子、**离子**和中性粒子(原子和/或分子)组成的,宏观上呈电中性并导电的任何电离气体。

705-06-05

电子密度　electron density

电子浓度　electron concentration

电离化(在此含义下拒用)　ionization (deprecated in this sense)

在电离媒质或**等离子体**中给定空间元内的自由电子数除以该空间元体积。

705-06-06

电离程度(等离子体的)　**degree of ionization** (of a plasma)

等离子体中一体积元内的的自由电子数与该体积元中中性和带电粒子的总数之比。

705-06-07

电离梯度分量　ionization gradient component

在指定方向**电子密度**对距离的偏导数。

705-06-08

碰撞频率(电子的)　**collision frequency** (electronic)

在给定时间间隔内电离媒质或**等离子体**中的自由电子与其他粒子碰撞的平均次数与该时间间隔之比。

705-06-09

旋磁频率　gyro-frequency;cyclotron frequency

一规定特性的带电粒子,在存在均匀磁场的情况下,围绕场的磁力线作螺旋线旋转运动的频率。

注:旋磁频率 f_c 由下式表示:

$$f_c = \frac{1}{2\pi}\frac{qB}{m} \qquad \cdots\cdots(32)$$

式中:

B——磁通量密度;

m——粒子的质量;

q——粒子带的电荷。

705-06-10

等离子体频率(电子的)　**plasma frequency** (electronic)

局部受电子过量或电子欠缺扰乱的**等离子体**恢复到原宏观中性平衡状态振荡频率,假定**离子**仍固定在应有的位置上。

注:等离子体频率 f_p 由下式表示:

$$f_p = \frac{e}{2\pi}\sqrt{\frac{n_e}{m\varepsilon_0}} \qquad \cdots\cdots(33)$$

式中:

e——电子电荷;

m——电子质量;

n_e——电子密度;

ε_0——电常数。

2.6.2 地球大气层上部的结构和特性

705-06-11

电离层 ionosphere

主要由**光电离**所产生的**离子**和自由电子表示其特征的那部分上部大气层，其**电子密度**足以使一些频带的**无线电波**的**传播**产生显著的改变。

注：地球的电离层大约从高度 50 km 延伸到 2 000 km。

705-06-12

热层 thermosphere

位于**散逸层**上面的那部分地球大气层，在其中温度先随高度增加然后保持不变，并且实际上没有更多的粒子从这里逸散到自由空间。

注：热大气层延伸到 500 km～600 km 高空。

705-06-13

外逸层 exosphere

位于**热层**上面的地球大气层的外层，在其中**碰撞频率**低到足以使得当粒子的垂直速度足够高时，某些粒子向自由空间逸散的概率比较大。

705-06-14

外基底 exobase

外逸层的下边界。

注：外基底的高度大约为 500 km～600 km。

705-06-15

等离子体层 plasmasphere

圆环形的电离区，它环绕赤道包围地球并跟随地球旋转。

注：在赤道平面内，等离子体层延伸到 3～7 个地球半径处，取决于本地时间和地磁活动性。

705-06-16

等离子体层顶 plasmapause

等离子体层的外边界，其特征由**电子密度**的陡降表示。

705-06-17

磁层 magnetosphere

一个超过**电离层**的区域，在其中带电粒子的轨道基本上取决于周围的磁场，对碰撞作用忽略不计。

注：朝太阳的方向地球磁层的外界限位在几十个地球半径的距离处，在相反的方向磁层延伸得更远。

705-06-18

磁层顶 magnetopause

磁层的外边界。

705-06-19

D 区 D region

D 层(拒用) D layer (deprecated)

位于大约 50 km～90 km 高度之间的地球**电离层**的下层。

注：在夜间 D 层的**电子密度**是非常低的，而在白天通常约为每立方米含 10^8～10^9 个电子。

705-06-20

E 区 E region

E 层(在此含义下拒用) E layer (deprecated in this sense)

位于大约 90 km～130 km 高度之间的那一部分地球**电离层**。

注：在白天，E 区的**电子密度**约为每立方米 10^{11} 个电子，而在夜间约为每立方来 10^9 个电子。

705-06-21

F 区　F region

F 层(在此含义下拒用)　F layer (deprecated in this sense)

位于大约超过 130 km 高度的那一部分地球**电离层**。

注:在**太阳活动性**强的期间,中等纬度处,F 层的**电子密度**可能超过每立方米 10^{12} 个电子。

705-06-22

电子密度剖面　ionization profile;electron density profile

电子密度随高度的分布情况。

705-06-23

总电子含量　total electron content

TEC(缩写词)　TEC(abbreviation)

一个通过**电离层**的单位横截面的管子内所含有的自由电子数。管子通常以从地面到一规定的高度作为其垂直轴。

705-06-24

垂直电离梯度(分量)　**vertical ionization gradient** (component)

电子密度对高度的偏导数。

705-06-25

电离台　ionization ledge

垂直电离梯度先随高度下降,然后在某个高度范围内保持非负的低值,并最后随高度增加的**电离剖面**部分,这可推广到**电离层**的相应部分。

705-06-26

偶发电离　sporadic ionization

上部大气层随空间和时间作不规则分布的**电离**,其**电离程度**异常地大于它所在区域的平均电离程度。

705-06-27

电离层分层　ionospheric layer

电离层内一个区的一部分,在其中**电离剖面**有一个最大值或一个**电离台**。

705-06-28

E 分层(通常的)　**E layer** (normal)

E 区内的一个**电离层分层**,其**电离剖面**的特征是有一个最大值,**电离程度**有规律性的逐日变化。

705-06-29

偶发 E 分层　sporadic E layer

Es 分层　Es layer

E 区内由**偶发电离**产生的薄的、短暂的和有限范围的**电离层分层**。

705-06-30

F1 分层　F1 layer

F 层内两个**电离层分层**中下面的那一个,一般存在于白天。

注:F1 分层的**电离剖面**经常由明显的**电离台**表征,这个分层的发生和性能呈某种程度的逐日的和季节性的规律性。

705-06-31

F2 分层　F2 layer

持续地存在于 **F 区**的**电离层分层**,其**电离剖面**的特征是有一个最大值。在白天,这个分层是 **F 区**中的较高层;在夜间,它是唯一的层。

705-06-32

极光区　auroral zone

大约位于地磁北纬或南纬60°～70°间的一个环形区，在其中入射粒子常常产生强烈的**电离**现象，特别是极光的出现。

705-06-33

极冠　polar cap

以**极光区**为界限的极区。

705-06-34

磁暴　magnetic storm

地球磁场的骚扰，通常持续一天或多天，其特征是这个场的强度相对于通常值发生重大的变化。

705-06-35

电离层骚扰　ionospheric disturbance

显著超过当地当年该时刻正常日变化的**电离层**的**电离**变化。

705-06-36

突发电离层骚扰　sudden ionospheric disturbance

SID(缩写词)　SID(abbreviation)

从几分钟到几小时的电离层骚扰，特征是日照半球**D区**的**电离**突然增强。

705-06-37

电离层暴　ionospheric storm

持续一天或多天的**电离层骚扰**，通常伴随着**磁暴**。

705-06-38

电离层的改变　ionospheric modification

电离层特性的改变，主要是由人为活动造成的**电子密度**的改变。

注：**电离层**的改变可由多种技术获得，包括化学分离，大功率无线电激励、原子和**离子**的注入以及核爆炸。改变可以是短暂的或较长时间的。

2.7　电离层对无线电波传播的影响

2.7.1　在电离层内波的路径

705-07-01

电离层传播　ionospheric propagation

涉及**电离层**的**无线电波传播**。

705-07-02

穿过电离层的传播　trans-ionospheric propagation

在位于**电离层**最大**电子密度**的高度下面和上面的两点间的**无线电波传播**。

注：对高于几吉赫的频率穿过**电离层**的**传播**，**电离层**实际上没有影响。

705-07-03

电离层散射[传播]　(propagation by)ionospheric scatter

与**电离层**内**电子密度**的不匀度产生的**散射**有关的**电离层传播**。

705-07-04

电离层反射[传播]　(propagation by)ionospheric reflection

在一个足够低的频率上的**电离层传播**，频率低到使在给定条件下**穿过电离层的传播**成为不可能，因此**无线电波**易发生连续的**折射**，这样当从足够远的距离处来考虑可以认为是等效于从一个假想表面的**反射**。

705-07-05

虚高　virtual height

假想水平面的高度。一个以**真空**中的速度在位于地面上两给定点间**传播**的**无线电波**将在这个假想平面上被**反射**,因为其**群延迟**和这两点间由一次**电离层反射**构成的实际**传输路径**的**群延迟**相同。

705-07-06

电离层波　ionospheric wave

天空电波(拒用)　sky wave (deprecated)

由**电离层反射**返回地球的**无线电波**。

705-07-07

跳　hop

地面上两点间的一个**传播路径**,包括一次或多次**电离层反射**,但中间没有地面**反射**。

705-07-08

弦跳　chordal hop

从同一分层产生的两个或更多个连续的**电离层反射**的**跳**。

705-07-09

跳越距离　skip distance

在一给定方向能接收到从**电离层反射**的给定频率的**无线电波**时,离发射点的最小距离。

705-07-10

跳越区　skip zone

围绕发射点的各个方向以**跳越距离**为界限的一个地面范围。

705-07-11

静区　silent zone

距离大于**地波**最大作用距离的那部分**跳越区**。

705-07-12

低角射线　low-angle ray

地面上超出**跳越距离**的两点间的两**射线路径**中的下射线,它可存在于从一个给定**电离层分层反射**的一给定频率上。

705-07-13

高角射线　high-angle ray

地面上超出**跳越距离**的两点间的两**射线路径**中的上射线,它可存在于从一个给定**电离层分层反射**的一给定频率上。

705-07-14

传播模式(在电离层传播中)　**mode of propagation** (in ionospheric propagation)

根据路径两端点间**跳**数的**传播路径**的表示法,其中标明产生**电离层反射**的每跳的**电离层分层**。

例:1F+1E 表示经由 **F 区电离层分层反射**的一**跳**,随后是地面反射,再跟随着从 **E 区**分层**反射**的一**跳**。

705-07-15

M 反射　M reflection

M 路径　M path

一个单**跳**的**传播路径**,由从 **F 区**的**电离层反射**、再由较低层(通常在 **E 区**)的上侧**反射**并再一次从 **F 区反射**的示意图表示。

例:M 路径可用符号例如 F、E、F 或 F−E+F 表示。

705-07-16

短程信号　short-path signal

一个在发射点和接收点间沿短于地球周长一半的路径**传播**的无线电信号。

705-07-17

长程信号 long-path signal

一个在发射点和接收点间沿大于地球周长一半的路径**传播**的无线电信号。

705-07-18

环球回波 round the world echo

一个无线电**回波**,它环绕地球行进的距离大约等于地球周长或它的倍数。

注:环球回波这个概念,只是在最短程远小于地球周长一半的时候有用。

705-07-19

截止频率 cut-off frequency;barrier frequency

低于这个频率时,某一**电离层分层**不能让某个**入射角**入射的**无线电波**穿过,该**入射角**是从更高的分层得到**反射**的传播模所需要的。

注:在垂直入射的情况下,截止频率也称为**抑止频率**。

705-07-20

[工作]最高可用频率 (operational)MUF

[工作]MUF

在规定工作条件下,**电离层**下面的给定终端间在给定时间通过**电离层**进行信号**传播**时,无线电路能得到合格性能时可用的最高频率。

注1:合格性能可以由例如最大误码率或需要的信噪比来表示。

注2:规定的工作条件包括天线型式、发射机功率、发射种类、信息率。

注3:符号MUF代表"最高可用频率"。

705-07-21

基本最高可用频率 basic MUF

基本MUF

标准MUF(过时术语) standard MUF (obsolete term)

经典MUF(过时术语) classical MUF (obsolete term)

在规定场合,仅通过**电离层折射**能够在**电离层**下面的给定终端间进行**无线电波传播**的最高频率。

注1:在基本最高可用频率限于一个特定的**电离层传播模**的场合,这些值可以和该模的标志一起标出,例如2F2MUF。

注2:如果涉及**非寻常波**,则这样加记号,例如1F2MUF(X)。没有对磁离子分量的专门附标意味着标出的值与正常波有关。

注3:如果希望标出基本最高可用频率适用的地面距离,则用紧接在模式标记后的公里表示,例如1F2(4000)MUF。

705-07-22

最佳工作频率 optimum working frequency

OWF(缩写词) OWF(abbreviation)

FOT(缩写词) FOT(abbreviation)

在给定时间,经常是一个月的90%的规定期间,被**工作MUF**超过的频率。

705-07-23

最低可用频率 lowest useful frequency

LUF(缩写词) LUF(abbreviation)

在规定工作条件下,电离层下面的给定终端间在给定时间通过**电离层**进行信号**传播**时,无线电路能得到合格性能时可用的最低频率。

注1:合格性能可以由例如最大误码率或需要的信噪比来表示。

注2:规定的工作条件包括天线型式、发射机功率、发射种类、信息率。

705-07-24

电离层聚焦 ionosphere focussing

在一给定点接收到的、**电离层反射**的**电磁场**相对于**电离层**的曲率可以忽略不计时，在该点接收到的场强值的增加。

705-07-25

电离层散焦 ionospheric defocussing

在一给定点接收到的、**电离层反射**的**电磁场**相对于**电离层**的曲率可忽略不计时，在该点将接收到的场强值的减小。

705-07-26

[电离层]水平聚焦 (ionospheric)horizon focussing

当**传播路径**在发射和接收点近似与地球相切时发生的**电离层聚焦**。它仅由**电离层**和地球表面弯曲所造成的。

705-07-27

跳越距离聚焦 skip distance focussing

在**跳越距离**附近观察到的**电离层聚焦**。

705-07-28

对跖聚焦 antipodal focussing

在对跖点附近观察到的**电离层聚焦**。

705-07-29

聚焦因子 focussing factor

考虑到**电离层聚焦**，电磁波的**功率通量密度**必须乘上的因子。

705-07-30

散焦因子 defocussing factor

考虑到**电离层散焦**，电磁波的**功率通量密度**必须乘上的因子。

705-07-31

纵向传播 longitudinal propagation

在电离层中**传播方向**与地磁场的方向平行或成小角度的**传播**。

705-07-32

横向传播 transverse propagation

在电离层中**传播方向**与地磁场的方向垂直或几乎垂直的**传播**。

705-07-33

侧偏[电离层]传播 laterally deviated(ionospheric)propagation

沿稍微偏离包含发射点和接收点的垂直平面的**传播路径**的**电离层传播**。

注：侧偏电离层**传播**可能是**电离层分层**倾斜的结果。

705-07-34

偏离大圆电离层传播 off-great-circle ionospheric propagation

沿显著偏离包含发射点和接收点的垂直平面的**传播路径**的**电离层传播**。

注：偏离大圆电离层**传播**可由存在**偶发电离**或 F 区内的不匀度或地面散射造成。

705-07-35

[电子]旋磁频率(在电离层中) **(electron)gyro-frequency** (in the ionosphere)

在电离层中自由电子围绕地磁场力线的**旋磁频率**。

705-07-36

法拉第效应(无线电波的) **Faraday effect** (for radio waves)

在有磁场的情况下，**无线电波**通过**等离子体**时发生的围绕**传播方向**的**极化**旋转。

705-07-37

磁离子双折射 magneto-ionic double refraction

一个在**电离层**中**传播**的**无线电波**,由于地磁场使媒质成为双**折射**媒质的结果,分成为两个独立的波。

705-07-38

磁离子分量 magneto-ionic component

一个在**电离层**中**传播**的**无线电波**,因地磁场作用的结果,分成的两个独立的**无线电波**之一。

705-07-39

寻常波[分量] ordinary wave (component)

一个**磁离子分量**,垂直**入射**时这个分量在**电子密度**使**等离子体频率**等于电波频率的高度上**反射**。

注1:该分量具有**右旋**或**左旋椭圆极化**,取决于**传播方向**与地磁场矢量的夹角是钝角还是锐角。

注2:当**传播**方向与地磁场垂直时,该分量为**线极化**,其电通量密度矢量位于由**传播方向**和磁场所确定的平面内。

705-07-40

非寻常波[分量] extraordinary wave (component)

一个**磁离子分量**,垂直**入射**时这个分量在**电子密度**和地磁场构成下列关系的高度上**反射**:

$$f_p^2 = f^2 - ff_B \qquad (34)$$

式中:

f_p——等离子体频率;

f——电波频率;

f_B——电子旋转频率。

注1:该分量具有**左旋**或**右旋椭圆极化**,取决于**传播方向**与地磁场矢量的夹角是钝角还是锐角。

注2:当**传播方向**与地磁场垂直时,该分量为**线极化**,其电通量密度矢量与**传播方向**和磁场所确定的平面垂直。

705-07-41

Z分量 Z component

一个**磁离子分量**,垂直**入射**时这个分量在**电子密度**与地磁场构成下列关系的高度上**反射**:

$$f_p^2 = f^2 + ff_B \qquad (35)$$

式中:

f_p——等离子体频率;

f——电波频率;

f_B——电子旋转频率。

注1:当波的**传播方向**接近地磁场方向,或当波频率小于电子旋磁频率以及**顶外电离层探测**时,该分量可能出现。

注2:该分量的**极化**是**寻常波**的**极化**或是**非寻常波**的**极化**,取决于其频率对**反射**前电波路径上的**等离子体频率**和电子旋磁频率的相对值。

2.7.2 电离层内的吸收和非线性现象

705-07-51

电离层吸收 ionospheric absorption

由**电离层**中的自由电子和中性原子和**离子**间的碰撞所造成的**无线电波**的**吸收**。

705-07-52

正常[电离层]吸收 normal(ionospheric)absorption

为太阳天顶角的函数的**电离层吸收**。

705-07-53

异常[电离层]吸收 abnormal(ionospheric)absorption

显著大于**正常电离层吸收**的**电离层吸收**,它只稍微依赖于太阳的天顶角。

705-07-54

非偏移吸收　non-daviative absorption

当对所考虑的**无线电波**的频率，**折射指数**保持接近于1时，观察到的**电离层吸收**，它不伴生任何显著的**传播方向**的改变。

705-07-55

偏移吸收　deviative absorption

当**折射指数**对所考虑的**无线电波**的频率明显小于1时，观测到的**电离层吸收**，它伴生有显著的**传播方向**的改变。

705-07-56

极冠吸收　polar cap absorption

PCA(缩写词)　PCA(abbreviation)

由于高能太阳质子的到达，在**极冠**内引起的对**无线电波**的强烈**吸收**。高能太阳质子是由地磁场的力线集中到该区域的。

705-07-57

电离层失真　ionospheric distortion

无线电信号在经由**电离层传播**时，或者由于信号各频谱分量的不等传输、或者由于非线性现象的结果，所产生的不希望有的改变。

705-07-58

电离层交叉调制　ionospheric cross modulation

卢森堡效应　Luxembourg effect

一个**无线电波**被另一具有不同频率的**无线电波**的调制信号所**调制**，这是由于这两个波同时通过的**电离层**区域内的非线性现象造成的。

705-07-59

短波信号消逝　short-wave fade-out

莫吉尔-德林杰信号消逝　Mogel-Dellinger fade-out

SWF(缩写词)　SWF(abbreviation)

在大约2 MHz～30 MHz的频率间，由**偶发电离层骚扰**引起的突然影响**无线电波**的信号**消逝**。

2.7.3　电离层探测

705-07-61

电离层探测　ionospheric sounding

利用发射和接收适当的无线电信号，由实验确定**电离层**的一些特性。

705-07-62

[电离层]单站探测　(ionospheric)monostatic sounding

发射机和接收机位于同一地点的**电离层探测**。

705-07-63

[电离层]双站探测　(ionospheric)bistatic sounding

发射机和接收机位于不同地点的**电离层探测**。

705-07-64

垂直入射电离层探测　vertical incidence ionospheric sounding

利用垂直发射的信号并在发射点接收的**电离层探测**。

注：术语“垂直入射电离层探测”一般用于表示**底端电离层探测**。

705-07-65

底端电离层探测　bottom-side ionospheric sounding

从一个地面站或一个靠近地面的站进行的**垂直入射电离层探测**。

705-07-66

顶外电离层探测　top-side ionospheric sounding

由位于 F 区的最大电子密度上面的人造地球卫星进行的**垂直入射电离层探测**。

705-07-67

斜入射电离层探测　oblique incidence ionospheric sounding

利用斜入射的发射信号到达**电离层分层**的**电离层双站探测**。

705-07-68

后向散射电离层探测　back-scatter ionospheric sounding

单站或双站**电离层探测**,在其中,接收到的信号是由**电离层**内的**后向散射**或地面的**后向散射**所造成的。在第二种情况下出现的**传播**是来回双向均经**电离层反射**返回到发射点。

705-07-69

非相干散射电离层深测　incoherent scatter ionospheric sounding

根据对**电离层分层**中电子随机**散射**的**无线电信号**之频谱分析的单站或双站**电离层探测**。该**散射**是由热运动的电离层**等离子体**起伏造成的。

注:非相干散射电离层探测可确定以下诸量:**电子密度**、电子温度、**离子**温度、平均**离子**质量和**离子**漂移。

705-07-70

电离层探测装置　ionosonde, ionospheric sounder; ionospheric recorder

用于完成**电离层探测**并记录结果的无线电设备。

705-07-71

垂直投射电离层探测装置　vertical incidence ionosonde; vertical incidence ionospheric sounder; vertical incidence ionospheric recorder

用于完成**垂直投射电离层探测**并记录作为时间和频率函数的**虚高度**的**电离层探测装置**。

705-07-72

电离图　ionogram

电离层探测装置提供的记录,并表示**虚高**对频率的函数关系。

705-07-73

临界频率　critical frequency

一个垂直投射到一**电离层**的**无线电波**发生**反射**的最高频率,对每个**磁离子分量**通常只有一个这样的频率。

注 1:**寻常波**的临界频率是相当于该层最大**电子密度**的**等离子体频率**。

注 2:**寻常波**和**非寻常波**的临界频率分别用符号 f_0 和 f_x 并继之以分层的标记表示。例如,f_0、F_2。

705-07-74

抑止频率(一个电离层分层的)　**blanketing frequency** (of an ionospheric layer)

无线电波低于此频率时不能垂直穿过某个**电离层分层**;而高于它时,该波可达到可能发生**电离层反射**的更高的**电离层分层**。

705-07-75

最高观测频率　maximum observed frequency

MOF(缩写词)　MOF(abbreviation)

在给定两点间,**斜入射电离层探测**期间,观测到**电离层传播**的最高频率。

705-07-76

聚合频率　junction frequency

在**斜入射电离图**上看到的、分别对应于一给定**传播方式**的**低角射线**和**高角射线**的轨迹合在一处的频率。

705-07-77

鼻形延伸　nose extension

当频率高于**聚合频率**时,在**斜入射电离图**上看到的超过**低角射线**延伸的轨迹。

注:鼻锥形延伸可由包含**散射**的模或**偏离大圆传播**产生。

705-07-78

扩展 F　spread F

在某些**电离图**上可观察到的并由 **F 区电子密度**的不均匀性所引起的扩散的轨迹。

705-07-79

分层高度　layer height

等于最大**电离**的高度或等于一**电离层**的**虚高**最小值的高度。

注:对用来定义分层高度的特性必须予以详细说明。

705-07-80

电离层混浊仪　riometer; Relative Ionospheric Opacity Meter

一校准的无线电接收机,调谐于 10 MHz～100 MHz 间的一个固定频率上,用来记录宇宙噪声通量,该通量可用来确定**电离层吸收**的时间变化。

注:术语"riometer"是"Relative Ionospheric Opacity Meter"的缩写。

2.7.4　电离层预测和太阳现象

705-07-81

电离层预测　ionospheric prediction

电离层预报　ionospheric forecast

基于以前的**电离层**观测值,太阳现象的周期性以及最近的太阳观测值和理论研究的**电离层**特性的预测。

705-07-82

[电离层]传播预报　(ionospheric)propagation forecast

对由**电离层预测**得到的可能的**无线电传播**条件信息的预制。

705-07-83

太阳活动性　solar activity

太阳的电磁辐射发射和粒子发射,包括由太阳耀斑等现象引起的慢变分量和瞬时分量。

705-07-84

太阳周期　solar cycle

太约 11 年的周期,它表示**太阳活动性**慢变分量的特征。

705-07-85

太阳活动性中心　solar activity centre

在太阳上的一个区域,其中存在多种电磁辐射和微粒辐射源,例如:光斑、太阳黑子、日饵、日冕流和太阳耀斑。

705-07-86

国际相对太阳黑子数　international relative sunspot number

R_1

由在比利时乌克耳(Uccle)天文台的太阳黑子指数数据中心(SIDC),按照每日的太阳黑子个数和太阳黑子群数制定的一个数,并用于评估**太阳活动性**。

705-07-87

十二个月流动平均太阳黑子数　twelve-month running-mean sunspot number

$\boldsymbol{R}_{12}$

国际相对太阳黑子数的平均值,第 n 个月的值由下式得到:

$$R_{12} = \frac{1}{12}\left[\frac{R_{n-6} + R_{n+6}}{2} + \sum_K R_K\right] \quad \cdots\cdots (36)$$

$$K = n-5, n-4, \cdots, n, \cdots, n+5$$

式中：

R_K——第 K 个月的平均国际相对太阳黑子数。

705-07-88

月平均太阳无线电噪声通量　monthly mean solar radio-noise flux

Φ

在地面上用频率大约 2 800 MHz 测量的太阳噪声通量的谱密度的月平均值，用多少 10^{-22} 倍瓦每赫平方米(10^{-22} W/(m^2 · Hz)表示。

注：按照惯例，采用每日协调世界时 17:00 在渥太华的观测值为测量值。

705-07-89

太阳[活动性]指数　solar(activity)index

一个表示**太阳活动性**特征的数，例如：**国际相对太阳黑子数**、**十二个月流动平均太阳黑子数**、**月平均太阳无线电噪声通量**。

705-07-90

电离层指数　ionospheric index

由**电离层**观测值推演出的一个数，用来确定供**电离层预测**用的某些**电离层**参数的月平均值。

注：有多种电离层指数在使用中。

705-07-91

尤耳西图　ursigram

由国际无线电科学协会批准的预测中心之一提供的包括全球分布的太阳和地球物理数据以及**太阳活动性**预测的信息。

注："ursin"是"Union Radio-Scientifique Internationale"的首字母的缩写。

705-07-92

[电离层]传输曲线　(ionospheric)transmission curve

无线电波利用简化的**电离层**模垂直**入射**时的**反射**频率与在地面上一给定距离(通常是 3 000 km)的两点间斜**入射**时在相同**虚高**上的**反射**频率之比随**虚高**变化的曲线。

705-07-93

[电离层]传输因子　(ionospheric)transmission factor

距离因子　distance factor

MUF 因子(拒用)　MUF factor (deprecated)

M

在给定的距离上对给定的**电离层分层**，只包括一次**电离层反射**的一**跳**的情况下，反射点的**基本最高可用频率**与**临界频率**之比。

注：符号 M 之后一定跟着圆括号中以千米为单位的距离和电离层子层的名称。例如：M(3 000)F2。

705-07-94

控制点　control point

电离层中这样的一个点，对利用**电离层反射**的一无线电链路的某个站来说，当连接它和地面上另一个站的大圆弧大于两倍某一规定值时，这个点在地球上的投影位于距该站等于规定值处，而当弧长小于两倍规定距离时，这个点的投影与大圆弧中点的顶上点重合。

注：对从 E 分层和 F2 分层的反射，规定距离通常分别选为 1 000 km 和 2 000 km。

705-07-95

两控制点法 **two-control-point method**

一个仅根据由发射和接收站的位置决定的两个**控制点**处的**电离层**特性来确定**基本最高可用频率**的方法。

705-07-96

电离层图 **ionosphereic map**

表示某一给定时间**电离层**的一个特性参数的等值曲线的地图，给定时间通常用协调世界时(UTC)表示。

705-07-97

数字电离层图 **numerical ionospheric map**

作为地理坐标和时间函数的**电离层**的一个特征参数的数字表达法。

2.8 传播对无线电通信的影响

2.8.1 无线电链路中的衰减

705-08-01

总损耗(无线电链路的) **total loss** (of a radio link)

A_1;L_1

在实际装备、**传播**和操作条件下，一无线电链路的发射机所提供的功率和供给对应的接收机的功率之比。通常用分贝表示。

注：在每一情况下，都必须明确规定发射机提供功率和供给接收机功率的那些点，例如：在发送或接收端可能采用的射频滤波器或复用器之前还是之后，在发射和接收天线馈电线的输入或输出端。

705-08-02

系统损耗 **system loss**

A_s;L_s

在一无线电链路中，输入到发射天线端点的射频功率与接收天线端点可用的总射频信号功率之比，通常用分贝表示。

注1：可用功率是一个源能供给一个负载的最大实功率，即阻抗共轭匹配时传递的功率。

注2：系统损耗下包括馈电线内的损耗，但包括天线组成部分的射频电路中的损耗，例如在导电的或介电的辐射单元中的损耗、天线加载线圈中的损耗、终端电阻的损耗和天线附近的地损耗。

705-08-03

传输损耗(无线电链路的) **transmission loss** (of a radio link)

A;L

在一个无线电链路中，当射频电路没有损耗并假定天线的辐射特性保持不变时，发射天线的辐射功率与接收天线输出端的可用功率之比，通常用分贝表示。

注：传输损耗等于**系统损耗**减去天线组成部分的射频电路内的损耗。

705-08-04

基本传输损耗(无线电链路的) **basic transmission loss** (of a radio-link)

A_b;L_b

实际天线由具有相同**极化**的各向同性天线替换时将出现的**传输损耗**，**传播路径**保持不变，但对靠近天线的障碍的影响忽略不计。

注1：基本传输损耗等于发射机系统的**等效各向同性辐射功率**与从一个各向同性接收天线得到的可用功率之比。

注2：靠近天线的局部地面的影响包括在天线增益的计算中，而不在基本传输损耗内。

705-08-05

自由空间基本传输损耗 **free-space basic transmission loss**

A_{bf};L_{bf}

天线由位于一理想介电的、均匀的、各向同性和无界的介质中的各向同性天线替换时将出现的**传输损耗**，天线间的距离保持不变。

注：若天线间的距离 d 远大于波长 λ，用分贝表示的自由空间衰减为：

$$L_{bf} = 20\lg\left(\frac{4\pi d}{\lambda}\right) \qquad \cdots\cdots(37)$$

705-08-06

射线路径传输损耗　ray path transmission loss

A_t；L_t

一个特定射线**传播路径**的**传输损耗**，等于**基本传输损耗**减去在**射线路径**方向的发射和接收天线的增益。

705-08-07

相对于自由空间的损耗　loss relative to free space

A_m；L_m

基本传输损耗与**自由空间基本传输损耗**之差，用分贝表示。

注：相对于自由空间的损耗可区分为不同类型的损耗，例如：

——**吸收损耗**，如**电离层**的、大气的或降水的吸收；

——**绕射损耗**，如对地波；

——有效**反射**或**散射**损耗，如在电离层的情况下包括由反射分层的弯曲造成的任何**电离层聚焦**或**散焦**的结果；

——**极化耦合损耗**，对所考虑的特定的**射线路径**，它可由天线间的任何**极化**失配造成；

——**天线增益降低**，如在**对流层散射传播**中；

——由直射线与从地面或其他**障碍物**或大气分层的反射线间的**相位干涉**所产生的损耗。

705-08-08

极化耦合损耗(由传播作用产生的)　**polarization coupling loss** (due to propagation effects)

由传输波的**极化**和**传播**媒质间的失配或**入射波**的**极化**与接收天线所对应的**极化**间的失配所造成的那一部分**传输损耗**。

705-08-09

场强衰减因子　field strength diminution factor

在接收点方向距发射天线 1 km 处的发射机的场强与接收点的场强之上，通常用分贝表示。

注：场强衰减因子主要用于**电离层反射**引起的无线电链路。

2.8.2　接收场的时间变化

705-08-11

衰落　fading

由**传播**状况的时间变化引起的**电磁场**值或信号功率值的起伏。

注：在使用自由空间值作为基准值的情况下，术语“衰落”可限制为一个电磁场或信号功率相对于基准值的临时性的显著降低。

705-08-12

衰落深度　fading depth

在**衰落**期间的**电磁场**或信号功率值与基准值的反比，通常用分贝表示。

注：基准值可预先决定，例如自由空间值或在一个足够长的时间周期内由统计确定的值，例如中值、平均值或百分值。

705-08-13

衰落持续时间　fading duration；fading time

超过一给定**衰落深度**的持续时间。

注：对一连串的**衰落**事件，可考虑它们持续时间的统计分布。

705-08-14

衰落率 fading rate,fading frequency

超过一给定**衰落深度**的时间间隔的发生率。

注:衰落率由平均频率或在规定条件下确定的平均周期表征。

705-08-15

衰落速度 rapidity of fading

存在**衰落**时,信号电平与时间的关系曲线的斜率。这个斜率通常用多少分贝每秒表示。

705-08-16

慢衰落 slow fading

长周期衰落 long-period fading

衰落率由一较长期间表征的**衰落**。

705-08-17

快衰落 fast fading

短周期衰落 short-period fading

衰落率由一较短期间表征的**衰落**。

705-08-18

频率选择性衰落 frequency selective fading

对一个已调**无线电波**的不同频谱分量引起不同程度的**衰落**。

705-08-19

干涉衰落 interference fading

由具有不相同的相对相位的**无线电波**的干涉引起的**衰落**。

705-08-20

闪烁 scintillation

一个场参量的不规则的起伏,例如幅度、相位、**极化**或到达方向的不规则的起伏,这是由于**无线电波**通过的某些媒质**折射指数**的变化所造成的。

705-08-21

信号消逝 fade-out,black out

长持续时间的深**衰落**。

2.8.3 无线电发射机的场强和作用距离

705-08-31

场强(无线电发射机的) field strength (of a radio-transmitter)

发射机场强(拒用) transmitter field intensity (deprecated)

在规定的特征频率上和规定的装备和调制情况下工作的无线电发射系统在一给定点产生的**电磁场**值。

705-08-32

可用场强 usable field strength

对规定的装备和工作条件,在有实际存在的或由协议或按照频率规划确定的噪声和干扰的情况下,在一给定点可以得到所需接收质量的最小场强值。

注1:如果噪声或干扰有起伏。则必须规定需要质量的时间百分数。

注2:规定的情况包括:

——传输模、业务种类和使用的频带;

——接收设备的特性:天线增益、接收机通带、场所;

——接收机的工作情况,特别是地理区域、时刻、季节。

705-08-33

标称可用场强　nominal usable field strength

参考可用场强　reference usable field strength

一个商定的**可用场强**值,用于规划无线电通信业务。

705-08-34

最小可用场强　minimum usable field strength

没有干扰时的**可用场强**值。

705-08-35

标准无吸收场强　standard unabsorbed field strength

非减弱场(拒用)　non-attenuated field (deprecated)

一位于呈理想电导率的假想平面地面上的垂直短单极天线,辐射一规定的功率,通常为 1 kW 时,在假想平面地面附近产生的**电磁场**。

705-08-36

[衰落]储备　(fade)margin

在一无线电链路上,对规定的接收质量来说,可允许的最大**衰落深度**。

705-08-37

平衰落储备　flat fade margin

在接收机带宽内,没有**频率选择性衰落**时的**衰落储备**。

705-08-38

净衰落储备　net fade margin

在一固定频率上,在一部分时间内,超过不能得到规定的接收质量的**衰落深度**的**衰落储备**。

注:在选择性衰落的情况下,净衰落储备小于**平衰落储备**。

705-08-39

协调距离　co-ordination distance

在一给定方向离一个无线电台的距离,超过该距离时,到用相同频带的其他无线电台去的或从用相同频带的其他无线电台来的干扰,对规划应用来说,可忽略不计。

705-08-40

协调围线　co-ordination contour

一个无线电台所有各方向的位于**协调距离**的点的轨迹。

705-08-41

协调区　co-ordination area

协调围线包围的面积。

705-08-42

作用距离(无线电发射机的)　**range** (of a radio-transmitter)

具有规定装备和工作条件的无线电发射系统,在一给定方向产生**可用场强**的最大距离。

705-08-43

场强图(无线电发射机的)　**field strength pattern** (of a radio-transmitter)

绘有由一发射机产生的等**场强**值曲线的地图。

705-08-44

覆盖区(无线电发射机的)　**coverage area** (of a radio-transmitter)

发射机在其中产生的**场强**等于或大于**可用场强**的区域。

2.8.4 传播对无线电波极化的作用

705-08-51

去极化 depolarization

一个以一规定**极化**发射的**无线电波**的全部或部分功率通过**传播**后,不再具有规定**极化**的现象。

705-08-52

交叉极化 cross polarization

在传播过程中,出现一个与预期的**极化正交**的**极化**分量。

705-08-53

交叉极化鉴别率(电磁波的) **cross polarization discrimination** (of an electromagnetic wave)

对一个以一给定**极化**发射的**无线电波**而言,在接收点接收到的预期**极化**的功率与接收到的**正交极化**的功率之比。

注:交叉极化鉴别率随天线特性和传播媒质两者而定。

705-08-54

交叉极化隔离度(两个电磁波的) **cross polarization isolation** (of two electromagnetic waves)

对以同一频率发射、功率相同和**正交极化**的两**无线电波**,在接收点从一个**波**收到的功率与从另一个**波**在第一个**波**的预期**极化**上收到的功率之比。

注:交叉极化隔离度随天线特性和**传播**媒质两者而定。

中 文 索 引

E

F

T

W

X

Y

Z

英 文 索 引

A

B

C

D

E

F

I

N

O

P

R

T

W

Z

ICS 33.120.40
M 50

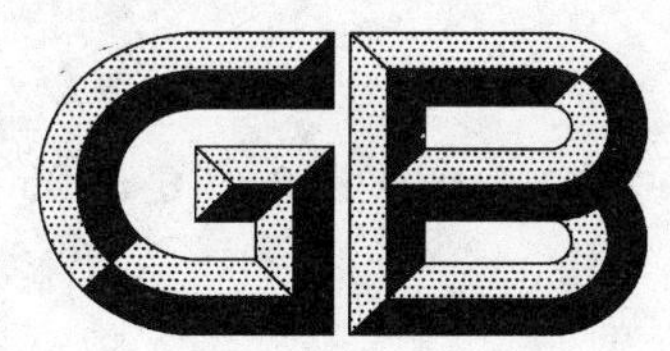

中华人民共和国国家标准

GB/T 14733.10—2008/IEC 60050(712):1992
代替 GB/T 14733.10—1993

电信术语　天线

Terminology for telecommunication—Antenna

(IEC 60050(712):1992, International Electrotechnical Vocabulary
Chapter 712: Antenna, IDT)

2008-08-06 发布　　　　2009-03-01 实施

中华人民共和国国家质量监督检验检疫总局
中国国家标准化管理委员会　发布

前　言

GB/T 14733《电信术语》分为如下12个部分:

——第1部分:电信、信道和网;

——第2部分:传输线和波导;

——第3部分:可靠性、可维护性和业务质量;

——第4部分:交换技术;

——第5部分:使用离散信号的电信方式、电报、传真和数据通信;

——第6部分:空间无线电通信;

——第7部分:振荡、信号和相关器件;

——第8部分:电话;

——第9部分:无线电波传播;

——第10部分:天线;

——第11部分:传输;

——第12部分:光纤通信。

本部分为GB/T 14733的第10部分,等同采用IEC 60050(712):1992《国际电工词汇　第712章:天线》(英文版)。

本部分是对GB/T 14733.10—1993《电信术语　天线》的修订。

本部分代替GB/T 14733.10—1993《电信术语　天线》。

本部分与GB/T 14733.10—1993相比主要变化如下:

——本部分共涉及六个方面的相关术语,对原标准的术语结构进行了调整:

1) 在"2.2　天线的电特性或辐射特性中"分为"与场有关的术语"和"与功率有关的术语"两部分;

2) 在"2.4　主要由辐射导体构成的天线及天线单元"分为"辐射单元";"电流、电阻和有关概念";"偶极子、环形和源天线";"近地的单极子和天线"和"其他天线"五部分;

3) 在"2.5　主要由辐射表面和口面构成的天线及天线单元"分为"口面";"反射器及反射器天线";"喇叭天线";"透镜和透镜天线"和"缝隙天线"五部分;

——增加4个新条目术语和定义,增加了10个术语的同义词;

——修改了35个术语条目,修改了部分术语的定义;

——增加了21个术语的注,并对部分注释进行了修改;

——增加了资料性附录A"天线补充术语";

——对本部分的编写格式进行了修改。

本部分由工业和信息化部提出。

本部分由中国通信标准化协会归口。

本部分起草单位:信息产业部电信研究院、西安海天天线科技股份有限公司。

本部分起草人:王妮娜、蒋利群、陈锡斌、赵世卓、谭泳。

本部分所代替标准的历次版本发布情况为:

——GB/T 14733.10—1993。

电信术语　天线

1　范围

本部分规定了天线的术语和定义。

本部分适用于电信技术领域。

2　术语和定义

2.1　天线及天线组件的基本术语

712-01-01

天线　**antenna, aerial(deprecated)**

能够有效地向空间辐射或从空间接收无线电波的装置。它为发射机或接收机与传播无线电波的媒质之间提供所需要的耦合。

注 1：在实用中，对天线的终端或者对被认为是天线与发射机或接收机之间的接口应予以规定。

注 2：如果发射机或接收机由馈线接到天线则可将该天线认为是传输线引导的无线电波和空间的辐射波之间的换能器。

712-01-02

天线系统　**antenna system**

天线连同为实现它的正常功能所必需的机械和电气部件。

712-01-03

[多]天线系统　**(multiple)antenna system**

一组天线连同为实现它们的正常功能所必需的机械和电气部件。

712-01-04

辐射单元　**radiating element**

一副天线的基本单元，用来承受直接产生**辐射方向图**的射频电流或场。

注 1：一副天线可以包含一个或多个辐射单元。

注 2：辐射单元可以是受激励的或不受激励的。

注 3：天线的某些部件，例如支柱，可能产生扰乱所需要的天线辐射的寄生射频电流或场。

712-01-05

阵　**array (antenna)**

天线阵　**antenna array**

由一些通常是相同的但并非必须相同，且具有相同极化的**辐射单元**构成的天线。通过对它们适当地排列和激励可得到一个既定的**辐射方向图**。

注 1：大多数情况下，辐射单元是相同的，并且可以通过平移或绕轴旋转而重合。此外，辐射单元之间的间隔通常是等距的。

712-01-06

直线阵[天线]　**linear array (antenna)**

辐射单元的各对应点在一直线上的**阵**。

712-01-07

平面阵[天线]　**planar array (antenna)**

辐射单元的各对应点在一平面内的**阵**。

712-01-08

圆锥形阵[天线] **conical array**

由一些相同**辐射单元**构成的**天线**,其中各单元的对应点位于一圆锥面上。

712-01-09

圆柱形阵[天线] **cylindrical array**

由一些相同**辐射单元**构成的**天线**,其中各单元的对应点位于一圆柱面上。

712-01-10

球形阵[天线] **spherical array**

由一些相同**辐射单元**构成的**天线**,其中各单元的对应点位于一球面上。

712-01-11

圆形阵[天线] **circular array;ring array**

由一些相同**辐射单元**构成的**天线**,其中各单元的对应点位于一圆周上。

712-01-12

平镶天线 **flush-mounted antenna**

嵌装在一机构表面或一运动体表面内,且不影响该表面形状的**天线**。

712-01-13

共形天线 **conformal antenna;flush mounted antenna**

一种与安装体表面共形的**天线**,其形状主要不取决于电磁性能,而是根据气体动力学和流体动力学等方面的考虑来决定的。

712-01-14

共形阵 **conformal array**

一种与安装体表面共形的**阵**,其形状主要不取决于电磁性能,而是根据气体动力学或流体动力学等方面的考虑来决定的。

712-01-15

天线子阵 **antenna bay**

天线阵的基本部分,通常由同一分支馈线馈电的那些单元组成。

712-01-16

盘(辐射单元的) **panel** (of radiating element)

由**辐射单元阵**和支撑它的反射平面构成的刚性装置。

712-01-17

馈源(阵的) **feed** (of an array)

在**天线阵**中,将受激单元连接到阵输入口的传输线和相关部件的装置。

2.2 天线的电特性或辐射特性

2.2.1 与场有关的术语

712-02-01

无功近场[区] **reactive near field (region)**

感应场[区] **induction field (region)**

直接围绕**天线**的空间区域,其中体现天线与周围媒质间无功能量交换的电磁场分量占支配地位。

712-02-02

远场区 **far field region**

天线的磁场区域,其中体现能量传播的电磁场分量占支配地位,并且电磁场的角分布基本上与离天线的距离无关。

注1:在远场区,电磁场分量的幅度与天线距离成反比。

注2:如边射天线的最大总尺寸 D 大于波长 λ,则通常取离天线的距离大于 $2D^2/\lambda$ 处为远场区。

712-02-03

夫琅禾费区　Fraunhofer region

在区域内沿天线波束轴的每一点上由天线各单元或天线子区所发射出的任何指定场分量的相位差很小,可认为是同相的场区。

712-02-04

辐射近场[区]　radiating near field (region)

在**无功近场区**及**远场区**之间的空间区域,其中代表能量传播的电磁场分量是主要分量,并且在此区域内电磁场的角分布随离开天线的距离而变化。

注:如果天线的最大总尺寸不大于波长,则实际上就不大可能区别出辐射近场区。

712-02-05

菲涅耳区　Fresnel region

夫琅禾费区的邻区。

注:菲涅耳区的范围取决于天线的电尺寸。

712-02-06

二次辐射　re-radiation;secondary radiation

导电体或介质受无线电入射波激励所产生的并叠加于入射波上的辐射。

712-02-07

天线极化(在给定方向上的)　**polarization of an antenna** (in a given direction)

在**远场区**及给定方向天线所辐射的波的极化。

注:如未规定方向,则假定为最大辐射强度的方向。

712-02-08

接收极化(给定方向上天线的)　**receiving polarization** (of an antenna, in a given direction)

从给定方向接收的有特定功率通量密度的平面波的极化,该极化产生这一方向上天线端点的最大接收功率。

注 1:如果没有给定方向,则假定为空间中最大接收功率的方向。

注 2:发射天线的极化可以确定天线的接收极化,因此,在相同的平面极化时,偏振椭圆有相同的轴比率、极化方向以及空间定向。

712-02-09

极化匹配　polarization match

从给定方向入射于天线的平面波,其极化与该方向接收天线的极化相同时的状态。

注:如果没有给定方向,则假定为最大接收功率的方向。

712-02-10

场强—距离乘积　field strength-distance product;cymomotive force (in a given direction)

c. m. f. (缩写词)　c. m. f. (abbreviation)

发射天线在其远场区给定方向的任一点所产生的电场矢量与该点到天线的距离的乘积。

注 1:在任何给定方向,场强—距离乘积与距离无关。在距离为 1 km 处,用 mV/m 表示的场强,在数量上等于以伏为单位的场强—距离乘积值。

注 2:在任何给定方向的场强—距离乘积,视天线电特性及馈给的功率而定。

注 3:英文术语"cymomotive force"用于国际无线电咨询委员会(ITU-R)。

712-02-11

特定的场强—距离乘积　specific field strength-distance product;specific cymomotive force (in a given direction)

s. c. m. f. (缩写词)　s. c. m. f. (abbreviation)

当供给天线的功率为 1 kW，在给定的方向所产生的**场强—距离乘积**。

712-02-12

辐射方向图　radiation pattern

表征天线辐射量在空间的分布。

注 1：最常考虑的是在远场区的分布。

注 2：表征场的量，如：电磁场的一个规定分量的大小或**场强—距离乘积**、**辐射强度**、**方向性**、**绝对增益**或**相对增益**等。

712-02-13

辐射方向图（函数）　**radiation pattern** (function)

表征天线辐射量在空间的分布的数学表达式。

712-02-14

辐射方向图（曲面）　**radiation pattern** (surface)

径向矢量的末端所描述的曲面。矢量的大小与天线在恒定距离上该矢量方向所产生的场强大小为一指定函数。

注：最常考虑的是**远场区**的**辐射方向图**（曲面）。

712-02-15

辐射方向图（图示）　**radiation pattarn** (graphical representation)；**radiation diagram**

由天线产生的表征电磁场特性的量在空间分布的图形。

注：例如，辐射方向图作为表示方向的函数，可以是以离天线为一给定距离处的远场分量值，或是离天线为一给定距离处的远场分量的等高线或等值线。

712-02-16

阵因子　array factor

对于一个给定的天线**阵**，将**阵**中的所有单元假定为各向同性辐射的点源时，得出的阵列天线**辐射方向图**函数。

注 1：假定各辐射单元在阵中的辐射方向图函数是相同的，且这些单元可以通过平移而重合，那么当阵因子与单元辐射方向图函数相乘时，它能给出整个阵的辐射方向图。

注 2：阵因子取决于阵列中单元的排列形式、单元之间的间距与波长之比以及单元的激励条件。

712-02-17

相位方向图　phase pattern

天线所产生的一规定场分量的相位在空间相对于一给定参考相位的分布。

注：远场区内的相位通常在球面上确定，球心是相对于天线而定的。

712-02-18

相位方向图（函数）　**phase pattern** (function)

用空间坐标表示的天线**相位方向图**的数学表达式。

712-02-19

相位方向图（图示）　**phase pattern** (graphical representation)；**phase diagram**

天线**相位方向图**的图形表示法。

712-02-20

相位中心　phase center

与天线有关的一个点的位置，该点如果存在，那么以它为球的或圆的中心，则**远场区**内的给定场分量至少在有显著辐射的部分球面上或圆弧上其相位基本保持不变。

注：根据圆所在的平面，某些天线有不同的相位中心。

712-02-21

同极化方向图(天线的)　**co-polar pattern** (of an antenna)

对应于所设计的**天线极化**的**辐射方向图**。

712-02-22

交叉极化方向图(天线的)　**cross-polar pattern** (of an antenna)

对应于和**同极化方向图**正交的极化的**天线辐射方向图**。

712-02-23

辐射瓣　**radiation lobe**

辐射方向图的一部分,以较低值为界,其中无非常显著的凹点。

712-02-24

主瓣　**major lobe;main lobe**

对所需极化,包含辐射强度最大值方向在内的**天线辐射瓣**。

注:某些天线含有一个以上的主瓣。

712-02-25

副瓣　**secondary lobe;minor lobe**

除**主瓣**以外的任何**辐射瓣**。

712-02-26

背瓣　**back lobe**

其轴与**主瓣**轴的前向大约成 180°角度的**副瓣**,也就是和最大辐射强度方向相反的半空间的**辐射瓣**。

712-02-27

旁瓣　**side lobe**

除**背瓣**以外的任何**副瓣**。

712-02-28

[相关]旁瓣电平　**(relative)side lobe level**

对于一规定的极化,**旁瓣**内最大辐射值与参考瓣内最大辐射值之比,通常以分贝表示。

注:如未作规定,则参考瓣即为**主瓣**。

712-02-29

旁瓣抑制　**side-lobe suppression**

降低**旁瓣电平**的任何方法、操作或调节。

712-02-30

[主]波束(天线的)　**(main)beam** (of an antenna)

[主]射束(天线的)

定向天线的**主瓣**或**主瓣**内所含的辐射。

注:波束的概念通常应用于较高增益的天线。

712-02-31

方向零点　**directional null**

在天线**辐射方向图**内特定的非常显著的最小点。

712-02-32

波束轴(天线的)　**beam axis** (of an antenna)

射束轴(天线的)

天线**波束**的一个方向,在此方向辐射强度最大或可认为是**波束**的对称轴。

712-02-33

波束宽度　beamwidth

射束宽度

在**波束**或天线辐射瓣中包括最大辐射强度或对称轴的一平面内两个方向之间的角度，在此二方向或轴的两侧上，这两个方向是相关的，例如最大辐射强度或起初最小值的一给定分数值。

注：一般最常用的波束宽度为半功率点波束宽度。

712-02-34

电的视轴(天线的)　**electrical boresight** (of an antenna)

由天线的辐射特性决定的天线轴。

例如：圆锥扫描或单脉冲天线系统的零值方向或高定向天线的**波束轴**。

712-02-35

参考视轴(天线的)　**reference boresight** (of an antenna)

供校准**电的视轴**参考之用而建立的天线轴。

712-02-36

视轴误差(天线的)　**boresight error** (of an antenna)

天线的**电的视轴**对规定**参考视轴**的角度偏差。

712-02-37

倾斜　squint

波束轴或**方向零点**对一规定轴，如口面的垂直方向，**波束轴**方向或天线的**方向零点**稍有偏离的一种天线特性。

注：倾斜经常是天线出现缺陷的不当结果；但在特定情况下，它又被设计用来以满足工作要求。

712-02-38

倾斜角　squint angle

天线**波束轴**或**方向零点**偏离规定参考轴的角度。

2.2.2　与功率有关的术语

712-02-41

辐射强度(来自给定方向天线的)　**radiation intensity** (from an antenna in a given direction)

在给定方向和**远场区**内天线每单位立体角的辐射功率。

注1：辐射强度以每球面度的瓦数表示。

注2：辐射强度可以认为是两个正交极化分量辐射强度之和。

712-02-42

方向性系数(给定方向上天线的)　**directivity** (of an antenna, in a given direction)

方向性(给定方向上天线的)

天线在给定方向的**辐射强度**与在空间所有方向平均辐射强度之比，通常以分贝表示。

注1：如方向未给定，则指给定天线最大辐射强度的方向。

注2：方向性系数与天线损耗无关，如天线无损耗，它就等于相同方向的绝对增益。

712-02-43

[**绝对**]**增益**(给定方向上天线的)　**(absolute)gain** (of an antenna, in a given direction); **isotropic gain** (of an antenna, in a given direction)

天线在给定方向的**辐射强度**与在输入功率相同的情况下假定天线向空间所有方向均匀辐射时的**辐射强度**之比，通常以分贝表示。

注1：如方向未给定，则指给定天线最大辐射强度的方向。

注2：如天线无损耗，则给定方向上天线的绝对增益在数值上和它的方向性系数相同。

712-02-44

部分增益(对给定极化时天线的) **partial gain** (of an antenna, for a given polarization)

在给定方向,对一给定极化的那一部分**辐射强度**与在输入功率相同的情况下假定天线向空间所有方向均匀辐射时的辐射强度之比,通常以分贝表示。

注1:如方向未给定,则指给定天线最大辐射强度的方向。

注2:对任何两个正交极化,天线的绝对增益等于以功率比表示的部分增益之和。

712-02-45

相对增益(对参考天线的天线) **relative gain** (of an antenna with respect to that of a reference antenna)

一给定天线在指定方向的**部分增益**与**极化**相同的参考天线最大**绝对增益**之比,通常以分贝表示。

注1:当参考天线与给定天线的方向与极化均相同时,相对增益是增益之比。

注2:如方向未给定,则指给定天线**辐射强度**最大的方向。

注3:无损耗**半波偶极子**,**基本电偶极子**或极短垂直单极子经常用作参考天线。

712-02-46

部分有效面积(对给定极化和给定方向的天线) **partial effective area** (of an antenna for a given polarization and direction)

在给定方向,接收天线终端的有用功率与从该方向以规定的极化入射到天线的平面波的功率通量密度之比。

注1:如方向未给定,则指对应于最大有用功率的方向。

注2:在自由空间,对一给定极化和给定方向,天线用于接收时的部分有效面积 A_{ep} 和该天线用于发射时的部分增益 G_p 的相互关系由下式表示:

$$G_p = 4\pi A_{ep}/\lambda^2 \quad \cdots\cdots(1)$$

式中 λ 为波长。

712-02-47

[**总**]**有效面积**(给定方向天线的) (**total**)**effective area** (of an antenna for a given direction)

在给定方向,接收天线端的有用功率与从该方向入射到天线的平面波的功率通量密度之比,平面波的极化与天线的极化匹配。

注1:如方向未给定,则指对应于天线端最大有用功率之方向。

注2:总有效面积是天线的任何两正交极化的部分有效面积的总和。

注3:在自由空间,当天线用于接收时,在给定方向的有效面积 A_e 和该天线用于发射时,在给定方向的绝对增益 G_i 的相互关系由下式表示:

$$G_i = 4\pi A_e/\lambda^2 \quad \cdots\cdots(2)$$

式中 λ 为波长。

注4:当**口面照射**函数中的幅度和相位都是均匀的,且给定方向与**口面**垂直,则无损耗天线的**口面**的总有效面积等于它的几何面积。

712-02-48

散射截面(天线的) **scattering cross section** (of an antenna);**scattering area** (of an antenna)

当**各向同性辐射器**产生的**辐射强度**等于从一给定的接收天线在规定方向**二次辐射**的辐射强度时,**各向同性辐射器**所应辐射的总功率与按规定极化和传播方向入射的平面波的功率通量密度之比。

712-02-49

后散射截面(天线的) **back scattering cross section** (of an antenna);**back scattering area** (of an antenna)

方向与入射波传播方向相反的接收天线的**散射截面**。

712-02-50

辐射效率(天线的) **radiation efficiency** (of an antenna)

天线辐射的总功率与馈入它的净功率之比。

712-02-51

等效各向同性辐射功率(给定方向的) **equivalent isotropically radiated power** (in a given direction)

EIRP(缩写词) EIRP (abbreviation)

施加到天线的功率与在给定方向上天线的**绝对增益**的乘积。

712-02-52

有效辐射功率(给定方向的) **effective radiated power** (in a given direction)

ERP(缩写词) ERP (abbreviation)

施加到天线的功率与在给定方向上相对于**半波偶极子**的天线相对增益的乘积。

注:通常使用**等效各向同性辐射功率**这一概念而不用**有效辐射功率**这个概念。

712-02-53

有效单极子辐射功率(给定方向的) **effective monopole radiated power** (in a given direction)

EMRP(缩写词) EMRP(abbreviation)

施加到天线的功率与给定方向上相对于垂直一短天线的天线相对增益的乘积。

712-02-54

噪声温度(接收天线的) **noise temperature** (of a receiving antenna)

通常以一电阻的绝对温度表示。该电阻每单位带宽的有效热噪声功率等于安装和工作于规定状态及规定频率下的天线在其输出端口的噪声功率。

注:天线噪声温度取决于天线固有噪声和外来源的噪声。

712-02-55

品质因数(天线的) **figure of merit** (of an antenna)

G/T

天线的**绝对增益** G 与在规定频率和规定安装及工作状态下,换算到天线端的**噪声温度** T 之比,通常以对数形式表示。

注:如果**噪声温度**表示成绝对温度,并且增益表示成功率比,则数量 $10\lg G/T$ 由符号 dBK 所代表的单位表示。

712-02-56

品质因数(天线接收系统的) **figure of merit** (of an antenna-receiving system)

在规定频率和规定安装及工作状态下,换算到的天线的**绝对增益** G 与天线接收机**噪声温度** T 之比 G/T,通常以对数形式表示。

注:如果**噪声温度**表示成绝对温度,并且增益表示成功率比,则数量 $10\lg G/T$ 由符号 dBK 所代表的单位表示。

712-02-57

天线[输入]阻抗 **antenna (input)impedance**

天线在馈电点端子上呈现的复阻抗。

注:若给出其相对于一规定的参考阻抗的相位,则天线阻抗可通过其馈线上的反射系数或驻波比来描述。

712-02-58

天线[输入]导纳 **antenna (input)admittance**

天线在馈电点端子上呈现的复导纳。

注:若给出其相对于一规定的参考导纳的相位,则天线导纳可通过其馈线上的反射系数或驻波比来描述。

712-02-59

带宽(天线的) **bandwidth** (of an antenna)

天线的频带宽度,在此频带范围内所规定的天线特性,其变化不超出规定的限度。

注:天线特性包括:输入阻抗、**方向性系数**、**辐射方向图**或**相位方向图**等。

712-02-60

隔离度(多端口天线的)　**isolation ratio** (of a multiport antenna)

隔离比(多端口天线的)

多端口天线的一个端口上的入射功率与该入射功率在其他端口上所产生的可用功率之比,通常以分贝表示。

712-02-61

分辨率(天线对两接收电波之间的)　**discrimination ratio** (of an antenna between two received waves)

在接收天线端,从所需的电磁波获得的有用功率与从不需要的电磁波所获得的可用功率之比,通常以分贝表示。这两个电磁波的场强相同,但其他一些规定的特性如:传播方向、极化和信号频率等不同。

712-02-62

极化[去耦]比(天线的)　**polarization (decoupling) ratio** (of an antenna)

在同一方向上,所设计的**天线极化**辐射的场分量与对应的正交极化辐射的场分量之比,通常以分贝表示。

712-02-63

超方向性　**superdirectivity**

当一天线的方向性显著地超过**口面**尺寸与该天线相同但**口面照射**为均匀时得到的**方向性**,或当一**天线阵**的方向性显著地超过该阵各单元均匀地受激励时得到的**方向性**时所出现的状态。

注:只要电流幅度和相位或**口面**上的电磁场在比波长短的距离内迅速变化,经常能获得超方向性,但却会导致非常低的效率而无实用性。

2.3　由电特性或辐射特性定义的各种类型的天线

712-03-01

各向同性辐射器　**isotropic radiator**

点源天线

一无损耗的假想天线,它在所有方向具有相同的**辐射强度**,并便于作为表示实际天线方向特性的参考。

712-03-02

定向天线　**directional antenna**

在规定方向比其他方向有显著高或低的**辐射强度**的天线。

712-03-03

方向零点天线　**directional-null antenna**

在**辐射方向图**内具有一个或多个方向零点的**定向天线**。

712-03-04

零点可控天线　**null-steering antenna**

一般可用电气手段控制其**辐射方向图**中一个或多个零点的**方向零点天线**。

712-03-05

单极化天线　**single-polarized antenna**

只能发射或接收一种规定极化无线电波的天线。

712-03-06

双极化天线　**dual-polarizated antenna**

能同时发射或接收两个独立的正交极化无线电波的天线。

712-03-07

全向辐射天线(给定平面内的)　**omnidirectional antenna** (in a given plane)

对规定极化而言,在给定平面,通常为水平面内,辐射强度基本上无方向性的天线。

712-03-08

边射,形容词　broadside…

用于表述具有线列阵或**平面阵**或包含一个大型**口面**天线的形容词。它的最大辐射方向分别垂直于或几乎垂直于**阵**的轴线或阵平面的线性阵或**平面阵**。例如:边射阵。

712-03-09

端射,形容词　end-fire…

用于表述具有下述特征的**直线阵天线**或呈伸长形天线的形容词。它的最大辐射强度方向沿着阵轴线或者沿着最大伸长的方向。例如:端射阵。

712-03-10

背射天线　back-fire antenna

带有**馈源**的天线,**馈源**由一个或多个**辐射单元**和一个**反射器**单元组成,此反射器照射紧挨着的另一**反射器**,从而使天线具有开口谐振器的功能,辐射则从谐振器开口即从**馈源**相反的方向发出。

712-03-11

旋转场天线　rotating-field antenna

一全向辐射天线,在水平面内任何方向上,该天线**相位方向图**的值,实际上等于表征此方向的角度。

712-03-12

赋形波束天线　shaped-beam antenna

按既定**辐射方向图**设计的天线,该方向图与根据均匀幅度和均匀相位的**口面照射**而得出的天线**辐射方向图**有显著的区别。

712-03-13

等强度线波束天线　contoured-beam antenna

一种**赋形波束天线**,它的设计是使其波束与给定表面相遇时,入射到该表面上的等功率通量密度线形成一特定的等强度线。

注:卫星天线面积有限,处于地球的表面,其轴线的功率通量密度有特定值,被称为"波束区"。(见 GB/T 14733.6)

712-03-14

扇形波束天线　fan-beam antenna

波束横截面的最大和最小尺寸相比具有高比值的一种天线。

712-03-15

獭尾形波束天线　beaver-tail beam antenna

波束在水平面内的宽度比在垂直平面内的要宽得多的一种**扇形波束天线**。

712-03-16

笔形波束天线　pencil-beam antenna

具有窄波束的一种天线,**波束**的横截面近乎为圆形。

712-03-17

余割平方波束天线　cosecant-square beam antenna

在一平面里,其**辐射方向面图**中的部分**辐射强度**与从规定方向所测得的角度余割平方成正比的一种**赋形波束天线**。

注:应用于雷达时,平面是垂直的,角度是从水平方向测量的,因而对出现在同一高度上,有相同**后散射截面**的目标,不论远近如何,都给出相同的响应。

712-03-18

多波束天线　multi-beam antenna;multi-pattern antenna

有几个独立端口,同时有几个不同**辐射方向图**且与端口一一对应的一种天线。

712-03-19

[方向]可控波束天线　steerable-beam antenna

主瓣方向可以改变的一种天线，改变的方法是控制不同单元的激励或是采用除使整个天线运动以外的其他机械手段。

712-03-20

相控阵天线　phased array antenna

一种**可控波束天线**，其**波束**方向或**辐射方向图**主要靠阵内不同**辐射单元**的相对激励相位来控制。

712-03-21

扫描天线　scanning antenna

波束有规则地对某一扇形空域扫描的一种天线。

712-03-22

多模天线　multimode antenna

通常为电磁喇叭型天线，其**口面**由两个或多个波导型传播模照射。

注：当需要近乎相同的 E 面和 H 面**辐射方向图**时，常采用这种天线型式。

712-03-23

抗干扰阵　anti-jamming array

辐射方向图可予以调节，以便降低或消除带内干扰或干涉的一种接收阵。

712-03-24

可逆天线　reversible antenna

利用改变馈电装置可使**主瓣**方向反向的一种**定向天线**。

712-03-25

对分天线　split antenna

由两组具有相同辐射特性的**辐射单元**构成的一种天线，对这两组**辐射单元**可并联馈电或单独馈电。

注：采用这种天线，当其中一组发生障碍时，另一组仍能继续发送。

712-03-26

回转[阵]天线　slewing(array)antenna

可将**主瓣**轴与阵对称面的夹角经常调得很小的一种可调**平面阵**。

712-03-27

宽带天线　broadband antenna；wide-band antenna

在一宽的射频范围内，其特性符合一定要求的天线。

712-03-28

与频率无关的天线　frequency independent antenna

一种极宽频带天线。频带内天线阻抗及**辐射方向图**几乎保持不变，频带的下限和上限分别由天线最大物理尺寸和馈电点最小间隔确定。

注：等角螺旋天线和对数周期天线是这种天线的典型的例子。

712-03-29

有源天线　active antenna

带有源器件的一种天线。

712-03-30

信号处理天线　signal processing antenna

将有源电路与**辐射单元**结合的一种**天线系统**，有源电路对接收到的信号能完成诸如乘法、存贮、相关以及时间调制等功能。

712-03-31

自适应天线系统　adaptive antenna system

将有源电路与**辐射单元**结合的一种**天线系统**,凭借有源电路,一个或多个天线的特性,可按照预定的方式作为接收信号的函数或随其电磁环境的变化而自动修改。

712-03-32

低噪声天线　low noise antenna

低温度天线　low temperature antenna

一种低损耗接收天线,安装在地平面上,通常具有良好的方向性,当其**主瓣**指向地平面以上时,由于**旁瓣**小,使天线噪声温度得以降低。

712-03-33

表面波天线　surface-wave antenna

一种**端射**天线,其辐射可认为是由沿天线表面或沿与天线相关的一虚拟表面行进的慢波所产生的。

712-03-34

漏波天线　leaky-wave antenna

由传送快波的波导中,因连续地或准连续地泄漏出来的电能而产生辐射的一种天线。

712-03-35

多频带天线　multiple band antenna

不作变更就能在预置的一些射频中任一频带上工作的一种天线。

712-03-36

对称天线　symmetrical antenna

由一平面呈几何对称的两部分构成的天线,该平面被认为是零电位面,且相对于它对称地向天线馈电。

712-03-37

平衡天线　balanced antenna

天线由平面上的两个几何对称部分组成,该平面被认为是零电压平面,可以由未插入单独的**平衡-不平衡变换器**的非平衡电线直接馈电。

注:这样一种天线也可以考虑加入一个平衡-不平衡变换器。

712-03-38

驻波天线　standing wave antenna

产生**辐射方向图**的场和电流能用两个或多个沿天线双向传播的行波描述的一种天线。

712-03-39

行波天线　travelling wave antenna

产生**辐射方向图**的场和电流用一个沿着天线单向传播的行波就能描述的一种天线。

2.4　主要由辐射导体构成的天线及天线单元

2.4.1　辐射单元

712-04-01

受激单元　driven element

馈电单元　fed element

直接或通过馈线连接到无线电发射机或接收机的一**辐射单元**。

712-04-02

寄生单元　parasitic element

非受激单元　non-driven element

不直接或通过馈线与无线电发射机或接收机连接,只是通过电磁场与一些**受激单元**耦合的**辐射单元**。

712-04-03

反射器[单元](天线的) **reflector(element)**(of an antenna)

相对于所需的辐射方向而言,一种通常设置在一个或多个**受激单元**之后的**辐射单元**,为的是使所需方向的辐射加强,而其他方向的辐射减弱。

注:术语“反射器”也可以用作**反射面**。

712-04-04

引向器[单元](天线的) **director (element)**(of an antenna)

相对于所需的辐射方向而言,一种通常设置在**受激单元**之前的**辐射单元**,为的是使所需方向的辐射加强。

712-04-05

多导线单元 **multi-wire element;multi-conductor element**

由几根互相隔开与并行连接的导线构成的**辐射单元**,在电气上,它和一个大截面的导体等效。

712-04-06

等效半径(导体或多导线单元的) **equivalent radius** (of a conductor or a multi-wire element)

与截面为任意形状的导体或**多导线单元**具有某些相同电特性值的圆柱形导体的半径。

712-04-07

笼形天线 **cage antenna**

各导线排列呈柱体的**多导线单元**,其截面通常为圆形,如一个拉长的笼。

712-04-08

1/4 波长套筒单元 **quarter-wave sleeve element**

一管状**辐射单元**,一般长约 1/4 波长,由一个同轴的导电圆柱体支撑且在一端与之相连。

712-04-09

对称辐射单元 **symmetrical radiating element**

由与一平面呈几何对称的两部分构成的**辐射单元**,该平面被认为是零电位面,且相对于它对称地向**辐射单元**馈电。

2.4.2 电流、电阻和有关概念

712-04-10

天线电流 **antenna current**

在每一**辐射单元**都可认为是一根单导线的天线上某一指定点的总电流,指定点通常是馈电点或电流驻波的最大点。

712-04-11

正弦波形分布(天线中电流的) **sinusoidal distribution** (of a current in an antenna)

在每一**辐射单元**都可认为是一根单导线的天线上,电流幅度为距离的正弦函数的假想电流分布。

712-04-12

天线波长 **antenna wavelength**

在天线上或在**辐射单元**上,两相邻电流节点间距的 2 倍,该**辐射单元**可认为是一根单导线且在其上有驻波存在。

712-04-13

电长度(辐射单元的) **electrical length** (of a radiating element)

用天线波长表示的**辐射单元**的长度。

712-04-14

波长缩短因子 **wavelength reduction factor**

真空中的波长与天线波长之差除以真空中的波长之商,用百分数表示。

712-04-15

冷点(辐射单元的)　**cold point** (of a radiating element)

在**辐射单元**上,可以认为是处于地电位或支架电位的点。

712-04-16

互阻抗(两个辐射单元之间的)　**mutual impedance** (between two radiating elements)

下述线性方程组中的系数 Z_{ij},其中 $i \neq j$,它表示天线各**辐射单元**端子上的电流 I_j 与对应电压 E_i 的关系,而不论是否对其馈电。

$$E_i = \Sigma Z_{ij} I_j \quad \cdots\cdots(3)$$

712-04-17

自阻抗(辐射单元的)　**self impedance** (of a radiating element)

下述线性方程组中的系数 Z_{ij},其中 $i=j$,它表示天线各**辐射单元**端子上的电流 I_j 与对应电压 E_i 的关系,而不论是否对其馈电。

$$E_i = \Sigma Z_{ij} I_j \quad \cdots\cdots(4)$$

712-04-18

辐射电阻(天线的)　**radiation resistance** (of an antenna)

天线辐射的总功率与给定点上天线电流有效值的平方的比值,给定点通常为馈电点或电流驻波最大点。

712-04-19

有效长度(天线的)　**effective length** (of an antenna)

有效高度(天线的)　**effective height** (of an antenna)

在接收平面波的线性极化天线端子上所形成的开路电压值与电场强度在天线极化方向上的分量值之比。

注:术语"有效高度"专门用于有垂直极化的天线。

712-04-20

镜像天线　**image antenna**

和真实天线对称于一平面的假想天线,在对称点上流过的电流,其瞬时值与真实电流相同;而电流方向则为:当垂直于此对称面时,与真实电流方向相同,当平行时则相反。

注:如平面为良导体而且尺寸为无限大,则真实天线和镜像天线的组合在平面之上所产生的**辐射方向图**与真实天线和平面的组合所产生的**辐射方向图**相同。

2.4.3 偶极子、环形和源天线

712-04-21

赫兹[电偶]极子　**hertzian (electric) dipole**

[基本]电偶极子　**(elementary) electric dipole, infinitesimal dipole**

由长度趋近于零的导线构成的一假想**辐射单元**,当时变电流流过此单元时,在任何瞬间单元上所有各点都具有相同的电流值。

注:联系电流与电荷的连续性条件要求电流元的两端由随时间变化、大小相等、符号相反的电荷端接。电偶极子的场可由电流或由电荷计算。

712-04-22

赫兹[磁偶]极子　**hertzian magnetic dipole**

[基本]磁偶极子　**(elementary) magnetic dipole**

由尺寸趋于零的闭环构成的一假想**辐射单元**,当时变电流流过此单元时,在任何瞬间单元上所有各点都具有相同的电流值。

注:从此单元的辐射和从垂直于环平面的一虚拟的时变磁流元的辐射一样。

712-04-23

偶极子[天线]　dipole(antenna)

偶极[天线]　doublet(antenna)

通常由直线导体构成，且由平衡**馈源**激励的对称天线。

注："偶极子"一词有时也用来描述不完全符合以上定义的天线，在此情况下，该词应加以修饰，例如：不对称偶极子。

712-04-24

半偶极子　half dipole;half doublet

偶极天线几何对称的两部分之一。

712-04-25

半波偶极子　half-wave dipole

总的电长度约为半波长的一种直线性**偶极天线**。

712-04-26

全波偶极子　full-wave dipole

总的电长度约为一个波长的一种直线性**偶极天线**。

712-04-27

折合偶极子　folded dipole (antenna)

由两根或两根以上互相平行且靠得很近的导体构成的天线，导体的两端通常都连接在一起，在其中一根导体的中央有一馈电间隙，其余的导体则无间隙。

注：在大多数情况下，折合偶极子采用两根导体。

712-04-28

多折合偶极子　multiple folded dipole

由三根或三根以上导体构成的**折合偶极子**。

712-04-29

加载折合偶极子　loaded folded dipole

一种修改的**折合偶极子**，它是在各非受馈导体中央增加一电路元件(通常是电阻性的)以减少输入阻抗随频率的变化。

712-04-30

套筒偶极子　sleeve-dipole(antenna)

中央部分被一同轴导电套筒围绕的**偶极天线**。

712-04-31

H形天线　H antenna

两个平行**偶极子**连同它们的公共支杆形成"H"形的天线。

712-04-32

绕杆式天线　turnstile antenna

由沿着一公共轴线配置的一组或多组**辐射单元**构成的天线，每组**辐射单元**由垂直于该轴又互相垂直的两**偶极子**所组成，两**偶极子**的轴线在它们的中点相交，并由正交相位馈电。

712-04-33

鱼骨形天线　fishbone antenna

由**偶极子**阵构成的一种**端射天线**，其中所有的**偶极子**都是相同的，且位于一平面内，彼此之间的间距很小，同时它们都松耦合到一平衡传输线上。

712-04-34

双锥形天线　biconical antenna

由具有一公共轴线的两导电锥体构成的对称天线，两锥体的顶点是紧邻的，且在此两顶点对天线馈电。

712-04-35

盘锥形天线　discone

由一导电锥体和一个金属盘构成的轴向对称天线，锥体的顶点邻近盘的中心点且在此两点对天线馈电。

712-04-36

同轴天线　coaxial antenna

由一同轴线的内导体延伸部分和将其外导体翻折 1/4 波长长度而形成的套筒部分共同构成的天线。

712-04-37

正方形天线　quadrant antenna

由呈水平直角“V”形的两个相等导电单元组成的对称天线，它的**辐射方向图**基本上是全向性的。

712-04-38

奥尔福德环形天线　Alford loop (antenna)

在一水平平面内，以正方形排列的四根相互绝缘的导体构成的全向性天线，每根导体的长度为半波长，并通过接在正方形两斜对角的平衡馈线馈电。

712-04-39

阿德科克[阵]天线　Adcock(array)antenna

对电场水平分量不灵敏的一种方向零值接收天线，它由在一水平圆周上规则地配置的一对或多对垂直**辐射单元**构成，在同一直径相对两侧的一对单元按相反的相位连接，各对单元都通过一无线电测向器的场线圈耦合到一公共输出以获得一可控方向零值。

712-04-40

环形天线　loop antenna

外形呈一个单匝或多匝环状的天线。

712-04-41

屏蔽环形天线　shielded-loop antenna

由一个带有小间隙的环的管状静电屏蔽和包括作为与外界耦合用的一匝或多匝线圈所构成的天线。

712-04-42

磁芯天线　magnetic tore antenna

在磁芯上缠绕数匝导线起到环形天线作用的天线。

712-04-43

铁氧体棒天线　ferrite rod antenna

在铁氧体磁棒上缠绕数匝导线作为环形天线之用的天线。

712-04-44

苜蓿叶形天线　clover-leaf antenna

由沿着一公共轴线配置的一组或多组**辐射单元**构成的天线，每组**辐射单元**则由在一平面上围绕轴线排列的三个环或四个环所组成。从而天线的整个外形类似三叶苜蓿或四叶苜蓿。

712-04-45

贝利尼-托西天线　Bellini-Tosi antenna

由两个固定的互相交叉成直角的垂直环构成的一种方向零值接收天线，通过一无线电测向器的场线圈将两个环都耦合到一公共输出以获得一可控方向零值。

2.4.4 近地的单极子和天线

712-04-51

单极子[天线] **monopole(antenna)**

单极[天线] **unipole (antenna)**

由一个或多个通常为直线导体和一导电面构成的天线,它由不平衡**馈源**在导电面和单元近端之间进行激励以产生电流驻波。

712-04-52

套筒单极子[天线] **sleeve monopole (antenna);sleeve stub (antenna)**

由突出于一导电平面的半个**套筒偶极子**构成的天线。

712-04-53

折合单极子[天线] **folded monopole (antenna)**

折合单极[天线] **folded unipole (antenna)**

由半个折合偶极子形成的一**单极天线**,未馈电的单元直接接到导电面上。

712-04-54

垂直单极子[天线] **vertical monopole (antenna)**

垂直单极[天线] **vertical unipole (antenna)**

垂直取向的**单极天线**,其导电面为地,天线附近地的电导率用**接地系统**或**低架地网**来提高。

712-04-55

鞭状天线 **whip antenna**

一种可伸缩的细长**单极天线**,使用在诸如移动的或便携的设备上。

712-04-56

地平面天线 **ground-plane antenna**

导电面仅由一辐射状分布的金属棒系统或一金属盘构成的**单极子天线**。

712-04-57

接地系统(天线的) **ground system** (of an antenna);**earth system**

置于地面之上或地下,用以提高天线附近地的电导率的导体系统。

712-04-58

地面网 **earth mat;ground mat**

放在地面上且编排成栅状或蓆形的一导电片或一导体系统,它为天线提供一导电面。

712-04-59

低架地网 **counterpoise**

安装在地面之上且与地构成电容耦合的导体系统,它为**垂直单极天线**提供一导电面。

712-04-60

中馈天线 **intermediate feed antenna**

一端靠近地的垂直天线,通过选择其相对于基座的馈电点位置,得以给出所规定的天线特性。

712-04-61

串联加载天线 **series-loaded antenna**

各**辐射单元**中包含有修改电流分布用的一个或多个电抗器的天线。

712-04-62

端电容器 **end capacitor**;capacity top (deprecated)

连接在天线**辐射单元**的一端以便修改天线上电流分布的一个导电元件或一组导电元件。

712-04-63

顶端加载天线　top-loaded antenna

带有**端电容器**的**单级子天线**,它通常是垂直的,而且它的长度比波长短。

712-04-64

平顶天线　flat-top antenna

一**顶端加载天线**,其**端电容器**的所有元件均在同一水平面内。

712-04-65

伞形天线　umbrella antenna

一**顶端加载天线**,其**端电容器**的各元件斜向地面但并不接地。

注:伞形天线与**伞形反射器**天线是有区别的。

712-04-66

倒 L 形天线　inverted-L antenna

由分别垂直于和平行于一导电面的两导体构成的**单极子天线**,前者的非受馈端与后者的一端相连接,且每一导体都可由几根导线组成。

712-04-67

T 形天线　T antenna

由分别垂直和平行于一导电面的两导体构成的**单极子天线**,前者的非受馈端与后者的中点相连接,且每一导体均可由几根导线组成。

712-04-68

斜 V 形天线　inclined-V antenna

由在一平面内形成"V"形的两导体构成的对称**行波天线**,该平面向地平面倾斜,且在 V 形导体的顶点,即天线的最高点予以馈电。两导体的低端均串接适当的阻抗到地。

712-04-69

倒 V 形天线　inverted-V antenna

由在一垂直平面内呈倒"V"形的导体构成的**行波天线**,在导体的一端予以馈电,另一端则串接一适当的阻抗到地。

712-04-70

长线天线　long-wire antenna

用一根比工作波长长的导线作成的天线,在导线的一端对它馈电。

712-04-71

贝弗里奇天线　Beverage antenna

由一长的水平导线相当低地架于导电性不良的地面之上而构成的一种行波接收天线,一端接到接收机,其朝着发射机方向的另一端则通过一适当的阻抗接地。

712-04-72

菱形天线　rhombic antenna

由形成一菱形各个边的长线辐射器构成的对称**行波天线**,平衡**馈源**加在其一端,另一端则跨接一适当的阻抗。

712-04-73

多元可控阵　multiple-unit steerable array;musa antenna

由相同的**菱形天线**组成的一种线性阵,其输出与可调相位延迟结合,以便在对称垂直面内产生可控方向特性。

2.4.5 其他天线(阵—表面波—定阻抗)

712-04-81

幕形天线　curtain antenna

一种**边射平面阵**,其中通常由导线构成的**辐射单元**都排列在一垂直平面中。

注:一般情况下,幕形天线和反射单元阵一同使用。

712-04-82

偶极子—幕形天线　dipole-curtain antenna

由平行偶极子构成的一种**幕形天线**,偶极子的长度为半个波长或一个波长,且在一垂直平面内,基本上以大约半个波长的间距水平地排列。

712-04-83

奇雷斯-梅尼天线　Chireix-Mesny antenna

由边长为半个波长的一些对称的直角锯齿形导体构成的一种**幕形天线**。

712-04-84

富兰克林天线　Franklin antenna

由一些末端馈电的垂直**辐射单元**构成的一种**幕形天线**,其中各单元均由折叠的导线或由每隔一定间距以串联电抗器加载的导线组成,因此从它所有部分的发射都是同相的。

712-04-85

辐射偶极子盘　panel of radiating dipoles

辐射单元都是**偶极子**的**盘**。

712-04-86

契比雪夫阵　Chebvshev array

道尔夫-契比雪夫阵　Dolph-Chebvshev array

具有均匀的单元间距的一种阵天线,其激励系数是这样选取的,即:**阵因子**能以一个契比雪夫多项式来表达,多项式的阶为单元数减1。

注:契比雪夫的阵因子使所有**旁瓣**电平都相同。

712-04-87

微带天线　microstrip antenna

由贴在一薄的介质基片上的薄金属导体构成的一种天线,该基片的另一面又贴在一接地平面上。

712-04-88

八木天线　Yagi-Uda antenna;Yagi antenna

由一**受激单元**,一**反射单元**和一个或多个**引向器单元**构成的端射阵。

注:实际上反射单元可以由一些单元或一反射面组成。

712-04-89

雪茄形天线　cigar antenna

由一些沿一金属支撑杆垂直排列的金属盘构成的一种表面波天线,该支撑杆也是金属盘的公共轴且**馈电单元**在杆的一端。

712-04-90

螺线天线　helix antenna

由螺旋线形状的导体构成的一种慢波天线,在螺旋线的轴向或垂直方向产生一个辐射场。

注:一般来说,螺旋线按其与平面反射镜相垂直的轴排列,并向反射镜末端馈电。

712-04-91

介质棒天线　dielectric rod antenna

采用一赋形的介质棒以形成波束的一种端射天线。

712-04-92

对数周期天线　log-periodic antenna

一种与频率无关的天线,构成它的那些**辐射单元**的尺寸和间距与几何级数的各项近似成比例。

712-04-93

等角螺旋天线　equiangular spiral antenna

一种**与频率无关的天线**,其导电面的形状由具有一公共轴和相同参量的等角螺旋线形成。

注1:此天线通常具有由平衡馈电线馈电的两个臂,它也可以具有几对这样的臂,设计时一般要求两对等角臂围绕它们的公共轴相距90°,并且是正交相位馈电的。

注2:螺旋线的等角臂能形成在同一平面上或同一锥面上,在此情况下,则分别定义为平面等角螺旋天线或锥面等角螺旋天线。

注3:设计这种天线时,通常使与天线共形之表面的非导电部分的形状和尺寸与螺旋等角臂的形状和尺寸完全相同,这就是所谓自补的设计。

2.5　主要由辐射表面和口面构成的天线及天线单元

2.5.1　口面

712-05-01

口面(天线的)　**aperture** (of an antenna);**radiating aperture** (of an antenna)

口径(天线的)

对于具有一条**波束**的天线,靠近该天线且与**波束**轴垂直的平面表面,大部分辐射功率通过此表面。

注:对于喇叭天线或反射器天线等特定类型的天线,口面几乎被看作是天线辐射部分的正交投影。

712-05-02

口面照射(函数)　**aperture illumination** (function)

给出天线**口面**每点上的电磁场幅度、相位及极化分布的数学表达式。

712-05-03

照射图形　illumination pattern;illumination diagram

天线**口面**上电磁场分布的图形表示。

712-05-04

锥削分布(口面上场的)　**tapered distribution** (of a field over an aperture);gabled distribution (of a field over an aperture) (deprecated)

在**口面**上,**口面照射**量值由中心向边缘递减的一种电磁场分布。

712-05-05

口面照射效率　aperture illumination efficiency

在总辐射功率相同的情况下,天线在规定**口面照射**时的峰值方向性系数与极化、幅度及相位均匀照射时的峰值方向性系数之比。

712-05-06

天线效率(口面天线的)　**antenna efficiency** (for an aperture-type antenna)

对一规定四面照射的**口面**型天线,其最大总有效面积与**口面**的几何面积之比。

2.5.2　反射器及反射器天线

712-05-11

反射器　reflector;reflecting surface

一个用以增强入射辐射或将它转移到所需方向上的导电面或实际上起着连续表面作用的导电体组合,其尺寸比波长大得多。

注:“反射器”一词也可作“反射器单元”用。

712-05-12

无源反射器　passive reflector

为将入射辐射转移到所需方向上而设计的一种**反射器**，通常它并非天线的一个部分。

712-05-13

聚焦反射器　focusing reflector

一种**反射器**，当从一个或多个**初级辐射器**对它馈电时，其形状可使反射能量聚焦于一给定点或一给定方向。

712-05-14

主反射器　main reflector

多个**反射器**的天线中的最大**反射器**。

712-05-15

副反射器　sub-reflector

多个**反射器**的天线中，除**主反射器**以外的其他**反射器**。

712-05-16

栅状反射器　lattice reflector

由一些平行的反射棒或带构成的**反射器**。

712-05-17

抛物面反射器　paraboloidal reflector

形状为部分抛物面，通常是部分旋转抛物面的一种**反射器**。

712-05-18

圆柱面反射器　cylindrical reflector

形状为部分圆柱面的一种**反射器**。

712-05-19

球面反射器　spherical reflector

形状为部分球面的一种**反射器**。

712-05-20

环面反射器　toroidal reflector

由一平面曲线围绕一不与其相交的共面直线旋转而形成的一种**反射器**。

712-05-21

抛物环面反射器　parabolic torus reflector

由一段抛物线围绕一与其轴垂直不与其相交的共面直线旋转而形成的一种**反射器**。

712-05-22

双面角形反射器　dihedral corner reflector

由两个相交的导电平面构成的一种**反射器**，通常相交的平面角是直角。

712-05-23

三面角形反射器　trihedral corner reflector

由三个相互相交的导电平面构成的一种**反射器**，通常相交的平面角是直角。

712-05-24

反射器天线　reflector antenna

有一个或多个**反射器**的天线。

注：通常在绝大部分辐射功率局限于从一适当的照射反射器发出的情况下才使用“反射器天线”一词。

712-05-25

球面反射器天线　spherical reflector antenna

由一**球面反射器**和一**馈源**构成的，天线通常包括对**反射器口面**中相位误差的补偿。

712-05-26

抛物面反射器天线　paraboloidal reflector antenna

由一**抛物面反射器**和一位于其焦点附近的**馈源**构成的天线。

712-05-27

偏置抛物面反射器天线　off-set paraboloidal reflector antenna

由不对称于其焦轴且不包括其顶点的部分抛物面构成的**抛物面反射器天线**，从而降低或消除**馈源**造成的**口面**阻挡。

712-05-28

卡塞格林反射器天线　Cassegrain reflector antenna

带有一凸的双曲面**副反射器**的**抛物面反射器天线**，**副反射器**位于**主反射器**的顶点与主焦点之间。

注：为了提高天线的**口面**效率，**主反射器**和**副反射器**的形状有时要对理想的抛物面和双曲面的几何形状有所修改。

712-05-29

格雷戈里反射器天线　Gregorian reflector antenna

带有一凹的椭圆面**副反射器**的**抛物面反射器天线**，**副反射器**所在点与**主反射器**顶点之间的距离大于**主反射器**的主焦距。

注：为了提高天线的**口面**效率，**主反射器**和**副反射器**的形状有时要对理想的抛物面和椭圆面的几何形状有所修改。

712-05-30

抛物柱面天线　parabolic cylinder antenna

由抛物柱体的一部分和位于其焦线上的一个或多个**馈源**构成的**反射器天线**。

712-05-31

角形反射器天线　corner reflector antenna

由带**馈源**的**双面角反射器**构成的天线，其**馈源**通常在双面角的等分面上。

712-05-32

盒形天线　cheese antenna

具有一**柱形反射器**的**反射器天线**，**反射器**上下端被两块垂直于柱体的导电平板所封闭，板间间距大于一个波长。

712-05-33

窄盒形天线　pill-box antenna

具有一柱形**反射器**的**反射器天线**，**反射器**上下端被两块垂直于柱体的导电平板所封闭，板间间距小于一个波长。

712-05-34

伞形反射器天线　umbrella reflector antenna

一种结构形状和伞相似的天线，它能安装在航天器上并在太空中撑开形成一个大的**反射器天线**。

注：伞形反射器天线与伞形天线是有区别的。

712-05-35

反射阵天线　reflective array antenna;reactive reflector antenna

由**馈源**和排列在一个表面上的反射单元阵构成的一种天线，其中各单元的反射波相位经调整后能得到一预定的**辐射方向图**。

注：反射单元一般是包括电移相器且终端短路的波导。

712-05-36

潜望镜天线　periscope antenna

由一方向性良好且位置接近地平面的**馈源**和一个架空的**反射器**构成的天线，**馈源**的朝向使其**波束**照射到**无源反射器**，而**反射器**的取向则使其能产生一水平波束。

712-05-37

顶板（抛物面反射器的）　**vertex plate** (of a paraboloidal reflector)

为减少馈线上的驻波而置于靠近**抛物面反射器**顶点且和其轴垂直的一块圆形平板。

712-05-38

馈源（反射器或透镜天线的）　**feed** (of reflector or lens antenna)

天线中照射**反射器**或透镜的那一部分。

注：当天线包括一个单独的透镜或反射器时，它的馈源无法从**初级辐射器**中区分。

712-05-39

初级辐射器　primary radiator

反射器天线或透镜天线的**辐射单元**，该单元直接或通过馈线与发射机或接收机耦合。

注1：一天线可以包括一个以上的**初级辐射器**。

注2：在多个反射器的天线中，**初级辐射器**照射**副反射器**。

712-05-40

偏置馈源　offset feed

为避免**口面阻挡**而设计和适当放置的**反射器天线馈源**。

712-05-41

卡特勒馈源　Cutler feed

由在一轴向馈线两侧壁上各开一辐射槽而构成的**初级辐射器**。

712-05-42

溢失功率　spill-over power

反射器天线中从**馈源**向**反射器**辐射但未被**反射器**截获的那一部分功率。

712-05-43

溢失因数　spill-over factor; feed efficiency

反射器天线中，**反射器**截获的功率与**馈源**向**反射器**辐射的功率之比。

注：如果天线包括一连串的**反射器**，则要考虑每一**反射器**的溢失因数。

712-05-44

口面阻挡　aperture blockage

位于到达或离开天线**辐射单元**或**口面**的射线路径中的天线部件所造成的遮挡效应。

注：例如：**馈源**、**副反射器**或支撑构件对于对称的**反射器天线**将产生口面阻挡。

712-05-45

口面阻挡因数（反射器天线中的）　**aperture blocking factor** (in a reflector antenna)

由于**馈源**、支柱及**副反射器**等天线部件的遮挡效应引起的**反射器天线**有效面积相对减少的比值。

2.5.3 喇叭天线

712-05-51

喇叭天线　horn (antenna)

由一波导段构成的天线，该波导段的横截面朝着作为**口面**的开口端而增大。

712-05-52

脊形喇叭天线　ridged horn (antenna)

由一脊形波导段构成的**喇叭天线**。

712-05-53

扇形喇叭天线 **sectoral horn (antenna)**

横截面为矩形的一种**喇叭天线**,其中两相对壁平行而另外两壁则是扩张式的。

712-05-54

E面扇形喇叭天线 **E-plane sectoral horn (antenna)**

平行的双壁是平行于所采用的横电磁模电场的一种**扇形喇叭天线**。

712-05-55

H面扇形喇叭天线 **H-plane sectoral horn (antenna)**

平行的双壁是垂直于所采用的模电磁模电场的一种**扇形喇叭天线**。

712-05-56

角锥形喇叭天线 **pyramidal horn (antenna)**

呈截头角锥体形状的一种**喇叭天线**,其横截面一般为矩形。

712-05-57

圆锥形喇叭天线 **conical horn (antenna)**

呈截头圆锥体形状的一种**喇叭天线**。

712-05-58

喇叭反射器天线 **horn reflector (antenna)**

由**抛物面反射器**的一部分连带向其馈电且实际上与其相交的一偏置喇叭构成的一种天线,一部分喇叭壁被去掉以形成天线的**口面**。

注:通常喇叭为角锥形或圆锥形,其轴垂直于抛物面的轴。

712-05-59

帚形喇叭天线 **hoghorn antenna**

由形状为抛物柱面的一**反射器**连同向其馈电且实际上与其相交的一**扇形喇叭**构成的一种天线,喇叭的非平行双壁之一的一部分被去掉,以形成天线的**口面**。

712-05-60

复合矩形喇叭天线 **compound rectangular horn antenna**

横截面为矩形的一种**喇叭天线**,其两对相对的壁中至少有一对的张角或间距有一次或多次突变。

712-05-61

复合圆形喇叭天线 **compound circular horn antenna**

横截面为圆形的一种**喇叭天线**,其张角或直径有一次或多次突变。

712-05-62

普特喇叭天线 **potter horn**

直径有一次或多次突变的一种**复合圆形喇叭天线**,这些突变激励两个或多个波导模以便产生一规定的**口面照射**。

712-05-63

透镜校正的喇叭天线 **lens-corrected horn antenna**

为产生一特定的**口面照射**而与一**无线电波透镜**结合的一种**喇叭天线**。

712-05-64

多模喇叭天线 **multimode horn**

为产生一规定的**口面照射**而由两个或多个波导模激励的一种**喇叭天线**。

712-05-65

混合模喇叭天线 **hybrid mode horn**

为产生一规定的**口面照射**而由一个或多个混合模激励的一种**喇叭天线**。

712-05-66

波纹喇叭天线　corrugated horn

由在喇叭内壁上切割一些横向槽而做成的一种**混合模喇叭天线**。

2.5.4　透镜和透镜天线

712-05-71

[无线电波]透镜　(radio wave)lens

用来产生规定的聚焦或散焦作用的一种装置，它能让在一定频率范围内的无线电波通过。

712-05-72

介质透镜　dielectric lens

由介质材料制造的**无线电波透镜**。

712-05-73

分区透镜　zone lens;stepped lens

镜片的一面或双面逐段分区的一种**无线电波透镜**，每区为一层阶梯，从而形成不连续的表面。

712-05-74

平行板透镜　parallel-plate lens

由平行的导电薄板构成的**无线电波透镜**，薄板大致平行于传播的方向。

712-05-75

E 面透镜　E-plane lens

导电板平行于电场矢量的**平行板透镜**。

注：相邻导电板间的间距应大于半个波长，且通常不大于一个波长。

712-05-76

H 面透镜　H-plane lens

导电极平行于磁场矢量的**平行板透镜**。

712-05-77

约束透镜　constrained lens

一种**平行板透镜**，在其中电波受到平行板制导，因此在透镜中传播方向与入射角无关。

712-05-78

窗格式透镜　multicultural lens;egg crate lens

由两组互相垂直的平行板组件构成的**无线电波透镜**，由此而形成的矩形格子在传播方向起到耦合波导的作用。

712-05-79

多孔透镜　perforated lens

由一些平行导电片构成的人工介质**透镜**，导电片与传播的方向大致保持垂直且在导电片上有大小和位置均适当的孔。

712-05-80

吕讷堡透镜天线　Luneburg lens antenna

由一球面对称的**无线电波透镜**构成的天线，其折射率仅在径向变化且馈源靠近或就在球面上。

注 1：有很多种变形的吕讷堡透镜，其中包括轴向对称圆柱面透镜。

注 2：吕讷堡透镜可以是介质透镜或是人工介质透镜。

712-05-81

菲涅耳透镜天线　Fresnel lens antenna;zone-plate lens antenna

由**馈源**和一**透镜**构成的天线，它从馈源经过中心区和交替的菲涅耳区传送所发射的功率，透镜一般为平面型的。

712-05-82

人工介质　artificial dielectric

在一低介电常数的介质里嵌入一些规则排列的散射体而构成的一种媒质，散射体一般是金属的，这种媒质在一定频率范围内对无线电波的反应相当于一连续的介质，它与低介电常数的介质有着不同的介电常数。

2.5.5　缝隙天线

712-05-83

缝隙辐射器　slot radiator

由在一导电面上开一个槽而形成的**辐射单元**。

712-05-84

缝隙天线　slot antenna

一个或多个**缝隙辐射器**构成的一种天线。

712-05-85

缝隙阵　slot array(antenna)

各单元为**缝隙辐射器**的阵天线。

712-05-86

圆筒缝隙天线　slotted cylinder (antenna)

由在一导电圆柱面上的一个或多个**缝隙辐射器**形成的一种天线。

712-05-87

波导缝隙天线　slotted waveguide (antenna)

由在一波导壁上的一个或多个**缝隙辐射器**形成的一种天线。

712-05-88

环形缝隙天线　annular slot antenna

具有圆环形状的**缝隙辐射器**的一种**缝隙天线**。

712-05-89

蝙蝠翼形天线　bat-wing antenna

由一对呈翼形的导电薄片形成的**缝隙天线**，导电片的两端对接形成缝隙。

注：导电片可以由一金属框架和一些垂直于缝隙的棒来代替。

712-05-90

超绕杆天线　super-turnstile antenna

由围绕一公共垂直轴排列的一层或多层**辐射单元**所形成的类似绕杆天线的一种天线，每一层均由一对**蝙蝠翼形天线**构成，它们的垂直槽互成直角，并为正交相位馈电。

712-05-91

开槽盘　slotted panel

由**缝隙天线**构成其**辐射单元**的盘。

712-05-92

蝙蝠翼盘　bat-wing panel

由**蝙蝠翼形天线**构成其**辐射单元**的盘。

712-05-93

圆筒缝隙盘　slotted cylinder panel

由**圆筒缝隙天线**构成其**辐射单元**的盘。

2.6 与天线相关的器件

712-06-01

馈线　feed line;feeder

a）连接天线与发射机或接收机的射频传输线。

b）对于包括不止一个**受激单元**的天线，它是连接天线输入端与一**受激单元**的射频传输线。

712-06-02

下引线（天线的）　**down-lead** (of an antenna)

上端接到天线而下端接到接收机的垂直或倾斜的一条**馈线**或一段**馈线**。

712-06-03

平衡—不平衡变换器　balun

巴伦

将不平衡电压转换成平衡电压或作用相反的一种器件。

注1：平衡—不平衡变换器可用来使平衡天线与不平衡**馈线**耦合。

注2：实际上平衡—不平衡变换器可用一变换器或一包含有源器件的集总参数或分布参数的网络来实现。

注3：平衡—不平衡变换器的固有阻抗变换比可以不等于1。

712-06-04

1/4 波长套筒平衡—不平衡变换器　quarter-wave sleeve balun;bazooka (USA)

由围绕一同轴线外导体的1/4波长同轴套筒构成的一种**平衡—不平衡变换器**，套筒的一端与同轴线端部齐平但不与其相连，而另一端则与同轴线的外导体连接，因而在套筒的开口端，使同轴线的内、外导体形成平衡。

712-06-05

折合的平衡—不平衡变换器　folded balun;Pawsey stub balun

由双根通常为1/4波长的平行导电管构成的一种**平衡—不平衡变换器**，导管的一头成为平衡的终端，而另一头双管短接；不平衡的同轴**馈线**穿过其中的一根导管，**馈线**的外导体与该导管相连接而其内导体则在平衡终端与另一根导管连接。

注：通常用**1/4 波长套筒**套在**平衡—不平衡变换器**外面，套筒在平衡终端的一头是开口的，而另一头则与两导管短接。

712-06-06

开槽同轴平衡—不平衡变换器　slotted coaxial balun;split-tube balun

由同轴线构成的一种**平衡—不平衡变换器**，在同轴线的一端，其外导体上同一直径的相对两侧各有一1/4波长开口槽，内导体连接在其中的一侧壁上，从而使此两侧壁形成电平衡的终端。

712-06-07

匹配短线　matching stub

调节其长度和位置可使天线与传输线阻抗相匹配的一种短截线。

712-06-08

补偿网络（天线的）　**compensating network** (of an antenna)

连接在天线端的电网络，以便尽可能减小出现在给定频带内复阻抗的变化。

712-06-09

二相补偿　biphase compensation

通过为天线的两边提供馈电匹配一个双边天线的方法。在天线的这个相位上，这两条**馈线**上的反射波在天线馈线的连接处或**功率分配器**的里面相互完全抵消了。

712-06-10

多相补偿　multiphase compensation

通过为天线的n边提供馈电匹配一个n边天线的方法。在天线的这个相位上，这些**馈线**上的反射波在天线馈线的连接处或**功率分配器**的里面相互完全抵消了。

712-06-11

功率分配器　power divider

接线盒　junction box

具有一个输入和两个或多个输出的一种器件,它按需分配从馈线传送到天线各**受激单元**的功率。

注:术语“接线盒”一般指用于室内的单一功率分配器上。

712-06-12

多路复用器(天线的)　**multiplexer** (for an antenna)

利用一副天线能同时使几部发射机或几部接收机工作而又互不影响的一种器件。

712-06-13

双路复用器(天线的)　**diplexer** (for an antenna)

为两部发射机或为两部接收机共用的**多路复用器**。

712-06-14

分路滤波器　branching filter

能使几部发射机或几部接收机于相邻极近的射频信道中同时用同一副天线工作而又互不影响的一种器件。

712-06-15

正交模转换器　orthomode transducer

能使一双极性天线由对应于两正交极化的两条**馈线**来馈电的一种器件。

712-06-16

双工器(天线的)　**duplexer** (of an antenna)

能使一天线同时用来发射和接收的一种器件。

712-06-17

天线切换矩阵　antenna switching matrix

通常为矩阵型式的切换系统及其连带的控制器,它用来将发射台或接收台的每部发射机或接收机与任选的天线连接。

712-06-18

多路耦合器(天线的)　**multicoupler** (of an antenna)

通常带有宽带放大器的一种**多路复用器**,它使几部接收机接到一副天线时在接收机之间不会出现不希望有的相互影响或不致过多地降低信号噪声比。

注:英文术语“多路耦合器”有时指一个高频天线的双路复用器。

712-06-19

1/4 波长扼流圈　quarter-wave choke

阻断电流沿导体流通的器件,由长度约 1/4 波长平行于该导体的另一导体和它一同构成,两导体在一端相连形成一短路传输线。

注:1/4 波长扼流圈可由一与该导体同轴的一套筒来构成。

712-06-20

天线调谐室　antenna tuning housing

诸如小室、小屋、棚、房间等位于靠近天线馈电点的房屋,其中安装了如匹配元件、滤波器或前置放大器等与天线有关的器件。

712-06-21

驻波比切断器　SWR trip

SWR 切断器

置于无线电发射机输出级的一种保护装置,为的是当馈线的驻波比超过一预定值时中断发射机的工作。

712-06-22

假负载　dummy load

假天线　dummy antenna

不辐射的耗能网络，它在规定的频率范围内模拟天线的输入阻抗并作为测试发射机的负载。

712-06-23

天线罩　radome

通常为防止天线受自然环境影响致使电性能劣化而加在天线上的罩子。

附 录 A
（资料性附录）
天线补充术语

A.1 天线的电特性或辐射特性

A.1.1

三维辐射方向图 3-D radiation pattern

将天线的辐射参量(例如场强,功率,相位,交叉极化比等)以一个三维球坐标系统来表示的图形。该三维图形的θ(俯仰角)和ϕ(方位角)的数值表示天线的辐射参量在天线的被测球面上的角向位置,而其径向矢量r的大小与该辐射参量的大小成正比。

注1:三维辐射方向图也可以用从蓝到红的色彩谱来帮助更形象地表示辐射参量的变化,蓝色表示弱辐射参量区,红色表示强辐射参量区。

注2:三维辐射方向图允许在任意的θ或ϕ坐标下剖切,其剖面构成传统的二维辐射方向图。

注3:三维辐射方向图是采用近年来出现的多个接收探头电扫描技术和近场测试技术而获得的。这一用作三维辐射方向图测试的设备称为多探头近场测试系统。三维辐射方向图特别适合全面和完整地分析一个具有复杂方向图的天线的辐射特性(例如智能天线、多波束天线和基站天线的特性)。

A.1.2

二维辐射方向图 2-D radiation pattern

将天线的辐射参量(例如场强,功率,相位,交叉极化比等)用一个二维的直角坐标系统或极坐标系统来表示的图形。该二维图形的一个坐标表示辐射参量的位置(例如θ或ϕ),而另外一个坐标表示辐射参量的大小。

注:二维辐射方向图是三维辐射方向图上的某一个剖切面的图形。

A.1.3

主E面辐射方向图 E-plane radiation pattern

E面方向图

在一个**三维辐射方向图**中,对于线极化波,当选用一个与电场极化平行的平面进行剖切时所得到的一个**二维辐射方向图**。

A.1.4

主H面辐射方向图 H-plane radiation pattern

H面方向图

在一个**三维辐射方向图**中,对于线极化波,当选用一个与电场极化垂直的平面进行剖切时所得到的一个**二维辐射方向图**。

注:对架设在地面上的天线(例如基站天线)的辐射方向图中,又把剖切面与地面平行的方向图简称为水平面方向图。

A.1.5

主V面辐射方向图 V-plane radiation pattern

V面方向图

在架设在地面上的天线(例如基站天线)的辐射方向图中,剖切面与地面垂直的**二维辐射方向图**。

注:该二维辐射方向图也称为垂直面方向图。

A.1.6

扇区功率比 sector power ratio

SPR(缩写词) SPR(abbreviation)

天线辐射方向图在所要求的扇区外的功率与扇区内的功率的比值，用百分比表示。公式如下：

$$SPR(\%)=\frac{\sum_{扇区外区域}P_{扇区外的功率}}{\sum_{扇区内区域}P_{扇区内的功率}}\times 100\% \quad \cdots\cdots(A.1)$$

注：扇区功率比越小，系统的抗干扰性能越好。

A.1.7

主瓣波束范围　major lobe beam area; main lobe beam area

Ω_M

天线的主瓣辐射功率通量密度等效地按功率方向图的最大值 $P(\theta,\phi)_{max}$ 均匀流出时的立体角。

A.1.8

旁瓣波束范围　side lobe beam area

Ω_m

天线的旁瓣辐射功率通量密度等效地按功率方向图的最大值 $P(\theta,\phi)_{max}$ 均匀流出时的立体角。

A.1.9

总波束范围　total beam area

总波束立体角　total beam solid angle

Ω_A

天线的所有的辐射功率通量密度等效地按功率方向图的最大值 $P(\theta,\phi)_{max}$ 均匀流出时的立体角。

注1：Ω_A 为辐射功率除以 $P(\theta,\phi)$。

注2：总波束范围以外的辐射为零。

注3：总波束范围 Ω_A 为天线方向图的主瓣波束范围 Ω_M 与副瓣波束范围 Ω_m 之和。

A.1.10

波束效率　beam efficiency

ε_M

主瓣波束范围与总波束范围之比。公式如下：

$$\varepsilon_M=\frac{\Omega_M}{\Omega_A} \quad \cdots\cdots(A.2)$$

A.1.11

杂散因子　stray factor; hash factor

ε_m

旁瓣波束范围与总波束范围之比。公式如下：

$$\varepsilon_m=\frac{\Omega_m}{\Omega_A} \quad \cdots\cdots(A.3)$$

A.1.12

前后比　front-to-back ratio

定向天线主瓣的最大辐射方向的功率通量密度(规定在球坐标系统的 $\theta=90°,\phi=0°$ 处)与它相反方向的功率通量密度(规定在球坐标系统的 $\theta=90°,\phi=180°\pm30°$ 处)的比值。

A.1.13

交叉极化比　cross polar ratio

主极化方向图和交叉极化方向图在 0 度视轴方向或±60 度范围内的电平比值。

A.1.14

电下倾角　electrical downtilt

利用调相的方法使天线垂直波束向下偏移，最大辐射方向与天线法线之间的夹角。

A.1.15

天线系数 antenna coefficient

天线辐射的电场强度与天线输入电压的商,单位是每米(1/m)。

A.1.16

方向图圆度 roundness

对于全向天线,在其水平面方向图中,其最大或最小电平值与平均值的偏差。

注:平均值是指水平面方向图中足够多的等间隔(最大取5°)方位上电平值的算术平均值。

A.1.17

互调 intermodulation

天线工作在两个或两个以上的频率时,由于天线内部的非线性(例如由于金属部件的不良连接)而产生的一些不需要的频率。

A.1.18

特别吸收比 specific absorption ratio

比吸收率

SAR(缩写词) SAR(Abbreviation)

在单位时间内,人体的单位质量所吸收的电磁能量,单位是W/kg。

注1:特别吸收比可以由给定密度(ρ)的体积微元(dV)内质量微元(dm)所吸收(消散)的能量微元(dW)对时间的微分值获得,公式如下:

$$SAR = \frac{d}{dt}\left(\frac{dW}{dm}\right) = \frac{d}{dt}\left(\frac{dW}{\rho dV}\right) \qquad \text{(A.4)}$$

注2:特别吸收比也可以用下面任意一个式子得到:

$$SAR = \frac{\sigma E^2}{\rho} \qquad \text{(A.5)}$$

$$SAR = c_h \frac{dT}{dt}\Big|_{t=0} \qquad \text{(A.6)}$$

式中:

SAR——比吸收率,单位为瓦特每千克(W/kg);

E——组织内电场强度的r.m.s值,单位为伏每米(V/m);

σ——介质导电率,单位为西门子每米(S/m);

ρ——组织密度,单位为千克每立方米(kg/m^3);

c_h——组织的比热容,单位为焦尔每千克开尔文(J/(kg·K));

$\frac{dT}{dt}\Big|_{t=0}$——组织内初始时刻温度对时间的微分,单位为开尔文每秒(K/s)。

A.2 主要由辐射导体构成的天线及天线单元

A.2.1

移动通信天线 antennas for mobile communications

用于移动通信系统中(主要包括基站和移动站)的天线,以实现无线台和移动用户之间的无线传输功能。

注:例如:基站天线和移动站天线。

A.2.2

基站天线 base station antennas

用于移动通信系统基站中的天线。其辐射的能量应能均匀地到达辐射区,且不能干扰相邻的蜂窝区。

A.2.3

移动电话天线 mobile phone antenna;cellular phone antenna

一种用于将移动通信基站所发射的在基站下行链路的无线电波信号转换成移动电话可以进行解调

和接收的电流信号，或者将移动电话内产生的调制信号电流转换成无线电波并通过上行链路发送到基站的专用部件。

注：移动电话天线分为内置式和外置式两种。内置式天线一般为贴片式天线，外置式天线一般为螺旋天线。

A.2.4

智能天线阵　smart antenna array

N个取向相同的天线按照一定方式排列和激励，利用波的干涉原理可以产生高增益的设定波束的阵列天线。利用该阵接收用户信号，采用自适应算法获取用户发射激励权值，以自动跟踪用户。

A.3　与天线相关的器件

A.3.1

线—圆极化变换器　polarizer

一种用来把线极化波变换成圆极化波或者把圆极化波变换成线极化波的器件。

注1：将线极化波分解成与其成45°等幅的两个分量，使其中的一个分量移相90°，就形成了圆极化波。

注2：线—圆极化变换器内的90°移相功能可以用在波导内与线极化方向成45°的介质移相片或者多螺钉移相单元构成中。采用前者方案的称为介质片圆极化器，采用后者方案的称为多螺钉圆极化器。

中 文 索 引

E

F

G

H

J

K

L

M

O

P

Q

Y

Z

英 文 索 引

A

B

C

F

G

H

I

J

L

M

N

O

P

Q

R

S

ICS 33.040.01
M 10

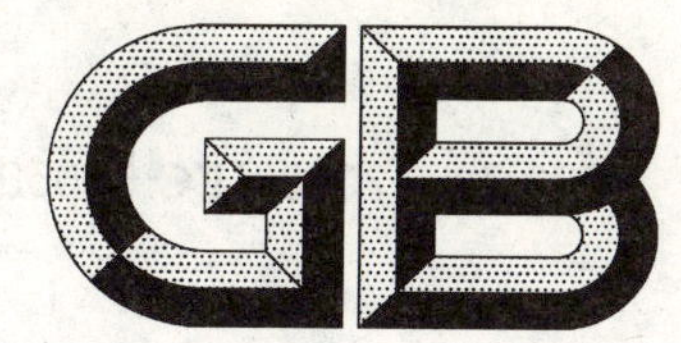

中华人民共和国国家标准

GB/T 14733.11—2008/IEC 60050(704):1993
代替 GB/T 14733.11—1993

电信术语 传输

Terminology for telecommunication—Transmission

(IEC 60050(704):1993,International Electrotechnical Vocabulary
Chapter 704:Transmission,IDT)

2008-08-06 发布 2009-03-01 实施

中华人民共和国国家质量监督检验检疫总局
中国国家标准化管理委员会 发布

前　言

GB/T 14733《电信术语》分为如下12个部分：

——第1部分：电信、信道和网；

——第2部分：传输线和波导；

——第3部分：可靠性、可维护性和业务质量；

——第4部分：交换技术；

——第5部分：使用离散信号的电信方式、电报、传真和数据通信；

——第6部分：空间无线电通信；

——第7部分：振荡、信号和相关器件；

——第8部分：电话；

——第9部分：无线电波传播；

——第10部分：天线；

——第11部分：传输；

——第12部分：光纤通信。

本部分为GB/T 14733的第11部分，等同采用IEC 60050(704):1993《国际电工词汇　第704章：传输》(英文版)。

本部分是对GB/T 14733.11—1993《电信术语　传输》的修订。

本部分代替GB/T 14733.11—1993《电信术语　传输》。

本部分与GB/T 14733.11—1993相比主要变化如下：

——本部分涉及术语范围包括传输的一般特性、模拟传输、时分复用、数字传输、脉冲编码调制五个部分；删除GB/T 14733.11—1993的综合业务数字网部分，该部分涉及的术语内容已在GB/T 2900.69—2005中规定[该标准等同采用IEC 60050(716-1)]。

——本部分增加5个新条目术语和定义，增加了34个同义词术语，并对136条术语的定义进行了修改。

——对本部分的标准编写格式进行了修改。

本部分由工业和信息化部提出。

本部分由中国通信标准化协会归口。

本部分起草单位：信息产业部电信研究院。

本部分起草人：郭昕、蒋利群、谭咏、赵世卓、王妮娜。

本部分所代替标准的历次版本发布情况为：

——GB/T 14733.11—1993。

电信术语 传输

1 范围

本部分规定了有关传输的术语和定义。

本部分适用于电信技术领域。

2 术语和定义

2.1 传输的一般特性

2.1.1 基本术语

704-01-01

信息 information

能以适合于通信、存储或处理的形式表示的智能或知识。

注：例如，信息可以用记号、符号、图像或声音来表示。

704-01-02

信号 signal

可以使它的一个或多个特征量发生变化，用以代表**信息**的物理现象。

注：举例来说，这种物理现象可以是电磁波或声波，它的特征量可以是电场、电压或声压。

704-01-03

模拟信号 analogue signal

在一段连续的时间间隔内，其代表**信息**的特征量可以在任一瞬间呈现为任一数值的**信号**。

注：例如一个模拟信号可以连续跟随另一个表示信息的物理量的值而变化。

704-01-04

时间离散信号 discretely-timed signal

由在时间上作顺次排列的若干个单元所组成的**信号**，其中的每个单元都具有一种或多种能传送**信息**的特征量，例如：它的持续时间、时间上的位置、波形、幅度。

704-01-05

数字信号 digital signal

其**信息**是用若干个明确定义的离散值表示的**时间离散信号**，它的某个特征量可以按时提取。

704-01-06

传输 transmission

靠**信号**将**信息**由一点传送到另一点或另外多个点。

注1：传输可以直接或间接地带有中间存储或不带有中间存储。

注2：在无线电通信中表达“发射 emission”的含义时拒用英文单词“传输 transmission”。

704-01-07

模拟传输 analogue transmission

模拟信号的**传输**。

704-01-08

数字传输 digital transmission

数字信号的**传输**。

704-01-09

单向(1),形容词 unidirectional

用于表述链路上用户**信息**的传送只能在预先指定的单一方向上进行的形容词。

注:不应用这个术语来描述呼叫建立的方向。

704-01-10

双向(1),形容词 bidirectional

用于表述链路上用户**信息**的传送可以在两点间的两个方向上同时进行的形容词。

注1:传输通路的容量或数字速率在两个方向上无需相同。

注2:不应用这个术语来描述呼叫建立的方向。

704-01-11

单向(2),形容词 one-way

用于表述呼叫的建立总是在单一方向上发生的工作方式的形容词。

注:不应用这个术语来描述用户信息传送的方向。

704-01-12

双向(2),形容词 both-way,two-way

用于表述呼叫的建立是在两个方向上发生的工作方式的形容词。

注1:业务(信息)流量的总数在两个方向上无需相同。

注2:不应用这个术语来描述用户信息传送的方向。

704-01-13

突发传输 burst transmission

给定源发出的**信息**在一系列短时间间隔内传送的一种**传输**方法。

注:这些活动周期被称为突发。

2.1.2 传输媒质

704-02-01

传输媒质 transmission medium

让**信号**贯穿或在其中传送的天然媒质或经加工制成的构件。

704-02-02

传输线 transmission line

两点间经加工制成的并以最小辐射量传送电磁能量的**传输媒质**。

704-02-03

地回线 earth return

通过两点间的陆地或海洋而提供的自然界的电的导通回路。

704-02-04

对称线对 symmetric pair

由同一类型的两根金属导体所构成的均匀**传输线**,金属导体对地以及对其他电路都是对称安排的。

704-02-05

同轴线对 coaxial pair

由一根圆形内导体和另一根与之同轴心的圆筒形外导体所构成的**传输线**。

704-02-06

波导 waveguide

由引导电磁波的一组物质边界或构件制成的**传输线**。

注:最普通的波导形式包括金属管子,介质棒和由导电材料和电介质材料组成的混合构件。

704-02-07

光纤　optical fibre

由电介质材料制成的细丝状的光**波导**,用以引导光波形式的电磁能量。

704-02-08

空间　space

不使用经加工制成的构件来引导电磁能量的一种天然**传输媒质**。

注:与"空间"术语相关的更精确定义见 GB/T 14733.9 和 GB/T 14733.6。

2.1.3　电信电路

704-03-01

金属电路　metallic circuit

两点间由一对金属导体构成的电路。

704-03-02

平衡金属电路　balanced metallic circuit

平衡传输线　balanced transmission line (deprecated)

两点间由一对金属导体及其端点构成的电路,就整体而言,每根导体对地和对其他电路都理想地具有等同阻抗。

704-03-03

不平衡金属电路　unbalanced metallic circuit

不平衡传输线　unbalanced transmission line (deprecated)

两点间由一对金属导体及其端点构成的电路,就整体而言,每根导体对地和对其他电路都具有不同阻抗。

704-03-04

地回线电路　earth-return circuit

两点间用单根金属导体或若干根并联的金属导体并经过这两点间的大地或水域返回所构成的电路。

704-03-05

叠加电路　superposed circuit

利用其他电路所提供的一根导体或多根导体而构成的额外电路,并安排使所有的电路都能同时使用。

注:幻线电路是叠加电路的一个例子。

704-03-06

实线电路　side circuit

导出叠加电路的金属电路。

704-03-07

地回幻线电路　earth(-return)phantom circuit

由一条**金属电路**的两根导体导出的**叠加电路**。这种**叠加电路**实际上靠这两根导体并联使用,并经过其端点之间的大地或水域返回而构成的。

704-03-08

幻线电路　phantom circuit

由两条**金属电路**的四根导体导出的**叠加电路**。这种**叠加电路**实际上是靠每条**金属电路**的两根导体并联使用而构成的。

704-03-09

双幻线电路　double phantom circuit

由两条**幻线电路**的八根导体导出的**叠加电路**。这种**叠加电路**实际上是靠每条**幻线电路**的四根导体并联使用而构成的。

2.1.4 传输网

704-04-01

传输通道 transmission path

信号在两点间**传输**时所经过的路径。

704-04-02

[传输]通路 (transmission) channel

两点之间单向**传输信号**的一种手段。

注1：几条通路可以共享一条公共通道，例如，给每条通路分配一个特定的频带或一个特定的时隙。

注2：在一些国家，“通信通路(communication channel)”或其缩写“通路(channel)”也用于表示“电信通路(telecommunication channel)”，也就是包括了传输的两个方向。这种用法在本部分中是不建议使用的。

注3：传输通路可以用被传送信号的性质、频带宽度或数字速率来限定，例如：电话通路、电报通路、数据通路、10 MHz通路、34 Mbit/s通路。

704-04-03

[电信]电路 (telecommunication) circuit

允许两点之间双向**传输**的两个**传输通路**的组合。

注1：对于像长距离电视传输这样生来就是单向的电信传输方式，术语“电路(circuit)”一词有时用于表示提供设施的单向传输通路，但这种用法是不建议使用的。

注2：电信电路可以用发送信号的性质来限定，例如：电话电路、电报电路、数据电路、数字电路。

注3：传输通路的特性，例如：频带宽度或数字速率，在传输的两个方向上可以不相同。

注4：在电话学中，术语“电话电路”通常指直接连接两个交换中心的电信电路。

704-04-04

去[向]通路 go channel

发送通路 transmit channel

通常用来处理离开某一给定点的**信号**的一条**传输通路**。

注1：这些条件通常是很局部的，例如：在电信网内，一条通路对某一点来说，称为“去向通路”，则对另一点来说，又可以称为“回向通路”。

注2：在电话学中，英语限定词“去(go)”和“发送(transmit)”可以被认为是同义的。在某些如电视传输这样的应用中，只存在发送通路。在这种情况下，是不适合使用术语“去向通路”的。

704-04-05

回[向]通路 return channel

接收通路 receive channel

通常用来处理到达某一给定点的**信号**的一条**传输通路**。

注1：这些条件通常是很局部的，例如：在电信网内，一条通路对某一点来说，称为“去向通路”，则对另一点来说，又可以称为“回向通路”。

注2：在电话学中，英语限定词“回(return)”和“接收(receive)”可以被认为是同义的。在某些如电视接收这样的应用中，只存在接收通路。在这种情况下，是不适合使用术语“回向通路”的。

704-04-06

配线架 distribution frame

为**通路**、**电路**或设备提供半永久性灵活互连的一种结构或设备。可将通路、电路或设备终接，并能按照所要求的任何方式将它们连通起来。

注1：一个配线架允许任何用户线与线路终端、复用设备、交换设备、信令设备等其他设备互连。这种互连可以根据需要随时改变。

注2：作为互连技术的例子，包括需人工设置和重新排列的电线、U-links、插头和插座，以及可以在本地或远端进行操作的电磁或电子开关。

704-04-07

[传输]链路　(transmission) link

两点间具有规定特性的电信**传输**手段。

注：通常需指明传输通道的类型或容量，例如：有线链路、无线链路、宽带链路。

704-04-08

有线链路　line link

由经过加工的**传输媒质**提供的**传输链路**。

注：有线链路的例子有：对称线对链路、同轴(线)链路、波导(线)链路、光纤(线)链路。

704-04-09

无线[电]链路　radio link

靠无线电波实现的**传输链路**。

注：无线电链路的例子有：无线电接力链路、卫星链路。

704-04-10

传输系统　transmission system

a) 定义一种特定**传输**方法的成套原理；

b) 两点间的整个**传输**手段，其中包括**传输媒质**、终端设备、任何必需的中间设备、以及任何提供诸如馈电、监控、测试的辅助设备。

704-04-11

输入信号(传输系统的)　**input signal** (of a transmission system)

发送源信号　transmitted source signal

加在**传输**系统发送终端设备输入端口上的**信号**。

704-04-12

输出信号(传输系统的)　**output signal** (of a transmission system)

接收源信号　received source signal

在**传输**系统接收终端设备输出端口上送出去的**信号**。

注：在理想状态下，一个传输系统的输出信号应该是相应输入信号的无失真形式。

704-04-13

线路信号　line signal

在**传输线路**上实际传送的**信号**。

注：在线路信号的形式需要与加在终端设备输入端口上的信号形式不相同时，这个终端设备要进行必要的可逆处理，例如：调制、复用、编码。

704-04-14

二线传输　two-wire transmission；2-wire transmission

去向通路和**回向通路**在同一时间使用同一通道和同一**频带**的**传输**方法。

704-04-15

四线传输　four-wire transmission；4-wire transmission

去向通路和**回向通路**使用分开的通道或分开的**频带**，或分开的时间间隔，或其他分开手段的**传输**方法。

704-04-16

二线电路　two-wire circuit；2-wire circuit

提供**二线传输**的**电信电路**。

注1：二线电路的一个例子是由一对金属导体所形成的电路。

注2：过去曾有把某些类型的“二线电路”称为“二线式电路”的，现拒用术语“二线式电路”。

704-04-17

四线电路　four-wire circuit;4-wire circuit

提供**四线传输**的**电信电路**。

注1:四线电路的一个例子是由两对金属导线安排作为两条通路(一个方向一条通路)所形成的电路。

注2:过去曾有把某些类型的"四线电路"称为"四线式电路"的,诸如:在同一对金属导线的去向通路和回向通路上使用分开的频率,拒用术语"四线式电路"。

704-04-18

[四线]终接装置　(four-wire)terminating set;4-wire terminating set;4 W/2 W terminating set

用器件的组合来终接**四线电路**的**去向通路**和**回向通路**,并靠它使这些**通路**与**二线电路**连接起来。

2.1.5　中继器

704-05-01

中继器　repeater

在**传输媒质**某一点上插入的设备,主要包括一个或几个放大器和/或再生器以及与其相关联的器件。

注:传输时中继器可以单向工作或双向工作。

704-05-02

模拟中继器　analogue repeater

放大**模拟信号**或**数字信号**但不能再生数字**信号**的**中继器**。

704-05-03

再生中继器　regenerative repeater

再生**数字信号**的**中继器**

注:有时称为再生器"regenerator"。

704-05-04

二线中继器　two-wire repeater;2-wire repeater

在**二线电路**某一点使用并为两个**传输**方向提供增益的**中继器**。

704-05-05

四线中继器　four-wire repeater;4-wire repeater

在**四线电路**某一点使用并为两个**传输**方向提供增益的**中继器**。

704-05-06

段终结　section termination

在物理**传输媒质**与其相连接的设备(例如:**中继器**)之间,被选作为边界的常规接口。

注:段终结的位置与其相连接的附件(例如:接头、连接器、软连接电缆)有关,可以因传输系统、制造厂家和管理机构的不同而有所差异。

704-05-07

单元[电/光]缆段　elementary cable section

两个相邻**段终结**之间所包括的物理**传输媒质**及其附件(例如:接头、连接器、软连接电缆)的全部。

注:主要的传输媒质通常由连接在一起的几个电/光缆的制造长度组成。

704-05-08

单元中继段　elementary repeater section;elementary repeatered section

在给定的**传输**方向上,两个**段终结**之间所包括的一个**单元电/光缆段**连同紧接其后的模拟**中继器**的全部。

704-05-09

单元再生段　elementary regenerator section;elementary regenerated section

在给定的**传输**方向上,两个**段终结**之间所包括的一个**单元电/光缆段**连同紧接其后的**再生中继器**的全部。

2.1.6 中继站

704-06-01

中继站 repeater station

传输设备在**链路**上某一点的聚合,通常包括若干个**中继器**以及像信令、调制、复用、监控和电源供给之类功能所用的其他设备。

704-06-02

本地控制[中继]站 locally-controlled(repeater)station

在人工控制下或在本地驱动**信号**的自动控制下,能调整本站**中继器**特性的**中继站**。

704-06-03

主控制[中继]站 controlling (repeater) station

可发出**信号**去遥控其他**中继站**内**中继器**特性的**中继站**。

704-06-04

远程受控[中继]站 remotely-controlled(repeater)station

在**主控制中继站**发来**信号**的控制下,能调整本站**中继器**特性的**中继站**。

704-06-05

本地供电[中继]站 directly-powered(repeater)station

由本地电源直接供电的**中继站**。

704-06-06

远程供电[中继]站 power-feeding (repeater) station

向其他中继站供给电能的**本地供电中继站**。

704-06-07

受电[中继]站 dependent(repeater)station

从远程供电**中继站**接受电能的**中继站**。

注:电能可以通过物理传输媒质本身或同一电缆护套内的其他导线或另外的外部电缆输送至受电**中继站**。

2.1.7 回波控制

704-07-01

回波 echo

通过不同于正常路径的其他途径返回到给定点上的**信号**,在该点上,此**信号**有足够的幅度和时延,以致可感知与由正常路径传送来的**信号**有所不同。

704-07-02

回波控制 echo control

有意识地减小在电信电路内出现的不需要的**回波**的过程。

注1:这种减少可以通过阻抗平衡、插入损耗或抵消等技术实现。

注2:回波控制功能可以做得对复用信号起作用。

704-07-03

回波抑制 echo suppression

在正在发送的话音**信号**控制下,通过**传输通道**内损耗的插入来实现**回波控制**的方法。

704-07-04

回波抑制器 echo suppressor

位于**电信电路**内起**回波抑制**作用的器件。

704-07-05

全回波抑制器 full echo suppressor

以一条**传输通道**内的话音**信号**去控制另一条**传输通道**内大损耗的插入,且相反**传输**方向也能如此控制的**回波抑制器**。

704-07-06

半回波抑制器　half echo suppressor;split echo suppressor(USA)

以一条**传输**通道内的话音**信号**去控制另一条**传输**通道内大损耗的插入，而相反**传输**方向不能如此控制的**回波抑制器**。

注：在电信电路内半回波抑制器常常成对地加以运用。

704-07-07

不工作状态(回波抑制器的)　**unoperated state** (of an echo suppressor)

在两个**传输**方向上都不插入损耗的**回波抑制器**状态。

704-07-08

失能状态(回波抑制器的)　**disabled state** (of an echo suppressor)

由去能动作产生的一种特殊的**不工作状态**。

注：例如，当混有回波抑制器的电路要用于传送数据或电报时，就需要采取去能动作。

704-07-09

抑制状态(回波抑制器的)　**suppression state** (of an echo suppressor)

一条**传输通道**内正在传送话音**信号**，而**回波抑制器**已在另一条**传输通道**内大损耗插入的**回波抑制器**状态。

704-07-10

插话状态(回波抑制器的)　**break-in state** (of an echo suppressor)

由于在电路的两条**传输通道**内同时出现话音**信号**，**抑制状态**所需要的大损耗没有被插入而引起的**回波抑制器**状态。

注：通常至少在一条传输通道内插入了小损耗。

704-07-11

回波抵消法　echo cancellation

从含有不需要**回波**的**信号**内去除估算到的**回波**的控制方法。

704-07-12

回波抵消器　echo canceller

位于**电信电路**内起**回波抵消**作用的器件。

704-07-13

去能(回波控制)　**disabling** (in echo control)

阻止**回波控制**器件实现**回波控制**功能的动作。

704-07-14

使能(回波控制)　**enabling** (in echo control)

在去能之后准许**回波控制**器件恢复其**回波控制**功能的动作。

2.1.8　复用

704-08-01

复用　multiplexing

把若干个异源**信号**组合成能在一条公共**传输通路**上**传输**的单一合成**信号**的可逆过程。这个过程等效于把这条公共**通路**分成在同一方向上**传输**独立信号的多条**通路**。

704-08-02

复用信号　multiplex signal;multiplexed signal

将若干个**信号**进行复用而形成的合成**信号**。

704-08-03

解复用　demultiplexing

将经复用所形成的合成**信号**恢复为多个原独立**信号**，或恢复为由这些独立**信号**所组成的**信号**群的处理过程。

注:解复用的过程可以是局部的,例如,从一个电话通路的**超群**中抽出一个群。

704-08-04

导出通路　derived channel

通过复用所提供的任何一个分立**通路**。

注:一条导出通路可以以复用的方式来限定:“频率导出通路”,“波长导出通路”,“时间导出通路”,“编码导出通路”。

704-08-05

频分复用　frequency division multiplexing

FDM(缩写词)　FDM (abbreviation)

为了使若干个独立**信号**能在一条公共**通路上传输**,将它们配置在分立的**频带**上的复用。

704-08-06

波分复用　wavelength division multiplexing

WDM(缩写词)　WDM (abbreviation)

为了使若干个独立**信号**能在一条公共的光学**传输媒质上传输**,将它们配置在分立的波长上的复用。

注:波分复用是频分复用的一种形式。使用这个专用术语是为了避免与在光链路上以一个波长载送组合的基带信号时可能使用到的频分复用相混淆。

704-08-07

时分复用　time division multiplexing

TDM(缩写词)　TDM (abbreviation)

为了使若干个独立**信号**能在一条公共**通路上传输**,将它们配置在分立的周期性的时间间隔上的复用。

704-08-08

码分复用　code division multiplexing

CDM(缩写词)　CDM (abbreviation)

为了使若干个独立**信号**能在一条公共**通路上传输**,将它们配置成某些正交**信号**的复用。

注:在码分复用中,为识别通路而配给的信号单元是这样形成的:当信号单元在一条公共通路上传输时,虽然它们在时间上和频率上可能有所重叠,但采用适当的处理就能容易地识别和分离开来。

704-08-09

复用传输　multiplex transmission;multiplexed transmission

在**传输通道**输入端使用**复用**(技术),并在其输出端使用与其互补的**解复用**(技术)的**传输**方法。

注:使用复用传输的传输系统被称为是“复用系统”。

704-08-10

载波传输　carrier transmission

传输信号是由一个或多个**信号**调制一个或多个载波而形成的**传输**方式。

注1:通常用调制方法来限定,例如:单边带(载波)传输。

注2:使用载波传输的传输系统被称为是“载波系统”。

704-08-11

多路载波传输　multichannel carrier transmission

多路FDM传输　multichannel FDM transmission

模拟载波传输　analogue carrier transmission

通过单边带或双边带**传输**与**频分复用**的结合,为若干个独立**信号**提供在一条公共通道上进行**载波传输**的方式。

注1:在多路载波传输中,其载频可以发送或抑制。

注 2:ITU-T 通常使用术语"模拟载波传输。

注 3:使用多路载波传输的传输系统被称为是"多路载波系统"或"多路 FDM 系统"或"模拟载波系统"。

704-08-12

多路 PCM 传输　multichannel PCM transmission

通过脉码调制与**时分复用**的结合,为若干个独立**信号**提供在一条公共通道上进行**传输**的方式。

注:使用多路脉冲编码调制传输的传输系统被称为是"多路脉冲编码调制系统"。

704-08-13

复用器　multiplexer

实现复用的设备。

704-08-14

解复用器　demultiplexer

实现**解复**用的设备。

704-08-15

复用/解复用器　muldex;muldem

一个**复用器**与同一设备内的一个在相反**传输**方向上工作的**解复用器**的组合。

注:当用设备的功能来描述设备时,该功能可作为一个限定语,例如:脉冲编码调制复用/解复用器,数据复用/解复用器,数字复用/解复用器。

2.2　模拟传输

2.2.1　基本术语

704-09-01

频谱　frequency spectrum

用于**传输信息**电磁振荡或电磁波的频率范围。

704-09-02

频带　frequency band

在两个规定的限定频率之间的连续频率集。

注:频带是用在频谱上定义其位置的两个值来表征的,例如:它的上、下限定频率。

704-09-03

[频率]带宽　(frequency) bandwidth

频带的两个限定频率之间的差值。

注 1:频率带宽通常带有限定词,例如:基带带宽、必要带宽、放大器带宽或其他器件的带宽。

注 2:频率带宽用一个单一的值来定义,并且不依赖于频带在频谱上的位置。

704-09-04

基带　baseband

在**传输**系统特定的输入和输出点上,由一个**信号**或若干个**复用信号**所占有的**频带**。

注 1:在无线电通信中,基带是指由调制发射机的信号所占有的频带。

注 2:采用多级调制时,基带通常是加在第一调制级上的信号所占有的频带,而不是中间的已调制信号所占有的频带。

704-09-05

话频通路　voice-frequency channel

VF 通路　VF channel

提供**传输**一定话音质量的电话所需的**频带**,并以原始音频工作的**通路**。

注 1:话频通路通常具有 300 Hz~3 400 Hz 的标准频带。

注 2:不同于话音信号的其他信号,在具有合适的规定特性时,则可以占用话频通路频带的全部或一部分。

注 3:不宜用话频通路来表示频带更宽的通路,例如适合于优质声音信号传输的通路。

704-09-06

声音节目通路　sound programme channel

提供传输优质声音信号所需频带的通路。

注：如果是立体声工作，则需要两条相匹配的声音节目通路。

704-09-07

中继器配线架　repeater distribution frame

RDF(缩写词)　RDF (abbreviation)

中继站内用来对话频通路、信令通路和电路进行互连的配线架。

2.2.2　频分复用

704-10-01

频率变换　frequency translation

变频

将信号的频谱分量整个地从频谱上的一个位置转移至另一个位置所采用的方法。这种方法使每一分量的相对幅度和相对相位以及任何一对分量之间的频率差值保持不变。

注1：频率变换可以伴随有频率的倒置，在这种情况下，任何一对分量之间的频率差值的符号都是相反的。

注2：由频分复用产生的合成信号，其本身可以被进一步地频率变换。

704-10-02

载波　carrier

通常是周期性的电振荡波，通过调制使其某些特征量跟随某个信号或另一个振荡波的变化而变化。

704-10-03

载频(多路载波传输用)　carrier frequencies (in multichannel carrier transmission)

频率变换设备为了进行调制和解调而使用的一些特定的载波频率。

704-10-04

通路载频　channel carrier frequencies

通路变频设备为了进行通路的频率变换而使用的一组特定载频。

704-10-05

基群载频　group carrier frequencies

基群频率变换设备为了进行基群的频率变换而使用的一组特定载频。

注：可以用相似的方法定义"超群载频"、"主群载频"、"超主群载频"和"15超群组载频"或"特超群载频"。

704-10-06

保护频带　guard band

在多路载波传输中，两个相邻通路的两个相邻规定界限频率之间为降低相互干扰而留出的频带。

704-10-07

通路(频分复用电话)　(FDM telephone) channel

在多路载波传输中，适于传输一定话音质量的电话并具有标准带宽的通路，它在频谱中占有若干个规定位置当中的一个。

注1：一个频分复用电话通路通常具有4 kHz的标准带宽，这个带宽对于占用300 Hz～3 400 Hz频带的信号、带外信令和必要的保护频带是足够的。

注2：不同于话音信号的其他信号，在具有合适的规定特性时，可以占用频分复用电话通路频带的全部或一部分。

704-10-08

通路变频设备　channel translating equipment

通路架　channel bank (USA)

将规定数目的话频通路及其组合频率变换到规定频带内(通常12条话频通路经频率变换组成一个基群)以及完成其反频率变换过程所采用的设备。

704-10-09

基群　group

a) 将规定数目(通常为12条)的**频分复用**电话**通路**(**信号**)进行频分复用,使这些**通路**邻接地安排在规定带宽的**频带**内,由此而获得的一个组合群。它构成了标准化**频分复用**系列层次的第一级。

b) 在多路**载波**系统中,一段占有标准带宽为48 kHz的**频带**,并在**频谱**中占有若干个规定位置当中的一个。

注1:基群通常是12条频分复用电话通路的组合群,每条通路均有4 kHz的带宽。但在某些系统内,例如,在海缆系统内,基群由16条频分复用电话通路组成,每条通路为3 kHz带宽。

注2:对于那些不是从频分复用电话通路中导出的信号,可以占用通常分配给基群用的频带的全部或一部分。

704-10-10

基础基群　basic group;basic group B (deprecated);group B (obsolete term)

占用标准**频带**60 kHz～108 kHz的**基群**。

704-10-11

基群A(过时术语)　group A (obsolete term);basic group A (deprecated)

占用**频带**12 kHz～60 kHz的**基群**。

注:1968年,决定这些术语不再出现在ITU-T的建议草案中。

704-10-12

子基群　sub-group

将规定数目的**频分**复用电话**通路**(**信号**)进行频分复用,使这些**通路**邻接地安排在规定带宽的**频带**内,由此而获得的一个组合群。通常用它作为构成**基群**时的中间级。子**基群**内的**通路**数目是**基群通路**数目的约数。

注:子基群有时可能并不构成随后的完整基群而加以发送。

704-10-13

基群调制设备　group modulating equipment

将一个**基础基群**(**信号**)**频率变换**至规定**频带**(例如:**频率变换**至12 kHz～60 kHz **频带**)以及完成其反**频率变换**过程所采用的设备。

704-10-14

基群变频设备　group translating equipment;group bank (USA)

将规定数目的**基础基群**及其组合**频率变换**到规定**频带**内(通常5个**基础基群**经**频率变换**组成一个**基础超群**)以及完成其反**频率变换**过程所采用的设备。

704-10-15

超群　supergroup

a) 将规定数目(通常为5个)的**基础基群**(**信号**)进行**频分复用**,使这些**基群**邻接地安排在规定带宽的**频带**内,由此而获得的一个组合群;

b) 在多路载波系统中,一段占有标准带宽为240 kHz的**频带**,并在**频谱**中占有若干个规定位置当中的一个。

注1:超群通常是60条频分复用电话通路的组合群。

注2:对于那些不是从由若干个基群组成的组合群中导出但具有规定特性的信号,可以占用通常分配给超群用的频带的全部或一部分。

704-10-16

基础超群　basic supergroup

占用标准**频带**312 kHz～552 kHz的**超群**。

704-10-17

超群调制设备　supergroup modulating equipment

将一个**基础超群(信号)频率变换**至规定**频带**(例如:**频率变换**至 12 kHz～252 kHz **频带**)以及完成其反**频率变换**过程所采用的设备。

704-10-18

超群变频设备　supergroup translating equipment;supergroup bank (USA)

将规定数目的**基础超群**及其组合群**频率变换**到规定的**频带**内,通常 5 个或 10 个**基础超群(信号)**经**频率变换**组合在一个**基础主群频带**内或 15 个**基础超群(信号)**经**频率变换**组合在一个 15-**基础超群**组合群的**频带**内,以及完成其反**频率变换**过程所采用的设备。

704-10-19

主群　mastergroup

a) 将规定数目(通常为 5 个)的**超群(信号)**进行**频分复用**,使这些**超群**邻接地安排在规定带宽的**频带**内且**超群**间有**保护频带**,由此而获得的一个组合群;

b) 在多路载波系统中,一段占有标准带宽为 1 232 kHz 的**频带**,并在**频谱**中占有若干个规定位置当中的一个。

注 1:主群通常是 300 条频分复用电话通路的组合群。

注 2:在美国,一个主群为 10 个超群的组合群,通常是 600 条频分复用电话通路的组合群,占用带宽为 2 520 kHz。

注 3:对于那些不是从由若干个超群组成的组合群中导出但具有规定特性的信号,可以占用通常分配给主群用的频带的全部或一部分。

704-10-20

基础主群　basic mastergroup;mastergroup A (obsolete term)

占用标准**频带** 812 kHz～2 044 kHz 的**主群**。

704-10-21

主群 B(过时术语)　mastergroup B (obsolete term)

占用**频带** 2 796 kHz～4 028 kHz 的**主群**。

704-10-22

主群调制设备　mastergroup modulating equipment

将一个**基础主群(信号)频率变换**至规定**频带**(例如:**频率变换**至 2 796 kHz～4 028 kHz **频带**)以及完成其反**频率变换**过程所采用的设备。

704-10-23

主群变频设备　mastergroup translating equipment

将规定数目的**基础主群**及其组合群**频率变换**到规定的**频带**内,通常 3 个**基础主群(信号)**经**频率变换**组合在一个**基础超主群频带**内,以及完成其反**频率变换**过程所采用的设备。

704-10-24

超主群　supermastergroup

a) 将规定数目(通常为 3 个)的**主群(信号)**进行**频分复用**,使这些**主群**邻接地安排在规定带宽的**频带**内且相邻的**主群**间有**保护频带**,由此而获得的一个组合群;

b) 在多路载波系统中,占有标准带宽为 3 872 kHz 的**频带**,并在**频谱**中占有若干个规定位置当中的一个。

注 1:超主群通常是 900 条频分复用电话通路的组合群。

注 2:对于那些不是从由若干个主群组成的组合群中导出但具有规定特性的信号,可以占用通常分配给超主群用的频带的全部或一部分。

704-10-25

基础超主群 **basic supermastergroup**

占用标准**频带** 8 516 kHz～12 388 kHz 的**超主群**。

704-10-26

超主群变频设备 **supermastergroup translating equipment**

将规定数目的**基础超主群**及它们的组合**群频率变换**到规定的**频带**内，及完成其反**频率变换**过程所采用的设备。

704-10-27

15 超群组 **15-supergroup assembly;(15-supergroup) hypergroup**

a) 将 15 个**超群**(**信号**)进行**频分复用**，使这些**超群**邻接地安排在规定**带宽**的**频带**内，由此而获得的一个组合群；

b) 在**多路载波系统**中，一段占有标准带宽为 3 716 kHz 的**频带**，并在**频谱**中占有若干个规定位置当中的一个。

注 1：15 超群组(15-supergroup assembly)是 ITU-T 使用的唯一术语。

注 2：15 超群组通常是 900 条频分复用电话通路的组合群。

注 3：对于那些不是从由若干个超群组成的组合群中导出但具有规定特性的信号，可以占用通常分配给 15 超群组用的频带的全部或一部分。

704-10-28

基础 15 超群组 **basic 15-supergroup assembly;basic (15-supergroup) hypergroup**

占用标准**频带** 312 kHz～4 028 kHz 的 15 **超群组**。

704-10-29

15 超群组调制设备 **15-supergroup assembly modulating equipment**

超群组调制设备 **hypergroup modulating equipment**

将一个**基础 15 超群组**(**信号**)**频率变换**至规定**频带**(例如：**频率变换**至位于**基础超主群频带**内的 8 620 kHz～12 336 kHz)以及完成其反**频率变换**过程所采用的设备。

704-10-30

15 超群组变频设备 **15-super group assembly translating equipment**

超群组变频设备 **hypergroup translating equipment**

将规定数目的**基础 15 超群组**(**信号**)和它们的组合群(**信号**)**频率变换**组合在规定**频带**内，以及完成其反**频率变换**过程所采用的设备。

2.2.3 模拟载波传输

704-11-01

高频中继配线架 **high-frequency repeater distribution frame**

HFRDF(缩写词) HFRDF (abbreviation)

中继站内为载有**基础基群**、**基础超群**等的**通路**和**电路**配备的**配线架**。

注：在任何可能的情况下，都建议使用适合的规定的术语。

704-11-02

基群配线架 **group distribution frame**

为载有**基础基群**的**通路**和**电路**配备的**配线架**。

注：用相似的方法可以定义“超群配线架”，“主群配线架”，“超主群配线架”和“15 超群组配线架”。

704-11-03

分隔点(频分复用传输用) **separation point** (in FDM transmission)

传输系统末端的某个定义点。在该点上具有标准的规定条件，可以实现与另一个**传输系统**的互连。

注：分隔点允许与诸如直通连接滤波器、频率变换设备之类的其他设备互连。

704-11-04

频分复用链路　FDM link;line link (deprecated)

FDM 链路

频分**复用传输**的基本实体。它用来传送占有规定**频带**的源**信号**,并包括在两个相邻**分隔点**之间的给定的**传输媒质**上,以这个规定**频带**进行**传输**的整个**传输**手段。

注 1:除非另有规定,频分复用链路所提供的均是双向传输。

注 2:频分复用链路绝不包括直通连接滤波器。

注 3:在光纤传输、无线电中继传输等情况下,频分复用链路中还包括合适的终端设备。

704-11-05

基群段　group section

在两个相邻的**基群配线架**之间或等效点之间,传送占有**基群**标准**频带信号**用的,包括一条或多条**频分复用链路**在内的整个**传输**手段。

注 1:除非另有规定,基群段所提供的均是双向传输。

注 2:用相似的方法可以定义“超群段”,“主群段”,“超主群段”和“15 超群组段”。

704-11-06

基群链路　group link

在**基群**起始与终止的两个**基群配线架**之间或等效点之间的一个**基群段**或若干个串接起来的**基群段**。

注 1:除非另有规定,基群链路所提供的均是双向传输。

注 2:用相似的方法可以定义“超群链路,“主群链路,“超主群链路”和“15 超群组链路”。

704-11-07

直通连接滤波器　direct through-connection filter;direct line filter;direct transfer filter

供两条**频分复用**链路互连用的带通滤波器,以提供占有同一**频带**的源**信号**的**传输**。

注:直通连接滤波器可以用来连接在同一基群段、同一超群段内的两条频分复用链路,如此等等。

704-11-08

直通连接点　direct through-connection point

用**直通连接滤波器**将两条**频分复用链路**相互连接起来的点。

704-11-09

基群通过[连接]滤波器　through-group filter

通带为**基础基群**标准**频带**的带通滤波器。

注 1:在适当的地点,可以用基群通过连接滤波器将两个相邻的基群段相互连通。

注 2:用相似的方法可以定义“超群通过滤波器”,“主群通过滤波器”,“超主群通过滤波器”和“15 超群组通过滤波器”。

704-11-10

基群通过连接点　through-group connection point

在适当的情况下,在**基群链路**上,用**基群通过连接滤波器**将两个相邻的**基群段**串接起来的点。

注:用相似的方法可以定义“超群通过连接点”,“主群通过连接点”,“超主群通过连接点”和“15 超群组通过连接点”。

2.2.4　导频信号

704-12-01

导频[信号]　pilot (signal)

在电信网内为测量或监控的目的而发送的**信号**。这种**信号**通常为单一频率。

704-12-02

参考导频　reference pilot

为便于对**多路载波系统**进行维护和调整而使用的**导频信号**。

704-12-03

基群参考导频　group reference pilot

在组合**基群**时加入的**参考导频**,这个**参考导频**在该系统上总是伴随着**基群**,直至**基群**被分解为它的组成单元的那个点为止。

注1:ITU-T 在一个基础基群的频带内为基群参考导频规定了不同的标准频率。

注2:在某些情况下,在组合基础基群时可以加入两个参考导频。

注3:用相似的方法可以定义“超群参考导频”,“主群参考导频”,“超主群参考导频”和“15 超群组参考导频”。

704-12-04

调节导频　regulating pilot

使**多路载波系统**的线路**信号**电平保持在规定值上,并持续地确保衰减均衡达到规定要求而使用的**参考导频**。

704-12-05

频率比较导频　frequency comparison pilot;synchronizing pilot (obsolete term)

在**多路载波系统**中,为发信终端所产生的**载频**与收信终端所产生的**载频**进行频率比较(也有可能是相位比较)或为维持这些**载波**的同步而使用的**参考导频**。

704-12-06

转换控制导频　switching control pilot;switching pilot (USA)

为远距离控制某种维护转换功能而使用的**参考导频**。

注:转换功能的例子有:临时占用多路载波系统的通路或者在出现故障的情况下通过备用中继器替换常规中继器。

704-12-07

调节线路段　regulated line section

由若干个单元中继段串接起来的连续段。**线路信号**和一个或多个**调节导频**从连续段的一端传送至另一端,并在其间的一些点上,**调节导频**随(线路)**信号**一起通过同一个幅度调节装置。

注:在调节线路段的末端,把初始的导频信号去除或重建,或用以参考电平发送的新调节导频信号加以取代。

2.3　时分复用

2.3.1　定时

704-13-01

时标　time-scale

一系列相继的预先规定的时向间隔。

注:时标中的时间间隔不必都相同。

704-13-02

周期性时标　cyclic time-scale

由周期性重复的一系列时间间隔构成的**时标**。

注:单个周期所包含的各个时间间隔不必都相同。但理想上,所有的周期都是同样的。

704-13-03

有效瞬时(传输中的)　**significant instant** (in transmission)

在某一**时标**中时间间隔刚开始的瞬时,或在某一个时间**离散信号**中**信号元**刚开始的瞬时。

704-13-04

相位关系(在定时上的)　phase relationship (in timing)

在**周期性时标**内两个**有效瞬时**之间的时间差,或两个**周期性时标**中两个相应**有效瞬时**之间的时间差。

注:相位关系可以用时间单位表示或用周期性持续时间的比例或百分比表示。

704-13-05

定时信号 timing signal

决定操作开始的瞬时所用的**信号**。

704-13-06

周期性定时信号 cyclic timing signal

决定操作开始的瞬时所用的周期性**信号**。

704-13-07

周期性控制信号 cyclic control signal

对操作发生的频率进行控制所用的周期性**信号**。

704-13-08

时隙 time-slot

TS(缩写词) TS (abbreviation)

能独一无二地加以识别和定义的任何周期性时间间隔。

704-13-09

时钟 clock

提供**周期性定时信号**的设备。

注：基于可靠性的原因，在使用复制的信号源的地方，把这些信号源的组合体看成是单个时钟。

704-13-10

基准时钟 reference clock

稳定性、准确性和可靠性都非常高的**时钟**，在**同步网**中作为其他各**时钟**的参考标准。

704-13-11

主钟 master clock

控制其他**时钟**的频率所用的**时钟**。

704-13-12

等时的 isochronous

用于表述具有下述特征的时变现象、**时标**或**信号**的形容词，其连续的**有效瞬时**由时间间隔分开，所有的时间间隔都具有相同的标称持续时间或者具有等于单位持续时间整倍数的标称持续时间。

注：实际上，把时间间隔的任何变化都限制在规定的限值以内。

704-13-13

突发等时的 burst isochronous

用于表述具有等时活动的重复时间间隔特征的时变现象、**时标**或**信号**的形容词。

704-13-14

不等时的 anisochronous;asynchronous (strongly deprecated in this sense)

用于表述具有下述特征的时变现象、**时标**或**信号**的形容词。其连续的**有效瞬时**由时间间隔分开，且不强迫各时间间隔具有相同的标称持续时间或者具有等于单位持续时间整数倍的标称持续时间。

704-13-15

同步的 synchronous

用于表述具有下述特征的两个时变现象、**时标**或**信号**的形容词。其相应的**有效瞬时**是由标称固定持续时间的时间间隔分开的。

注1：实际上，把时间间隔的任何变化都限制在规定的限值内。

注2：两个不等时的时变现象、时标或信号可以是同步的。

注3：对于周期的时变现象、时标或信号，相应的有效瞬时以标称相同平均速率出现。

704-13-16

同步状态 synchronism

两个时变现象、**时标**或**信号**处于**同步**的状态。

704-13-17

同步 synchronization

调整时钟频率,使两个时变现象、**时标**或**信号**取得**同步**的过程。

704-13-18

准同步的 plesiochronous

用于表述具有下述特征的两个时变现象、**时标**或**信号**的形容词,其相应的**有效瞬时**以标称相同速率出现,并且把速率的任何变化都限制在规定的限值内。

注:相应的有效瞬时是由持续时间可以不受限制地变化的时间间隔分开的。

704-13-19

非同步的 non-synchronous

用于表述具有下述特征的两个时变现象、**时标**或**信号**的形容词,其相应的**有效瞬时**是不具有标称固定持续时间的时间间隔分开的。

2.3.2 帧和通路

704-14-01

帧(时分复用中的) **frame** (inTDM)

构成一个**信号**或一个过程的完整周期的一组重复的连续**时隙**,在这个周期中,每个**时隙**的相对位置都可以识别出来。

704-14-02

帧起始 frame start

供**帧**内其他事件定时用的瞬时基准,这个瞬时在每一**帧**中总是占有同样的相对位置。

704-14-03

帧定位 frame alignment

在接收设备产生的**帧**与收到信号的**帧**具有期望的固定相位关系时的状态。这样,就能够唯一地识别出每个**帧**中的各个**时隙**。

704-14-04

帧定位信号 frame alignment signal

在每一**帧**中插入的鉴别**信号**或在每 n 个**帧**中插入的一次鉴别信号,这个鉴别**信号**在**帧**内总是占据相同的相对位置,并用来建立和保持**帧定位**。

704-14-05

集中式帧定位信号 bunched frame alignment signal

其**信号元**占据连续数字**时隙**的**帧定位信号**。

704-14-06

分散式帧定位信号 distributed frame alignment signal

其**信号元**占据非连续数字**时隙**的**帧定位信号**。

704-14-07

帧定位时隙 frame alignment time-slot

在每**帧**内占据同一相对位置、并用来**传输帧定位信号**的**时隙**。

注1:可以用帧定位时隙永久地或周期地传输帧定位信号,在该时隙没有被这种信号占用时,可以用它来传输其他信息。

注2:在数字时分复用系统中,帧定位时隙由一个或多个数字时隙构成。

704-14-08

帧定位恢复时间 **frame alignment recovery time**

从有效**帧定位信号**在接收终端设备成为可用的到**帧定位**建立起来所经过的时间。

注：帧定位恢复时间包括反复证实帧定位信号的有效性所需要的时间。

704-14-09

帧失步时间 **out-of-frame alignment time**

帧定位实际上已经丢失的一段时间。

注：帧失步时间包括检测帧定位丢失所需的时间和帧定位恢复的时间。

704-14-10

通路时隙 **channel time-slot**

在帧内占据特定的位置、并固定地分配给特定时分**通路的时隙**。

注1：通路时隙可以按其用途来限定，例如：电话通路时隙。

注2：在数字时分复用系统中，通路时隙除完成它的主要功能外，也可以用于时隙内信令或传输其他信息。

704-14-11

信令时隙 **signaling time-slot**

在帧内占据特定的位置、并固定地分配给信令**传输用的时隙**。

704-14-12

总线 **highway bus**

来自若干**通路**的**信号**按**时分复用**方式通过的设备内部或站内的公共通道。

704-14-13

通路门 **channel gate**

按规定时间把时分**通路**接入总线或把总线连接到时分**通路**所用的器件。

704-14-14

子帧 **sub-frame**

在一个帧内固定数目的非相邻**通路时隙**。它们一起提供一条规定**数字速率**高于单个**通路时隙数字速率**的数字**通路**。

704-14-15

复帧 **multiframe**

一组重复的连续**帧**，其中每一**帧**的相对位置都可以识别出来。

704-14-16

复帧定位 **multiframe alignment**

接收设备产生的**复帧**和接收到的**信号**的**复帧**之间具有期望的固定相位关系时的状态。这样，每个**复帧**中的各帧就能够唯一地被识别出来。

704-14-17

复帧定位信号 **multiframe alignment signal**

在每一**复帧**中插入的鉴别**信号**或在每 n 个**复帧**中插入一次的鉴别**信号**，该鉴别**信号**在**复帧**内总是占据相同相对位置，并用来建立和保持**复帧定位**。

2.3.3 同步网

704-15-01

同步网(时分复用中的) **synchronized network** (in TDM); **synchronous network** (in TDM)

调节指定节点的**时钟**，以建立并保持**信号同步**的网。

704-15-02

非同步网(时分复用中的) **non-synchronized network** (in TDM); **non-synchronous network** (in TDM); asynchronous network (deprecated in this sense)

不是按**信号**之间保持**同步**来设计的网。

704-15-03

准同步网　plesiochronous network

网内的各**时钟**具有高准确度和高稳定度，以使各**信号**成为准同步的**非同步网**。

注：网络有效运行很长一段时间后，就好像已经成为了一个同步网。

704-15-04

互同步网　mutually synchronized network

a) 理论上，**同步网**中的每个**时钟**都对所有其他的**时钟**施加直接的控制。

b) 实际上，**同步网**中的每个**时钟**对其他一些**时钟**施加直接的控制，并间接地影响其余的**时钟**。

704-15-05

等权互同步网　democratic mutually synchronized network

a) 理论上，在一个**互同步网**中，全部**时钟**都处于同等的地位并对其他的所有**时钟**直接施加等量控制。

b) 实际上，在一个**互同步网中**，全部**时钟**都处于同等的地位，每个**时钟**对其他一些**时钟**直接施加等量控制。

注：在理论情况下，网路的工作频率或数字速率是全部时钟固有频率的平均值。

704-15-06

分级同步网　hierarchic synchronized network

网中的**时钟**被分为若干等级的**同步网**，每个时钟都被赋予一个等级地位，只容许它对同等级地位或低等级地位的**时钟**施加控制。

704-15-07

分级互同步网　hierarchic mutually synchronized network

一种**分级同步网**，其中的某些等级地位本身就是**等权互同步网**。

704-15-08

同步信号　synchronization signal

表示两个**周期性时标**之间的相位关系或表示相位关系有效变化的**信号**。

704-15-09

定时信息(同步网的)　**timing information** (in a synchronized network)

与若干个事件的定时关系有关的**信息**，这种**信息**是由**同步信号**、**定时信号**或包含在**数字信号**中的**时标**来传递和/或导出的。

704-15-10

同步节点　synchronization node

在**同步网**中，为**同步**目的而导出、发送或接收以及处理**定时信息**的点。

704-15-11

同步链路　synchronization link

两个**同步节点**之间的链路。在这条链路上，**定时信息**进行**单向**或**双向**的**传输**。

704-15-12

同步控制网　synchronization network

在**同步网**中对**同步节点**和**同步链路**所做的安排，以使在这些节点的**时钟**或者连接到这些节点的**时钟**取得**同步**。

注：同步控制网通常是同步网的一个重要组成部分。

704-15-13

本地导出同步信号　locally-derived synchronization signal

在某一**同步节点**上，按照本地**时钟**产生的**周期性时标**与经由**同步链路**从特定的远端**同步节点**收到的**数字信号**的**周期性时标**之间的相位关系而导出的**同步信号**。

704-15-14

远端导出同步信号 **remotely-derived synchronization signal**

在某一**同步节点**上经由**同步链路**从特定的远端节点收到的**同步信号**。这种**同步信号**如同**本地导出同步信号**那样，是在这个远端节点上按照其本身**时钟**产生的**周期性时标**与从发送**同步信号**的节点收到的**数字信号**的**周期性时标**之间的相位关系而导出的。

704-15-15

单端同步 **single-ended synchronization**

只借助于与特定的远端**同步节点**相关的**本地导出同步信号**，使某一**同步节点**上的**时钟**与这个远端**同步节点**上的**时钟**取得同步的一种方法。

704-15-16

双端同步 **double-ended synchronization**

借助于**本地导出同步信号**和与特定的**远端同步节点**相关的**远端导出同步信号**，使某一**同步节点**的**时钟**与这个远端**同步节点**的**时钟**取得**同步**的一种方法。

704-15-17

单向[同步]控制 **unilateral control**

在两个**同步节点**之间的控制，这种控制使得只是其中的一个节点的**时钟**频率受到从另一个节点的**时钟**导出的**定时信息**的影响。

704-15-18

双向[同步]控制 **bilateral control**

在两个**同步节点**之间的控制。这种控制使得其中的每一个节点的**时钟**频率都受到从另一个节点的**时钟**导出的**定时信息**的影响。

2.4 数字传输

2.4.1 数字传输的基本术语

704-16-01

信号元(数字传输的) **signal element** (in digital transmission)

数字信号的一部分，由其离散定时及其离散数值来表征，用来代表一个数字。

704-16-02

数字时隙 **digit time-slot**

分配给**数字信号**的**信号元**的**时隙**。

704-16-03

二进制[数字]信号 **binary (digital) signal**

其中的每一个**信号元**都具有两个允许离散值中的一个值的**数字信号**。

704-16-04

三进制[数字]信号 **ternary (digital) signal**

其中的每一个**信号元**都具有三个允许离散值中的一个值的**数字信号**。

704-16-05

***n* 进制[数字]信号** ***n*-ary (digital) signal**

其中的每一个**信号元**都具有 n 个允许离散值中的一个值的**数字信号**。

704-16-06

数字[速]率(数字传输的) **digit rate** (in digital transmission)

每秒传递的数字数目。

注1：可以对这个术语“数字速率”加以限定，例如：三值数字速率。

注2：不应该使用术语“数字速率”来表示线路信号的传输速率，对线路信号的传输速率来说，合适的术语是“线路数字速率”。

704-16-07

二进制数字[速]率　binary digit rate

比特率　bit rate

每秒传递的二进制数字的数目。

704-16-08

三进制数字[速]率　ternary digit rate

每秒传递的三进制数字的数目。

704-16-09

***n* 进制数字[速]率　*n*-ary digit rate**

每秒传递的 *n* 进制数字的数目。

704-16-10

有效数字[速]率(时隙的)　**effective digit rate** (of a time-slot)

每秒由**时隙**提供的数字的数目,其数值等于**数字时隙**的数目与每一秒内该**时隙**重复次数的乘积。

注:可以对这个术语加以限定,例如:有效比特率。

704-16-11

判决瞬时(数字信号的)　**decision instant** (for a digital signal)

对收到的**数字信号**的某个**信号元**的可能值做出判决的瞬时。

704-16-12

判决电路(数字信号的)　**decision circuit** (for a digital signal)

对收到的**数字信号**的某个**信号元**的可能值做出判决的电路。

704-16-13

抖动(数字传输的)　**jitter** (in digital transmission)

数字信号的**有效瞬时**偏离其理想时间位置的短期非累积变化。

704-16-14

漂移(数字传输的)　**wander** (in digital transmission)

数字信号的**有效瞬时**偏离其理想时间位置的长期非累积变化。

704-16-15

时间间隔误差　time interval error

在一段规定时间内测量到的**数字信号**的各**有效瞬时**对其理想时间位置的累积偏离。

704-16-16

定时恢复　timing recovery

根据数字**时隙**的周期性,从收到的**数字信号**中导出**周期性定时信号**。

704-16-17

再定时　retiming

以**周期性定时信号**为参考,对**数字信号**的各**有效瞬时**之间的时间间隔进行的调整。

704-16-18

再生(数字信号的)　**regeneration** (of a digital signal)

接收和重建**数字信号**的过程,使其**信号元**的定时、波形和幅度均被约束在规定限值以内。

704-16-19

再生器　regenerator

实现**数字信号再生**的器件。

704-16-20

***n* 比特字节**(数字传输的)　***n*-bit byte** (in digital transmission)

作为整体进行操作的、规定数目的 *n* 个二进制数字或规定数目的代表二进制数字的**信号元**。

704-16-21

八比特组(数字传输的) **octet** (in digital transmission);**byte**;**8-bit byte**

作为整体进行操作的八位二进制数字组或一组代表二进制数字的八个**信号元**。

704-16-22

数字位置 **digit position**

数字表示在时间上或空间上占有的位置。

704-16-23

数字填充 **digital filling**

将数目恒定的**信号元**按规定时间间隔添加到**数字信号**中,使其**数字速率**由原来的值增加到一个预定的更高的值。

注 1:添加的信号元一般不用来传输信息。

注 2:添加前后数字速率的比率并不要求是整数,但是,必须是一个有理数,例如 64/62。

704-16-24

倍叠 **reiteration**

是某个给定**数字信号**的**信号元**的重复过程,以使其**数字速率**从原始值变为原始速率的整倍数。

704-16-25

解除倍叠 **de-iteration**

为了恢复原始信号,对速率**倍叠**过程的**信号**施加的处理过程。

704-16-26

公务数字 **service digits**;**housekeeping digits**;**overhead digits** (USA)

是辅助性的**信号元**,在**传输通道**的发送端按规定的时间间隔把这些**信号元**附加到**数字信号**中,并且在接收端把它从这个**数字信号**中去掉,它的主要作用是保证在发送设备完成了对**数字信号**的处理、特别是非周期性处理时,接收设备能进行相应的恢复处理。

704-16-27

串行[数字]传输 **serial (digital) transmission**

信号元在两点之间的单一通道上的顺序**传输**。

704-16-28

并行[数字]传输 **parallel (digital) transmission**

一组**信号元**在两点之间的适当数量的并行通道上的同时**传输**。

704-16-29

串并[行]转换器 **serial-to-parallel converter**;**deserializer**;staticizer (deprecated)

将一个连续的**信号元**序列转换成相应的且在同时间表达相同**信息**的一组**信号元**的器件。

704-16-30

并串[行]转换器 **parallel-to-serial converter**;**serializer**;dynamicizer (deprecated)

把一组同时出现的**信号元**变换成为表示相同**信息**的一个相应的连续**信号元**序列的装置。

2.4.2 线路码

704-17-01

线路码 **line code**

为了适应**传输通路**的特性而选取的代码,这种代码定义了在发送源信号的**信号元**所表示的一组数字与相应线路信号的**信号元**序列之间的等效性。

704-17-02

线路编码 **line encoding**

把特定的**线路码**规则应用于一组给定数字,从而得到**线路信号**的**信号元**序列的过程。

704-17-03

线路数字[速]率　line digit rate

调制[速]率　modulation rate (deprecated in this context)

符号[速]率　symbol rate(deprecated)

在数字**传输**中,每秒传送的**线路信号**的**信号元**数目,用**波特**来表示。

注:在英语里,术语"调制速率"用于电报和数据通信中,它是单位间隔持续时间或最短信号元持续时间的倒数。

704-17-04

等效二进制[数字]内容　equivalent binary content

为了传送出与某个给定**数字信号**中的规定数目的连续**信号元**相同的**信息**所绝对必要的二进制数字的最小数目。

704-17-05

等效比特[速]率　equivalent bit rate

为了在相同时间内传送出与具有给定**数字速率**的某个给定**数字信号**相同的**信息**所绝对必要的最低的比特率。

704-17-06

[均匀]多值数字信号　(uniform) multivalue digital signal

在其标称容许离散值所构成的集合中,各个相邻值都相差同一固定量的**数字信号**。

注:多值数字信号通常用作线路信号。

704-17-07

概念值(均匀多值数字信号的)　**notional value** (of a uniform multivalue digital signal)

均匀多值数字信号的**信号元**的值。这个值的单位是按照下列各项规则进行选择以使相邻值相差一个单位:

a)　对于所有的不平衡信号,最低概念值是"零";

b)　对于有偶数个容许离散值的平衡信号,概念值是对称的,但不包括零;

c)　对于有奇数个容许离散值的平衡信号,概念值是对称的,并且包括零。

注:均匀多进制数字信号的概念值的例子如下:

不平衡信号

二进制　0　1

三进制　0　1　2

四进制　0　1　2　3

五进制　0　1　2　3　4

平衡信号

二值　−1/2　+1/2

三值　−1　0　+1

四值　−3/2　−1/2　+1/2　+3/2

五值　−2　−1　0　+1　+2

704-17-08

数字和　digital sum

连续**信号元**序列的**概念值**之代数和。

704-17-09

不均等　disparity

形成一个规定组所用的一个或多个连续**信号元**的**数字和**。

704-17-10

数字和极值差(线路码的)　**digital sum variation** (of a line code)

按照给定的**线路码**对原始信号中全部容许的**信号元**序列进行**编码**而产生的**均匀多值数字信号**的连续**信号元**在理论上可能的最大数字和与在理论上可能的最小数字和之差。

704-17-11

平衡码　balanced code

所产生的**编码**信号只有有限的**数字和极值差**，并且在其功率谱中没有离散零频分量的**线路码**。

704-17-12

成对不均等码　paired-disparity code

一种**线路码**，在此**线路码**中，把原始**信号**中的数字序列分为连续的数字群。**编码**时，其中的某些数字群可以用相等**不均等**和相反**不均等**的两种**信号元**组合之一来表示，所使用的具体组合是这样来选定的，即总是能使**数字和**尽可能的趋于零；且原始信号中的其他数字群(如果有的话)用零**不均等**的**信号元**组合来表示。

704-17-13

交替传号反转码　alternate mark inversion code

双极性码　bipolar code

AMI(缩写词)　AMI (abbreviation)

应用三值信号来传送二值数字的**成对不等性码**，其中，二值的"1"状态用正负极性交替但幅度相等的**信号元**来表示，而二值的"0"状态则用幅度为零的**信号**来表示。

注：在电报和数据通信中，二值的"1"状态被称为"Z"状态(或"传号")，值的"0"状态被称为"A"状态(或"空号")。

704-17-14

交替传号反转信号　alternate mark inversion signal

AMI 信号　AMI signal

双极性信号　bipolar signal

交替传号反转码所产生的**编码信号**。

704-17-15

交替传号反转破坏点　alternate mark inversion violation

AMI 破坏点　AMI violation

双极性破坏点　bipolar violation

在**交替传号反转信号**中其极性与前面相邻的非零**信号元**相同的非零**信号元**。

704-17-16

改进[的]交替传号反转码　modified alternate mark inversion code

改进[的]AMI　modified AMI

以**交替传号反转码**为基础的一种**线路码**。它按照一组规定的规则出现**交替信号反转破坏点**。

注：这种改进的交替传号反转码的例子有 HDB3 和 B6ZS。

704-17-17

冗余线路码　redundant line code

一种**线路码**，这种**线路码**所使用的**编码信号元**的数目多于表示原始**信号**的数字群所绝对必要的数目。

704-17-18

冗余数字信号　redundant digital signal

按照给定的**冗余线路码**，对某个给定的原始**信号**进行**编码**所产生的**编码信号**。

注：对于冗余 n 值数字信号来说，每个编码信号元的平均等效二值内容小于 $\log_2 n$ 比特。

704-17-19

伪三进制信号　pseudo-ternary signal

是一种冗余**三进制数字信号**，它是从**二进制数字信号**导出的，但**线路数字速率**保持不变。

注：**交替传号反转信号**是**伪三值信号**的一个例子。

704-17-20

伪 n 进制信号　pseudo *n*-ary signal

是一种冗余 n 进制数字信号，它是从 m 进制数字信号导出的，但线路数字速率保持不变，并且 n 大于 m。

704-17-21

数字序列完整性　digit sequence integrity

数字传输通路、电路或连接允许数字信号在不改变信号元序列的情况下在它上面传送的性质。

704-17-22

八比特组序列完整性　octet sequence integrity

数字传输通路、电路或连接允许数字信号在不改变其八比特组序列的情况下在它上面传送的性质。

704-17-23

比特序列独立性　bit sequence independence

二值传输通路、电路或连接允许所有的二值信号元序列按照其规定的比特率在它上面传送的性质。

704-17-24

准比特序列独立性　quasi bit sequence independence

二值传输通路、电路或连接允许几乎所有的二值信号元序列按照其规定的比特率在它上面传送、对例外的序列连同其禁止条件和容许条件做出完整规定的性质。

704-17-25

扰码器(数字传输的)　**scrambler** (in digital transmission)

把数字信号和伪随机序列组合到一起产生能传送同样信息并易于传输的随机化数字信号所使用的器件。

704-17-25

解扰码器(数字传输的)　**descrambler** (in digital transmission)

为恢复原始信号而对扰码信号进行处理的器件。

2.4.3　数字差错

704-18-01

数字差错　digital error

发送出的数字信号中的某个数字与接收到的数字信号中的相应数字之间的差异。

704-18-02

比特差错　bit error

发送出的数字信号中的某个比特与接收到的数字信号中的相应比特之间的差异。

704-18-03

差错率　error ratio；error rate (deprecated)

在一段指定的时间内所接收到的数字差错的数量与在同一段时间内所接收到的数字总数之比。

注：差错率的数值通常用下列形式来表示：

$n \cdot 10^{-p}$(10 的 $-p$ 次幂)。其中的 p 是一个正整数。

704-18-04

比特差错率　bit error ratio；bit error rate (deprecated)

误比特率

BER(缩写词)　BER (abbreviation)

二进制数字信号的差错率。

704-18-05

差错倍增　error multiplication；error extension

某种器件在其输入信号中存在单个数字差错时会导致其输出信号出现不止一个数字差错的性质。

注：线路解码器和解扰码器都是可以引起这种差错倍增的器件的例子。

704-18-06

差错倍增因数　error multiplication factor

输出信号中的数字差错的数量与输入信号的数字差错的数量之比。

注：差错倍增因数可以用其在规定工作条件下的平均值来表示，否则，可以用输入信号中的单个数字差错所可能引起的最大值来表示。

704-18-07

差错扩散　error spread

当输入信号中的单个数字差错引起差错倍增时，输出信号中出现数字差错的连续数字的数目。

704-18-08

差错秒　errored second

ES(缩写词)　ES (abbreviation)

某个给定的数字信号出现一个或多个数字差错的持续时间为 1 s 的时间间隔。

704-18-09

无差错秒　error-free second

EPS(缩写词)　EPS (abbreviation)

某个给定的数字信号不出现数字差错的持续时间为 1 s 的时间间隔。

704-18-10

滑动　slip

在数字信号中一个数字时隙或者一组连续数字时隙的丢失或增加，并且数字时隙的这种丢失或增加是不能校正的。

704-18-11

八比特组滑动　octet slip

传送数字信号八比特组所用的八个连续数字时隙的丢失或增加，并且八比特组的这种丢失或增加是不能校正的。

704-18-12

帧滑动　frame slip

在数字信号中，连续数字时隙组成的完整帧的丢失或增加，并且帧的这种丢失或增加不能予以校正。

704-18-13

受控滑动　controlled slip

在数字信号中，一组连续数字时隙的受控丢失或受控增加，以使数字信号能与不同于它自身数字速率的数字速率相一致，并且数字时隙的这种丢失或增加不能予以校正。

注：可对该术语加以限定，例如：受控八比特组滑动，受控帧滑动。

704-18-14

不受控滑动　uncontrolled slip

在数字信号中，一个数字时隙或者一组连续数字时隙的不受控丢失或不受控增加，这可能是由于与该数字信号的传输或交换相关的定时过程的失常所引起的，并且数字时隙的这种丢失或增加不能予以校正。

2.4.4　数字传输网

704-19-01

数字配线架　digital distribution frame

适用于载有数字信号的通路和电路的配线架。

注：为了表明数字速率，可以对数字配线架加以限定。

704-19-02

数字段　digital section

在两个相邻的**数字配线架**或等效点之间，对规定**数字速率**的**数字信号**进行双向**传输**(另有规定者除外)的全部手段。

注：可以对数字段加以限定以表明其数字速率或复用等级。

704-19-03

数字链路　digital link

数字通道　digital path (deprecated)

在连接交换设备或终端设备的两个**数字配线架**或等效点之间的一个**数字段**或若干个以相同**数字速率**进行工作的串联**数字段**。

注1：终端设备是以规定的数字速率始发或终接信号的设备。

注2：可以对数字链路加限定以表明数字速率或复用等级。

704-19-04

数字传输系统　digital transmission system

a) 定义特定**数字传输**方法的一套有组织的原则。

b) **数字段**的具体实现，其中包括：**传输媒质**；终端设备；任何必须的中间设备；为提供馈电、监视、测试等辅助用途所必需的设备。

704-19-05

有线数字段　digital line section

在经制造加工的**传输媒质**(例如：在**对称线对**、**同轴线对**或**光纤线对**)上实现的**数字段**。

704-19-06

有线数字链路　digital line link

有线数字通道　digital line path (deprecated)

由一个**有线数字段**或若干个串联的**有线数字段**所构成的**数字链路**。

704-19-07

有线数字系统　digital line system

提供**有线数字段**的**数字传输系统**。

704-19-08

无线数字段　digital radio section

借助于无线电波实现的**数字段**。

704-19-09

无线数字链路　digital radio link

无线数字通道　digital radio path (deprecated)

由一个**无线数字段**或者若干个串联的**无线数字段**所构成的**数字链路**。

704-19-10

无线数字系统　digital radio system

提供**无线数字段**的**数字传输系统**。

2.4.5 数字复用

704-20-01

数字复用　digital multiplexing

在传送**数字信号**的数字**通路**上应用的**时分复用**方式。

704-20-02

数字复用器　digital multiplexer

采用**时分复用**把两个或两个以上的支路**数字信号**组合成单个复合**数字信号**的设备。

注：数字复用器可以用数字速率或复合数字信号的复用等级来限定。

704-20-03

数字解复用器　digital demultiplexer

采用时分解复用把复合**数字信号**分离为构成它的各支路**数字信号**的设备。

注：数字解复用器可以用数字速率或复合数字信号的复用等级来限定。

704-20-04

数字复用设备　digital multiplex equipment

位于同一地点，**数字复用器**与在相反方向上工作的**数字解复用器**的组合。

注1：复用器或解复用器可以组合成或可以不组合成单个设备。

注2：数字复用设备可以用数字速率或所处理的复合数字信号的复用等级来限定。

704-20-05

数字复用解复用器　digital moldex

同一设备内在相反的方向上工作的**数字复用器**和**数字解复用器**的组合。

注：数字复用解复用器可以用数字速率或所处理的复合数字信号的复用等级来限定。

704-20-06

数字块　digital block

适当的**数字链路**与其末端的**数字复用设备**的组合。

注：数字块用数字链路的数字速率或复用等级来限定。

704-20-07

数字复用体系　digital multiplex hierarchy

一系列的数字复用等级，其中的每一级都是用规定的**数字速率**来表征的，并且每一级都处理等级较低的**数字信号**经过复用而合成的**数字信号**。

704-20-08

数字基群　primary digital group; digroup (USA); primary block (deprecated)

规定数目的**数字信号**通过**数字复用**而构成**数字复用体系**第一级的组合体。

注：由ITU-T标准化的数字基群工作在2 048 kbit/s的数字速率，包括了占用通路时隙的数字信号，每个数字信号通常含有8个数字时隙，并具有64 kbit/s的有效数字速率。

704-20-09

数字二次群　secondary digital group

规定数目的**数字基群**通过**数字复用**而构成**数字复用体系**第二级的组合体。

注：由ITU-T标准化的数字二次群工作在8 448 kbit/s的数字速率。

704-20-10

数字三次群　tertiary digital group

规定数目的**数字二次群**通过**数字复用**而构成**数字复用体系**第三级的组合体。

注：由ITU-T标准化的数字三次群工作在34 368 kbit/s的数字速率。

704-20-11

数字四次群　quaternary digital group

规定数目的**数字三次群**通过**数字复用**而构成**数字复用体系**第四级的组合体。

注：由ITU-T标准化的数字四次群工作在139 264 kbit /s的数字速率。

704-20-12

标准数字信号　standardized digital signal

具有ITU-T的标准**数字速率**的**数字信号**，它主要是用于标准化**数字复用体系中**。

注1：标准数字信号可以是、也可以不是由来自等级较低的标准数字信号经复用的组合。

注2：标准数字信号的例子有“标准2 048 kbit/s数字信号”，它的缩写是“2 048 kbit/s数字信号”习惯上缩写用“2 Mbit/s信号”。

704-20-13

标准64千比特/秒数字信号　standardized 64 kbit/s digital signal

64千比特/秒信号　64 kbit/s signal

标准数字速率为64 kbit/s并构成**数字基群**的正规基础的标准**数字信号**。

2.4.6　码速调整

704-21-01

码速调整　justification

脉冲填充　pulse stuffing

以受控方式改变**数字信号**的**数字速率**的处理过程，这种过程不丢失或损伤**信息**。

注：码速调整通常作为对数字复用的附加手段来使用，使得与复用设备不同步的各支路得到复用，这样做，每路的原始信号就独立地受到码速调整。

704-21-02

码速调整瞬时　justification instant

填充瞬时　stuffing instant

根据原始**数字信号**的**时隙**与为传送这种**信号**而提供的**时隙**之间的定时关系，把原始**数字信号**的0、1或2位数字发送出去的瞬时。

704-21-03

可调整数字时隙　justifiable digit time-slot

可填充数字时隙　stuffable digit time-slot

为**数字信号**的**码速调整**按规定的时间间隔提供的**时隙**。

704-21-04

码速调整数字　justifying digit

填充数字　stuffing digit

在当时的定时关系不需要在该瞬时**传输**原始**数字信号**的某个数字时，在可调整数字**时隙**内插入的任意数字。

704-21-05

码速调整公务数字　justification service digit

填充公务数字　stuffing service digit

传输跟**码速调整瞬时**所采取动作有关的**信息**的数字。

704-21-06

正码速调整　positive justification;positive pulse stuffing

一种**码速调整**方法。供传送**数字信号**用的**数字时隙**所具有的**数字速率**总是高于其原始**信号**的数字**速率**，并且根据当时的条件，在每一个**码速调整瞬时**可以是：

a)　在**可调整数字时隙**内不**传输**原始**信号**的数字，而是**传输码速调整数字**；或者是

b)　在**可调整数字时隙**内**传输**原始**信号**的一位数字。

这两种交替的码速调整状态是由**码速调整公务数字**所形成的唯一的**信号**来指示的。

704-21-07

负码速调整　negative justification;negative pulse stuffing

一种**码速调整**方法。供传送**数字信号**用的**数字时隙**所具有的**数字速率**总是低于其原始**信号**的**数字速率**，并且根据当时的条件，在每一个**码速调整瞬**时可以是：

a)　在可调整**数字时隙**内**传输**原始**信号**的一位数字；或者是

b)　传输原始**信号**的两位数字。其中的一位数字在**可调整数字时隙**内**传输**，另一位数字被移开，然后用其他方法**传输**。

这两种交替的码速调整状态是由**码速调整公务数字**所组成的唯一的**信号**来指示的。

704-21-08

正/零/负码速调整　positive/zero/negative justification;positive/zero/negative pulse stuffing

一种**码速调整**方法。供传送**数字信号**用的**数字时隙**所具有的**数字速率**在各个不同的时间可以高于、等于或低于原始**信号**的**数字速率**,并且根据当时的条件,在每个**码速调整瞬时**可以是:

a) 在**可调整数字时隙**内不**传输**原始**信号**的数字,而是**传输码速调整数字**;或者是

b) 在**可调整数字时隙**内**传输**原始**信号**的一位数字;或者是

c) **传输**原始**信号**的两位数字。其中的一位数字在**可调整数字时隙**内**传输**,另一位数字被移开,然后用其他方法**传输**。

这三种交替的码速调整状态是由**码速调整公务数字**所组成的唯一的**信号**来指示的。

704-21-09

码速调整速率　justification rate

填充速率　stuffing rate

通过插入码速调整数字或者用其他方法**传输数字信号**中的一位数字,对这个**数字信号**进行码速调整的每一秒的瞬时数目。

704-21-10

标称码速调整速率　nominal justification rate

标称填充速率　nominal stuffing rate

当原始**数字信号**和为传送经**码速调整**过的原始**数字信号**而提供的通路这二者都具有其标称**数字速率**时在理论上存在的**码速调整速率**。

704-21-11

码速调整能力　justification capacity;stuffing capacity

最大码速调整率　maximum justification rate

最大填充速率　maximum stuffing rate

码速调整处理过程所能提供的最大**码速调整速率**。

注1:实际上,原始数字信号和为传送经码速调整过的原始数字信号而提供的通路这二者的数字速率的容差限值使得码速调整速率总是小于调整能力。

注2:由于在英语中,两个相似的术语“maximum justification rate”和“maximum justification ratio”之间容易引起混淆,所以强烈建议使用术语“justification capacity”代替“maximum justification rate”。

704-21-12

码速调整比　justification ratio

填充比　stuffing ratio

码速调整速率与**码速调整能力**之比。

704-21-13

标称码速调整比　nominal justification ratio

标称填充比　nominal stuffing ratio

当原始**数字信号**和为传送经**码速调整**过的原始**数字信号**而提供的**通路**这二者都具有其标称**数字速率**时的**码速调整比**。

704-21-14

最大码速调整比　maximum justification ratio

最大填充比　maximum stuffing ratio

当原始**数字信号**的**数字速率**达到其容差下限;并且为传送经**码速调整**过的原始**数字信号**而提供的**通路**的**数字速率**达到其容差上限时的**码速调整比**。

注:最大码速调整比是在实际的工作条件下能够实际出现的限值。

704-21-15

最小码速调整比　minimum justification ratio

当原始**数字信号**的**数字速率**达到其容差上限，并且为传送经**码速调整**过的原始**数字信号**而提供的**通路**的**数字速率**达到其容差下限时的**码速调整比**。

注：最小码速调整比是在实际的工作条件下能够实际出现的限值。

2.5　脉冲编码调制

2.5.1　基本术语

704-22-01

模/数转换　analogue-to-digital conversion

A/D 转换　A/D conversion

为把**模拟信号**转换为**信息**基本相同的**数字信号**而设计的处理过程。

注：在模/数转换中，信号总会有些小的损失。

704-22-02

数/模转换　digital to analogue conversion

D/A 转换　D/A conversion

为把**数字信号**转换为**信息**基本相同的**模拟信号**而设计的处理过程。

注：在正常情况下，在数/模转换中，信息没有明显的损失。

704-22-03

通用脉冲编码调制　generic pulse code modulation

通用 PCM　generic PCM

采用**抽样**，**量化**和**编码**把**模拟信号**转换为等效**数字信号**的任何**模/数转换**方式。

注："脉冲编码调制"及其缩写词"PCM"按上面定义的普通意义得到广泛的使用，虽然实际上这些术语在英语中是拒用的。

704-22-04

脉冲编码调制　pulse code modulation

PCM(缩写词)　PCM(abbreviation)

对**信号抽样**，把每个**样值**单独地加以**量化**并通过**编码**把一连串的**量化值**转换为一个**数字信号**的处理过程。

704-22-05

差分脉冲编码调制　differential pulse code modulation

DPCM(缩写词)　DPCM (abbreviation)

对**信号抽样**，把每个**样值**与从它前面的一系列连续**样值**导出的预测值或**量化值**之间的差值加以**量化**，并通过**编码**把一连串的(差值的)**量化**值转换为一个**数字信号**的处理过程。

704-22-06

预测(差分脉冲编码调制的)　**prediction** (in differential pulse code modulation)

从前面的一系列**样值**或**量化**值估算出某个**样值**的过程。

注：相关的术语有"预测律"，"预测器"。

704-22-07

增量调制　delta modulation

ΔM(缩写词)　ΔM (abbreviation)

差分脉冲编码调制的一种类型，它只对每个**信号样值**与其预测值之差的符号进行保留并用单个二进制数字来**编码**。

704-22-08

自适应差分脉冲编码调制 **adaptive differential pulse code modulation**

ADPCM(缩写词) ADPCM (abbreviation)

差分脉冲编码调制的一种类型,其中预测律和/或**量化**律按照该**信号**或所涉及**通路**的某些特性自动地加以调整。

704-22-09

自适应预测(自适应差分脉冲编码调制的) **adaptive prediction** (in ADPCM)

预测过程的一个或多个参数按照**信号**或所涉及**通路**的某些特性自动调整的一种**预测**。

注:相关术语有"自适应预测器"。

2.5.2 抽样(脉冲编码调制的)

704-23-01

样值(信号的) **sample** (of a signal)

信号在某个选定瞬时的代表值,此值是由该**信号**邻近这个瞬时的值得到的。

注:在理想情况下,样值等于给定的信号在选定瞬时的值;在实际上,它等于该信号邻近这个瞬时的变化值的加权平均值或者与其成正比例。

704-23-02

抽样(信号的) **sampling** (of a signal)

通常按相等的时间间隔对**信号**抽取**样值**的过程。

704-23-03

抽样率 **sampling rate**

抽样频率 **sampling frequency**

每单位时间内抽取**信号样值**的数目。

704-23-04

折叠失真 **aliasing;foldover distortion**

以不适当的速率对**信号抽样**而引起的失真。这种失真导致**抽样信号频谱**内**抽样频率**谐波周围的边带重叠。

2.5.3 量化(脉冲编码调制的)

704-24-01

量化 **quantizing**

将一个量可能呈现的连续值的范围,划分成预定的一些相邻间隔,并且在给定间隔内的任何值都是由这个间隔内的单一预定值表示的处理过程。

注:相关的术语有"量化器"等。

704-24-02

量化间隔 **quantizing interval**

量化所使用的许多相邻间隔之一。

704-24-03

量化值 **quantized value**

用来表示特定**量化间隔**内任何值的单个离散值。

704-24-04

判决值 **decision value**

定义两个相邻**量化间隔**之间边界的值。

704-24-05

虚判决值 **virtual decision value**

用外推法从实际**判决值**得到的两个值中的每一个。

注:用这两个值表示**量化律**的两个极端**量化间隔**的假定外侧边界。

704-24-06

量化律　quantizing law

编码律　coding law (deprecated)

在量化中规定**量化间隔**数、**虚判决值**、**判决值**、**量化值**的规律；在适当的场合，是指导自适应工作的规则。

注：ITU-T 为音频信号加以标准化的 A 量化律和 μ 量化律是量化律的例子。

704-24-07

均匀量化　uniform quantizing

位于两个**虚判决值**之间的所有**量化间隔**全都相等的**量化**。

704-24-08

非均匀量化　non-uniform quantizing

位于两个**虚判决值**之间的**量化间隔**并不全都相等的**量化**。

704-24-09

自适应量化　adaptive quantizing

量化过程的一个或多个参数按照**信号**或所涉及**通路**的某些特性自动调整的**量化**。

704-24-10

工作范围(量化器的)　**working range** (of a quantizer)

位于两个**虚判决值**之间的量化器输入值的范围。

注：在量化中产生的失真通常是由于输入值超出工作范围的过负荷失真所引起的。

704-24-11

负荷容量(量化器的)　**load capacity** (of a quantizer),

过载点　overload point (deprecated)

在基本**脉冲编码调制**中，正负峰值与**虚判决值**相重合的正弦**信号**电平。

704-24-12

峰值限制(量化的)　**peak limiting** (in quantizing)

任何一个位于**工作范围**之外的需被量化的值用最靠近的**量化值**来替代所产生的效果。

704-24-13

量化失真　quantizing distortion

量化噪声　quantizing noise

在原始**信号量化**过程中当被**量化**的值落在量化器**工作范围**内时产生的**信号**失真。

704-24-14

过负荷失真(量化的)　**overload distortion** (in quantizing)

在量化中由峰值限制引起的**信号**失真。

704-24-15

斜率过负荷失真(差分脉冲编码调制的)　**slope overload distortion** (in DPCM)

在**差分脉冲编码调制量化器**中由**峰值限制**引起的**失真**。

注：斜率过负荷失真是由于量化器无能力充分响应加到差分脉冲编码调制的系统输入端的一系列**样值**之间的大差值而引起的失真。

2.5.4　编码(脉冲编码调制的)

704-25-01

编码(脉冲编码调制的)　**encoding** (in pulse code modulation)

依照规定的一套规则用一组排列好的数字表示每个**量化值**的过程。

704-25-02

脉冲编码　pulse code

定义每个**量化值**与表示每个**量化值**所用的特定数字排列之间等效性的一整套规则。

704-25-03

脉冲编码调制二进制码　PCM binary code

PCM 二进制码

用按照自然顺序取得的二进制数从负到正依次识别**量化值**的**脉冲编码**。

704-25-04

对称二进制码　symmetrical binary code

量化值的正号或负号用一位二进制数字来表示，而其大小则由其余二进制数字来表示的**脉冲编码**。

注：必须明确规定各位数字的次序以及二进制符号“0”和“1”在多种数字位置中的使用方法。

704-25-05

码字(脉冲编码调制的)　**code word** (in pulse code modulation)

脉冲编码调制码字　PCM word

PCM 码字

在基本**脉冲编码调制**或**差分脉冲编码调制**中代表**量化值**的数字组。

注：代表一个码字的一组信号元有时由于与电报和数据通信类比被称为“字符信号”，但该用法已被拒用。

704-25-06

解码(脉冲编码调制的)　**decoding** (in pulse code modulation)

为了恢复原始信号，对一连串**码字**施加的处理过程。

704-25-07

脉冲编码调制编码器　PCM encoder

PCM 编码器

在脉冲编码调制中实现编码的器件。

704-25-08

脉冲编码调制解码器　PCM decoder

PCM 解码器

在脉冲编码调制中实现解码的器件。

704-25-09

脉冲编码调制编解码器　PCM codec；PCM encoder- decoder

PCM 编解码器

在同一设备内，**脉冲编码调制编码器**与在相反方向上工作的**脉冲编码调制解码器**的组合体。

注：这个术语的含义常常扩展为包含把对信号样值量化、并将这个量化值经编码成为码字、产生所要求的数字信号所用的设备与在相反方向上完成其恢复过程的设备。

704-25-10

代码转换(脉冲编码调制的)　**transcoding** (in pulse code modulation)

把一系列按照给定的**脉冲编码**方式连续排列的**脉冲编码调制码字**变换为一系列相应的按照其另一种**脉冲编码**方式连续排列的并代表着一系列等效**量化值**的**脉冲编码调制码字**。

注 1：这个术语可以加以限定，以表明相关的特定脉冲编码。

注 2：相应的设备被称作“代码转换器”。

704-25-11

数字测试序列　digital test sequence

DTS(缩写词)　DTS (abbreviation)

测试**数字传输系统**所用的规定数字序列。

注：规定的伪随机序列是数字测试序列的一个例子。

704-25-12

脉冲编码调制数字参考序列　PCM digital reference sequence

PCM 数字参考序列

DRS(缩写词)　DRS(abbreviation)

是规定的**脉冲编码调制码字**序列。把它加到一个理想的**脉冲编码调制解码器**上，能够在特定电平和频率上产生正弦参考**信号**。

注：0 dBm0 和 1 020 Hz 是电平和频率的例子。

2.5.5　**复用**(脉冲编码调制的)

704-26-01

[脉冲编码调制]电话通路　(PCM)(telephone) channel

[PCM]话路

在**多路脉冲编码调制传输**中，其标准的有效**数字速率**适合于**传输**一定质量的电话语言的**通路**，它占用**帧**内若干**通路时隙**中的一个。

注 1：在大多数使用基本脉冲编码调制的多路脉冲编码调制系统中，其标准化有效数字速率是 64 kbit/s。

注 2：具有适当规定特性的、不是语言信号的其他信号，可以占用脉冲编码调制电话通路的全部或一部分。

704-26-02

脉冲编码调制复用设备　PCM multiplex equipment

PCM 复用设备

通过**脉冲编码调制**与**时分复用**的结合，由若干条音频**通路**导出具有规定**数字速率**的单一**数字信号**，并在相反的**传输**方向上完成其互补功能的设备。

注：这种单一数字信号通常是一次群数字信号。

704-26-03

[脉冲编码调制]A 律基群　primary PCM group A

[PCM]A 律基群

由使用 ITU-T A **量化律**的**脉冲编码调制复用设备**汇集的、通常为 30 个**脉冲编码调制通路**的**数字基群**。合成的**数字信号**包含一个由 32 个**八比特组时隙**组成的**帧**，并且以 2 048 kbit/s 的**数字速率**工作。

注：这个术语只有在所有的可用通路都被用做脉冲编码调制通路时使用。

704-26-04

[脉冲编码调制]μ 律基群　primary PCM group μ

[PCM]μ 律基群

由使用 ITU-T **μ 量化律**的**脉冲编码调制复用设备**汇集的 24 个**脉冲编码调制通路**的**数字一次群**。合成的**数字信号**包含一个由 24 个**八比特组时隙**和一个单独的**数字时隙**组成的**帧**，并且以 1 544 kbit/s 的**数字速率**工作。

注：我国目前不采用 μ 律。

704-26-05

复用转换　transmultiplexing

将**频分复用信号**(例如**基群**或**超群**信号)变换为相应的**数字复用**信号，其结构和**通路**与从**脉冲编码调制复用设备**导出时的一样。并且在相反**传输**方向完成恢复过程。

注：相关的器件被称作"复用转换器"。

中文索引

E

F

G

H

J

S

T

英文索引

A

B

E

F

G

H

I

J

L

M

N

T

ICS 33.120.01
M 30

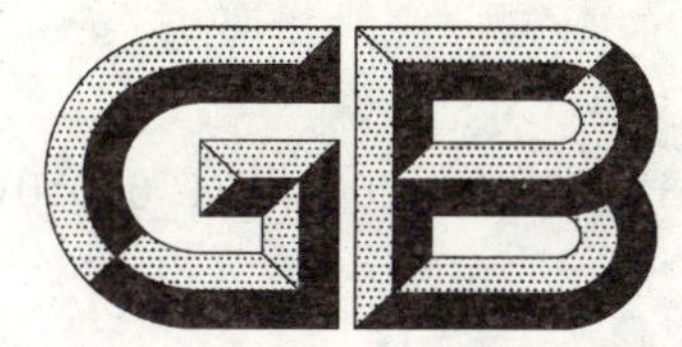

中华人民共和国国家标准

GB/T 14733.12—2008/IEC 60050(731):1991
代替 GB/T 14733.12—1993

电信术语　光纤通信

Terminology for telecommunication—Optical communication

(IEC 60050(731):1991, International Electrotechnical Vocabulary—Chapter 731: Optical fibre communication, IDT)

2008-08-06 发布　　2009-03-01 实施

中华人民共和国国家质量监督检验检疫总局
中国国家标准化管理委员会　发布

前　言

GB/T 14733《电信术语》分为如下12个部分：

——第1部分：电信、信道和网；

——第2部分：传输线和波导；

——第3部分：可靠性、可维护性和业务质量；

——第4部分：交换技术；

——第5部分：使用离散信号的电信方式、电报、传真和数据通信；

——第6部分：空间无线电通信；

——第7部分：振荡、信号和相关器件；

——第8部分：电话；

——第9部分：无线电波传播；

——第10部分：天线；

——第11部分：传输；

——第12部分：光纤通信。

本部分为GB/T 14733的第12部分，等同采用IEC 60050-731《国际电工词汇　第731章：光纤通信》。术语的条目与IEC 60050-731：1991保持一致。

本部分是对GB/T 14733.12—1993《电信术语　光纤通信》的修订。

本部分代替GB/T 14733.12—1993《电信术语　光纤通信》。

本部分与GB/T 14733.12—1993相比主要变化如下：

——增加了前言，删去了附加说明；

——修改了50个同义词术语、84个术语的定义和36个术语的注释；

——增加了15个同义词术语、12个拒用词术语和10个术语的注释；

——删除了3个同义词术语、2个术语的注释；

——增加了符号索引；

——对编写格式进行了修改；

——此外，与本部分标准的其他部分标准协调，相应修订了13个术语及其定义。

本部分由工业和信息化部提出。

本部分由中国通信标准化协会归口。

本部分起草单位：武汉邮电科学研究院。

本部分主要起草人：杨铸、郑彦升、张艳、何岩、李欣国。

本部分所代替标准的历次版本发布情况为：

——GB/T 14733.12—1993。

电信术语　光纤通信

1　范围

本部分规定了与光纤通信有关的术语及其定义。主要包括一般概念、光纤结构和光学特性、传播特性、光缆、连接器和耦合器、光源和光检测器、测量技术与系统等方面的术语。

本部分范围适用于光通信技术领域。

2　术语和定义

2.1　一般概念

731-01-01

电磁辐射　electromagnetic radiation

a)　能量以电磁波的形式从一个源发散到空间的现象。

b)　能量以电磁波的形式通过空间传播。

731-01-02

光子　photon

电磁辐射的量子，可认为是能量为 $h\nu$ 的粒子。式中 h 为普朗克常量，ν 为辐射频率。

731-01-03

光辐射　optical radiation

波长在 X 射线和无线电波之间，即波长约在 1 nm～1 mm 之间的**电磁辐射**。

731-01-04

光　light

可见辐射　visible radition

人的视觉可感受的**光辐射**。

注 1：名义上它覆盖 380 nm～800 nm 波长范围。

注 2：在激光和光通信领域中，习惯和实际上，这个词已扩大使用到更宽的电磁波范围，包括能用可见光的基本光学技术来处理的电磁波范围。

731-01-05

红外[辐射]　infrared；IR (abbreviation)

波长比**可见辐射**长的**光辐射**，即波长约从 780 nm～1 mm 的光辐射。

731-01-06

紫外[辐射]　ultraviolet；UV (abbreviation)

波长比**可见辐射**短的**光辐射**，即波长约从 1 nm～400 nm 的光辐射。

731-01-07

光谱　optical spectrum

光辐射的波长分布区域。

731-01-08

单色辐射　monochromatic radiation

a)　理论上是单一频率或单一波长的辐射。

b)　实际上是能按单一频率或单一波长对待的很窄谱宽的辐射。

731-01-09

相干[性] **conherence**

两个波的相位之间存在的相关现象,或者一个波在时间上的两瞬时或在空间上的两点的相位之间,存在的相关现象。

731-01-10

相干[性]的 **coherent**

表述一个或多个波或辐射,用**相干**现象来表征。

731-01-11

空间相干[性] **spatial coherence;space coherence**

电磁场在一个空间区域内相关的**相干性**。

731-01-12

时间相干[性] **time coherence;temporal coherence**

电磁场在给定时间上相关的**相干性**。

731-01-13

部分相干[性] **partial coherence**

电磁场在两点或两瞬时的统计相关性较低的**相干性**。

731-01-14

相干度 **degree of coherence**

相干性的量度。

注1:相干度的大小等于两光束*干涉*实验条纹的可见度V:

$$V=(S_{max}-S_{min})/(S_{max}+S_{min})$$

式中:S_{max}是在干涉图样最大处的**辐照度**;S_{min}是在干涉图样最小处的辐照度。

注2:当相干度超过0.88时称高度相干;当相干度低于0.88时称部分相干;当相干度大大低于0.88时称非相干。

731-01-15

相干辐射 **coherent radiation**

由**相干**现象表征的辐射。

731-01-16

相干区 **coherent area**

垂直于光传播方向的一个平面内的高度**相干辐射**的区域。

731-01-17

相干长度 **coherence length**

相干辐射的传播距离。

注:如果光源的(**光**)**谱线宽度**为$\Delta\lambda$,中心波长为λ_0,在**折射率**为n的介质中,其相干长度近似等于$\lambda_0^2/(n\cdot\Delta\lambda)$。

731-01-18

相干时间 **coherence time**

相干辐射的传播时间。

注1:相干时间等于**相干长度**除以光在介质中的相速度。

注2:相干时间可近似等于$\lambda_2^0/(c\cdot\Delta\lambda)$,$\lambda_0$为光源的中心波长,$\Delta\lambda$为谱线宽度,$c$为真空中的光速。

731-01-19

非相干性 **incoherence**

由很低**相干度**表征的辐射特性。

731-01-20

非相干辐射 **incoherent radiation**

由很低**相干度**表征的辐射。

731-01-21

辐射能量　radiant energy

以电磁波的形式发射、传播或接收到的能量。

731-01-22

辐射功率　radiant power

光功率　optical power

光通量　optical flux

辐射通量　radiant flux

单位时间的**辐射能量**流。

731-01-23

辐射强度　radiant intensity

在给定方向上每单位立体角的**辐射功率**。

731-01-24

［光］亮度　**radiance**;brightness (deprecated)

L

从规定的方向观察,在真实面或假设面的给定点上,单位面积单位立体角的**辐射功率**。

注:表面可以是光源的表面,或是发射的,接收的或横切光束的面。

731-01-25

辐照度　irradiance;intensity (deprecated)

入射面上每单位面积的**辐射功率**。

731-01-26

功率通量密度　power flux density

辐照功率密度　radiant power density

S

垂直于传播方向的面每单位面积通过的**辐射功率**。

731-01-27

光强　intensity

强度

电磁波电场幅度的平方。

注:光强与**辐照度**或**辐照功率密度**成正比,当只着重相对值时,也可用它代替“辐照度”一词。

731-01-28

辐射密度　radiant emittance;radiant exitance

光源单位面积发射的**辐射功率**。

731-01-29

光谱亮度　spectral radiance

给定波长处单位波长区间的光亮度。

731-01-30

光谱辐照度　spectral irradiance

在给定波长处单位波长区间的**辐照度**。

731-01-31

亮度守恒　conservation of radiance;conservation of brightness (deprecated);brightness theorem (deprecated)

说明无源光学系统 $L \cdot n^{-2}$ 是守恒的基本原理。L 为光束的**亮度**,n 为局部**折射率**。

注:如果**吸收**,**散射**等损耗为零,则 $L \cdot n^{-2}$ 量为常数。

731-01-32

几何光学　geometric optics

射线光学　ray optics

用几何**光射线**来论述光的传播。

注：光应用几何光学时允许用较简单的关系来代替麦克斯韦方程。

731-01-33

物理光学　physical optics

波动光学　wave optics

用波动现象来论述光的传播。

731-01-34

高斯光束　Gaussian beam

在光束横截面上测量，其径向电场幅度分布呈高斯型的光束。

注：当高斯光束截面为圆形时，其幅度为：

$$E(r)=E(0)\exp[-(r/w)^2]$$

式中：

r——离光束中心的距离；

w——幅度降至光轴上的 1/e 处的半径。

731-01-35

光束直径　beam diameter

[光]束宽[度]　beamwidth

辐照度等于峰值辐照度的某一规定百分数值时，径向相反两点间的距离。

注：通常用于截面为圆形或近似圆形的光束。

731-01-36

束散　beam divergence

光束的散度。

a)　光束横截面随着离光源的距离增加而增大。

b)　在垂直于光轴的平面上，**辐照度**等于光束峰值辐照度的某一规定百分数值时，径向相反两点间所对的**远场区**张角。

注：通常只需规定最大和最小的散度(对应于远场辐照度的较大和较小的直径)。

731-01-37

朗伯余弦定律　Lambert's cosine law

余弦发射定律　cosine emission law

某一理想表面的**光亮度**与观察表面的角度(方向)无关的定律。

注：这种理想表面的辐射强度在表面的法线方向为最大，随着与法线间夹角的余弦而减小。

731-01-38

朗伯辐射体　Lambertian radiator

朗伯光源　Lambertian source

按照**朗伯余弦定律**所规定的角度辐射的辐射体或辐射面。

731-01-39

朗伯反射器　Lambertian reflector

光亮度按照**朗伯余弦定律**所规定的角度反射的反射器。

731-01-40

准直　collimation

平行校正

使扩束或会聚的**光辐射**转换并保持为平行光束的过程。

731-01-41

声光效应　acousto-optic effect

由于声波作用使媒质**折射率**发生变化的效应。

注：声光效应常用于光调制和光偏转的设备中。

731-01-42

电光效应　electro-optic effect

在电场作用下材料光学特性变化的效应。

注1：坡克尔(Pockels)效应和克尔(Kerr)效应都是电光效应。

注2："electro-optic"常被错误地用成"opto-electronic"的同义词。

注3：最常见的电光效应是在电场作用下材料**折射率**变化中产生的。

731-01-43

磁光效应　magneto-optic effect

在磁场作用下材料光学特性变化的效应。

注1：磁光材料通常用来使线偏振波的偏振产生旋转。

注2：最常见的磁光效应是在磁场作用下材料**折射率**变化中产生的。

731-01-44

纤维光学　fibre optics;FO (abbreviation)

光学技术的一个分支;是关于使用透明材料如玻璃、熔融石英或塑料制造的纤维来传播光功率的光学技术。

731-01-45

光波导　optical waveguide

一种能引导**光功率**的传输线。

731-01-46

薄膜光波导　thin film optical waveguide

由介质薄膜构成,以低**折射率**材料作为外层或衬底的一种**光波导**。

731-01-47

失真(信号的)　**distortion** (of a signal)

畸变(信号的)

任何无意义的或不希望有的信号波形的变化。

注：光纤中有好几种**衰减**和**色散**机理能使接收信号的失真增大。

731-01-48

衰减　attenuation

损耗　loss

a)　两点间电磁功率的减少。

b)　可以按两点上的功率值之比来定量表示的功率减少。

注：衰减通常采用对数单位,例如:分贝(dB)。

731-01-49

传输损耗(光通路的)　**transmission loss** (of an optical path)

相连的两光电设备之间的光通路在特定波长上的**损耗**。

731-01-50

插入损耗(光学元件的)　**insertion loss** (of an optical component)

在光系统中由于介入光学元器件引起的附加光**损耗**。

731-01-51

光谱窗口(光波导的)　**spectral window** (of an optical waveguide)

光波导中**传输损耗**小,能使光系统易于完成工作的波长区域。

731-01-52

带宽(光纤的) **bandwidth** (of an optical fibre)

数值上等于光纤**基带传递函数**的大小下降到某一规定值(通常是下降到零频率时幅值的一半)时的最低调制频率。

注:带宽主要受下列机理的限制:

a) 在**多模光纤**中,主要是**模畸变**和**材料色散**;

b) 在**单模光纤**中,主要是**材料色散**和**波导色散**。

731-01-53

传递函数 **transfer function**

频率响应 **frequency response**

表征频域信号通过设备时输出输入之比。它是两个复数量之比。

注1:这些复数量是时域信号的傅立叶变换或拉普拉斯变换。

注2:传递函数是**冲激响应**的傅立叶变换或拉普拉斯变换。

731-01-54

基带传递函数 **baseband transfer function**

基带响应函数 **baseband response function**

光纤的**传递函数**,定义为用复数表征的调制**辐射功率**输出对输入之比。

731-01-55

冲激响应 **impulse response**

表征设备对输入 δ(delta)函数的时间响应的函数。

注:冲激响应是**传递函数**的傅立叶变换或拉普拉斯反变换。它与输入函数的卷积就是输出函数。

731-01-56

高斯脉冲 **Gaussian pulse**

波形具有高斯分布的一种脉冲。

注:在时域中,其波形为:

$$f(t)=A\exp[-(t/a)^2]$$

式中:

A——常数;

a——脉冲 1/e 处的半宽。

731-01-57

半幅值全宽 **full width half maximum;FWHM** (abbreviation)

所给特性大于其最大值之半的变量范围。

注:FWHM 适用于辐射图、**光谱线宽**等特性,其变量可以是波长、空间或角度等参数。

731-01-58

半幅值脉宽 **full duration half maximum** (of a pulse)

FDHM (abbreviation)

脉冲幅度大于其最大值之半的时间间隔。

731-01-59

光电[的] **opto-electronic**

表述一器件的性质,该器件为了工作必需至少有一个响应于**光功率**的电接口,以便能够发射或改变**光辐射**,或利用光辐射为其内部工作。

注1:光电器件是能完成电/光或光/电转换功能的器件。**光电二极管**、**发光二极管**、**注入式激光器**和集成光学器件等都是经常用在光纤通信中的光电转换器件。

注2:"electro-optical"常常被错误地用为它的同义词。

731-01-60

电致发光　electroluminescence

由所加电能产生的超过正常热发射的**光辐射**。

注：例如，**发光二极管**的 PN 结中由于电子空穴的重新组合而产生的光子发射。

731-01-61

光电效应　photo-electric effect

靠**光辐射**和材料的相互作用(即**光子**吸收)而引起自由电荷载流子释出的现象。

731-01-62

光电导性　photo-conductivity

内光电效应　internal photo-electric effect

呈现出电导率变化的**光电效应**。

731-01-63

光电发射效应　photo-emissive effect

外光电效应　external photo-electric effect

呈现出光照表面产生电子发射的**光电效应**。

731-01-64

光生伏打效应　photo-voltaic effect

呈现出产生电动势(emf)的**光电效应**。

731-01-65

量子噪声　quantum noise

光子噪声　photon noise

光的粒子性或离散性所引起的噪声。

731-01-66

光激活材料　optically active material

能使线偏振光偏振旋转的一种材料。

注：光激活材料对于右旋和左旋圆偏振光呈现有不同的**折射率**。

731-01-67

熔融石英　fused quartz

熔化天然石英晶体制成的玻璃。

注：熔融石英的纯度不如**透明硅石**。

731-01-68

熔融硅石　fused silica

透明硅石　vitreous silica

用纯二氧化硅(SiO_2)制成的玻璃。

2.2　光纤结构和光学特性

731-02-01

光纤　(optical) fibre

一种由电介质材料制成的细丝状**光波导**。

731-02-02

单模光纤　single mode fibre;monomode fibre (deprecated)

在所考虑的波长上只能传导一个**束缚模**的*光纤*。

注：**束缚模**可由一对互相垂直的偏振模组成。

731-02-03

多模光纤　multimode fibre

在所考虑的波长上能传播两个以上束缚模的*光纤*。

731-02-04

纤芯　core

大部分光功率通过的光纤中心区。

731-02-05

包层　cladding

包在纤芯外面的介质材料。

731-02-06

折射率分布[图]　refractive index profile

沿光纤横截面直径的折射率分布曲线。

731-02-07

阶跃型折射率分布　step index profile

纤芯内的折射率保持常数，纤芯与包层界面折射率突然锐减的一种折射率分布。

731-02-08

阶跃型光纤　step index fibre

具有阶跃型折射率分布的*光纤*。

731-02-09

等效阶跃型折射率分布　equivalent step index profile;ESI-profile;ESI (abbreviation)

假设的阶跃型光纤的折射率分布，它具有如同给定的单模光纤一样的传播特性。等效阶跃型折射率分布的包层折射率是一个常数。

731-02-10

等效阶跃型折射率差　ESI refractive index difference

等效阶跃型折射率分布中的纤芯和包层折射率之差。

731-02-11

渐变型折射率分布　graded index profile

梯度型折射率分布

纤芯内的折射率随半径变化而变化的一种折射率分布。

731-02-12

幂数规律折射率分布　power-law index profile;alpha profile (deprecated)

纤芯的折射率按幂数规律减低的一种渐变型折射率分布。其折射率按式(1)变化：

$$n(r)=n_1[1-2\Delta(r/a)^g]^{1/2},r\leqslant a \qquad (1)$$

式中：

$n(r)$——在任何半径 r 处的折射率，为 r 的函数；

n_1——在轴上，即 $r=0$ 处的折射率；

a——纤芯半径；

g——确定折射率分布曲线形状的参数；

Δ——包层折射率为常数时的相对折射率差。

731-02-13

折射率分布参数　profile parameter

g

在幂数规律折射率分布中确定折射率分布形状的参数。

731-02-14

抛物线型分布　parabolic profile

二次方分布(拒用)　quadratic profile (deprecated)

幂数规律折射率分布参数 $g=2$ 的情况。

731-02-15

渐变型光纤　graded index fibre

梯度型光纤

具有**渐变型折射率分布**的光纤。

731-02-16

折射率凹陷　index dip

折射率在纤芯中心出现降低的情况。

注：折射率凹陷是由于某些制造技术的缺陷造成的。

731-02-17

均匀包层　homogeneous cladding

包层区，至少在其影响光波传播的部分，其**折射率**在规定的容差范围内是一常数。

注：一根光纤里可能有一层以上的均匀包层。

731-02-18

凹陷包层　depressed cladding

紧靠**纤芯**的其折射率值小于外**包层**折射率的包层区。

731-02-19

匹配包层　matched cladding

单一的**均匀包层**构成的包层。

731-02-20

相对折射率差　refractive index contrast

Δ

纤芯折射率与**包层**折射率的相对差值，用 Δ 表示，其值由式(2)给出：

$$\Delta=(n_1^2-n_2^2)/(2n_1^2) \qquad (2)$$

式中：

n_1——纤芯的最大折射率；

n_2——最里面的均匀包层的折射率。

731-02-21

弱导光纤　weakly guiding fibre

纤芯中最大**折射率**和**均匀包层**最小折射率之差很小的**光纤**。

注：通常其折射率差小于 1%。

731-02-22

芯区　core area

光纤横截面里其**折射率**(**折射率凹陷**除外)大于最里面**均匀包层**折射率一个规定值的区域。这个规定值是**纤芯**最大折射率与最里面均匀包层折射率之差的一个给定百分数。

注：芯区是指光纤的横截面里，由折射率为 n_3 的各点轨迹所围成的最小横截面积(不包括任何折射率凹陷)。而

$$n_3=n_2+K(n_1-n_2)$$

式中：

n_1——纤芯的最大折射率；

n_2——最里面均匀包层的折射率；

K——常数(通常为 0～0.05)。

731-02-23

基准面(光纤的) **reference surface** (of an optical fibre)

供光纤连接时作基准用的光纤圆柱形外表面。

注:典型地说基准面是包层或一次涂层的外表面。极少情况可能是纤芯的表面。

731-02-24

纤芯中心 **core centre**

光纤芯区外围最佳拟合圆的中心。

注1:纤芯中心有可能与包层中心、基准面中心都不相同。

注2:最佳拟合方法必须指定。

731-02-25

包层中心 **cladding centre**

光纤包层外围最佳拟合圆的中心。

注1:包层中心有可能与纤芯中心、基准面中心都不相同。

注2:最佳拟合方法必须指定。

731-02-26

基准面中心 **reference surface centre**

光纤基准面外围最佳拟合圆中心。

注1:基准面中心有可能与纤芯中心、包层中心都不相同。

注2:最佳拟合方法必须指定。

731-02-27

光纤轴 **fibre axis, optical axis**

沿光纤长度所有纤芯中心的轨迹。

731-02-28

纤芯直径 **core diameter**

纤芯中心的圆的直径。

731-02-29

包层直径 **cladding diameter**

包层中心的圆的直径。

731-02-30

基准面直径 **reference surface diameter**

基准面中心的圆的直径。

731-02-31

平均纤芯直径 **average core diameter**

沿光纤的所有纤芯直径的平均值。

731-02-32

平均包层直径 **average cladding diameter**

沿光纤的所有包层直径的平均值。

731-02-33

平均基准面直径 **average reference surface diameter**

沿光纤的所有基准面直径的平均值。

731-02-34

纤芯直径容差 **core diameter tolerance**

偏离标称纤芯直径的最大容许值。

731-02-35

包层直径容差 **cladding diameter tolerance**

偏离标称**包层直径**的最大容许值。

731-02-36

基准面直径容差 **reference surface diameter tolerance**

偏离标称**基准面直径**的最大容许值。

731-02-37

纤芯容差区 **core tolerance field**

对于一根**光纤**横截面上的纤芯容差区，是外接于**芯区**的圆和一个与外接芯区圆同**纤芯**并把芯区围入的最大圆之间的区域。

731-02-38

包层容差区 **cladding tolerance field**

对于一根**光纤**横截面上的包层容差区，是外接于**包层区**的圆和一个与外接包层区圆同**纤芯**并把包层区围入的最大圆之间的区域。

731-02-39

基准面容差区 **reference surface tolerance field**

对于一根**光纤**横截面上的基准面容差区，是外接于**基准面**的圆和一个与外接基准面圆同**纤芯**并把基准面围入的最大圆之间的区域。

731-02-40

纤芯不圆度 **non circularity of core**

确定**纤芯容差区**的两个圆的直径之差除以**纤芯直径**。

731-02-41

包层不圆度 **non circularity of cladding**

确定**包层容差区**的两个圆的直径之差除以**包层直径**。

731-02-42

基准面不圆度 **non circularity of reference surface**

确定**基准面容差区**的两个圆的直径之差除以**基准面直径**。

731-02-43

纤芯/包层同心度误差 **core/cladding concentricity error**

a) 对于**多模光纤**，纤芯/包层同心度误差是**纤芯中心**与**包层中心**之间的距离除以**纤芯直径**。

b) 对于**单模光纤**，纤芯/包层同心度误差是**纤芯中心**与**包层中心**之间的距离。

731-02-44

纤芯/基准面同心度误差 **core/reference surface concentricity error**

a) 对于**多模光纤**，纤芯/基准面同心度误差是**纤芯中心**与**基准面中心**之间的距离除以**纤芯直径**。

b) 对于**单模光纤**，纤芯/基准面同心度误差是**纤芯中心**与**基准面中心**之间的距离。

731-02-45

全玻璃光纤 **all-glass fibre**

纤芯和**包层**都用多组分玻璃制成的**光纤**。

731-02-46

全石英光纤 **all-silica fibre**

纤芯和**包层**都用多组分石英制成的**光纤**。

731-02-47

全塑光纤　all-plastic fibre

纤芯和包层都用多组分塑料制成的**光纤**。

731-02-48

塑包石英光纤　plastic clad silica fibre

PCS 光纤　PCS-fibre (abbreviation)

具有石英**纤芯**和塑料**包层**的**光纤**。

731-02-49

预制棒　preform

可以用来拉制**光纤**的一种预制件。

731-02-50

管棒法　rod-in-tube technique

制造**光纤**的一种方法。这种方法是将一实心棒放在管子中作为预制棒,从而使棒和管子一起被控制拉成光纤。

731-02-51

双坩锅法　double crucible technique

制造**光纤**的一种方法。这种方法是使**纤芯**材料和**包层**材料分别在两个同心圆坩锅中溶化,从双坩锅底部拉出光纤。

731-02-52

离子变换法　ion exchange technique

制造**光纤**的一种方法。这种方法是通过纤芯/包层界面离子交换来制造**渐变型光纤**。

731-02-53

化学气相沉积法　chemical vapour deposition technique;CVD (abbreviation)

制造光纤**预制棒**的一种方法。这种方法是使气相原料与气体在高温下产生化学反应用,其合成物沉积在衬管内壁,然后熔缩成一根预制棒。

731-02-54

气相轴向沉积法　vapour phase axial deposition technique;VAD (abbreviation)

制造光纤**预制棒**的一种方法。这种方法是 **CVD** 法中使气相合成物在轴向沉积生长而形成预制棒。

731-02-55

阻挡层　barrier layer

阻止羟基离子扩散进**纤芯**的沉积层。

731-02-56

光纤缓冲层　fibre buffer

用来保护**光纤**以防物理损害的材料结构。

731-02-57

一次涂覆层　primary coating

直接涂在包层上以保持**包层**表面完整的一层涂覆层。

731-02-58

二次涂覆层　secondary coating

fibre jacket

直接加在**一次涂覆层**上以便在光纤成缆时加强保护作用的涂层。

2.3 传播特性

731-03-01

光[射]线　light ray

光的传播路线,其上每一点都与该点**辐射能量**传播方向相切。

注1:光射线的概念是***几何光学***的基础。

注2:两点之间可能存在几条光射线。

注3:在***各向同性***的介质中,光射线垂直于***波前***。

731-03-02

波前　wavefront

电磁波在同一时间具有相同相位的所有矢量分量各点的轨迹。

731-03-03

平面波　plane wave

所有**波前**为平行平面的波。

731-03-04

模[式]　mode

麦克斯韦方程组的一个解,表示某一给定空间区域的电磁场并属于由特定边界条件确定的独立解族。

731-03-05

干涉　interference

由两个或多个频率相等或接近相等的**相干**振荡或波叠加而形成的一种现象,合成波的振幅它在空间以干涉图的形式,在时间上以拍频形式表现为合成幅度的变化。

731-03-06

导波　guided wave

传播时能量一直限制在两表面之间的电磁波;或者由于沿表面垂直方同媒质的电磁特性发生尖锐的或逐渐的变化,能量一直限制在表面附近的电磁波。

注:电磁导波可以包含若干不同的电磁**模式**。

731-03-07

表面波　surface wave

沿着将两种媒质分隔开的表面传输的,其传输形式由表面的几何形状和表面附近媒质的特性所确定的电磁波。

731-03-08

各向同性(电磁波的)　**isotropic** (for electromagnetic waves)

表述一物理介质,该介质中每一点上的电磁特性都与传播方向无关,或都与介质中传播的波的偏振无关。

731-03-09

各向异性(电磁波的)　**anisotropic** (for electromagnetic waves)

表述一物理介质,该介质中每一点上的电磁特性都随传播方向不同而不同,或都随在介质中传播的波的偏振不同而不同。

731-03-10

光学轴　optic axis

各向异性的介质中,正交偏振的两个波具有相同相速度的传播方向。

注:应与**光纤轴**(optical axis)区别开来。

731-03-11

折射率(介质的) **refractive index** (of a medium);**index of refraction**

n

真空中的光速与介质中某一点在给定方向上传播的正弦平面波的相速度数值之比。

731-03-12

光程长度 **optical path length**

折射率 n 为常数的介质中,几何距离和折射率的乘积。

731-03-13

光厚度 **optical thickness**

均匀各向同性的光学元件物理厚度与其折射率的乘积。

731-03-14

吸收 **absorption**

电磁波在传播介质中能量的转换,例如转换成热能。

注:光纤的本征吸收包括紫外吸收和红外吸收;非本征吸包括:a)杂质吸收,例如羟基离子吸收和过渡金属离子吸收;b)由缺陷引起的吸收,例如由热过程引起的缺陷或暴露于核辐射引起的损伤。

731-03-15

微弯 **microbending**

光纤的急弯曲,包括几个微米的局部轴向位移和几毫米空间波长的急弯曲。

注:这种弯曲可能是光纤涂覆、成缆、包装、施工等过程造成的。

731-03-16

微弯损耗 **microbend loss**

光纤中由于微弯引起的损耗。

731-03-17

宏弯 **macrobending**

光纤轴与直线的任何宏观偏移。

731-03-18

宏弯损耗 **macrobend loss**

光纤中由于宏弯引起的损耗。

注:宏弯损耗通常可以忽略不计。

731-03-19

反射 **reflection**

波在传播过程中到达两种不同介质的界面处改变方向返回原介质的现象。

731-03-20

菲涅耳反射 **Fresnel reflection**

在具有不同折射率的两均匀介质之间的平面界面上,入射光的部分反射。

731-03-21

入射角 **angle of incidence**

在入射面或折射面上入射光线与法线之间的夹角。

731-03-22

全反射 **total reflection**;total internal reflection (deprecated)

光以大于临界角的入射角投射到界面时发生的全部反射。

731-03-23

临界角 **critical angle**

两种折射率不同的均匀介质交界,入射波从具有较大折射率的均匀介质投射到界面时,只能使波沿着界面折射的最大**入射角**。

注：光从较大折射率($n_{大}$)的均匀介质中入射到较小折射率($n_{小}$)的均匀材料界面时，临界角定义为：

$$\arcsin(n_{小}/n_{大})$$

731-03-24

布鲁斯特角　Brewster angle

光入射到**折射率**不同的两区域之间的界面上，对电场矢量在传播方向和界面法线所决定的平面内的光，**反射比**为零的**入射角**。

注：对于从介质1至介质2的传播，布鲁斯特角为

$$\arctan(n_2/n_1)$$

731-03-25

反射因数　power reflection coefficient

反射比　reflectance

在同一点上，反射前后处在相应的能量传播方向的反射波与入射波的**辐照功率密度**之比。

注：在光学中常用**反射密度**或百分比表示，在通信应用中一般用分贝(dB)表示。

731-03-26

折射　refraction

光束通过两种不同介质之间的界面或通过一种**折射率**是位置的连续函数的介质(例如折射率渐变的介质)时产生屈折的现象。

731-03-27

双折射　birefringence

各向同性的介质在同一方向上呈现两种**折射率**，两种折射率是与正交的偏振相对应的，对不同的偏振有不同的传播速度。

731-03-28

双折射介质　birefringent medium

呈现**双折射**特性的介质。

731-03-29

群速度　group velocity

理想上可以由幅度相等而频率稍有差异，但均趋向于一个共同限值的两个正弦波叠加来表示的信号在传播媒质中一点上的速度矢量。

注1：群速度的数值等于频率对波长倒数的导数。

注2：在**各向同性**的介质中，如果**相位系数**是角频率的线性函数，则群速度等于速度。

注3：每个波导模都有它自己特有的群速度。

731-03-30

群折射率　group index

N

真空中的光速 c 除以**模**的**群速度**。

注1：对于波长为 λ 的平面波，群折射率与折射率 n 的关系为：

$$N = n-\lambda(\mathrm{d}n/\mathrm{d}\lambda)$$

注2：每一个模都具有自己的群折射率。

731-03-31

透射比　transmittance

在给定波长，偏振和几何分布条件下，透射功率与入射功率之比。

注：在光学中常用透射密度或百分比表示，在通信应用中一般用分贝(dB)表示。

731-03-32

透射密度　transmittance density

透射比倒数的对数(以10为底)。

731-03-33

反射密度　reflectance density

反射比倒数的对数(以10为底)。

731-03-34

衍射　diffraction

由于开孔、障碍物或介质中不均匀的影响使辐射波不按**几何光学**预示的路线传播的现象。

731-03-35

散射　scattering

入射波投射到随机分布的微粒或粗糙表面之后,变成向许多方向传播的现象。

731-03-36

后向散射　backscattering

与原传输方向相反的一束**散射**。

731-03-37

瑞利散射　Rayleigh scattering

雷利散射

介质中由于材料密度的不均匀或线度小于波长的微粒而引起的光**散射**。

注:瑞利散射功率与波长的四次方成反比。

731-03-38

非线性散射　nonlinear scattering

从一个波长变换成另一个或几个波长的**散射**。

注:例如拉曼(Raman)散射和布里渊(Brillouin)散射。

731-03-39

材料散射　material scattering

由**光纤**材料的性质引起的**散射**。

731-03-40

纤维散射　fibre scattering

由纤维几何形状和**折射率分布**的变化引起的**散射**。

731-03-41

传播系数　propagation coefficient

propagation constant (term deprecated, except USA)

γ

沿着给定频率的**导波**、**平面波**或在有限空间域中实际可视为平面波的传播方向的两点上,当两点间距离趋近于零时,其电磁场的特定分量之比的自然对数除以该距离之商的极限。

注:传播系数通常是一个复数量,其量纲是距离的倒数。

731-03-42

衰减系数　attenuation coefficient; attenuation constant (deprecated)

α

传播系数的实部。

注:当传输线轴上两点间或波导上两点间距离趋近于零时的衰减的极限值。

731-03-43

相移系数　phase coefficient;phase constant (term deprecated,except USA)

β

传播系数的虚部。

注:当传输轴上两点间或波导上两点间距离趋近于零时,场量相位变化的极限值。

731-03-44

轴向传播系数　axial propagation coefficient

沿**光纤**轴(在传输方向上)求得的**传播系数**。

731-03-45

模衰减差[值]　differential mode attenuation

光纤各传播**模**的**衰减**的差值。

731-03-46

模时延差[值]　differential mode delay;multimode group delay

由于**光纤**各**束缚模**的**群速度**不同而引起的模间的传播时延差。

731-03-47

平衡模分布　equilibrium mode distribution

稳态条件　steady state condition

多模光纤中不同**束缚模**间的相对功率分布达到与长度无关的状态。

731-03-48

平衡长度　equilibrium length

平衡模分布长度　equilibrium mode distribution length

在规定的激励条件下,**多模光纤**达到**平衡模分布**所必需的长度。

注:当没有规定激励条件时,可按最坏情况取可能最长的长度作为平衡长度。

731-03-49

非平衡模分布　non-equilibrium mode distribution

在长度短于**平衡长度**的**多模光纤**内存在的**模(式)**分布。

731-03-50

模耦合　mode coupling

光纤中各**模**之间的功率交换。

注:诸模间功率的交换可以在传播一称为**平衡长度**的有限距离后达到统计平衡。

731-03-51

耦合模　coupled modes

能量相互交换的**模**。

731-03-52

速衰场　evanescent field

这样的电磁场,使得至少在一个方向,场的一个矢量的每一分量在所有点上同一时间具有相同的相位,而幅度在几个波长上迅速下降到一个可略去不计的值,这种下降不是由于**吸收**所造成的。

731-03-53

束缚模　bound mode

光纤中,其场从**纤芯**向外径向上都是单调地衰减,且没有辐射功率损失的**模**。

注1:**折射率**随着与轴的距离增加而减小,且没有中心**折射率凹陷**的光纤束缚模,是β值在下列范围的一种模:

$$n(a)K \leqslant \beta \leqslant n(0)K$$

式中:

β——轴向传播系数的虚部;

$n(a)$——与轴的距离等于纤芯半径($r=a$)时的折射率;

$n(0)$——轴上($r=0$)的折射率；

$K=2\pi/\lambda$——自由空间的波数，λ为波长。

注2：束缚模相当于*几何光学*的术语“传导光线”。

注3：在**多模光纤**中束缚模的功率主要封闭在纤芯内。

731-03-54

横电模　transverse electric mode

TE模　TE mode

电场矢量垂直于传播方向而磁场矢量不垂直于传播方向的模。

注：在光纤中，TE模和TM相当于**子午光线**。

731-03-55

横磁模　transverse magnetic mode

TM模　TM mode

磁场矢量垂直于传播方向而电场矢量不垂直于传播方向的模。

注：在光纤中，TM模和TE模相当于**子午光线**。

731-03-56

横电磁模　transverse electromagnetic mode

TEM模　TEM mode

电场矢量和磁场矢量两者都垂直于传播方向的模。

731-03-57

混合模　hybrid mode

在传播方向上既有电场矢量分量，也有磁场矢量分量的模。

注：这种模相当于**斜**(非子午)**光线**。

731-03-58

线性偏振(LP)模　linearly polarised (LP) mode

弱导光纤具有线性偏振的一种**模**。这种模在传播方向的场分量比垂直于传播方向的场分量小。

731-03-59

非束缚模　unbound mode

不属于**束缚模**的任何一种**模**，通常是光纤的**漏泄模**或**辐射模**。

731-03-60

包层模　cladding mode

由于低折射率介质包围最外包层，而被封闭在**包层**和**纤芯**中的**模**。

731-03-61

辐射模　radiation mode

光纤中，处处都从纤芯向外径向传递功率的**模**，这种模即使波长趋近于零，依然存在。

注：辐射模相当于**折射光线**。

731-03-62

漏泄模　leaky mode

隧道漏泄模　tunnelling mode

光纤中，在有限距离内从**纤芯**向外径方向上具有**速衰场**，但除此距离以外，处处径向传送功率的**模**。

注：漏泄模相当于**漏泄光线**。

731-03-63

归一化频率　normalised frequency; *V* number

V

由式(3)得到的无量纲数V

$$V=(2\pi a/\lambda)(n_1^2-n_2^2)^{1/2} \qquad (3)$$

式中：

a——纤芯半径；

λ——真空中的波长；

n_1——纤芯的最大折射率；

n_2——均匀包层的折射率。

731-03-64

模容量　mode volume

能在光纤中存在的束缚模的数目。

注1：对于归一化频率 $V<2.405$ 时，阶跃型光纤仅存在一个模式，这就是单模光纤的场合。

注2：对于归一化频率 $V>5$ 时，阶跃型光纤的模容量近似于 $V^2/2$；幂数规律分布光纤模容量近似为 $(V^2/2)/[g/(g+2)]$，式中：g 为折射率分布参数。

731-03-65

模场直径　mode field diamter

高斯分布的单模光纤，模场直径是光场幅度分布 $\frac{1}{e}$ 处点所围成圆的直径，也等于光功率分布 $\frac{1}{e^2}$ 处各点所围成圆的直径。

731-03-66

截止波长(模的)　**cut-off wavelength** (of a mode)

自由空间的波长，当大于此波长时给定的束缚模不能在波导中存在。

731-03-67

截止波长(光纤的)　**cut-off wavelength** (of an optical fibre)

单模光纤中，大于此自由空间的波长时二阶 LP11 模中止传播。

注：其测量值，一般取决于测量条件，特别是样品长度和被测光纤所弯成单圈的半径。

731-03-68

轴光线　axial ray

沿光纤轴传播的光线。

731-03-69

傍轴光线　paraxial ray

靠近并基本与光纤轴平行的光线。

注：因为光纤轴与光线间夹角 θ 很小，在计算时，$\sin\theta$ 或 $\tan\theta$ 可用 θ(弧度)来代替。

731-03-70

子午光线　meridional ray

通过光纤轴的光线。

731-03-71

不交轴光线　skew ray

斜光线

与光纤轴不相交的光线。

731-03-72

折射光线(光纤中的)　**refracted ray** (in an optical fibre)

光纤中从纤芯折射入包层的光线。

注：折射光线相当于辐射模。

731-03-73

漏泄光线　leaky ray

隧道漏泄光线　tunnelling ray

在光纤中，按几何光学预示能在纤芯边界上产生全反射，但由于纤芯边界的弯曲而遭受损耗的光线。

注：漏泄光线相当于漏泄（或隧道漏泄）模。

731-03-74

色散 dispersion

色度色散（冗余术语） chromatic dispersion（redundant term）

传播参数与波长关系的描述。

注1：色散将引起传输信号的失真。

注2：单模光纤中的色散可能由下列机理引起，材料色散、波导色散、折射率分布色散。

731-03-75

材料色散 material dispersion

由于光纤材料折射率随波长而变化引起的色散。

731-03-76

材料色散参数 material dispersion parameter

M

材料色散特性的量，由式(4)定义为

$$M(\lambda) = -\frac{1}{c}\left(\frac{\mathrm{d}N}{\mathrm{d}\lambda}\right) = \frac{\lambda}{c}\left(\frac{\mathrm{d}^2 n}{\mathrm{d}\lambda^2}\right) \quad \cdots\cdots\cdots\cdots\cdots\cdots\cdots\cdots\cdots\cdots\cdots\cdots(4)$$

式中：

n——折射率；

N——群折射率；

λ——波长；

c——真空中光速。

注1：多数的光纤材料，在特定波长λ_0时，M为零，此特定波长λ_0一般在1 300 nm附近。M的符号，习惯上当波长小于λ_0时，M取正号，当波长大于λ_0时，M取负号。

注2：除$\lambda \cong \lambda_0$情况外，单位长度光纤中材料色散引起的脉冲展宽由M乘以谱线宽度$(\Delta\lambda)$给出。但要注意在$\lambda \cong \lambda_0$时，它与$(\Delta\lambda)^2$成正比。

731-03-77

折射率分布色散 profile dispersion

光纤中由于折射率分布随波长而变化引起的色散。

注：折射率分布的变化有两个来源，即相对折射率差的变化和折射率分布参数的变化。

731-03-78

折射率分布色散参数 profile dispersion parameter

P

由相对折射率差随波长变化而引起的色散，其量由式(5)给出

$$P(\lambda) = \left(\frac{n_1}{N_1}\right)\left(\frac{\lambda}{\Delta}\right)\left(\frac{\mathrm{d}\Delta}{\mathrm{d}\lambda}\right) \quad \cdots\cdots\cdots\cdots\cdots\cdots\cdots\cdots\cdots\cdots\cdots\cdots(5)$$

式中：

n_1——纤芯的最大折射率；

N_1——对应于n_1的群折射率；$N_1 = n_1 - \lambda(\mathrm{d}n/\mathrm{d}\lambda)$；

Δ——相对折射率差；

λ——对应真空中的波长。

731-03-79

波导色散 waveguide dispersion

由于光纤几何特性而使信号的相位和群速度随波长变化引起的色散。

注：对于光纤，波导色散与比值(a/λ)相关。这里，a是纤芯半径，λ为波长。

731-03-80

脉冲展宽 **pulse broadening;pulse dispersion;pulse spreading**

由于脉冲的宽度增大而产生的脉冲**失真**。

注1:脉冲展宽是由于**色散**或其他机理造成的。

注2:脉冲展宽可以用**冲激响应**或**半幅值脉宽**来规定。

731-03-81

模畸变 **modal distortion**;modal dispersion (deprecated)

多模光纤中由于具有不同特征的多个**模**的传输而产生的**畸变**(**失真**)。

注:在给定发射条件下,模式畸变是由**模时延差**和**模衰减差**造成的。

731-03-82

模内畸变 **intramodal distortion**

色度畸变 **chromatic distortion**

光纤中,一个给定的**模**内,由**色散**引起的**畸变**(**失真**)。

731-03-83

发射角 **radiation angle**

输出角 **out put angle**

容纳**光纤**末端出射光束的某一规定百分比的圆锥顶角之半。

注:其锥体通常是由远场**辐照度**从其最大值下降到某一规定百分比时的角度来确定;或者是在远场中任一点上能找出规定的总辐射功率的百分比的那个圆锥。

731-03-84

接收角 **acceptance angle**

光功率可以耦合进光纤**束缚模**里去的圆锥顶角之半。

注1:当光纤芯**折射率**是半径的函数时,接收角将为纤芯输入端面上位置的函数。这时可用下式计算

$$\arcsin[n^2(r)-n_a^2]^{\frac{1}{2}}$$

式中:

$n(r)$——折射率;

n_a——**包层**的最小折射率。

注2:如果角度超出光纤的接收角,则光功率可以耦合进**漏泄模**里去。

731-03-85

数值孔径 **numerical aperture;NA** (abbreviation)

子午光线进入或离开一光学元件或系统的最大圆锥顶角之半的正弦,乘以圆锥顶所在点介质的**折射率**。

731-03-86

最大理论数值孔径($NA_{max\cdot th}$) **maximum theoretical numerical aperture**

用**纤芯折射率**值和**包层**折射率值计算出来的**数值孔径**理论值。其计算式为式(6)。

$$NA_{max\cdot th}=(n_1^2-n_2^2)^{\frac{1}{2}} \quad \cdots\cdots(6)$$

式中:

n_1——纤芯的最大折射率;

n_2——最内层均匀包层的折射率。

731-03-87

发射数值孔径 **launch numerical aperture;LNA** (abbreviation)

将功率耦合(发射)进入光纤内的光学系统的**数值孔径**。

731-03-88

辐射图(光纤的) **radiation pattern** (of an optical fibre)

以**光纤**输出端的发射角或位置为自变量的相对功率分布图。

731-03-89

近场区 **near-field region**

紧靠光源的区域,或者**辐射图**的孔径随着与光源的距离而变化的区域。

731-03-90

近场辐射图 **near-field radiation pattern**

近场图 **near-field pattern**

描述以**光纤**出射面平面中的位置为自变量的**辐射图**。

731-03-91

近场衍射图 **near-field diffraction pattern**

菲涅耳衍射图 **Fresnel diffraction pattern**

在**近场区**中观测到的衍射图。

731-03-92

远场区 **far-field region**

离光源远的区域,或者**辐射图**的孔径随着与光源的距离不变化的区域。

731-03-93

远场辐射图 **far-field radiation pattern**

远场图 **far-field pattern**

描述以**光纤**出射面的**远场区**中的辐射角为自变量的**辐射图**。

731-03-94

远场衍射图 **far-field diffraction pattern**

夫琅荷费衍射图 **Fraunhofer diffraction pattern**

在**远场区**中观测到的衍射图。

731-03-95

平衡辐射图 **equilibrium radiation pattern**

达到**平衡模分布**的**光纤**输出**辐射图**。

731-03-96

有效模容量 **effective mode volume**

近场图的直径(半幅值全宽)与**远场图**半幅值强度所对的辐射角的正弦的乘积的平方。

注:有效模容量与表示**多模光纤**中的模数的相对功率分布的宽度成正比。

2.4 光缆

731-04-01

光缆 **optical fibre cable,optical cable**

用单根光纤、多根光纤或光纤束制成的满足光学特性、机械特性和环境性能指标要求的缆结构。

注:可能包含有金属导体。

731-04-02

多纤光缆 **multifibre cable**

包含两根或两根以上光纤的**光缆**,每根光纤可传输独立的信号。

731-04-03

光缆组件 **optical cable assembly;cable assembly**

带有**光纤连接器**终端的**光缆**。

731-04-04

紧套光缆　tight jacketted cable

由受到约束的、不能自由移动位置的二次涂覆的光纤构成的**光缆**。

731-04-05

松套光缆　loose cable structure

在一个槽子或一个管子里松散地装设只有一次涂覆的光纤构成的**光缆**。

731-04-06

带状光缆　ribbon cable

缆中**光纤**编排成扁平带状的**光缆**。

注1：大的带状光缆可用两条或多条光纤带叠在一起，然后整个装上外护套制成。

注2：带状光缆状可以是紧结构的，也可以是松结构的。

731-04-07

松管光缆　loose tube cable

光纤装在一个或多个管子里的**松套光缆**。

731-04-08

骨架型光缆　grooved cable; slotted core cable

光纤放入圆柱体的沟槽里的**松套光缆**。

注：大的骨架型光缆可用两根或多根圆柱单元一起绞合，然后整个装上外护套制成。

731-04-09

光纤束　fibre bundle; bundle

一束无缓冲层的**光纤**组件。

731-04-10

敛集率(光纤束的)　**packing fraction** (of a fibre bundle)

光纤束中总的有效纤芯横截面积对光纤束总横截面积之比。光纤束总横截面积通常是指**护套**里包括**包层**和填隙在内的面积。

2.5　连接器和耦合器等

731-05-01

光纤连接器　optical fibre connector

用作两**光纤**或两**光纤束**之间相互传递功率，并可重复地连接与拆开的器件。

731-05-02

光纤套管　ferrule

用来限制**光纤**或光纤剥除端的机械紧固装置，通常是一个刚性的管子。典型的做法是将一束光纤的各根光纤在套管内粘在一起，而套管的直径是按能获得最大**敛集率**来设计的。

731-05-03

光纤连接组件　joint

容许两条或多条**光纤**之间连接的组件。

731-05-04

多光纤连接组件　multifibre joint

容许两条或多条**多纤光缆**之间连接的组件。

731-05-05

光纤接头　optical fibre splice; splice; optical splice

使两**光纤**之间耦合光功率的永久连接部分。

731-05-06

熔接接头　fusion splice

利用局部加热到足以熔融或熔化两段**光纤**的端头来完成接续，形成一根连续的**光纤接头**。

731-05-07

机械接头　mechanical splice

利用夹具或材料而不是用热熔方法来完成接续的**光纤接头**。

731-05-08

尾纤　optical fibre pigtail

发射光纤　launching fibre

永久附在元件上，便于元件与另一光纤连接的一段短**光纤**。

注：只有当尾纤是与光源连在一起时，发射光纤与尾纤才是同义词。

731-05-09

锥形光纤　tapered fibre

横截面尺寸沿着光纤长度逐渐变化的**光纤**。

731-05-10

光纤耦合器　optical fibre coupler；(optical) coupler；branching device

在两个或多个端口之间传递光功率的无源器件。

注：端口可以接到光纤、光源和检测器等。

731-05-11

定向耦合器　directional coupler

能从一个输入端口将光功率仅传递到一个或多个确定的输出端口的**光纤耦合器**。

731-05-12

星形耦合器　star coupler

能将**光功率**从一个或几个输入端口分路给数量较多的输出端口，也可把光功率从几个输入端口合路给数量较少的输出端口的**光纤耦合器**。

731-05-13

T型耦合器　tee coupler

连接三个端口的**光纤耦合器**。

731-05-14

Y型耦合器　Y-coupler

具有三个端口的**定向耦合器**。

731-05-15

光合路器　optical combiner

一种把**光功率**从几个输入端口分配给数量较少的输出端口的**定向耦合器**。

731-05-16

分光器　beamsplitter

将一束光分离成两束或多束的无源器件。

731-05-17

隔离器　isolator

一种二端器件，它对正向反向传播具有不同的**衰减**，而且一个方向的衰减比其反方向的衰减大许多。

注：隔离器常常用来防止反射沿传输路径返回。

731-05-18

光滤波器 optical filter

滤光器

用来限制**光辐射**通过它的一种器件，通常用它改变光谱的分布。

注：它可以用于波长选择、光放大器的噪声滤除、增益均衡、光复用/解复用。

731-05-19

衍射光栅 diffraction grating

一排精细的平行的等间距的反射线或透射线，在由光波长和线间距离决定的方向上会聚衍射光，**衍射**的效果是互相加强的。

731-05-20

双色滤光器 dichroic filter

能把**光辐射**分隔成两个谱带的**滤光器**。

注：例如，高通和低通滤光器。

731-05-21

双色镜 dichroic mirror

根据波长有选择地反射某些**光**的镜子。

731-05-22

干涉滤光器 interference filter

由一层或多层介质薄膜或金属薄膜构成的，并借助**干涉**效应而工作的**滤光器**。

731-05-23

滤模器 mode filter

用来接受或抑制某个**模**或某些模的器件。

731-05-24

扰模器 mode scrambler

混模器 mode mixer

用来促使**光纤**中诸模之间的功率转换，有效地搅乱**模式**的器件。

注：扰模器常常用以提供一种与光源特性无关的模式分布。

731-05-25

包层模剥除器 cladding mode stripper

剥模器 mode stripper

一种促使**包层模**转换成**辐射模**的器件。

注：它通常用**折射率**等于或稍大于光纤**包层**折射率的材料构成。

731-05-26

减反射膜 antireflection coating

涂敷在光学表面上用以减小**反射率**从而增大透射率的一层或多层介质薄膜或金属薄膜。

注：单层薄膜的折射率理想值是薄膜两边折射率乘积的平方根，其理想光学厚度是波长的四分之一。

731-05-27

折射率匹配材料 index matching material

折射率近似等于**纤芯**折射率的材料，通常是透明的液体和胶粘材料，用来减小光纤端面的**菲涅耳反射**。

731-05-28

耦合损耗 coupling loss

光从一光学元件耦合到另一光学元件时受到的光功率**损耗**。

注：耦合损耗可以用绝对值来表示，也可用相当于**耦合效率**的比值(dB)来表示。

731-05-29

耦合器损耗　coupler loss

当其他端口被正确终接时，所选择的输入端到输出端的**插入损耗**。

731-05-30

耦合效率　coupling efficiency

耦合的发送侧**光功率**与接收侧光功率之比，通常以百分比表示。

731-05-31

接头损耗　splice loss

由**光纤接头**引起的**插入损耗**。

731-05-32

本征连接损耗　intrinsic joint loss

两根**光纤**连接时，因光纤参数不匹配而引起的光纤本征的光功率**耦合损耗**。

注：引起本征连接损耗的参数是几何尺寸和折射率分布的差异。

731-05-33

非本征连接损耗　extrinsic joint loss;misalignment loss

由于**光纤**接续不完善而引起的**光功率耦合损耗**。

731-05-34

纵向偏移损耗　longitudinal offset loss;gap loss

光纤接头中由于**光纤**与光纤对接轴向间隙引起的，或由于光纤与光源或光纤与**光检测器**连接而纵向偏移最佳校准位置引起的**非本征连接损耗**。

731-05-35

角偏差损耗　angular misalignment loss

斜接损耗

光纤与光纤、光纤与光源或光纤与**光检测器**最佳校直时由于光轴间有角度偏移而引起的**非本征连接损耗**。

731-05-36

错位损耗　lateral offset loss;transverse offset loss

光纤与光纤、光纤与光源或光纤与**光检测器**连接时，由于横向(侧向)偏离最佳校位置而引起的**非本征连接损耗**。

2.6　光源和光检测器

731-06-01

自发发射　spontaneous emission

不管外界类似的辐射是否同时存在，一个量子力学系统的内能从激发能级降到较低能吸时发射的电磁辐射。

注：自发发射的例子有：

a)　**发光二极管**的辐射；

b)　**注入式激光器**低于**激光阈值**的辐射。

731-06-02

超发光　superlumineseence

超辐射　superradiance

在增益媒质中**自发发射**的放大。其特点是有适度的谱线宽度和适度的方向性。

注：这个过程通常无正反馈，因而也没有明确的振荡**模式**，这与激光作用不同。

731-06-03

受激发射 **stimulated emission**

受外界**辐射能**的感应,量子力学系统的内能从激发能降到较低能级时发射的辐射。它的频率与外来辐射的频率相同。

注:例如**注入式激光管**高于**激光阈值**的辐射就是受激发射。

731-06-04

发光二极管 **light emitting diode**

LED (abbreviation)

注入电子和/或空穴越过 PN 结时**自发发射**非相干光辐射的一种 PN 结型半导体器件。

731-06-05

面发射发光二极管 **surface emitting light emitting diode;Burrus diode**

垂直于结平面发射的**发光二极管**。

731-06-06

边发射发光二极管 **edge-emitting light emitting diode**

ELED (abbreviation)

平行于结平面发射的**发光二极管**。

731-06-07

超发光发光二极管 **superlumineseent LED**

超辐射二极管 **superradiant diode**

SRD (abbreviation)

具有放大但反馈不足以产生振荡的**发光二极管**。

731-06-08

激光器 **laser**

利用外能维持粒子数反转,在**光谐振腔**中提供正反馈,通过**受激发射**并放大而产生相干**光辐射**的一种器件。

注:Laser 是"Light Amplification by Stimulated Emission of Radiation"缩写。

731-06-09

注入式激光管 **injection laser diode**

ILD (abbreviation)

半导体激光器 **semiconductor laser**

二极管激光器 **diode laser**

利用半导体材料 PN 结制造的一种**激光器**。

731-06-10

多模激光器 **multimode laser**

同时产生二个或多个**模**发射的**激光器**。

731-06-11

注入式锁定激光器 **injection locked laser**

发射的**强度峰值波长**是受另一光源个别光信号或外镜面反射的光信号的注入所控制的一种**激光器**。

731-06-12

同质结 **homojunction**

两个区的掺杂级传导率不同,但原子结构是相同的 PN 半导体结。

731-06-13

异质结　heterojunction

两个区的掺杂级传导率不同,原子结构也不同的PN半导体结。

731-06-14

激活激光介质　active laser medium;laser medium

激光器里面发射相干光的材料。

731-06-15

光谐振腔　optical cavity;resonant cavity

由二个或多个反射面构成的有界区域,把构成反射面的这些元件校准以提供多次**反射**,并能对某特定的波长产生驻波。

731-06-16

辐射率　emissivity

物体的**辐射度**与同温度的黑体辐射度之比。

注:辐射率是波长和温度的函数。

731-06-17

光源效率　source power efficiency

光源发射的光功率与输入功率(通常是电功率)之比。

731-06-18

激光阈值　lasing threshold

激光器的输出是由**受激发射**而不是**自发发射**控制时的最低激励输入功率电平。

731-06-19

阈值电流(激光二级管的)　**threshold current** (of a laser diode)

在**半导体激光二极管**中,对应于**激光阈值**的激励电流。

731-06-20

强度峰值波长　peak intensity wavelength

在给定方向上,光源**辐射强度**为最大的那个波长。

731-06-21

光谱线　spectral line

发射或吸收波长的一个狭窄范围,它相当于量子力学系统能级转换时发射或吸收的**单色辐射**。

731-06-22

光谱线宽度　spectral linewidth

一条**光谱线**的波长范围的量度。

731-06-23

线光谱　line spectrum

由一条或多条**光谱线**组成的光谱。

731-06-24

光谱宽度　spectral width

光谱或光谱特性的波长范围的量度。

731-06-25

跳模　mode hopping;mode jumping

激光器中功率从一个**模**转换(或跳)到另一个模的现象。

731-06-26

啁啾 chirping

光源发射**光谱线**的快速变化。

注：这在光源脉冲工作中是最常见的。

731-06-27

光检测器 optical detector

受到**光功率**照射时产生电信号输出的一种换能器件。

731-06-28

光电二极管 photodiode;diode photodetector

在两种半导体之间的PN结，或者半导体与金属之间的结的邻近区域，吸收光辐射产生光电流的一种**光检测器**。

731-06-29

PIN光电二极管 PIN photodiode

在P-和N-掺杂半导体之间夹有一层大的本征材料的，用于检测光辐射的**光电二极管**。

注：在这个(本征)区域被吸收的光子产生电子-空穴对，然后在电场作用下电子-空穴对分离，从而形成光电流。

731-06-30

雪崩光电二极管 avalanche photodiode

APD (abbreviation)

在加偏压运用下，初始光电流通过电荷载流子累积倍增而得到放大的**光电二极管**。

注：例如反向偏压接近击穿电压时，通过吸收光子产生的电子-空穴对获得足够的能量，当它们与离子碰撞时将产生新的电子-空穴对。

731-06-31

PIN-FET集成接收器 PIN-FET integrated receiver

由**PIN光电二极管**和场效应晶体管(FET)组合并封装在一个外壳里的光接收器。

注：这常常是为了使组合特性比整个组合具有各个元件分立使用时有所改善而封装起来。

731-06-32

光电流 photocurrent;light current

由于光的照射而流过**光检测器**的电流。

731-06-33

暗电流 dark current

没有光照射时，**光检测器**内流过的输出电流。

731-06-34

量子效率 quantum efficiency

量子器件的可计数输出基本事件和可计数输入基本事件之比。

注1：对于半导体光源，量子效率是发射光子数与外加电子数之比。

注2：对于光检测器，量子效率是在光电流中产生的电子数与外加光子数之比。

731-06-35

微分量子效率 differential quantum efficiency

在量子器件的输出和输入上，可计数的基本事件的特性曲线的斜率。

731-06-36

响应度 responsivity

光检测器的电输出与光输入之比。

注1：通常以入射光功率每瓦安培(A/W)或每瓦伏特(V/W)来表示。

注2：有时将“灵敏度 sensitivity”用作“响应度”的同义词，那是不确切的。

731-06-37

光谱响应度　spectral responsivity

在给定波长上,每单位波长间隔的**响应度**。

731-06-38

灵敏度　sensitivity;detection threshold

达到规定性能质量所需要的最低**光功率**。

注1:输出信噪比、误码率等等都是典型的性能的量度。

注2:有时将“灵敏度 sensitivity”用作“响应度”的同义词,那是不确切的。

731-06-39

散弹噪声　shot noise

由于电荷载流子通过表面引起电流起伏而产生的随机噪声。

731-06-40

噪声等效功率　noise equivalent power

NEP (abbreviation)

已知调制频率,波长和有效噪声带宽情况下,在给定光检测器的输出上,信噪比为1的**辐射功率**。

731-06-41

检测灵敏度　detectivity

D

噪声等效功率的倒数。

731-06-42

归一化检测灵敏度　normalised detectivity;specific detectivity

$\boldsymbol{D^*}$

由公式(7)定义的量

$$D^* = D\sqrt{A \cdot \Delta f} \qquad (7)$$

式中:

D——**光检测器**的**检测灵敏度**;

A——光检测器有效光敏面的面积;

Δf——有效噪声带宽。

731-06-43

集成光路　integrated optical circuit

IOC (abbreviation)

由有源和无源的电、光和(或)**光电**元件组成具有信号处理功能的单片的或混合的电路。

731-06-44

光纤终端装置　fibre optic terminal device

包括一个或多个**光电**器件,用来把电信号变换为光信号,和(或)把光信号变换为电信号,能连接到至少一根光纤的一种组件。

注:“光纤终端装置”常常都具有一个或多个集成光纤连接器或尾纤。

731-06-45

发送光纤终端装置　transmit fibre optic terminal device

具有一个或多个光源以及一个或多个光输出端的**光纤终端装置**。

731-06-46

接收光纤终端装置　receive fibre optic terminal device

具有一个或多个**光检测器**和一个或多个光输入端的**光纤终端装置**。

2.7 测量技术

731-07-01

基准测试法(光纤、光缆的) **reference test method**

RTM (abbreviation)

对某一种类**光纤**或**光缆**(及其相关联的元件)的某一给定特性是严格按照这个特性的定义来测量的,并给出精确、可重复和与实际使用相一致的结果的测试方法。

731-07-02

替代测试法(光纤、光缆的) **alternative test method;practical test method**

ATM (abbreviation)

对某一种类**光纤**或**光缆**(及其相关联的元件)的某一给定特性是以与这个特性的定义在某种意义上一致的方法来测量的,能给出可重复的并与***基准测试法***的测量结果和实际使用相符合的测试方法。

731-07-03

菲涅耳反射法 **Fresnel eflection method**

通过测量光纤端面上径向各点的**反射系数**从而测出光纤**折射率分布**的测量方法。

731-07-04

近场扫描法 **near-field scanning technique**

用连续光源照射**光纤**输入端面,而在光纤输出端逐点测量输出面上径向各点发射的光,从而测出光纤**折射率分布**的测量方法。

731-07-05

四同心圆近场样板 **four concentric circle near-field template**

适用于光纤**近场辐射图**,由四个同心圆构成的样板。

注:这种样板常被用作一种简单的方法以对光纤各个几何特性的容许偏差作总的检查。

731-07-06

四同心圆折射率样板 **four concentric circle refractive index template**

适用于光纤**折射率分布**完整曲线的,由四个同心圆构成的样板。

注:这种样板常被用作一种简单的方法以对光纤各个几何特性的容许偏差作总的检查。

731-07-07

剪断法 **cutback technique**

测量**光纤**传输特性(例如**衰减**和**带宽**)的一种方法。这种方法是进行两次传输测量:一次是在光纤全长的输出端上测量,另一次是在不改变注入条件下,在接近注入端的一短段剪断光纤后测量。

731-07-08

光时域反射法 **optical time domain reflectometry**

OTDR (abbreviation)

后向散射法 **backscattering technique**

靠光脉冲传输通过**光纤**,测量返回输入端的散射光与反射光的合成**光功率**的时间函数,从而测得光纤特性的一种方法。

注:这种方法在估算均匀光纤的**衰减系数**,检查光纤的光学连续性,确定故障点位置以及其他局部损耗是很有用的。

731-07-09

干涉仪 **interferometer**

用光波**干涉**原理进行测量的仪器。

731-07-10

切片干涉测量法 **slab interferometry;axial slab interferometry;axial interference microscopy**

使用**干涉仪**来扫描光纤的薄切片端面(垂直于**光纤轴**),从而测得光纤**折射率分布**的方法。

731-07-11

横向干涉测量法　transverse interferometry

把光纤放在**干涉仪**中，并从横截于**光纤轴**的方向照亮光纤，用以测量光纤**折射率分布**的方法。

731-07-12

单色仪　monochromator

选择**光谱**某一狭窄部分的仪器。

731-07-13

折射近场法　refracted near-field method；refracted ray method

用大**数值孔径**的单色光锥顶沿**光纤**输入端面直径进行扫描，并测量其折射光功率的变化，从而测得光纤**折射率分布**的方法。

2.8　系统

731-08-01

光纤链[路]　optical fibre link

由光发射单元、**光纤**、光接收单元、连接器元件，必要时还有**光中继器**组成的任何传输链路。

731-08-02

光数据总线　optical data bus

使用**光纤**传输的数据总线。

731-08-03

波分复用　wavelength division multiplexing

WDM (abbreviation)

在一根光纤内提供按光波长区分开的二个或多个信道。

注：波分复用是频分复用(FDM)的一种形式。为了避免混淆，使用专门的术语以与光纤线路在一个波长上可能采用光载基带信号组成的频分复用相区别。

731-08-04

光中继器　optical repeater

一种主要包括一个或几个放大器和辅助器件的设备。它的输入和输出都是光信号，插入传输介质中某一点上使用。

731-08-05

光再生中继器　optical regenerative repeater

一种用来接收数字信号并能按规定要求再生信号的**光纤中继器**。

731-08-06

受衰减限制的运行　attenuation-limited operation

光纤链路中系统性能的主要限制是接收**光功率**的大小。

731-08-07

受带宽限制的运行　bandwidth-limited operation

光纤链路中系统性能的主要限制是系统**带宽**。

731-08-08

受失真限制的运行　distortion limited operation

光纤链路中系统性能的主要限制是任何种类的失真。

731-08-09

受量子噪声限制的运行　quantum-noise-limited operation；quantum limited operation

光纤链路中系统性能的主要限制是**量子噪声**。

731-08-10

模噪声 modal noise

斑点噪声 speckle noise

光纤系统中由**模衰减差**和诸束缚模之间光能分布起伏或相对相位波动共同影响而产生的噪声。

中 文 索 引

STANDARDS PRESS OF CHINA

英 文 索 引

A

B

C

D

E

F

G

H

I

J

L

M

N

O

P

Q

R

S

T

U

符 号 索 引

D	检测灵敏度	Detectivity
D^*	归一化检测灵敏度	Normalised detectivity, Specific detectivity
g	折射率分布参数	Profile parameter
L	[光]亮度	Radiance
M	材料色散参数	Material dispersion parameter
n	折射率(介质的)	Refractive index (of a medium), Index of refraction
N	群折射率	Group index
P	折射率分布色散参数	Profile dispersion parameter
S	辐照功率密度	Power flux density, Radiant power density
V	归一化频率	Normalised frequency, V number
α	衰减系数	Attenuation coefficient
β	相移系数	Phase coefficient
γ	传播系数	Propagation coefficient
Δ	相对折射率差	Refractive index contrast

ICS 03.220.40;53.020.20
R 46

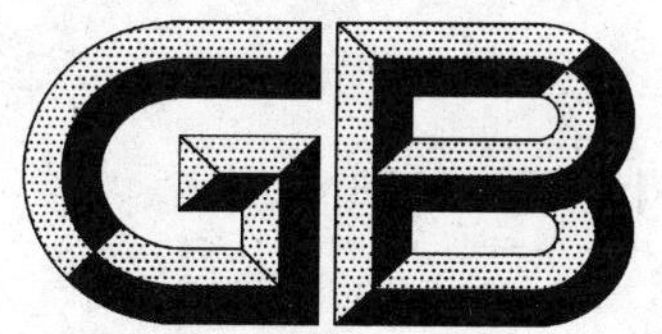

中华人民共和国国家标准

GB/T 14734—2008
代替 GB 14734—1993

港口浮式起重机安全规程

Safety code for port floating crane

2008-05-27 发布　　　　2008-12-01 实施

中华人民共和国国家质量监督检验检疫总局
中国国家标准化管理委员会　发布

前 言

本标准代替 GB 14734—1993《港口浮式起重机安全规程》。

本标准与 GB 14734—1993 相比主要变化如下：

——取消了已废除的标准如 JB 2299、JT 5020、JT 5027 等，对与这些标准有关的技术条款内容也进行了相应的修改；

——以新标准 GB 8918《重要用途钢丝绳》替代已废止的标准 GB 1102《圆股钢丝绳》；

——新增了一些与港口浮式起重机有关的最新技术标准，如 GB 5226.2《机械安全 机械电气设备 第 32 部分：起重机械技术条件》、GB/T 20303.4《起重机 司机室 第 4 部分：臂架起重机》、JT/T 563《港口浮式起重机》、JT/T 622《港口装卸机械电气安全规程》、中国船级社《船舶与海上设施起重设备规范》2001、中国海事局《船舶与海上设施法定检验规则》2004 等，对与这些标准有关的技术条款内容也进行了相应的修改；

——取消了原第 4 章；

——对制动器、滑轮与滑轮轴、电气、船体、使用等内容进行了修改与完善(见本标准 5.5.1、5.5.2、5.3、6.1.5、10、14 等)。

本标准由中华人民共和国交通部提出。

本标准由交通部港机标准归口单位归口。

本标准起草单位：交通部水运科学研究院、上海港机重工有限公司。

本标准主要起草人：郑见粹、潘雪泉、丁敏、杨瑞、任良成。

本标准所代替标准的历次版本发布情况为：

——GB 14734—1993。

港口浮式起重机安全规程

1 范围

本标准规定了港口浮式起重机(以下简称浮式起重机)在设计、制造、检验、使用与管理、维护、报废等方面最基本的安全技术要求。

本标准适用于在港湾水域作业的各种浮式起重机,其他类型的浮式起重机也可参照使用。

2 规范性引用文件

下列文件中的条款通过本标准的引用而成为本标准的条款。凡是注日期的引用文件,其随后所有的修改单(不包括勘误的内容)或修订版均不适用于本标准,然而,鼓励根据本标准达成协议的各方研究是否可使用这些文件的最新版本。凡是不注日期的引用文件,其最新版本适用于本标准。

GB/T 700 碳素结构钢(GB/T 700—2006,ISO 630:1995,NEQ)

GB/T 985 气焊、手工电弧焊及气体保护焊焊缝坡口的基本形式与尺寸

GB/T 986 埋弧焊焊缝坡口的基本形式和尺寸

GB/T 1228 钢结构用高强度大六角头螺栓(GB/T 1228—2006,ISO 7412:1984,NEQ)

GB/T 1229 钢结构用高强度大六角螺母(GB/T 1229—2006,ISO 4775:1984,NEQ)

GB/T 1230 钢结构用高强度垫圈(GB/T 1230—2006,ISO 7416:1984,NEQ)

GB/T 1231 钢结构用高强度大六角头螺栓、大六角螺母、垫圈技术条件

GB/T 1348 球墨铸铁件

GB/T 1591 低合金高强度结构钢(GB/T 1591—1994,neq ISO 4950:1981)

GB 2893 安全色(GB 2893—2001,neq ISO 3864:1984)

GB 2894 安全标志(GB 2894—1996,neq ISO 3864:1984)

GB/T 3323 金属熔化焊焊接接头射线照相(GB/T 3323—2005,EN 1435:1997,MOD)

GB/T 3811 起重机设计规范

GB/T 5117 碳钢焊条(GB/T 5117—1995,eqv ANSI/AWSA5.1:1991)

GB/T 5118 低合金钢焊条(GB/T 5118—1995,eqv ANSI/AWSA5.5:1981)

GB/T 5972 起重机用钢丝绳检验和报废实用规范(GB/T 5972—2006,ISO 4309:1990,IDT)

GB/T 6067 起重机械安全规程(GB/T 6067—1985,neq NF E52-122:1975)

GB 8918 重要用途钢丝绳(GB 8918—2006,ISO 3154:1988,Stranded wire ropes for mine hoisting—Technical delivery requirements,MOD)

GB 8923 涂装前钢材表面锈蚀等级和除锈等级(GB/T 8923—1988,eqv ISO 8501-1:1988)

GB/T 9439 灰铸铁件

GB/T 10051.1(所有部分) 起重吊钩

GB/T 11345 钢焊缝手工超声波探伤方法和探伤结果分级

GB/T 11352 一般工程用铸造碳钢件(GB/T 11352—1989,neq ISO 3755:1991)

GB 12602 起重机械超载保护装置 安全技术规范

GB/T 20303.4 起重机 司机室 第4部分:臂架起重机(GB/T 20303.4—2006,ISO 8566-4:1998,IDT)

JT/T 563 港口浮式起重机

JT/T 622 港口装卸机械电气安全规程

船舶与海上设施起重设备规范　中国船级社　2001

船舶与海上设施法定检验规则　中国海事局　2004

3　稳性

3.1　浮式起重机的稳定性设计应符合 GB/T 3811 的有关规定，并应考虑船体最大静横倾角不超过 5°、最大静纵倾角不超过 2°的情况下，能在港湾或对海浪有良好遮蔽的海域内安全而有效地作业。

3.2　作业时船体最小干舷应大于 300 mm，并保证所形成的横倾角和纵倾角不超过出水角。

3.3　设计工况

3.3.1　作业时船体和上层结构承受的风速为 20 m/s，起重机在放置状态下并考虑相应的防风措施承受的风速为 55 m/s。

3.3.2　设计浪高应大于 $L/20$ m(L——船体长)。

4　金属结构

4.1　结构布置

应便于检查、维修、防风、排水和防火。

4.2　外型尺寸

除臂架系统外，起重机轮廓不应超出船舷以外。

4.3　垂直净空

起重机与甲板有相对运动的部分在其垂直投影区域内禁止人员入内，除非它们在甲板上方有大于 1 800 mm 的净空。

4.4　材料

制造浮式起重机的材料应符合《船舶与海上设施起重设备规范》的规定或使用 GB/T 3811 中推荐的与上述规则要求等效的钢材，并经船检部门认可或检验合格。

4.5　浮式起重机的焊接

4.5.1　焊条型号应与主体金属强度相适应。

4.5.2　焊条应符合 GB/T 5117 与 GB/T 5118 的规定，焊缝应符合 GB/T 985 与 GB/T 986 的规定。

4.5.3　起重机焊接工作应由持有国家规定部门认可的《焊工合格证书》的焊工担任。船体焊接应由持有船检部门认可的《焊工合格证书》的焊工担任。

4.5.4　船体焊接材料(包括焊条、焊丝、焊剂和保护气体)应经船检部门认可。

4.5.5　船体焊接工艺和检验应经船检部门认可。

4.5.6　起重机重要焊缝在外观检查后应进行无损检测，焊缝质量射线探伤不低于 GB/T 3323 中Ⅱ级要求，超声波探伤不低于 GB/T 11345 中Ⅰ级质量要求。

4.5.7　起重机主要受力构件，如门架系统、臂架系统、主梁、基座等重要焊接件，应经验船部门检验合格后方能进行组装。

4.6　高强度螺栓连接

高强度螺栓连接应符合 GB/T 1228～GB/T 1231 的规定。

4.7　栏杆、直立梯、斜梯、平台和走道

起重机上的栏杆、直立梯、斜梯及平台和走道应符合 GB/T 6067 的规定。

通道和平台应能承受 4 500 N/m² 的均布载荷；在通道和平台上人员可能停留的任何部位，当 2 000 N的力通过直径为 125 mm 的圆盘施加在平台表面时，都不应发生永久变形。

4.8　活动栏杆

船体甲板宜设置活动栏杆。

4.9　防滑

起重机及船体上的梯子踏板、走台平面及工作通道都应采取防滑措施。

4.10 司机室

4.10.1 司机室应符合 GB/T 20303.4 和 GB/T 6067 的规定。

4.10.2 司机室内应设有：

a) 应急电源切断装置，用于应急情况下停止起重设备的运转，并应具有清楚的标志和适当的保护；

b) 测定船体倾斜的装置并有明确的限值标志；

c) 司机与指挥人员联系的通讯设备；

d) 声光信号警告装置；

e) 读数清晰的幅度指示器；

f) 手提式灭火器；

g) 起重量 16 t 以上(含 16 t)的浮式起重机应装设风速报警装置和起重量指示器；

h) 起重量参数曲线标牌。

4.10.3 司机室的结构应足够坚固，能承受起重机在工作期间或维修时所有作用在其上的正常载荷，包括司机和维修人员以及由于运动产生的力。司机室应与起重机的悬挂或支承部分可靠连接。

4.10.4 当臂架俯仰或臂架及物品坠落会影响司机室安全时，司机室不应设置在起重臂架的正下方。

4.10.5 司机室应保证在事故状态下司机能安全的撤出，或避免事故对司机的危害。

4.11 起重机基座

起重机基座一般应穿过甲板与船体主结构进行有效连接，采取其他支撑结构必须经船检部门认可。

4.12 金属结构的报废

起重机金属结构的报废应符合 GB/T 6067 的规定。

5 主要零部件

5.1 钢丝绳和焊接环形链

5.1.1 起重机用钢丝绳应符合《船舶与海上设施起重设备规范》和 GB 8918 的有关规定，并取得船用产品证书。

5.1.2 起重机用链条应符合《船舶与海上设施起重设备规范》及 GB/T 6067 的有关规定。

5.1.3 起重机机构工作级别及钢丝绳安全系数应符合《船舶与海上设施起重设备规范》和 GB/T 3811 的有关规定。

5.1.4 纤维芯钢丝绳和不扭转钢丝绳不宜作变幅机构绳具用。

5.1.5 钢丝绳的维护保养要求如下：

a) 对日常使用的钢丝绳每天都应进行检查；

b) 根据钢丝绳使用情况每月至少润滑一次；

c) 润滑前应用布擦净钢丝绳然后涂润滑油或润滑脂；

d) 涂刷的润滑油、润滑脂的品种应与钢丝绳出厂使用的相同或性能质量相当，或使用性能质量更高的润滑油、润滑脂。

5.1.6 钢丝绳的检验与报废应符合 GB/T 5972 的规定。

5.1.7 浮船用钢丝绳和焊接环形链除满足以上要求外，还应经船检部门认可。

5.2 吊钩

5.2.1 锻造吊钩应符合 GB/T 10051.1(所有部分)中的规定，制造板钩的材料应不低于 GB/T 700 中规定的 Q235-B 钢或 GB/T 1591 中规定的 Q345-B 钢。

5.2.2 吊钩应有制造厂的合格证等技术文件，并应按《船舶与海上设施起重设备规范》的规定进行试验，在取得合格标记和合格证书后方可使用。

5.2.3 吊钩宜装设钩口闭锁装置。

5.2.4 吊钩表面应光滑、无皱折沟痕和裂纹等表面缺陷。

5.2.5 吊钩上的缺陷不得焊补。

5.2.6 吊钩出现下述情况之一时应报废：

a) 裂纹；

b) 危险断面磨损量达原尺寸的10%；

c) 开口度比原尺寸增加15%；

d) 扭转变形超过10°；

e) 危险断面或吊钩颈部产生塑性变形；

f) 板钩衬套磨损量达原尺寸的50%时报废衬套；

g) 板钩心轴磨损量达原尺寸的5%时报废心轴。

5.3 滑轮与滑轮轴

5.3.1 滑轮材料：铸铁不低于GB/T 9439中的HT 200，球墨铸铁不低于GB/T 1348中的QT 400-17，铸钢不低于GB/T 11352中的ZG 230-450，焊接及热轧滑轮不低于GB/T 700中的Q 235-A。

5.3.2 滑轮直径与钢丝绳直径的比值应符合《船舶与海上设施起重设备规范》和GB/T 3811的有关规定。

5.3.3 滑轮应按《船舶与海上设施起重设备规范》的规定进行试验，在取得合格标记和合格证书后方可使用。

5.3.4 滑轮出现下述情况之一时应报废：

a) 裂纹；

b) 轮槽不均匀磨损量达3 mm；

c) 轮槽壁厚磨损量达原壁厚的20%；

d) 因磨损使轮槽底部直径减少量达钢丝绳直径的50%；

e) 其他损害钢丝绳的缺陷。

5.3.5 滑轮轴出现下述情况之一时应报废：

a) 裂纹；

b) 轴径磨损量超过设计尺寸的15%。

5.4 卷筒

5.4.1 材料：铸铁不低于GB/T 9439中的HT 200，铸钢不低于GB/T 11352中的ZG 230-450，焊接卷筒不低于GB/T 700中的Q 235-B。

5.4.2 钢丝绳应可靠地固定于卷筒上，卷筒上钢丝绳尾端的固定装置应有防松或自紧的性能。

5.4.3 多层卷绕卷筒端部应有凸缘，凸缘应比最外层钢丝绳或链条高出2.5倍钢丝绳直径或链条宽度。

5.4.4 卷筒直径与钢丝绳直径的比值应符合《船舶与海上设施起重设备规范》和GB/T 3811的有关规定。

5.4.5 起升、变幅卷筒应具有足够的容绳量，当机构处于极限位置时卷筒上至少要保留三圈钢丝绳。

5.4.6 卷筒出现下述情况之一时应报废：

a) 影响使用性能的表面缺陷；

b) 筒壁磨损量达原壁厚的20%。

5.5 制动器

5.5.1 起重机的起升、变幅、回转机构都应装设制动器。起升机构、变幅机构的制动器应是常闭式的。

5.5.2 起升机构、变幅机构制动器的安全系数应大于1.5。

5.5.3 制动摩擦片不宜用含石棉的制品。

5.5.4 制动器应有符合操作频度要求的热容量。

5.5.5 制动摩擦片的磨损应有补偿能力。

5.5.6 制动摩擦片与制动件的实际接触面积不应小于理论接触面积的75%。

5.5.7 制动器的零件出现下述情况之一时应报废：

a) 裂纹；

b) 制动摩擦片厚度磨损量达原厚度的50%；

c) 弹簧出现塑性变形；

d) 轴或轴孔直径磨损量达原直径的5%。

5.6 制动轮与制动盘

5.6.1 起升机构、变幅机构制动轮材料不应采用铸铁。

5.6.2 制动轮或制动盘的制动摩擦面，不应有妨碍制动性能的缺陷或沾染油污。

5.6.3 制动轮或制动盘出现下情况之一时应报废：

a) 裂纹；

b) 起升、变幅机构的制动轮轮缘或制动盘厚度磨损量达原厚度的40%；

c) 其他机构的制动轮轮缘或制动盘厚度磨损量达原厚度的50%；

d) 制动轮面或制动盘面凹凸不平度达1.5 mm时，如能修理，修复后轮缘厚度应符合b)和c)的要求。

6 电气

6.1 总要求

6.1.1 电气设计、制造和安装应保证安全和便于检修。

6.1.2 确保在各种紧急状态下，向安全所需的电气设备供电。

6.1.3 应急警报装置的控制器，应涂上红色和设有标明其用途的耐久铭牌。

6.1.4 电气装置中应设置合适的保护电器，以能在发生事故时对其进行保护。

6.1.5 在工作时能产生高温的电气设备或电气元器件应布置在通风散热条件较好的位置，在安装时应有防止导致附近物件过热和起火的措施。

6.1.6 在易燃、易爆舱室，除该处所必需的防爆设备外，不得安装其他电气设备。

6.1.7 自备发电机组的浮式起重机主电源应至少由两台发电机组组成。

6.1.8 电气元器件中的安装和调试应符合生产厂商的技术要求。

6.1.9 应急电源应有足够的容量，以确保在应急情况下向必要的安全设备供电。

6.1.10 起重机用电气设备应经船检部门认可。

6.1.11 应使用船用电机、船用电器设备、船用电缆。

6.1.12 浮式起重机电气设备的设计、安装应符合《船舶与海上设施法定检验规则》中的有关规定。

6.1.13 浮式起重机电气设备应符合JT/T 563和JT/T 622的规定。

6.2 电气的防护

6.2.1 电气设备应封闭，使带电元件在正常操作状态下不因暴露而引起事故。

6.2.2 电气设备应防止灰、油、潮气的进入。

6.3 电气保护装置

6.3.1 主要设备进线处宜设主隔离开关。

6.3.2 起重机总电源回路应设置自动空气开关或熔断器。

6.3.3 起重机应装有失压保护，当供电电源中断时，应自动断开总回路。

6.3.4 起重机和船舶操纵系统必须设零位保护。

6.3.5 主要设备每套机构应设过流保护。

6.3.6 使用直流机组供电调速时宜设超速保护。

7 润滑

设备应有润滑图，润滑点应有标志，润滑点的位置便于安全接近，使用中应按设计要求定期润滑。

8 照明信号

8.1 应有起重机在夜间作业时所必需的照明设备，并有足够的照度。

8.2 照明应设专用电路，当主断路器切断电源时照明不应断电，各种照明均应设短路保护。

8.3 总高度超过 30 m 的浮式起重机在最高点臂端应设置红色信号灯，应保证信号灯电源线路不受起重机停机影响。

8.4 船上的照明与航行、停泊时的各种信号应符合海事、航运等相关要求。

9 涂装

9.1 起重机涂装前对构件表面应进行除锈，手工方式除锈质量等级应达到 GB 8923 中的 St2 级，化学处理和抛(喷)丸(或其他磨料)方式除锈质量等级应达到 GB 8923 中的 Sa2.5 级。

9.2 起重机与船体的油漆应得到船检部门的认可。

9.3 起重机的安全色与标志应符合 GB 2893 和 GB 2894 的规定。

9.4 起重机结构与船体油漆脱落和龟裂严重时，应补漆。

9.5 起重机结构与船体腐蚀深度超过结构件板厚名义尺寸的 10%时应采取更换板件等修理措施。

10 船体

10.1 船体上应具有固定展示的总布置图，供船员参考。

10.2 船体应有足够的水密舱，以保证臂架放倒时和满载时船舶的稳定。

10.3 甲板梯、甲板下的通道应采取防滑措施。

10.4 所有空舱都要有通道。

10.5 需要通过主甲板的舱盖板舱口边应高于甲板，并保证水密性。

10.6 紧固装置包括：

a) 起重机臂架、吊钩的锁紧和固定装置；

b) 船首和船尾应设绞盘或绞车；

c) 锚；

d) 拖带的突缘和导缆钳；

e) 每个角上的双缆桩和沿甲板边的系缆桩。

10.7 移船绞车应符合下列要求：

a) 绞车卷筒上钢丝绳应能整齐排列，卷筒上钢丝绳一般不宜多于三层；

b) 卷筒上留存钢丝绳在任何情况下应不少于三圈；

c) 绞车卷筒部凸缘应高出最外层钢丝绳 2.5 倍钢丝绳直径；

d) 非动力驱动的千斤索绞车应设有棘轮，棘轮应能承受千斤索上传递的最大载荷；

e) 动力绞车应设置制动器。

10.8 甲板排水在主甲板以上的各层甲板上均应设置足够数量和大小的排水孔。

10.9 救生设备配备应符合下列要求：

a) 应根据船员人数配足每人一件救生衣或其他救生用具；

b) 救生圈应按表 1 配备；

c) 其他救生设备按《船舶与海上设施法定检验规则》和相关海船救生设备的规定配备。

表 1 救生圈的配备

船　　长/m	应配救生圈数
＜20	2
20～60	4
61～80	6
＞80	8

11 消防

11.1 灭火设备应保持良好状态，随时能投入使用。

11.2 起重量 16 t 以上(含 16 t)的浮式起重机宜设有自动探火及失火报警系统。

11.3 船上若有易燃易爆物品应设置危险品仓库，其设计应符合船检部门的有关规定。

11.4 船上的消防接口应与码头上的消防接口相配。

11.5 船上如以气体燃料供生活用，其储存、分配和使用的设施应有防止可能引起失火和爆炸危险的措施，其设计应经船检部门审批。

11.6 所有废物箱应以不燃材料制成，其四周和底部不得开孔。

11.7 船上防火系统的设计和消防用品的配备，应符合相应船舶建造规范的要求。

11.8 船上应固定展示防火控制图，或把防火的系统和控制细节内容编成图册，每个船员人手一册。

12 安全防护装置

12.1 开式齿轮、联轴器、传动轴、链轮、链条、制动器等活动零部件应设防护罩。

12.2 起重量 16 t 以上(含 16 t)的浮式起重机应设有起重量限制器，其综合误差应符合 GB 12602 的规定，起重量限制器应调整在不超过 110%安全工作负荷时动作。起重量 16 t 以下的浮式起重机也宜安装起重量限制器。

12.3 起升载荷随幅度变化起重量 16 t 以上(含 16 t)的臂架式起重机应装设起重力矩限制器。

12.4 臂架式起重机应设臂架变幅限位器和防止起重臂后翻的装置。

12.5 起重机回转机构应设有回转锁定装置。

12.6 起重机起升机构应设起升高度限位器和下降深度限位器。

12.7 滑轮应有防钢丝绳跳槽的装置。

12.8 室外的电气设备应设防雨罩。

13 检验与检查

13.1 基本要求

13.1.1 所有新建、改建或全面修理过的浮式起重机在初次使用之前都应经船检部门检验，以保证符合本标准的技术条件。

13.1.2 经常使用的起重机应按时检查，检查分日常检查和定期检查二类。

13.2 日常检查

13.2.1 起重机及船舶所有控制机构的操控情况。

13.2.2 吊钩是否有裂纹和磨损变形情况。

13.2.3 钢丝绳的磨损、锈蚀、断丝情况及钢丝绳尾端的固定情况。

13.2.4 电气装置的失灵情况。

13.2.5 电气零件被润滑油及灰尘的沾染状况。

13.2.6 制动器被油污沾染状况。

13.2.7 起重机与基座的连接情况。

13.2.8 气压系统和液压系统的损坏或泄漏情况。

13.2.9 船体主要检查以下内容：

a) 压舱物的结构是否合理；

b) 甲板承载是否牢固；

c) 链索的锁紧装置、贮油罐和紧急出口的压板；

d) 消防装置和救生设备位置是否合适；

e) 壳体的密封是否有泄漏；

f) 照明与航行、停泊等信号的工作情况。

13.3 定期检查

13.3.1 使用单位可自行规定定期检查的周期，但不应大于12个月。个别零部件按制造厂商规定的时间间隔作全面检查，并对其会导致某种危险作出判断。

13.3.2 检查项目应包括13.2所述的内容，另外尚需补充下列内容。

a) 起重机金属结构、起重机基座的变形、裂纹和构件的锈蚀情况。

b) 滑轮和卷筒的裂纹和表面磨损情况。

c) 离合器的零件、棘爪、棘轮的裂纹和磨损情况。

d) 制动器的制动带、制动轮、摩擦片的裂纹和磨损情况。

e) 起重量限制器、起重力矩限制器及各种限位开关在整个行程中所出现的不准确情况。

f) 链传动中链轮的磨损和链条的伸长情况。

g) 螺栓联接的紧固程度。

h) 动力装置的不正常运转特性或与安装要求不一致的情况。

i) 销钉、轴承、轴、齿轮、滚子以及锁紧装置的磨损、裂纹和变形情况。

j) 运动零部件的润滑情况，润滑系统的润滑油供给情况。应严格遵守制造厂关于润滑部位的润滑次数、保持润滑油面以及所用润滑油种类的规定。

k) 定期化验液压油的品质。

l) 船体主要检查以下内容：

1) 系缆桩、防撞物、移船绞车、楔子是否出现腐蚀、磨损和畸变；

2) 密封件是否泄漏、结构件是否损坏；

3) 救生设备是否变形、老化和有无使用价值。

13.4 不经常使用的起重机

13.4.1 停止使用一个月或一个月以上，但不超过一年的起重机在使用之前应按13.2要求进行检查。

13.4.2 备用起重机应按13.3的要求至少每年检查一次。

13.5 检查记录

起重机的吊钩、钢丝绳、制动摩擦片等重要零部件定期检查后应作出注明日期的检查报告和检查记录，并有检查人员签名。

14 使用

14.1 对操作人员的要求

14.1.1 起重机司机和指挥手应由职能部门或其指定的单位经考试合格，取得《特殊工种操作证》的人员担任。

14.1.2 所有的操作人员应详细阅读并熟悉操作说明书和起重机安全操作规程。

14.1.3 船舶的驾驶操作人员和水手应取得海事部门颁发的证书。

14.2 安全操作

14.2.1 闭合起重机主电源前，应使所有的控制器手柄置于零位，确认周围无人时才可以闭合主电源。

14.2.2 起重机操作应在指挥人员的命令下进行，同时注意周围环境和被吊物。对紧急停车信号，不论何人发出应立即执行。

14.2.3 在起吊作业中操作人员不应擅自离开操作位置。

14.2.4 禁止不按操作规定操作。

14.2.5 严禁在被吊物上站人。

14.2.6 严禁在被吊物下站人或吊物跨越工作人员。

14.2.7 严禁起吊重量不明的物品。

14.2.8 严禁平拖或斜拖起吊。

14.2.9 在操作期间，一旦发现异常噪声、振动、发热及异味等不正常现象，应立即停止操作，检查并排除故障后，方可重新操作。

14.2.10 当风力大于六级时宜停止工作，把臂架放到它停歇位置上，并将船体锚定。

14.2.11 不得利用极限位置限制器作正常作业停车。

14.2.12 起重机工作时不应进行检查和维修。

14.2.13 起重机工作时，臂架、吊具、钢丝绳及重物等与输电线的最小距离应不小于表2的规定。

表2 与输电线的最小距离

输电线路电压/kV	<1	1～35	60	110	154	220	330	N
最小距离/m	1.5	3	3.1	3.6	4.1	4.7	5.8	$0.01(N-50)+3$
注：N——输电线路电压。								

14.2.14 当起重机靠近输电线时，应派指挥人员观察净距尺寸。

14.2.15 司机室内必要的衣服和私人物品应放在不妨碍司机进出或操作的位置上。工具、油壶、棉纱或其他必要的物品应放在工具箱内，不允许散乱放在司机室内或司机室周围。

14.2.16 操作和维护人员应熟悉灭火器的使用和保管。

14.2.17 船舶的操作应按船舶操作规程执行。

15 维护和修理

15.1 按照日常检查和定期检查要求进行检查后发现的故障应立即由专职人员进行调整和修复。

15.2 经常维护的项目如下：

a) 所有功能性的操作机构；

b) 限制器；

c) 控制系统；

d) 制动器和离合器；

e) 动力装置；

f) 其他需要维护的装置。

15.3 经常更换的零件有：

a) 起重机吊钩存在5.2.6中所述的缺陷；

b) 钢丝绳有过度磨损、严重腐蚀或钢丝绳有断丝；

c) 制动摩擦片磨损量达原厚度的50%时；

d) 更换所有出现裂缝、断裂、弯曲或严重磨损的重要零件。

15.4 更换或修理影响强度的部件，应申请船检部门进行重新试验。

15.5　有凹坑或烧穿的电气触点，应用修复或更换装置的方法进行补救，控制器的元件应当按制造厂的规定进行润滑。

ICS 25.140.30
J 47

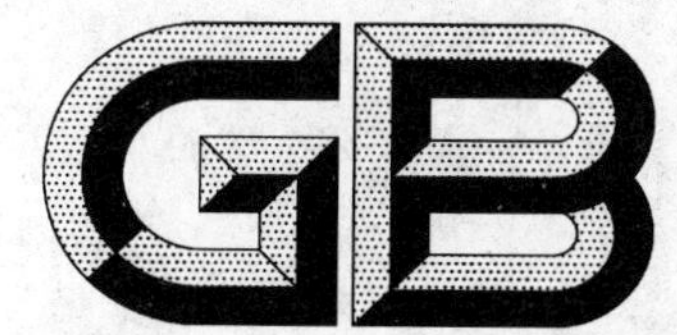

中华人民共和国国家标准

GB/T 14764—2008
代替 GB/T 14764—1993

手用钢锯条

Hand hacksaw blades

(ISO 2336-1:1996,Hacksaw blades—
Part 1:Dimensions for hand blades, NEQ)

2008-12-30 发布　　2009-09-01 实施

中华人民共和国国家质量监督检验检疫总局
中国国家标准化管理委员会　发布

前　言

本标准与国际标准 ISO 2336-1:1996《钢锯条　第1部分:手用锯条尺寸》(英文版)的一致性程度为非等效。

本标准代替 GB/T 14764—1993《手用钢锯条》。

本标准与 GB/T 14764—1993 相比主要变化如下:

——增加了术语和定义的内容(1993年版的第3章,本版的第3章);

——增加了合金工具钢产品和产品代号 M、双金属复合钢的产品代号 Bi(本版的5.2);

——增加了挠性型钢锯条的弯曲性能要求和试验方法(本版的6.5.2和7.5.2);

——删去了"产品分级"(1993版的第8章);

——修改了"包装、标志、运输与贮存"的要求(1993版的第9章,本版的第9章);

本标准的附录 A、附录 B 为资料性附录。

本标准由中国轻工业联合会提出。

本标准由全国五金制品标准化技术委员会工具五金分技术委员会归口。

本标准由海盐联合钢锯厂、上海振兴锯条工具有限公司、上海市工具工业研究所负责起草,上海昆杰五金工具有限公司、宁波长城精工实业有限公司参加起草。

本标准主要起草人:吴祖训、季胜华、张鸽、夏敏、林美德、陈立海、顾青。

本标准所代替标准的历次版本发布情况为:

GB/T 14764—1993。

手 用 钢 锯 条

1 范围

本标准规定了手用钢锯条的术语和定义、产品分类和标记、技术要求、试验方法、检验规则和标志、包装、运输与贮存。

本标准适用于手用钢锯条(以下简称锯条)。

2 规范性引用文件

下列文件中的条款通过本标准的引用而成为本标准的条款。凡是注日期的引用文件,其随后所有的修改单(不包括勘误的内容)或修订版均不适用于本标准,然而,鼓励根据本标准达成协议的各方研究是否可使用这些文件的最新版本。凡是不注日期的引用文件,其最新版本适用于本标准。

GB/T 230.1 金属洛氏硬度试验 第1部分:试验方法(A、B、C、D、E、F、G、H、K、N、T标尺)

GB/T 2828.1 计数抽样检验程序 第1部分:按接收质量限(AQL)检索的逐批检验抽样计划

GB/T 5305 手工具包装、标志、运输与贮存

YB/T 5058 弹簧钢、工具钢冷轧钢带

YB/T 5062 锯条用冷轧钢带

3 术语和定义

下列术语和定义适用于本标准。

3.1

销孔 pin hole

d

用于装夹锯条的孔。

3.2

齿部 teeth

用于提供锯切刃的齿状部分。

3.3

背部 back edge

与齿部相对应并平行的纵向边。

3.4

侧面 side

齿部与背部之间的两个平面。

3.5

齿面 face

锯切刃在锯切材料时承受切屑冲击的表面。

3.6

齿背 flank

锯切刃的背面。

3.7

齿根　root radius

连接齿面和齿背的弯曲部分。

3.8

锯切刃　tooth cutting edge

齿背和齿面交界处的横向刃口。

3.9

长度　length

l

锯条两销孔中心之间的长度。

3.10

全长　overall length

L

锯条中心线两端的长度。

3.11

宽度　width

a

锯条锯切刃和齿背间的距离。

3.12

厚度　thickness

b

锯条所用材料的厚度。

3.13

齿距　pitch

p

两相邻锯切刃之间的距离。

3.14

齿数　number of teeth

25 mm 长度内的锯齿数。

3.15

分齿　set

将锯齿从锯条两侧凸出以提供锯切间隙(参见附录 A)。

3.16

全硬型手用钢锯条　all-hard steel blade

锯条整体经热处理且硬度均匀一致的钢锯条(销孔相邻部位除外)。

3.17

挠性型手用钢锯条　flexible steel blade

锯条齿部热处理硬度均匀一致,背部为挠性或硬性,其他部位为挠性的手用钢锯条。

4　锯条各部位的名称

锯条各部位的名称如图 1 所示。

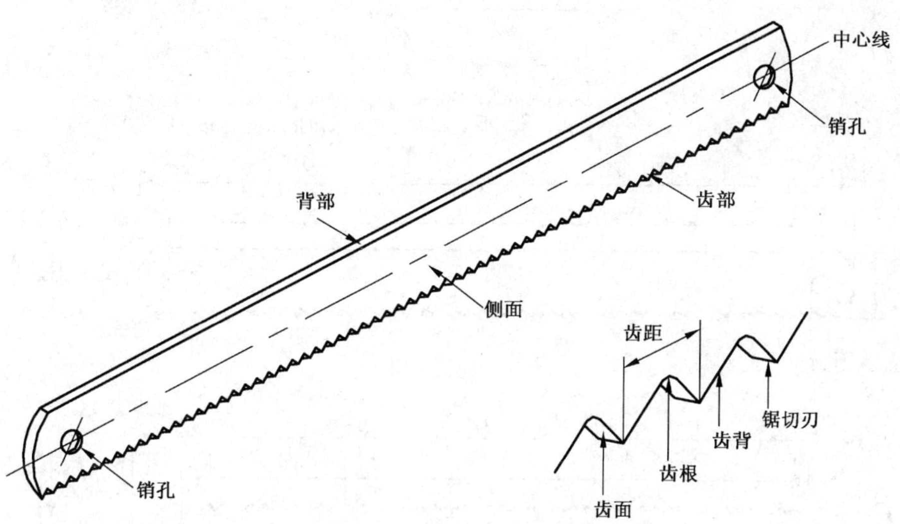

图 1 锯条各部位的名称

5 产品分类和标记

5.1 锯条按其特性分全硬型(代号 H)和挠性型(代号 F)两种类型。

5.2 锯条按使用材质分为碳素结构钢(代号 D)、碳素工具钢(代号 T)、合金工具钢(代号 M)、高速钢(代号 G)以及双金属复合钢(代号 Bi)五种类型。

5.3 锯条按其型式分为单面齿型(代号 A)、双面齿型(代号 B)两种类型。

5.4 锯条的基本尺寸按表 1 规定,其表示法如图 2 所示。

表 1 锯条的基本尺寸

单位为毫米

<table>
<tr><th rowspan="2">型式</th><th colspan="2">长度 l</th><th colspan="2">宽度 a</th><th colspan="2">厚度 b</th><th>齿数</th><th colspan="2">齿距 p</th><th colspan="2">销孔 $d(e\times f)$</th><th>全长 L max</th></tr>
<tr><th>基本尺寸</th><th>偏差</th><th>基本尺寸</th><th>偏差</th><th>基本尺寸</th><th>偏差</th><th>每 25 mm</th><th>基本尺寸</th><th>偏差</th><th>基本尺寸</th><th>偏差</th><th>基本尺寸</th></tr>
<tr><td rowspan="2">A 型</td><td>300</td><td rowspan="2">±2</td><td rowspan="2">12.0
或
10.7</td><td>+0.20
−0.50</td><td rowspan="2">0.65</td><td rowspan="2">0
−0.06</td><td rowspan="2">32
24
20
18
16
14</td><td rowspan="2">0.8
1.0
1.2
1.4
1.5
1.8</td><td rowspan="2">±0.08</td><td rowspan="2">3.8</td><td rowspan="2">+0.30
0</td><td>315</td></tr>
<tr><td>250</td><td>+0.20
−0.30</td><td>265</td></tr>
<tr><td rowspan="2">B 型</td><td>296</td><td rowspan="2">±2</td><td>22</td><td rowspan="2">+0.20
−0.80</td><td rowspan="2">0.65</td><td rowspan="2">0
−0.06</td><td rowspan="2">32
24
18</td><td rowspan="2">0.8
1.0
1.4</td><td rowspan="2">±0.08</td><td>8×5</td><td rowspan="2">±0.30</td><td rowspan="2">315</td></tr>
<tr><td>292</td><td>25</td><td>12×6</td></tr>
<tr><td colspan="13">注 1:锯条的齿形角和分齿宽参见附录 A。
注 2:特殊用途的锯条,其基本尺寸不受本标准限制。</td></tr>
</table>

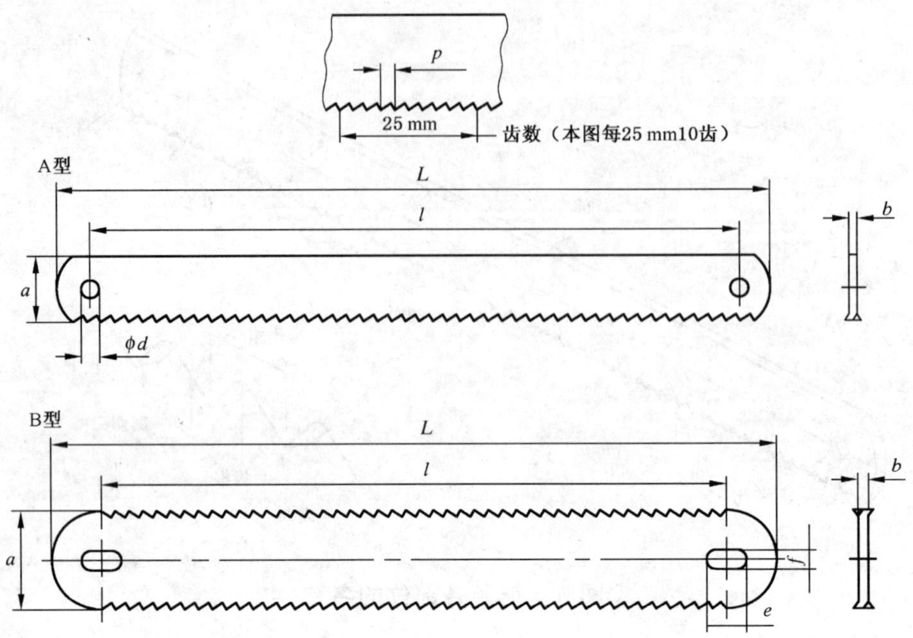

图 2　锯条基本尺寸表示法

5.5　产品标记

锯条的产品标记由产品名称、标准编号、类型代号、规格组成。

示例 1：全硬型、碳素工具钢，单面齿型、长度 l=300 mm，宽度 a=12 mm、齿距 p=1.0 mm 的钢锯条的标记为：手用钢锯条 GB/T 14764 HTA-300×12×1.0。

示例 2：挠性型、双金属复合钢，单面齿型、长度 l=300 mm，宽度 a=12 mm、齿距 p=1.0 mm 的钢锯条的标记为：手用钢锯条 GB/T 14764 FBiA-300×12×1.0。

6　技术要求

6.1　材料

锯条采用 YB/T 5058 和 YB/T 5062 所规定的材料，也可以采用同等性能以上的材料。

6.2　形状公差

6.2.1　锯条侧面平面度不大于 2 mm。

6.2.2　锯条齿部、背部直线度不大于 1.5 mm。

6.3　硬度

锯条齿部硬度按表 2 规定。

表 2　锯条齿部硬度

材　料	最小硬度/HRA
碳素结构钢	76
碳素工具钢	81
合金工具钢	
高速工具钢	82
双金属复合钢	

6.4　锯切性能要求

锯条的锯切性能按表 3 的规定。锯切试验后，切片截面倾斜应不大于 3 mm。

表 3 锯条的锯切性能

规格		碳素结构钢、碳素工具钢、合金工具钢		高速钢、双金属复合钢	
长度×宽度($l\times a$)/mm	齿距 p/mm	最大锯切时间/min		最大锯切时间/min	
		第一片	第五片	第一片	第五片
300×12.0 250×12.0 300×10.7 250×10.7	0.8	5.5	7.5	4.5	5.5
	1.0				
	1.2				
	1.4	5.5	8		
	1.5				
	1.8	6	9		

6.5 弯曲性能

6.5.1 全硬型锯条经弯曲试验后不得产生裂纹，其永久变形量不得大于 6.2.1 的规定。

6.5.2 挠性型和双金属型锯条经弯曲试验后除齿部外不得产生裂纹。

6.6 表面质量

6.6.1 经涂漆和其他表面处理的锯条表面应色泽均匀，不应有气孔、起层、露底、锈斑等影响保护性能和使用寿命的缺陷。

6.6.2 未经表面处理的锯条，表面应无裂纹、锈斑等缺陷，且表面应有防锈涂层。

7 试验方法

7.1 尺寸检验

锯条尺寸采用通用量具测量，应符合 5.4 的规定，测量齿距时，采用工具显微镜测量，在一支锯条上测相邻连续六齿，取其平均值。

7.2 形状公差检验

侧面平面度、齿部、背部直线度检验如图 3 所示，把锯条自由放置在平板上，用塞尺测量最大部位，应符合 6.2 的规定。

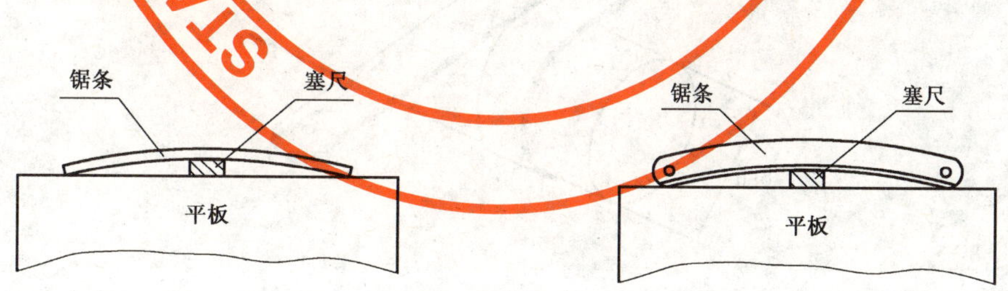

图 3 锯条形状公差

7.3 硬度试验

锯条的硬度试验按 GB/T 230.1 的规定进行，试验部位为锯条两端 50 mm 除外的齿部，试验后应符合 6.3 的要求。

7.4 锯切性能试验

7.4.1 锯条锯切试验应在专用锯切试验机上进行试验，试验结果应符合表 3 的规定，锯切试验机的要求参见附录 B。

7.4.2 锯切后，切片截面倾斜用0级90°宽座角尺与塞尺测量。测量时将角尺座放在锯切试验机工作台面上，用塞尺测量试棒端面与角尺之间的间隙，应符合6.4的规定。

7.4.3 试验时不用冷却剂。

7.4.4 锯切用试材

7.4.4.1 锯切用试材采用40 Gr钢，直径为$25_{-0.21}^{0}$ mm的圆棒。

7.4.4.2 试材经调质处理，硬度值为：

a) 碳素结构钢、碳素工具钢、合金工具钢锯条用试材硬度值24 HRC～27 HRC；

b) 高速钢、双金属复合钢锯条用试材硬度值34 HRC～37 HRC。

7.5 弯曲试验

7.5.1 如图4所示，将全硬型锯条围绕在半径R125 mm的半圆柱体上作弯曲试验，松开后，锯条应符合6.5.1的规定。

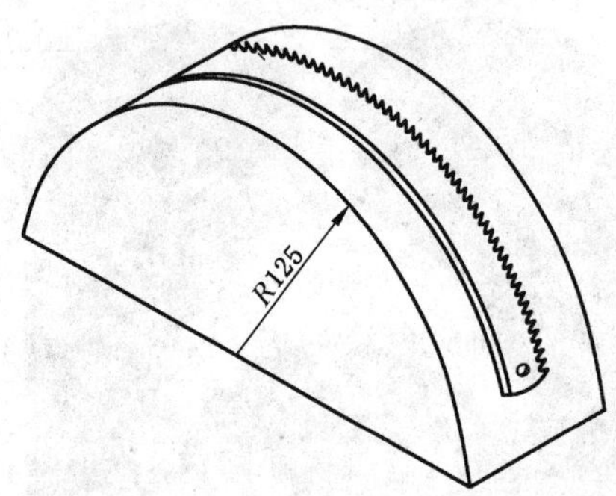

图4 全硬型锯条弯曲试验

7.5.2 如图5所示，将挠性型或双金属型锯条围绕在直径ϕ60 mm的圆柱体上作弯曲试验，松开后，锯条应符合6.5.2的规定。

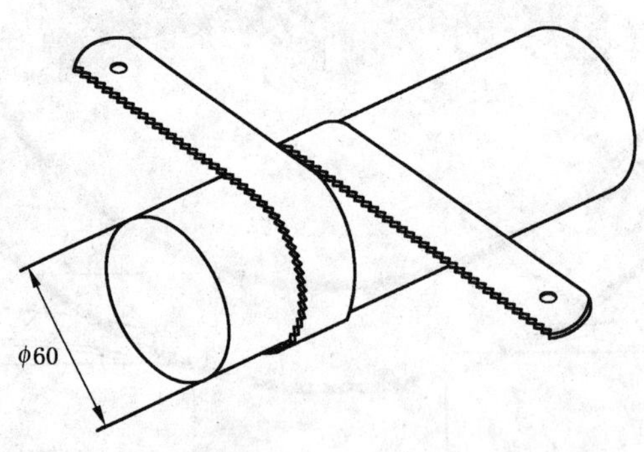

图5 挠性型和双金属型锯条弯曲试验

7.6 表面质量检验

锯条的表面质量采用目测检验，应符合6.6的规定。

8 检验规则

8.1 产品应经检验合格后方可出厂并附有产品合格证。

8.2 产品的检验按照GB/T 2828.1规定的二次抽样方案进行。

8.3 交收检验的不合格分类、检验项目、接收质量限(AQL)和检验水平按表4的规定。

表 4 不合格分类、检验项目、接收质量限(AQL)和检验水平

序号	不合格分类	检验项目	接收质量限(AQL)	检验水平
1	B	锯切性能	4.0	S-1
2	C	齿部硬度	6.5	S-2
3		弯曲性能		
4		形状公差		
5		基本尺寸	6.5	S-3
6		表面质量		

8.4 对交收检验中发现的不合格品及进行试验破坏后的样本，制造厂应予调换。

8.5 经检验拒收产品，可由制造厂重新分类修整后，再提交验收。

9 包装、标志、运输与贮存

9.1 产品标志

9.1.1 锯条上应有清晰、牢固的产品标志。

9.1.2 产品标志包括锯条的规格、材质代号、制造厂商名称或商标。

9.2 包装、包装标志、运输与贮存

锯条产品的包装、包装标志、运输与贮存按照GB/T 5305的规定。

附 录 A
（资料性附录）
手用钢锯条几何参数

A.1 齿形角形状如图 A.1，参数见表 A.1。

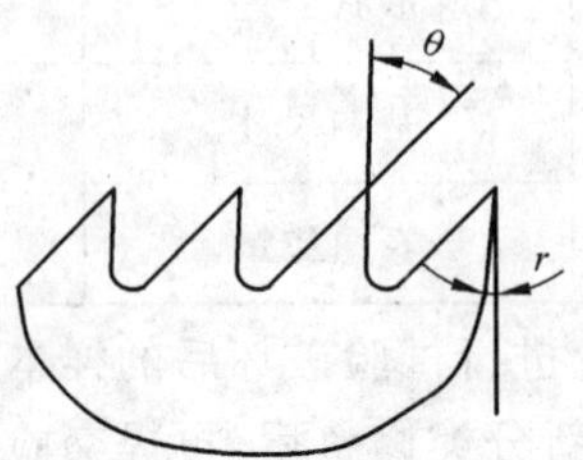

图 A.1 齿形角形状

表 A.1 齿形角参数

齿距/mm	θ/(°)	r/(°)
0.8、1.0、1.2	46～53	−2～2
1.4、1.5、1.8	50～58	

A.2 锯条的分齿型式如图 A.2，分齿宽(*h*)见表 A.2。

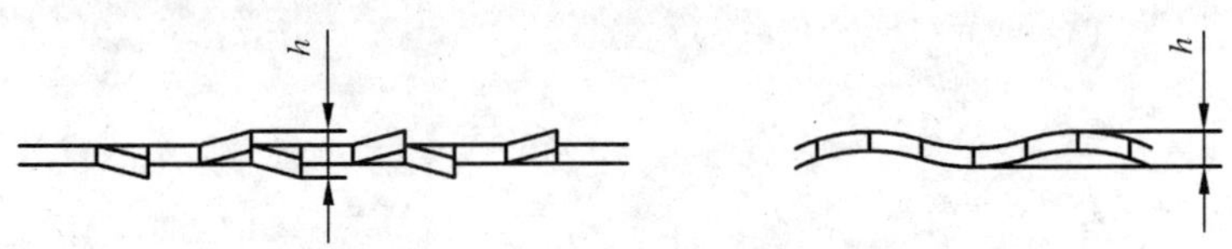

a) 交叉形分齿　　b) 波浪形分齿

图 A.2 锯条的分齿型式

表 A.2 锯条的分齿宽

单位为毫米

齿距 *p*	分齿宽 *h*	偏差 （除两端 35 mm 外）
0.8	0.90	+0.10 −0.07
1.0		
1.2	0.95	
1.4	1.00	±0.10
1.5		
1.8		

附 录 B
（资料性附录）
手用钢锯条锯切试验机技术要求及检定规程

B.1 试验设备

锯切试验机应符合下列要求：

a) 锯切试验机应处于良好的状态，特别是行程的直线性要准确，避免过大的振动。

b) 锯弓架的滑动导轨应能充分自由活动，以防由行程运动时产生的摩擦变化。

c) 锯弓架运动平面与水平面垂直，试棒中心线与偏心轮中心线在同一水平线上。

d) 行程向前时进行锯切。

e) 锯条相对于试验机滑杆的锯切方向有 1°15′±10′的倾斜夹角。

f) 锯切试验机行程为 150 mm±1 mm。

g) 锯切试验机锯切速度为(64±2)次行程/min。

h) 试棒在试验机上装夹定位应方便，当锯弓移动时，试棒与锯条销孔的距离不得少于 50 mm。

i) 锯弓架在返回行程时，往复运动的滑杆不得抬高。

j) 锯弓架包括往复运动滑杆所产生的静态载荷是由垂直悬挂在试棒之上的弹簧秤在试验机达到行程中点时测得 55 N±1 N，如图 B.1 所示。

单位为牛

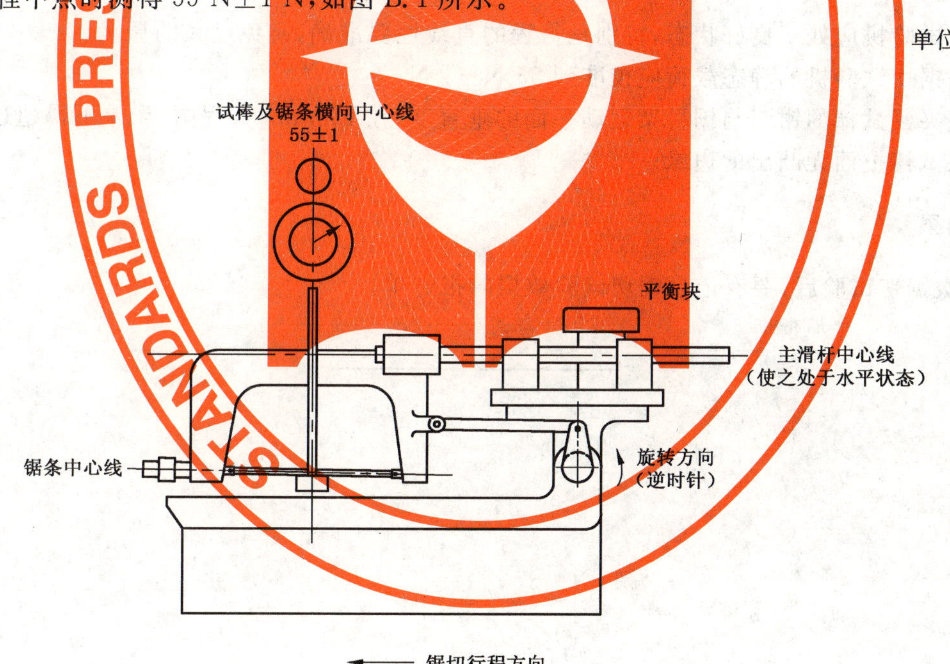

图 B.1 锯条锯切试验时静载荷的测定方法

k) 锯切试验机往复运动所产生的垂直向下的轻微动态载荷不作计算。

B.2 锯条夹角的测量

锯条与主滑杆之间形成的夹角，可用下列方法进行测量。将锯条绷紧在锯架上，采用一止动块使主滑杆与试验机工作台台面保持平行。用高度尺测量锯条两销孔处的垂直高度。测量所得两点高度之差除以两销孔之间的长度，即为锯条相对于主滑杆的夹角的正切角。

注：锯条相对于锯切试验机滑杆锯切方向成 $\alpha=1°15'\pm10'$夹角。

B.3 锯条的绷紧应力测量

施加于锯条上的规定绷紧应力所必需的锯条绷紧螺钉旋进量可以用手力将螺钉旋进到锯条绷紧为止。

B.4 试验机精度的测量

B.4.1 锯切试验机的精度，在150 mm的行程中，其垂直偏差应在0.05 mm以下。

B.4.2 测试时，采用0级90°宽座角尺与塞尺为测量工具并配以型式与基本尺寸类似锯条的其厚度为3 mm～5 mm，不平行度小于0.01 mm的无齿锯条标样。标样材质为45号钢，经调质处理后，硬度为30 HRC～40 HRC，其平面表面粗糙度*Ra*3.2。试验机精度按以下方法测量：

a) 与台虎钳钳口的垂直度：在150 mm行程范围内，将90°宽座角尺座紧贴固定钳口夹持平面，用塞尺测量锯条标样平面与角尺之间的间隙；用同样方法将角尺座紧贴固定钳口另一夹持平面，然后测量之。

b) 与工作台台面的垂直度：在150 mm行程范围内，将90°宽座角尺座安放在锯切试验机工作台台面上，用塞尺测量锯条标样平面与角尺之间的间隙。

c) 锯架运动的直线度和垂直度：将锯条标样安装在锯架上，将90°宽座角尺座安放在锯切试验机工作台台面上，然后分别前后、上下移动锯架，用塞尺测量锯条标样与角尺的间隙。

B.5 锯切试验条件

B.5.1 锯切试验机应处于良好状态，特别是行程的直线性要准确，避免过大的振动。

B.5.2 锯条锯切试验机的静态载荷应校准到55 N±1 N。

B.5.3 确保夹紧试棒的钳口与锯弓架运动平面的垂直度，在150 mm行程中，误差不得超过0.05 mm。

B.5.4 确保试棒上面无凸出的边缘。

B.6 试验结果

完成每次锯切试验后，要有记录锯切试验数据的报告单。

ICS 25.140.30
J 47

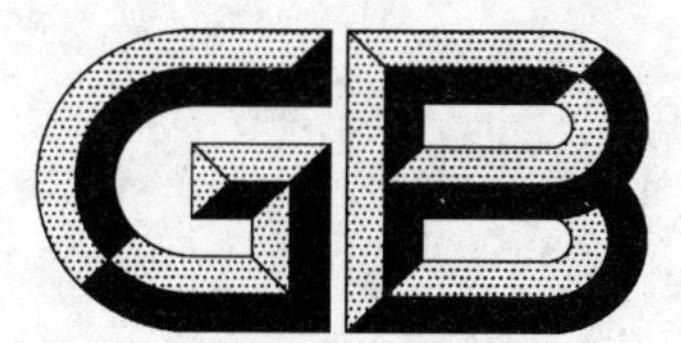

中华人民共和国国家标准

GB/T 14765—2008
代替 GB/T 14765—1993

十字柄套筒扳手

Four-way socket wrenches

(ISO 6788:1997,Assembly tools for screws and nuts—
Four-way socket wrenches—Dimensions and torque test,MOD)

2008-12-30 发布 2009-09-01 实施

中华人民共和国国家质量监督检验检疫总局
中国国家标准化管理委员会 发布

前　言

本标准修改采用 ISO 6788:1997《螺钉和螺母装配工具　十字形套筒扳手　尺寸和扭矩试验》(英文版)。

本标准根据 ISO 6788:1997 重新起草。附录 A 中列出了本标准条款和国际标准条款的对照一览表。

考虑到我国国情,在采用 ISO 6788:1997 时,本标准作了一些修改,有关技术性差异已编入正文中并在它们所涉及的条款的页边空白处用垂直单线标识。在附录 B 中给出了这些技术性差异及其原因的一览表以供参考。

本标准与 ISO 6788:1997 的主要差异如下:

——将一些适用于国际标准的表述改为适用于我国标准的表述;

——引用了采用国际标准的我国标准和其他国家标准(本版的第 2 章);

——增加了材料的要求(本版的 4.1);

——对表面处理和表面质量作了规定(本版的 4.4、4.5);

——对基本尺寸、硬度、表面处理和表面质量的试验方法作了规定(本版的第 5 章);

——对检验规则作了规定(本版的第 6 章);

——对包装、标志、运输与贮存作了规定(本版的第 7 章);

——对部分内容作了调整。

本标准代替 GB/T 14765—1993《十字柄套筒扳手》。

本标准与 GB/T 14765—1993 相比主要变化如下:

——对基本尺寸作了修改(1993 版的 3.2,本版的 3.2);

——增加了产品标记(本版的 3.3);

——增加了材料的要求(本版的 4.1);

——对最小试验扭矩作了调整(1993 版的表 2,本版的表 3);

——增加了产品标志(本版的 7.1)。

本标准的附录 A 和附录 B 为资料性附录。

本标准由中国轻工业联合会提出。

本标准由全国五金制品标准化技术委员会工具五金分技术委员会归口。

本标准的起草单位:文登威力工具集团有限公司、上海市工具工业研究所、上海昆杰五金工具有限公司、宁波长城精工实业有限公司、杭州钱江五金工具有限责任公司。

本标准主要起草人:吴祖训、刘玉信、鞠家平、林美德、陈立海、陈国苗、顾青。

本标准所代替标准的历次版本发布情况为:

——GB/T 14765—1993。

十字柄套筒扳手

1 范围

本标准规定了十字柄套筒扳手的产品分类、技术要求、试验方法、检验规则和包装、标志、运输与贮存。

本标准适用于扳拧汽车、运输车辆轮胎上的螺钉和螺母或其他类似紧固件的十字柄套筒扳手。

2 规范性引用文件

下列文件中的条款通过本标准的引用而成为本标准的条款。凡是注日期的引用文件，其随后所有的修改单(不包括勘误的内容)或修订版均不适用于本标准，然而，鼓励根据本标准达成协议的各方研究是否可使用这些文件的最新版本。凡是不注日期的引用文件，其最新版本适用于本标准。

GB/T 230.1 金属洛氏硬度试验 第1部分：试验方法(A、B、C、D、E、F、G、H、K、N、T标尺)(GB/T 230.1—2004,ISO 6508-1:1999,MOD)

GB/T 1957 光滑极限量规 技术条件

GB/T 2828.1 计数抽样检验程序 第1部分：按接收质量限(AQL)检索的逐批检验抽样计划(GB/T 2828.1—2003,ISO 2859-1:1999,IDT)

GB/T 3104 紧固件 六角产品的对边宽度(GB/T 3104—1982,eqv ISO 272:1982)

GB/T 3390.1 手动套筒扳手 套筒(GB/T 3390.1—2004,ISO 2725-1:1996,MOD)

GB/T 3390.2 手动套筒扳手 传动方榫和方孔(GB/T 3390.2—2004,ISO 1174-1:1996,MOD)

GB/T 3390.4—2004 手动套筒扳手 连接附件(GB/T 3390.4—2004,ISO 3316:1996,MOD)

GB/T 4390 公制扳手开口和扳手孔的常用公差(GB/T 4390—1995,eqv ISO 691:1983)

GB/T 4625 螺钉和螺母装配工具术语(GB/T 4625—1998,idt ISO 1703:1983)

GB/T 4955 金属覆盖层 覆盖层厚度测量 阳极溶解库仑法(GB/T 4955—2005,ISO 2177:2003,IDT)

GB/T 5305 手工具包装、标志、运输与贮存

GB/T 6462 金属和氧化物覆盖层 厚度测量 显微镜法(GB/T 6462—2005,ISO 1463:2003,IDT)

3 分类和标记

3.1 产品型式

十字柄套筒扳手的型式如图1所示。本标准的图示仅是示例，并不影响对产品的设计。

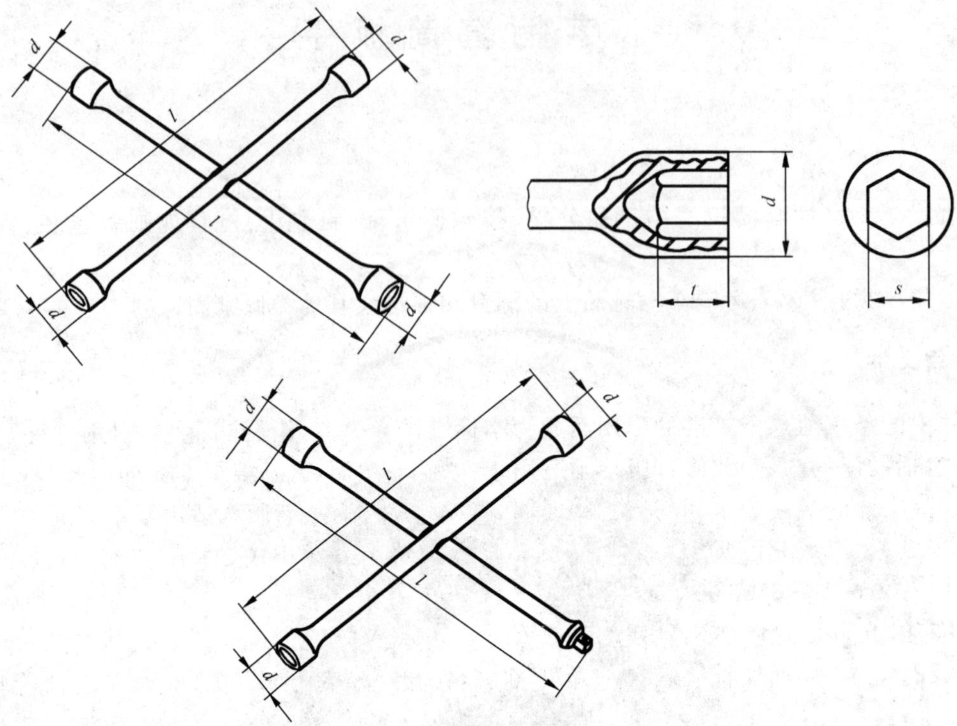

注：十字柄套筒扳手有四个不同规格的套筒，也可用一个传动方榫代替其中的一个套筒。

图 1　十字柄套筒扳手的型式

3.2　基本尺寸

3.2.1　基本尺寸如表 1 所示。

表 1　十字柄套筒扳手的基本尺寸

单位为毫米

型　号	套筒对边尺寸[a] s max	传动方榫对边尺寸	套筒外径 d max	柄长 l min	套筒孔深 t min
1	24	12.5	38	355	0.8 s
2	27	12.5	42.5	450	0.8 s
3	34	20	49.5	630	0.8 s
4	41	20	63	700	0.8 s

[a] 根据 GB/T 3104 规定的对边尺寸。

3.2.2　套筒头最大外径允许比 GB/T 3390.1 中规定的尺寸大 10%。

3.2.3　套筒对边尺寸的公差应符合 GB/T 4390 的公差系列 2 的规定。

3.2.4　传动方榫的公差应符合 GB/T 3390.2 的规定。

3.2.5　十字柄套筒扳手的两半柄应等长，公差为柄长 l 的 ±3%，两柄的夹角为 90°±2°。

3.3　产品标记

十字柄套筒扳手的标记由产品名称、标准编号、套筒对边尺寸和传动方榫对边尺寸组成。

示例 1：套筒对边尺寸 s 分别为 18 mm、21 mm、22 mm 和 24 mm 的十字柄套筒扳手的标记为：十字柄套筒扳手 GB/T 14765-18×21×22×24。

示例 2：套筒对边尺寸 s 分别为 18 mm、21 mm、22 mm，传动方榫对边尺寸为 A12.5 的十字柄套筒扳手的标记为：十字柄套筒扳手 GB/T 14765-18×21×22×A12.5。

4 技术要求

4.1 材料

采用能够达到本标准要求的优质碳素结构钢或合金结构钢。

4.2 硬度

十字柄套筒扳手应进行热处理，其硬度应符合表2的规定。

表2 十字柄套筒扳手的最小硬度

套筒对边尺寸 s/mm	硬度/HRC min
$s \leqslant 34$	39
$s > 34$	35

4.3 试验扭矩

套筒头和传动方榫的最小试验扭矩应符合表3和表4的规定。

4.4 表面处理

4.4.1 十字柄套筒扳手应进行电镀或其他表面处理。

4.4.2 十字柄套筒扳手的电镀层厚度应不低于6 μm。

4.5 表面质量

4.5.1 经电镀处理后的十字柄套筒扳手，其表面应色泽均匀、不应有气孔、漏镀、起层等影响保护性能和使用寿命的缺陷。

4.5.2 经发黑处理或其他化合物生成处理的扳手，其表面应色泽均匀，不应有明显的斑点及露底现象且有一层防锈保护涂层。

表3 十字柄套筒头最小试验扭矩

套筒头对边尺寸 s/mm	试验扭矩/N·m min	套筒头对边尺寸 s/mm	试验扭矩/N·m min
10	58.10	21	330
11	72.70	(22)	368
(12)	89.10	24	451
13	107.00	27	594
(14)	128.00	30	760
15	150	(32)	884
16	175	34	1 019
(17)	201	36	1 165
18	230	41	1 579
(19)	261	46	2 067

注1：最小试验扭矩的计算公式为：$0.265\ 7\ s^{2.34}$ N·m。

注2：括号内的尺寸非优先选配。

表 4 十字柄套筒传动方榫最小试验扭矩

方榫系列/mm	试验扭矩[a]/N·m min
12.5	512
20	1 412
[a] 方榫的最小试验扭矩按照 GB/T 3390.4—2004 表 2 的 204 接杆 a 级。	

5 试验方法

5.1 基本尺寸检验

套筒和传动方榫基本尺寸采用通用量具或用符合 GB/T 1957 规定的专用量规进行，应符合 3.2 的规定。

5.2 硬度试验

硬度试验按照 GB/T 230.1 的规定进行，应符合 4.2 的规定。

5.3 扭矩试验

把套筒头插入六角试棒，或把传动方榫插入试验棒方形孔内，在扭矩达到额定值时，保持 30 s，卸载后不得产生影响使用性能的永久变形或其他损坏。

六角试验棒和方形孔试验棒的硬度应不低于 55HRC，其对边尺寸公差带分别为 h8 和 H8。

试验过程中需使用支撑物，以防止因载荷 F 的施力点与试验棒底部之间的 $l/2$ 距离而产生弯曲扭矩（如图 2 所示）。

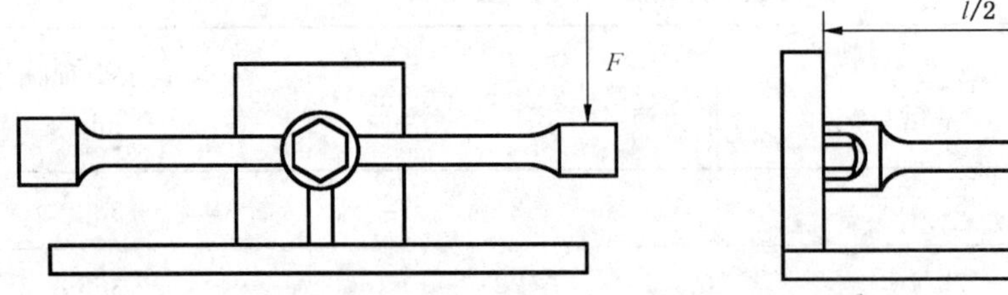

图 2 扭矩试验

5.4 表面处理和表面质量的检验

5.4.1 电镀层厚度检验按照 GB/T 4955 或 GB/T 6462 的规定进行，应符合 4.4.2 的规定。

5.4.2 表面质量采用目测检验，应符合 4.5 的规定。

6 检验规则

6.1 产品应检验合格后方可出厂并附有产品合格证。

6.2 产品的交收检验按 GB/T 2828.1 规定的二次抽样方案进行。

6.3 产品的不合格分类、检验项目、接收质量限（AQL）和检验水平按表 5 的规定。

6.4 对交收检验中发现的不合格品及进行试验破坏后的样本，制造厂应予调换。

6.5 经检验拒收产品，可由制造厂重新分类修整后，再提交验收。

表 5 不合格分类、检验项目、接收质量限和检验水平

序 号	不合格分类	检验项目	接收质量限(AQL)	检验水平
1	B	套筒头对边尺寸和传动方榫对边尺寸	4.0	I
2		扭矩		S-2
3		硬度		
4	C	电镀层厚度	6.5	
5		表面质量		I
6		其他尺寸		

7 包装、标志、运输与贮存

7.1 产品标志

在十字柄套筒扳手产品上应有固定明晰的产品标志，标志内容包括产品的套筒对边尺寸和方榫对边尺寸，以及制造厂商的名称或商标。

7.2 产品的包装、包装标志、运输与贮存

产品的包装、包装标志、运输与贮存按 GB/T 5305 的规定进行。

附　录　A
（资料性附录）
本标准与ISO 6788:1997技术性差异的章条编号对照

表A.1给出了本标准与ISO 6788:1997技术性差异章条编号对照的一览表。

表A.1　本标准与ISO 6788:1997技术性差异章条编号对照一览表

本标准章条编号	对应的国际标准章条编号
2	2
3.2.1	3
4.1	无
4.4	无
4.5	无
5	无
6	无
7	无

附 录 B
（资料性附录）
本标准与 ISO 6788:1997 技术性差异及其原因

表 B.1 给出了本标准与 ISO 6788:1997 技术性差异及其原因的一览表。

表 B.1 本标准与 ISO 6788:1997 技术性差异及其原因

本标准的章条编号	技术性差异	原　因
2	引用了采用国际标准的我国标准。增加引用了 GB/T 230.1、GB/T 1957、GB/T 2828.1、GB/T 3390.1、GB/T 3390.2、GB/T 3390.4—2004、GB/T 4390、GB/T 4955、GB/T 5305、GB/T 6462	以适合我国国情和产品现状
3.2.1	根据 GB 3104 规定的对边尺寸	以适合我国国情和产品现状
4.1	增加了材料的规定	以适合我国国情
4.4	对表面处理作了规定	以适合我国产品现状
4.5	对表面质量作了规定	以适合我国产品现状
5	对基本尺寸、硬度、表面处理和表面质量的试验方法作了规定	以适合我国产品现有的检测方法
6	对检验规则作了规定	以适合我国国情
7	对包装、包装标志、运输与贮存作了规定	以适合我国国情

ICS 37.040.20
G 80

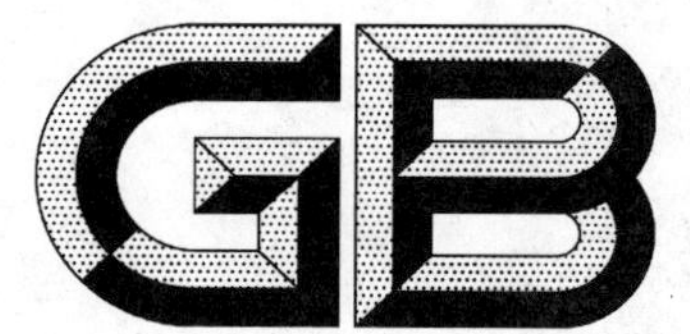

中华人民共和国国家标准

GB/T 14766—2008/ISO 6846:1992
代替 GB/T 14766—1993

摄影 黑白连续影调相纸 ISO 感光度和 ISO 印相范围的测定

Photography—Black-and-white continuous-tone papers—Determination of ISO speed and ISO range for printing

(ISO 6846:1992,IDT)

2008-09-24 发布　　2009-05-01 实施

中华人民共和国国家质量监督检验检疫总局
中国国家标准化管理委员会　发布

前言

本标准等同采用国际标准 ISO 6846:1992《摄影——黑白连续影调相纸——ISO 感光度和 ISO 印相范围的测定》(英文版),技术内容和编写格式与 ISO 6846:1992 保持一致,只是根据我国国家标准的编写要求,删除了 ISO 标准的前言,改为我国国家标准的前言。

本标准修订并代替 GB/T 14766—1993《黑白相纸感光度和印相范围测定方法》。

本标准在内容上与 GB/T 14766—1993 相比,主要变化如下:

——修订了前言,增加了引言;

——标准名称更改为"摄影 黑白连续影调相纸 ISO 感光度和 ISO 印相范围的测定";

——在第 3 章中,去掉术语"黑白相纸感光度"、"黑白相纸的印相范围"和"最大净密度",增加了"最小密度";

——第 4 章为新增加的"抽样和贮存";

——第 5 章为试验方法,对应于原标准第 4 章,但细分了条,增加了评价的内容;

——第 6 章"产品分类",对应于原标准第 5 章,增加了 ISO 感光度和 ISO 印相范围的精确度的测定;

——第 7 章"产品标记和标签",内容对应于原标准第 6 章,增加了 7.3 总则;

——增加了附录 A、附录 B、附录 C、附录 D。

本标准的附录 A、附录 B、附录 C、附录 D 为资料性附录。

本标准由中国石油和化学工业协会提出。

本标准由全国感光材料标准化技术委员会(SAC/TC 102)归口。

本标准起草单位:中国乐凯胶片集团公司。

本标准主要起草人:王丽丽、邵颖。

本标准所代替标准的历次版本发布情况为:

——GB/T 14766—1993。

引 言

本标准建立了一种相纸照相性能的测试方法，帮助用户在使用产品时适当选择。因此，ISO感光度和ISO印相范围是两种重要的测量方法。

研究表明可接受的照片通常是照相纸的曝光量对数值(LER)与负片的有效密度范围相等。因此，直接与LER值有关的ISO范围提供了一个有效的相纸分级标准。本标准可通过调整景物、个人偏爱、相纸特性如D_{max}，表观和曲线形状获得最优照片。

每个制造商都建立了一个相纸分级体系，因为用户很难区分照片性能和相纸本身或选择可变反差相纸用滤色片的性能。所以引用ISO范围号可减少混淆。

ISO范围不是测量影像反差的方法，而是一个正确为给定负片密度范围选择相纸的有用的指南。用三种不同的方法测量照片影像反差，涉及到相纸特性曲线上的两个点。

a) 两点之间的密度差(密度范围)；

b) 直线的斜率(平均斜率)；

c) 两点的曝光量对数的差别(曝光量对数范围)。

以上三种方法中，曝光量对数与相纸反差等级的概念最接近(见附录B和附录C)。

当使用镜面光学系统的印像机时，负片的漫射密度范围不是照度范围的精确测量，因为满足漫透射密度标准的条件通常只是存在于接触印相，因此引入了术语“有效密度范围”(见附录A)。

负片的有效密度范围应与通常投影放大印制材料的曝光量对数值相对应，以获得最佳的影像还原。负片影像有效密度范围可通过应用适宜的校正因数从ISO漫透射密度范围中测量，或者，照度范围可用一个匹配的光度计在打印平面上测量(见附录A)。

多数制造商已对照相纸分级，级号范围从00到6。级号越大，相纸的特性曲线的反差越大。

ISO范围号将随反差提高而降低。用户通常采用ISO范围的概念评价负片的密度范围，选择使用相纸的级别。若密度范围小，将使用较小的ISO范围号的相纸。这将经过一段时间后接受这个新概念，不过，建立的国际接受的相纸分级方法将给使用者带来很大的长期利益。

本标准中的规定不适合实际使用中很宽的曝光条件范围。为此，当产品除了用钨灯在2856K曝光时使用其他光源，按照程序获得的感光度和范围号不能直接应用。

由于设计的特定的相纸经过特殊加工后可得到最佳效果，所以本标准未规定一种加工方法。因此不宜限制ISO感光度和ISO范围号，因为制造商规定的加工方法会产生不同的结果。

摄影　黑白连续影调相纸　ISO感光度和ISO印相范围的测定

1　范围

本标准规定了黑白相纸ISO感光度和ISO印相范围的测定方法。

本标准适用于从黑白底片制作连续影调或艺术摄影的黑白正性反射照片，包括普通卤化银印相纸和放大纸以及可变反差相纸。相纸可用普通药液和设备加工，也可采用催化剂或加热显影的特殊程序。

本标准不适用于：

a）非银盐相纸；

b）高反差银盐相纸，如印刷制版或其他非艺术摄影的相纸；

c）直接正像或反转影像的银盐相纸。

2　规范性引用文件

下列文件中的条款通过本标准的引用而成为本标准的条款。凡是注日期的引用文件，其随后所有的修改单（不包括勘误的内容）或修订版均不适用于本标准，然而，鼓励根据本标准达成协议的各方研究是否可使用这些文件的最新版本。凡是不注日期的引用文件，其最新版本适用于本标准。

GB/T 11501　摄影　密度测量　第3部分：光谱条件（GB/T 11501—2008，ISO 5-3:1995，IDT）

GB/T 12823.4　摄影　密度测量　第4部分：反射密度的几何条件（GB/T 12823.4—2008，ISO 5-4:1983，IDT）

ISO 554　标准大气条件和/或测试——规范

ISO 6728　摄影术——相机镜头——ISO彩色贡献指数的测定（ISO/CC）

ISO/CIE 10526　CIE标准比色光源

3　术语和定义

下列术语和定义适用于本标准。

3.1

曝光量　exposure

H

黑白相纸受到的照度与时间的乘积。单位为勒克斯·秒，用符号H表示，形式是以10为底的对数。

3.2

感光度　speed

在规定的曝光、加工和测试的条件下，感光材料对光辐射能的响应敏度的定量表示。

3.3

曝光量对数值范围　log exposure range

LER

曝光量对数值范围通常用于制作一张最终的照片，也就是在相纸上要得到两个指定的密度值所需要的曝光量对数值的差值。

3.4

最小密度　minimum density

D_{min}

产品未曝光按照ISO感光度测定加工后得到的最小密度值。

4 抽样和贮存

在测定胶片ISO感光度和ISO印相范围时,重要的是从被测样品测出用户获得的平均结果。测定之前,样品应按生产厂家推荐的时间贮存,目的是模拟产品正常使用的平均放置时间。为了保证在抽样计划中包括所有的变化因素,推荐ISO标准手册3中使用的程序。其他参考资料在文献中给出。

5 试验方法

5.1 原理

样品应按下面的规定曝光和加工。从所得影像测量密度,绘出特性曲线,由特性曲线求出ISO感光度和ISO范围值。

5.2 安全灯

为消除安全灯影响照相性能结果的可能性,所有相纸应在全黑下操作。

5.3 曝光

5.3.1 样品条件

曝光期间,样品应符合ISO 554中的温度23 ℃±2 ℃,相对湿度50%±5%的环境要求。

5.3.2 感光仪类型

感光仪是连续式,调光制类型。

5.3.3 辐射能性质

光源色温2856K(CIE标准光源A,在ISO/CIE 10526中描述),其照度的光谱能量分布应与该色温下黑体辐射体的光谱能量分布相同,可在ISO 6728中描述的ISO标准相机镜头调制。本标准中的光源通过一个滤色镜调整,多反差相纸引用的感光度和范围应明确指定滤色镜。

5.3.4 调制

相纸的光谱漫透射密度的范围在波长400 nm～700 nm之内,光谱选择性吸收变化不大于各级谱平均密度的5%或0.03的密度值,两者取其大值。而在360 nm～400 nm波长范围内的光谱选择性吸收变化可允许各级谱平均密度的10%或0.06的密度值,两者取其大值。

如果曝光量使用梯级增值,其曝光量增值不大于0.15 $\lg H$,每一级在密度计读数孔的密度的宽度和长度都是均匀的(见5.5)。

如果使用连续可变调节,测试光楔条的$\lg H$的变化应是均匀的,每级不应大于0.04。

5.3.5 曝光时间

曝光时间应在0.1 s～10 s之间适当选用。

相纸的感光度取决于曝光时间,由于互易律失效规律的影响,使测定ISO感光度和ISO范围的曝光时间应在说明中规定。

相纸应有未曝光的部分,或提供最小密度。

5.4 冲洗加工

5.4.1 试样的条件

在曝光和冲洗加工间歇期间,相纸应保持在23 ℃±2 ℃、相对湿度50%±5%的条件下。冲洗加工要在曝光后2h内完成。

5.4.2 加工规范

由于使用的加工药液和设备范围广泛,因此本标准不提供经过加工规范。通常相纸制造厂家按照推荐的方法加工提供ISO感光度和ISO印相范围。引用ISO感光度和ISO印相范围的相纸制造厂家或其他厂家应提供加工信息。加工信息应规定加工药液、时间、温度、搅拌、每一步的加工程序和设备,和其他获得感光性能结果的信息(如影响光泽的干燥条件)。加工方式不同,其感光度和印相范围将有很大变化。尽管改变加工方法可得到不同的感光度和印相范围,但是使用者应意识到其他的照相和物理性能也会变化。

5.5 密度计量

测试相纸影像加工的 ISO 视觉反射密度的密度计应符合 GB/T 12823.4 中几何条件和 GB/T 11501 光谱条件的规定。应在相纸曝光均匀处读取密度。

5.6 评价

5.6.1 感光特性曲线

用 ISO 标准测得的视觉反射密度值为纵坐标，以对应的曝光量 10 为底的对数值作为横坐标，以勒克斯·秒表示，绘制感光特性曲线，见图 1。

5.6.2 最小密度 D_{min}

取同一张相纸上，未曝光的样片和测定感光曲线的已曝光的样片同时冲洗加工后测得最小密度。

5.6.3 最大密度 D_{max}

最大密度值 D_{max} 表示样片的密度随着曝光量的增加而不增加。

5.6.4 最大净密度 D_N

D_N 代表样片的最大反射密度，由 D_{min} 调节。这个值称为最大净密度，与相纸的最大反差有关(见图 1)，可从式(1)中导出：

$$D_N = D_{max} - D_{min} \quad \cdots\cdots(1)$$

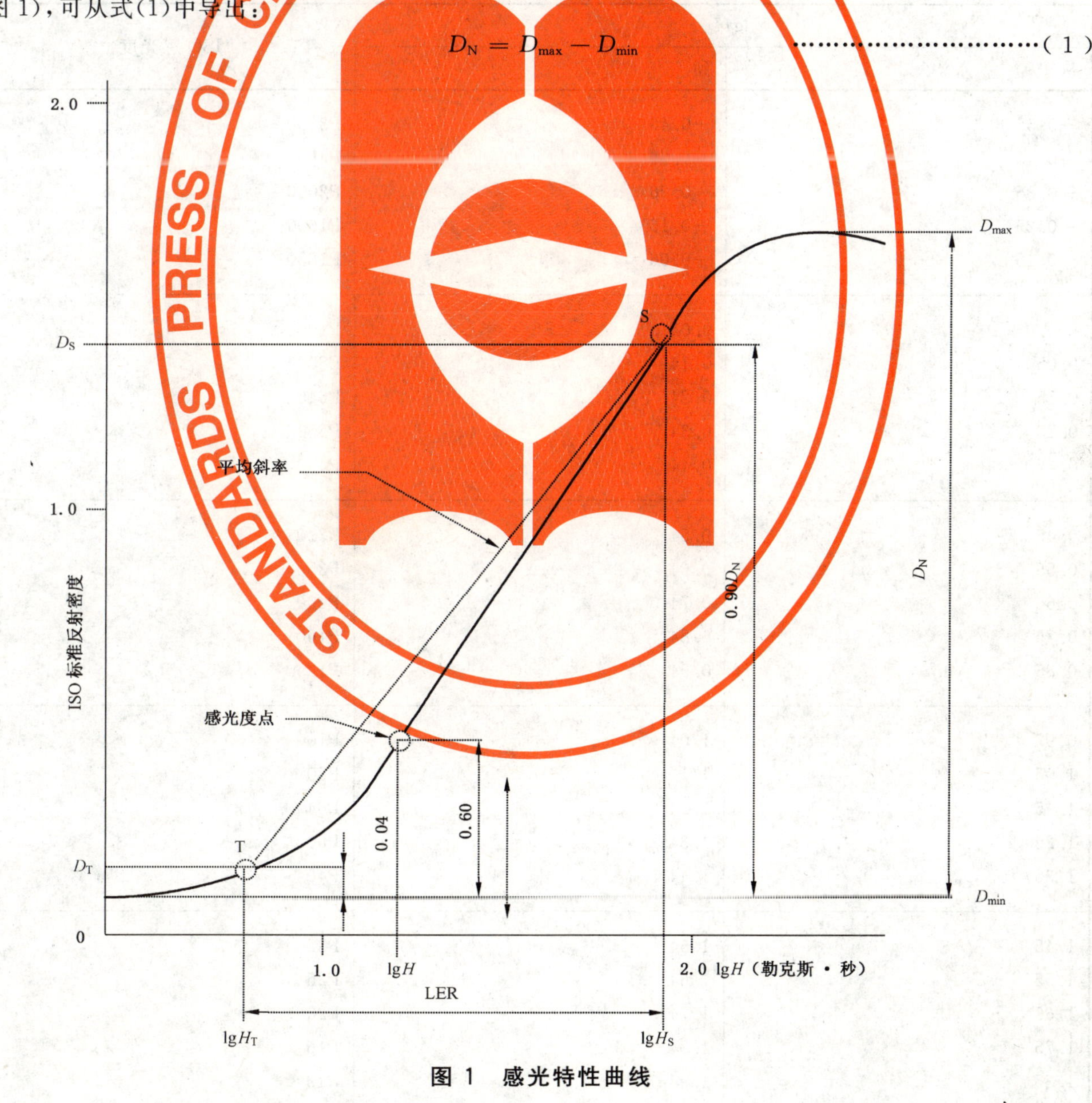

图 1 感光特性曲线

6 产品分类

6.1 感光度计算

原始感光度值 S,由式(2)导出:

$$S=\frac{1\ 000}{H_m} \quad \cdots\cdots(2)$$

式中:

H_m——特性曲线上最小密度+0.60 的点所对应的曝光量,单位为勒克斯·秒(lx·s)。

6.1.1 ISO 感光度

ISO 感光度可直接从表 1 中的 $\lg H_m$ 得到,将感光度原值归整到感光度的范围。首先在图 1 中测定 $\lg H_m$ 到两个小数位。在表 1 中左边两栏中选择 $\lg H_m$ 适宜的范围,然后从右边栏中找出对应的 ISO 感光度。

表 1 ISO 感光度

$\lg H_m$		ISO 感光度
从	到	
−0.55	−0.46	P3200
−0.45	−0.36	P2500
−0.35	−0.26	P2000
−0.25	−0.16	P1600
−0.15	−0.06	P1250
−0.05	0.04	P1000
0.05	0.14	P800
0.15	0.24	P640
0.25	0.34	P500
0.35	0.44	P400
0.45	0.54	P320
0.55	0.64	P250
0.65	0.74	P200
0.75	0.84	P160
0.85	0.94	P125
0.95	1.04	P100
1.05	1.14	P80
1.15	1.24	P64
1.25	1.34	P50
1.35	1.44	P40
1.45	1.54	P32
1.55	1.64	P25
1.65	1.74	P20
1.75	1.84	P16
1.85	1.94	P12

6.1.2 **产品的 ISO 感光度**

产品的 ISO 感光度应是以 10 为底的曝光量的对数的平均值。样片应在上面规定的条件下贮存的所有样片中抽取(见第 4 章和第 5 章)。产品的感光度应是表 1 中的归整值。由于 ISO 感光度取决于加工条件,因此当引用 ISO 感光度值时应予以指定。

6.1.3 **精确度**

校准测定 ISO 感光度的加工设备,确保 $\lg H_m$ 的绝对误差值小于 0.05。

6.2 **印相范围计算**

原始印相范围值 R,由式(3)导出:

$$R = 100(\lg H_S - \lg H_T) \quad \cdots\cdots (3)$$

式中:

H_S——$0.9D_N$ 密度所需的曝光量;

H_T——$D_{min}+0.04$ 的密度所需的曝光量。

S 点和 T 点通常对应最大和最小曝光量。$(\lg H_S - \lg H_T)$为曝光量对数范围(LER)(见附录 B)。

6.2.1 **ISO 印相范围**

ISO 印相范围能直接从表 2 中$(\lg H_S - \lg H_T)$获得,它有效地将原始印相范围值归整到 ISO 范围。首先从图 1 中测定出$(\lg H_S - \lg H_T)$数值为两位小数。然后将其范围值从表 2 的左面两栏中选择,在右面一栏中找出其对应的 ISO 印相范围值。

6.2.2 **产品的 ISO 印相范围**

产品的 ISO 印相范围依据于产品样片统计的曝光量对数范围的算术平均值。样片应在上面规定的条件下贮存的所有样片中抽取(见第 4 章和第 5 章)。产品的 ISO 印相范围应是归整值,用表 2 中的 LER 平均值测定。

表 2 ISO 印相范围

$\lg H_S - \lg H_T$		ISO 印相范围
从	到	
0.35	0.44	R40
0.45	0.54	R50
0.55	0.64	R60
0.65	0.74	R70
0.75	0.84	R80
0.85	0.94	R90
0.95	1.04	R100
1.05	1.14	R110
1.15	1.24	R120
1.25	1.34	R130
1.35	1.44	R140
1.45	1.54	R150
1.55	1.64	R160
1.65	1.74	R170
1.75	1.84	R180
1.85	1.94	R190

6.2.3 **精确度**

校准测定 ISO 印相范围的加工设备,确保 LER 的绝对误差值小于 0.01 或 3%,取其最大值。

7 产品标记和标签

7.1 ISO 感光度

用本标准中所规定的方法测定产品的感光度，可按表 1 表示成 ISO 感光度标度。以“ISO P100”，或“ISO 相纸感光度 P100”表示。

7.2 ISO 印相范围

用本标准中所规定的方法测定产品的印相范围，可按表 2 表示成 ISO 印相范围标度。以“ISO R140”，或“ISO 印相范围 140”表示。

7.3 总则

因为 ISO 感光度和 ISO 印相范围不仅取决于相纸产品本身，而且与显影加工有关，因此在引用数值时应规定加工条件。可使用缩写形式，例如“ISO P100(显影液 D-72)”。

附 录 A
（资料性附录）
相纸印相范围 R 和负片有效密度范围之间的关系

照相纸的曝光量对数值范围提供了一个有益的但不全面的相纸分级标准。由于满意的照片通常是由相纸的曝光量对数值范围与负片影像的有效密度相匹配而获得的，负片影像的场景和灯光是正常的。如果相纸感光特性曲线形状不同，相纸具备相似曝光量对数范围将使照片的表观变化较大，因此它不是一个全面的分级标准。而且制作光面相纸（大密度高）的负片和涂相同乳剂的绒面纸的效果相当，即使他们的曝光量对数值不一样。

ISO 印相范围直接从曝光量对数值范围中测定，它是为已知影像密度范围的底片选择一种相纸的使用指南。ISO 印相范围将是为一种选定相纸的负片影像有效密度范围的 100 倍。对于中等密度相纸，匹配精确，效果会很好。对于低密度相纸，在大多数情况下，LER 值略微小于负片密度范围，而高密度相纸，则反之。如果要想从一张负片中获得最好效果的照片，若选用两种大密度不同的相纸，多数情况下，较低大密度的相纸有较小 LER 值。

当负片被接触印相时，其有效密度范围相当于由校正的透射密度计（见 ISO 5）测量的漫射密度范围。当负片被放大时，有效的密度范围增大，是由于负片的散射特性（散射光通常产生 5%～10% 的密度）。负片有效密度范围可通过光度计测定影像的最大和最小的光照度，对比出照度对数的差异。

照片的最优质量取决于审美因素，相纸的曝光量对数与负片的有效密度区别较大。这样，有效密度范围的之间的关系是近似的，作为相纸印相范围起点，要求测定打印机/放大机，显影液和相纸表观。

附　录　B
（资料性附录）
曝光量对数和反差之间的关系

负片作为一个调节器，它的密度范围决定了相纸曝光量的密度。当负片被正常制作时，本标准中测定曝光量对数的两种曝光通常对应相纸接收的最大的和最小的曝光量。所产生的密度对应被摄原景物的阴影部分和光亮部分。如果照片反映负片密度变化，这些密度将调整不同相纸反差的曝光量。因此，相纸的 LER 值与负片的密度范围相匹配很重要。换句话说，选择制作照片的相纸的 ISO 印相范围相当于负片有效密度范围的 100 倍。

最终照片的影像反差受许多因素影响，例如原景物的照明，负片和印放材料的性能，照片取景条件等。具有相同密度范围的负片制作出的照片反差很大，由于相纸的表面状态，最大密度和曲线形状不同。

相纸的感光特性曲线上的反差测量有助于选择一种理想的色调梯度变化的照片。平均斜率测量即是图 1 中 T 点和 S 点连线的斜率，计算见式(B.1)：

$$\overline{G}=\frac{D_{S}-D_{T}}{\lg H_{S}-\lg H_{T}} \quad \cdots\cdots\cdots\cdots(B.1)$$

附 录 C
（资料性附录）
曝光量对数范围和平均斜率之间的关系

对于一张给定的底片，选择最合适反差的相纸来说，尽管本标准中使用的曝光量对数范围和 ISO 范围是测量相纸反差的最好的测量方法，但是它没有考虑相纸光泽度的差异对密度范围差异的影响。平均斜率是相纸反差的一种测量方法，即包括曝光量对数范围和相纸，密度范围，因此，它是一个产品对比的有效方法。当相同的正片乳剂涂布在无光泽面和光面相纸时，光面相纸平均斜率高，曝光量对数范围大，最大密度大。即使两种相纸有不同的曝光量对数范围，他们对与其匹配的负片具有最好的反差等级。

附 录 D
（资料性附录）
参 考 文 献

[1] ISO 5-1:1984 摄影术——密度测量——第1部分:术语,符号表示法

[2] ISO 5-2:1991 摄影术——密度测量——第2部分:透射密度几何条件

[3] ISO 标准手册 3,统计方法,1989

[4] GRANT AND LEVENWORTH QC 统计 5th ed. McGraw Hill,1980. ISBN 0-07-024114

[5] SNEDECOR,GW. 统计方法 4th ed. ch. 1,3 和 17. lowa state college press,1950

[6] COCHRAN,W. G. 抽样技术,Wiley,1961. ch. 1

[7] SCHILLING,E. G. 质量控制合格抽样,Marcel Dekker,1982. 议会图书馆. ISBN 0-8247-1347-8

[8] CIE 出版号. 17. 4:1987,国际照明词汇(IEC/CIE 联合出版)

ICS 67.050
X 04

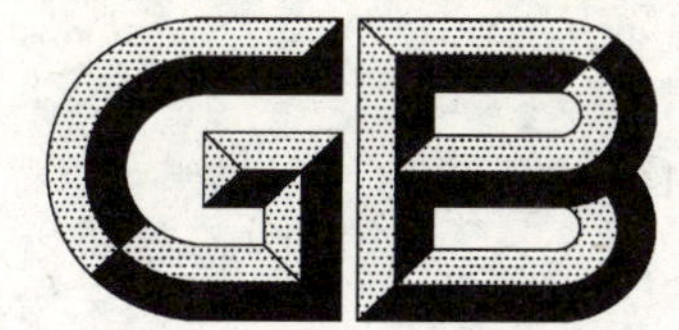

中华人民共和国国家标准

GB/T 14772—2008
代替 GB/T 14772—1993

食品中粗脂肪的测定

Determination of crude fat in foods

2008-06-25 发布　　2009-01-01 实施

中华人民共和国国家质量监督检验检疫总局
中国国家标准化管理委员会　发布

前言

本标准代替 GB/T 14772—1993《食品中粗脂肪的测定方法》。

本标准与 GB/T 14772—1993 相比主要变化如下：

——标准名称改为：食品中粗脂肪的测定；

——第 2 章的“原理”改为：方法提要；

——按 GB/T 1.1—2000 和 GB/T 20001.4—2001 的规定，修改了文本的格式。

本标准由全国食品工业标准化技术委员会提出并归口。

本标准起草单位：北京农业工程大学食品工程系。

本标准主要起草人：孙晓光、尹健。

本标准所代替标准的历次版本发布情况为：

——GB/T 14772—1993。

食品中粗脂肪的测定

1 范围

本标准规定了索氏提取法测定食品中粗脂肪的分析步骤。

本标准适用于肉制品、豆制品、坚果制品、谷物油炸制品、糕点等食品中粗脂肪的测定。

2 方法提要

试样经干燥后用无水乙醚或石油醚提取,除去乙醚或石油醚,所得残留物即为粗脂肪。

3 试剂和海砂

3.1 试剂

除非另有规定,所有试剂均使用分析纯试剂。

3.2 无水乙醚

分析纯,不含过氧化物。

3.3 石油醚

分析纯,沸程 30 ℃～60 ℃。

3.4 海砂

直径 0.65 mm～0.85 mm,二氧化硅含量不低于 99%。

4 仪器和设备

4.1 索氏提取器。

4.2 电热鼓风干燥箱,温控 103 ℃±2 ℃。

4.3 分析天平:感量 0.1 mg。

4.4 称量皿:铝质或玻璃质,内径 60 mm～65 mm,高 25 mm～30 mm。

4.5 铰肉机:篦孔径不超过 4 mm。

4.6 组织捣碎机。

5 试样的制备

5.1 固体样品:取有代表性的样品至少 200 g,用研钵捣碎、研细、混合均匀,置于密闭玻璃容器内;不易捣碎、研细的样品,应切(剪)成细粒,置于密闭玻璃容器内。

5.2 粉状样品:取有代表性的样品至少 200 g(如粉粒较大也应用研钵研细),混合均匀,置于密闭玻璃容器内。

5.3 糊状样品:取有代表性的样品至少 200 g,混合均匀,置于密闭玻璃容器内。

5.4 固、液体样品:按固、液体比例,取有代表性的样品至少 200 g;用组织捣碎机捣碎,混合均匀,置于密闭玻璃容器内。

5.5 肉制品:取去除不可食部分、具有代表性的样品至少 200 g,用铰肉机至少铰两次,混合均匀,置于密闭玻璃容器内。

6 分析步骤

6.1 索氏提取器的清洗

将索氏提取器各部位充分洗涤并用蒸馏水清洗、烘干。底瓶在 103 ℃±2 ℃的电热鼓风干燥箱内干燥至恒重(前后两次称量差不超过 0.002 g)。

6.2 称样、干燥

6.2.1 用洁净称量皿(4.4)称取约 5 g 试样,精确至 0.001 g。

6.2.2 含水量约 40%以上的试样,加入适量海砂,置沸水浴上蒸发水分。用一端扁平的玻璃棒不断搅拌,直至松散状;含水量约 40%以下的试样,加适量海砂,充分搅匀。

6.2.3 将上述拌有海砂的试样全部移入滤纸筒内,用沾有无水乙醚或石油醚的脱脂棉擦净称量皿和玻璃棒,一并放入滤纸筒内。滤纸筒上方塞添少量脱脂棉。

6.2.4 将盛有试样的滤纸筒移入电热鼓风干燥箱内,在 103 ℃±2 ℃温度下烘干 2 h。西式糕点应在 90 ℃±2 ℃烘干 2 h。

6.3 提取

将干燥后盛有试样的滤纸筒放入索氏提取筒内,连接已干燥至恒重的底瓶,注入无水乙醚(3.2)或石油醚(3.3)至虹吸管高度以上。待提取液流净后,再加提取液至虹吸管高度的三分之一处。连接回流冷凝管。将底瓶放在水浴锅上加热。用少量脱脂棉塞入冷凝管上口。

水浴温度应控制在使提取液每 6 min～8 min 回流一次。肉制品、豆制品、谷物油炸制品、糕点等食品提取 6 h～12 h,坚果制品提取约 16 h。提取结束时,用磨砂玻璃接取一滴提取液,磨砂玻璃上无油斑表明提取完毕。

6.4 烘干、称量

提取完毕后,回收提取液。取下底瓶,在水浴上蒸干并除尽残余的无水乙醚或石油醚。用脱脂滤纸擦净底瓶外部,在 103 ℃±2 ℃的干燥箱内干燥 1 h,取出,置于干燥器内冷却至室温,称量。重复干燥 0.5 h 的操作,冷却,称量,直至前后两次称量差不超过 0.002 g。

6.5 结果计算

食品中粗脂肪含量以质量分数 X 计,数值以%表示,按式(1)计算:

$$X=\frac{m_2-m_1}{m}\times 100 \qquad \cdots\cdots(1)$$

式中:

m_2——底瓶和粗脂肪的质量的数值,单位为克(g);

m_1——底瓶的质量的数值,单位为克(g);

m——试样的质量的数值,单位为克(g)。

计算结果表示到小数点后一位。

7 允许差

同一试样的两次测定值之差不得超过两次测定平均值的 5%。

ICS 13.100
C 65

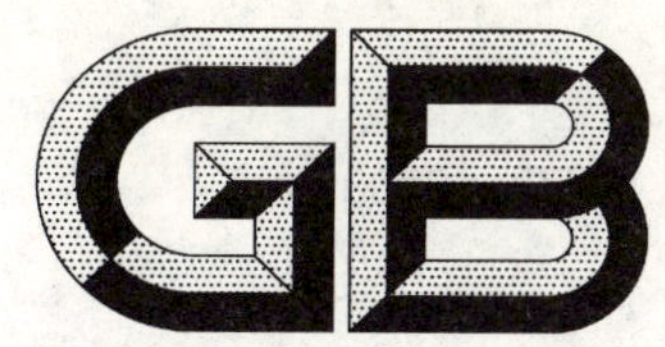

中华人民共和国国家标准

GB/T 14778—2008
代替 GB 14778—1993

安全色光通用规则

General rules of coloured light for safety

2008-12-15 发布　　2009-10-01 实施

中华人民共和国国家质量监督检验检疫总局
中国国家标准化管理委员会　发布

前　言

本标准代替GB 14778—1993《安全色光通用规则》。

本标准与原标准GB 14778—1993相比主要变化如下：

——由强制性标准改为推荐性标准；

——增加了前言；

——修改了规范性引用文件、术语和定义部分内容；

——修改了色品区域范围部分内容。

本标准由国家安全生产监督管理总局提出。

本标准由全国安全生产标准化技术委员会归口。

本标准起草单位：辽宁省安全科学研究院。

本标准主要起草人：隋旭、李利、任嘉、孙明伟、杨海青。

本标准所代替标准的历次版本发布情况为：

——GB 14778—1993。

安全色光通用规则

1 范围

本标准规定了安全色光表示事项及使用场所、色品区域范围及安全色光的使用方法。

本标准适用于工业企业、交通运输、建筑、消防、仓储、医院、学校及公共场所等所使用的安全色光。

本标准不适用于航空、航海、内河航运所用的色光，不适用反射光。

2 规范性引用文件

下列文件中的条款通过本标准的引用而成为本标准的条款。凡是注日期的引用文件，其随后所有的修改单(不包括勘误的内容)或修订版均不适用于本标准，然而，鼓励根据本标准达成协议的各方研究是否可使用这些文件的最新版本。凡是不注日期的引用文件，其最新版本适用于本标准。

GB/T 3977 颜色的表示方法

GB/T 5698 颜色术语

GB/T 8417 灯光信号颜色

3 术语和定义

GB/T 5698 确立的以及下列术语和定义适用于本标准。

3.1

色光 coloured light

对人的视觉系统产生明亮和颜色感觉的可见光。

3.2

安全色光 coloured light for safety

表达安全信息含义的色光，包括红、黄、绿、蓝四种色光。白色光为辅助色光。

4 安全色光表示事项及使用场所

4.1 红色光

4.1.1 表示事项

表示下列事项的基本色光：

a) 禁止；

b) 停止；

c) 危险；

d) 紧急；

e) 防火。

4.1.2 使用场所

各种禁止标志、交通禁令标志、消防设备标志所使用的色光，机械的停止按钮所在位置的色光、刹车及停车装置的色光。如：危险区禁止入内标志的色光；一般信号灯“停止”的色光；道路施工中的红色标志灯的色光；一般车辆尾灯的色光；装载火药等危险物车辆的夜间标志的色光；坑道内列车的尾灯的色光；坑道内危险处挂的标志灯的色光；指示紧急停止按钮所在位置的色光；通报紧急事态以及求救时用的发光信号的色光;表示消防栓、灭火器、火警警报设备及其他消防用具所在位置等使用的色光。

4.2 黄色光

4.2.1 表示事项

表示提醒人们注意的色光。

4.2.2 使用场所

用在有必要提醒注意的场所。如:道路交通信号灯“警示”的色光;一般信号的“注意”色光;表示列车在进口行驶方向标志灯的色光。

4.3 绿色光

4.3.1 表示事项

表示允许、安全、救护的色光。

4.3.2 使用场所

车间厂房的安全通道、行人和车辆的通行标志、急救站和救护站、消防疏散通道、矿坑内避险处和其他安全防护设备标志灯所用的色光,机器启动按钮所用的色光。

4.4 蓝色光

4.4.1 表示事项

表示引导事项的色光。

4.4.2 使用场所

各种指令标志所用的色光,如:表示停车场的方向及所在位置的色光。

4.5 白色光

4.5.1 表示事项

白色光为辅助色光。

4.5.2 使用场所

主要用于文字、箭头等,用于指示方向和所到之处。如:用该色光标志的文字、箭头以达到“指引”之目的。

5 色品区域范围

安全色光使用的色光应在设计的距离内能清楚辨认,并遵循 GB/T 8417、GB/T 3977。

5.1 安全色光的色品区域范围见图 1。

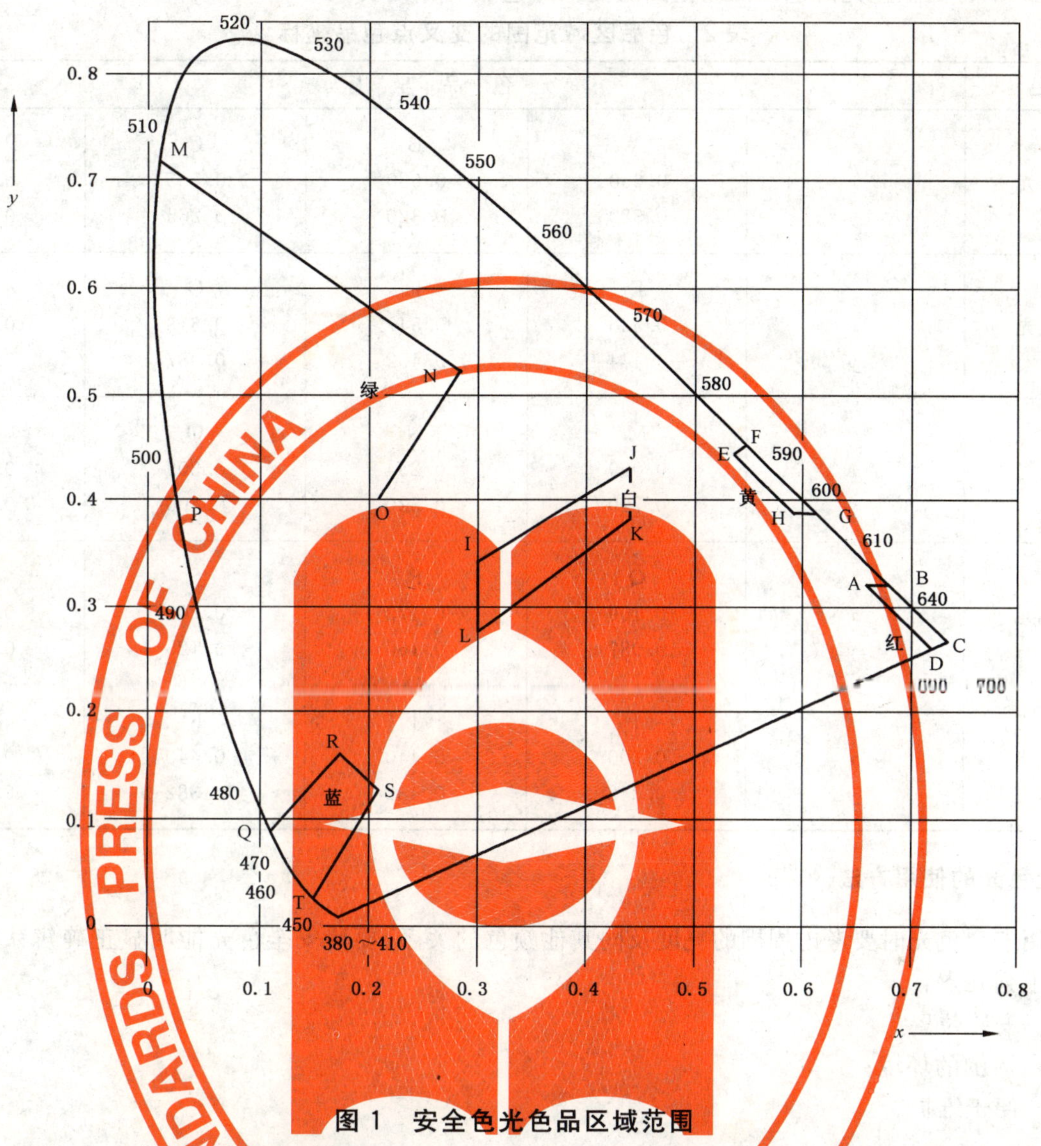

图 1　安全色光色品区域范围

5.2　图 1 中各安全色光的色品边界见表 1。

表 1　安全色光的色品边界

颜色种类	颜色边界	边界方程	边界线
红色光	紫红色边界 黄色边界	$y=0.980-x$ $y=0.320$	AD AB
黄色光	红色边界 白色边界 绿色边界	$y=0.387$ $y=0.980-x$ $y=0.727x+0.054$	GH EH EF
绿色光	黄色边界 白色边界 蓝色边界	$y=0.726-0.726x$ $x=0.625y-0.041$ $y-0.400$	MN NO OP
蓝色光	绿色边界 白色边界 紫色边界	$y=1.141x-0.037$ $x=0.333-y$ $x=0.134+0.590y$	QR RS ST
白色光	蓝色边界 绿色边界 黄色边界 紫红色边界	$x=0.300$ $y=0.150+0.640x$ $x=0.440$ $y=0.047+0.762x$	IL IJ JK KL

5.3 图1中各安全色光的色品区域范围的交叉点色品坐标见表2。

表2 色品区域范围的交叉点色品坐标

颜色	色品坐标				
红色光	 x y	A 0.660 0.320	B 0.680 0.320	C 0.735 0.265	D 0.721 0.259
黄色光	 x y	E 0.536 0.444	F 0.547 0.452	G 0.613 0.387	H 0.593 0.387
绿色光	 x y	M 0.009 0.720	N 0.284 0.520	O 0.209 0.400	P 0.028 0.400
蓝色光	 x y	Q 0.109 0.087	R 0.173 0.160	S 0.208 0.125	T 0.149 0.025
白色光	 x y	I 0.300 0.342	J 0.440 0.432	K 0.440 0.382	L 0.300 0.276

6 安全色光的使用方法

使用安全色光时要考虑周围的亮度及同其他颜色的关系，要使安全色光能明显正确辨认。使用时应注意下列几点：

a) 安装位置；

b) 周围的环境；

c) 便于维护。

ICS 65.060.10
T 64

中华人民共和国国家标准

GB/T 14785—2008
代替 GB/T 14785—1993

农林拖拉机和机械 车轮侧向负载疲劳试验方法

Tractors and machinery for agricultural and forestry—Test methods of wheels side load fatigue

2008-02-03 发布

2008-07-01 实施

中华人民共和国国家质量监督检验检疫总局
中国国家标准化管理委员会
发布

前　言

本标准是对 GB/T 14785—1993《拖拉机和农林机械车轮侧向负载疲劳试验方法》的修订。修订时除作了编辑性修改外，本标准与 GB/T 14785—1993 相比主要变化如下：

——改变了标准名称；

——增加了第 2 章规范性引用文件。

本标准自实施之日起代替 GB/T 14785—1993。

本标准由中国机械工业联合会提出。

本标准由全国拖拉机标准化技术委员会归口。

本标准起草单位：国家拖拉机质量监督检验中心。

本标准主要起草人：李京忠、沈炜、吴琦、陈振。

本标准所代替标准的历次版本发布情况为：

——GB/T 14785—1993。

农林拖拉机和机械
车轮侧向负载疲劳试验方法

1 范围

本标准规定了农林拖拉机和机械车轮侧向负载疲劳试验方法。

本标准适用于拖拉机、联合收获机和农机具所配用的车轮。

2 规范性引用文件

下列文件中的条款通过本标准的引用而成为本标准的条款。凡是注日期的引用文件，其随后所有的修改单(不包括勘误的内容)或修订版均不适用于本标准，然而，鼓励根据本标准达成协议的各方研究是否可使用这些文件的最新版本。凡是不注日期的引用文件，其最新版本适用于本标准。

GB/T 2979—1999 农业轮胎系列

3 试验样品

试验样品应是出厂检验合格的成品车轮。

4 试验设备

4.1 试验台应有一个使车轮承受旋转弯矩的装置(见图1)，其他加载原理相同的试验台也可采用。

1——试验台轮毂；
2——连接法兰盘；
3——被试车轮；
4——压板、压块；
5——加载臂；
6——限位螺栓；
7——配重块；
8——加载盘；
9——标高顶尖；
10——限位板；
11——限位器支架。

图1 车轮侧向负载疲劳强度试验台简图

4.2 按试验要求所规定的车轮紧固装置。

5 试验方法

5.1 安装与调整

5.1.1 将被试车轮(3)安装在连接法兰盘(2)上,使轮辐的凹面朝向加载侧,把螺栓、螺母拧紧至主机厂或试验要求所规定的扭矩值。螺栓、螺母不允许润滑,在试验过程中允许再次拧紧。

5.1.2 将压板和压块(4)安装在车轮轮辋的轮缘上,调整加载臂(5),使加载盘(8)的中心对准标高顶尖(9)。试运转使加载盘旋转中心的摆动量在 ϕ10 mm 范围内,拧紧所有紧固件,锁紧限位螺栓(6)。

5.1.3 调整限位支架(11),使限位器滚轮与限位板(10)的间隙为 15 mm。

5.1.4 加载系统应保持规定的载荷,误差不超过±5%。

5.2 车轮侧向负载施加的弯矩

为了给车轮施加弯矩,在一定距离(力臂)处作用一个力平行于车轮的安装面。

弯矩 M 由公式(1)确定:

$$M = (\mu R + d)F \cdot S \qquad \cdots\cdots(1)$$

式中:

M——车轮侧向负载施加的弯矩,单位为牛顿米(N·m);

μ——车轮配用轮胎的侧向附着系数,取 0.55;

R——车轮配用轮胎的滚动半径,按国家轮胎标准中新胎充气后外直径的一半,驱动轮胎乘以94%,导向轮胎和农机具轮胎乘以 96%,近似计算出滚动半径,单位为米(m);

d——车轮偏距(取常用轮距时的车轮偏距),单位为米(m);

F——车轮厂规定的车轮额定载荷或车轮规定配用的最大轮胎的最大负荷,两者取大值,单位为牛顿(N);

S——强化系数,取 1.1。

注:车轮偏距是车轮轮辐安装面到轮辋中心线的距离。

5.3 配重块质量的计算

本试验台施加配重块由公式(2)计算:

$$m_1 = \frac{1}{a}\left(\frac{M}{g} - b \cdot m_2\right) \qquad \cdots\cdots(2)$$

式中:

m_1——配重块质量,单位为千克(kg);

a——车轮轮辐的安装面到施加配重块处平行力之间的距离,单位为米(m);

M——车轮侧向负载施加的弯矩,单位为牛顿米(N·m);

g——重力加速度,取 9.8 m/s^2;

b——车轮轮辐的安装面到加载重心之间的距离,单位为米(m);

m_2——加载机构质量,单位为千克(kg)。

5.4 试验频率

被试车轮每分钟旋转 30±10 次。

5.5 试验次数

5.5.1 装驱动轮的车轮循环 7×10^4 次;

5.5.2 装导向轮的车轮循环 1×10^5 次。

5.6 试验失效判定

未达到 5.4 规定的试验次数出现下列情形之一的判定失效:

a） 车轮发生塑性变形，不能继续承受负荷；

b） 车轮断面出现疲劳裂纹；

c） 车轮焊、铆接处破裂或脱焊。

ICS 65.060.10
T 64

中华人民共和国国家标准

GB/T 14786—2008
代替 GB/T 14786—1993

农林拖拉机和机械
驱动车轮扭转疲劳试验方法

Tractors and machinery for agricultural and forestry—Test methods of the driving wheels torsion fatigue

2008-02-03 发布　　2008-07-01 实施

中华人民共和国国家质量监督检验检疫总局
中国国家标准化管理委员会　发布

前　言

本标准是对 GB/T 14786—1993《拖拉机和农林机械车轮扭转疲劳试验方法》的修订。修订时除作了编辑性修改外，本标准与 GB/T 14786—1993 相比，主要内容变化如下：

——改变了标准名称；

——增加了第 2 章规范性引用文件。

本标准自实施之日起代替 GB/T 14786—1993。

本标准由中国机械工业联合会提出。

本标准由全国拖拉机标准化技术委员会归口。

本标准起草单位：洛阳拖拉机研究所、国家拖拉机质量监督检验中心。

本标准主要起草人：张小元、王洪斌。

本标准所代替标准的历次版本发布情况为：

——GB/T 14786—1993。

农林拖拉机和机械
驱动车轮扭转疲劳试验方法

1 范围

本标准规定了农林拖拉机和机械驱动车轮扭转疲劳试验方法。

本标准适用于拖拉机、联合收获机和农机具所配装驱动轮胎的车轮。

2 规范性引用文件

下列文件中的条款通过本标准的引用而成为本标准的条款。凡是注日期的引用文件，其随后所有的修改单(不包括勘误的内容)或修订版均不适用于本标准，然而，鼓励根据本标准达成协议的各方研究是否可使用这些文件的最新版本。凡是不注日期的引用文件，其最新版本适用于本标准。

GB/T 2979—1999 农业轮胎系列

3 试验样品

试验样品应是出厂检验合格的成品车轮。

4 试验设备

4.1 试验台应有一个能使车轮承受顺时针方向和反时针方向交替扭矩的装置(见图 1)，其他加载原理相同的试验台也可采用。

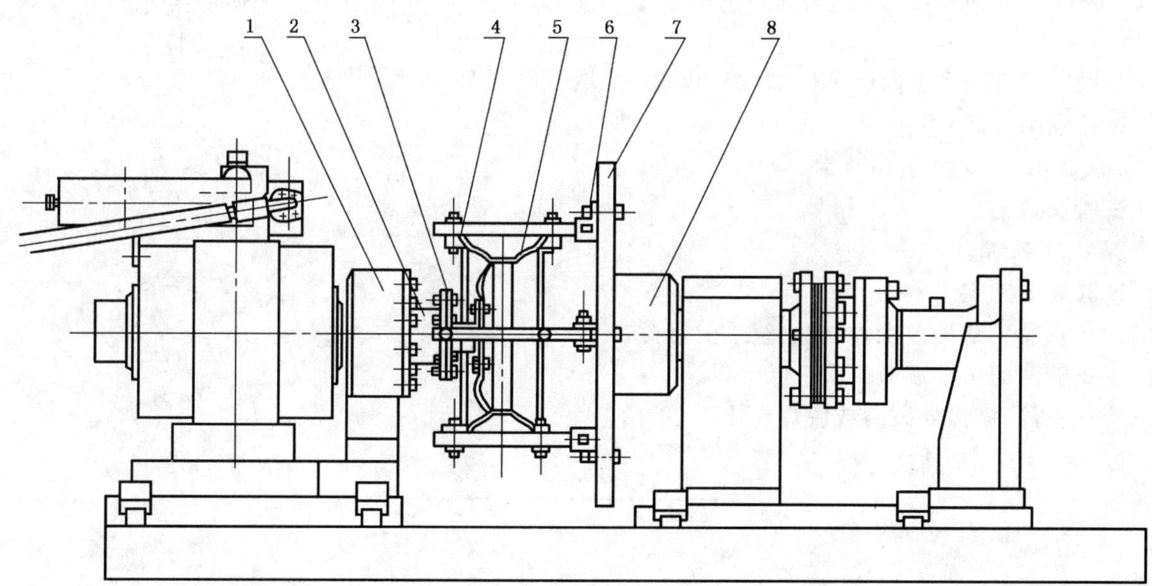

1——试验台动力输入端；
2——试验台轮毂；
3——连接法兰；
4——压板、压块；
5——被试车轮；
6——铰链座；
7——圆盘；
8——试验台动力输出端。

图 1 车轮扭转疲劳强度试验台简图

4.2　按试验要求所规定的车轮紧固装置。

5　试验方法

5.1　安装与调整

5.1.1　将被试车轮(5)安装在连接法兰(3)上，使轮辐的凹面朝向试验台动力输出端(8)，把螺栓、螺母拧紧至主机厂或试验要求所规定的扭矩值。螺栓、螺母不允许润滑，在试验过程中允许再次拧紧。

5.1.2　将绞链座(6)在圆盘(7)的长槽中径方向移动到压板、压块(4)夹紧轮缘的位置，达到加载机构安装车轮不受预加应力时，拧紧所有的紧固件。

5.1.3　加载系统应保持规定的载荷，误差不超过±5%。

5.2　扭矩的确定

扭矩 M 由公式(1)确定：

$$M = \mu \cdot R \cdot F \cdot K \quad \cdots\cdots(1)$$

式中：

M——扭矩，单位为牛顿米(N·m)；

μ——车轮配用轮胎的附着系数，取 0.65；

R——车轮配用轮胎的滚动半径，按 GB/T 2979—1999 中新胎充气后外直径的一半，驱动轮胎乘以 94%，近似计算出滚动半径，单位为米(m)；

F——车轮厂规定的车轮额定负荷，或车轮规定配用的最大轮胎的负荷，两者取大值，单位为牛顿(N)；

K——强化系数，取 1.1。

5.3　扭矩的加载

5.3.1　顺时针方向转动，按 5.2 确定的扭矩加载(施加扭矩方向相当于车辆前进时车轮的转动方向)。

5.3.2　逆时针方向转动，按 5.2 确定的载荷的一半(施加扭矩方向相当于车辆倒退时车轮的转动方向)。

5.3.3　顺时针方向和逆时针方向加载和卸载一次为一个循环。

5.4　试验频率

30 次/min±10 次/min 循环。

5.5　试验次数

2.5×10^4 次循环。

5.6　试验失效判定

5.6.1　车轮发生塑性形变，不能继续承受负荷。

5.6.2　车轮断面出现疲劳裂纹。

5.6.3　车轮焊、铆接处破裂或脱焊。